IBM教育学院教育培养计划指定教材
英特尔软件学院教育培养计划指定教材

网络管理

Network Management

U0363932

龙腾科技　主编

科学出版社
www.sciencep.com
·北京·

内 容 简 介

本书以网络管理员应该具备的知识和技能为主线，介绍了局域网的组建、管理和维护方法，以及各种服务器的创建方法。

全书由16章组成，第1章和第2章，介绍网管这种职业本身具有的特性和一些必须掌握的基础网络知识；第3章到第5章，介绍如何独立组建一个局域网络；第6章到第8章，介绍如何为内网用户提供网络服务，包括访问Internet等，以及对网络用户和网络资源的管理；第9章到第13章，介绍如何为内网用户或所有用户提供各种服务，如Web服务、FTP服务等；第14章到第16章，介绍如何维护局域网的正常运转，使网络能够稳定高效地提供各种服务。

本书内容丰富、知识全面、通俗易懂，操作性和针对性都比较强，适合作为网络管理人员的基础培训教程和进阶教程，也可作为大、中专院校学生的教程和自学参考书。本书已被选为"IBM 教育学院"、"英特尔软件学院"教育培养计划指定教材。

需要本书或技术支持的读者，请与北京清河6号信箱（邮编：100085）发行部联系，电话：010-62978181（总机）转发行部，82702675（邮购），传真：010-82702698，E-mail：tbd@bhp.com.cn。

图书在版编目（CIP）数据

网络管理／龙腾科技主编．—北京：科学出版社，2009

IBM 教育学院教育培养计划指定教材．英特尔软件学院教育培养计划指定教材

ISBN 978-7-03-025496-2

Ⅰ．网… Ⅱ．龙… Ⅲ．计算机网络—管理—职业教育—教材 Ⅳ．TP393.07

中国版本图书馆CIP数据核字（2009）第157920号

责任编辑：周凤明　　／责任校对：马　君
责任印刷：密　东　　／封面设计：青青果园

科学出版社 出版

北京东黄城根北街16号
邮政编码：100717
http://www.sciencep.com

北京市密东印刷有限公司

科学出版社发行　各地新华书店经销

*

2009年11月第　1　版　　开本：787mm×1092mm 1/16
2009年11月第1次印刷　　印张：16.5
印数：1-2000册　　字数：384千字

定价：32.00元

“IBM教育学院教育培养计划指定教材”

“英特尔软件学院教育培养计划指定教材”

编　委　会

主　任： 吕　莉　竺　明

副主任： 徐建华　朗　朗　王燕青

委　员：（按姓氏拼音排序）

白　冰　白　云　白晓峰　陈　春　陈柏润　陈运来　初　平　崔元胜

代术成　戴朝晖　邓　伟　丁国栋　甘登岱　高艳铭　郭　燕　郭慧梅

郭玲文　郭普宇　韩　冰　韩晓东　侯晓华　胡昌军　黄　雷　黄瑞友

贾敬瑶　姜中华　康怡暖　李　弘　李　鹏　李　咏　李金龙　李宗花

梁海涛　林　桢　林军会　刘　晶　刘　芯　刘春瑞　刘鹏冲　刘在强

柳　丽　马　喜　马传连　马义词　彭　倞　普　宁　荣建民　邵金燕

师鸣若　史惠卿　孙红芳　谭　建　王　飞　王　帅　王　翌　王立民

吴永辉　肖慧俊　邢燕鹏　杨晴红　杨如林　杨至超　于汇媛　袁　涛

张　义　张安鹏　张红艳　张彦丽　章银武　周凤明　朱成军　左晓宁

IBM 教育学院认证体系

IBM 教育学院认证体系是顺应 IT 认证市场规律，推陈出新的一项 IT 专业技能认证，拥有 IBM 教育学院认证资格的专业人士具有相应认证实际工作的基本能力和基本技能。

IBM 教育学院认证体系包括电子商务、Java 软件开发、软件测试、数据库管理、数据分析及数据建模、网络管理、IT 销售、IT 技术支持方向。

一、认证体系概述

IBM 教育学院认证体系提供了 8 个认证方向，它们所代表的专业水平相当于 IBM 认证电子商务师、IBM 认证软件开发员、IBM 认证数据库管理员、IBM 认证网络管理员、IBM 认证软件测试员、IBM 认证数据建模员、IBM 认证销售工程师、IBM 认证技术支持工程师。

- **IBM 认证电子商务师：**了解电子商务和信息技术的基础知识，掌握本专业知识的体系结构和整体概貌。主要内容包括：电子商务的基本概念和原理，电子商务的现状和发展，电子商务的特点、电子商务的类型、电子商务模型、计算机技术、程序设计、操作系统、编译系统、数据库系统、通信技术、网络技术、Internet、EDI 技术、电子支付技术、安全等技术的概述，电子商务系统的构成及其开发工具、电子商务整体解决方案与案例介绍。可从事网上信息交换与业务交流、网络营销、电子订单处理、网上采购、网页制作、网站后台管理等工作。
- **IBM 认证 Java 软件开发员：**具有 Java 软件开发的基本能力、掌握 Java 核心技术概念、掌握 Java 编码规则、掌握 JDBC 操作基础、熟悉理解 Java 远程方法调用、掌握 Java 网络编程基础。可从事中低端软件开发类工作。
- **IBM 认证数据库管理员：**具有数据库开发及管理的基本技能，熟悉并理解数据基本对象概念及操作，掌握数据库设计的基本原则。可从事数据库开发、数据库维护及管理工作。
- **IBM 认证网络管理员：**掌握负责规划、监督、控制网络资源的使用和网络的各种活动，以使网络的性能达到最优的技能。可以从事计算机网络运行、维护类工作。
- **IBM 认证软件测试员：**掌握软件测试的基本技能、熟悉并理解软件测试基本概念和测试的必要性、熟悉掌握测试用例的做成、熟悉掌握相关测试工具的使用。可从事软件测试类工作。
- **IBM 认证数据建模员：**掌握需求开发与需求管理的理念，建立正确的需求观，掌握需求工程总体框架；需求开发和需求管理的方法与使用原则；需求的业务需求、用户需求和功能需求三个层次之间的关系、作用、权利与责任；需求获取、分析、编写和确认的方法与手段；需求原型的管理和实现；建模技术和需求规格说明书的编写方法；变更控制、版本控制、需求状态跟踪和需求跟踪的技术和方法。可从事数据库需求分析、架构分析及数据库模型设计工作。
- **IBM 认证销售工程师：**掌握基本的销售技巧，提高学员对市场的敏感性和对市场的观察与分析力，具有独立管理和策划商品销售的能力。可从事和 IT 相关的各类销售工作。

- **技术支持工程师：** 掌握 IT 技术，为企业计算机办公提供完整的解决方案和维护策略，并具有对新技术的敏感触觉，及时把握技术发展。可从事和 IT 相关的各类技术服务工作。

二、IBM 教育学院认证和途径

IBM 教育学院认证面向的是各大院校学生与 IBM 教育学院授权培训中心学员。要获得职业认证体系中的不同认证证书，都必须通过认证考试。

注：IBM 教育学院的技术认证，不需要考生预先具有任何认证证书，只需要通过相应的专项技术考试即可。

IBM 教育学院

前　言

随着计算机网络技术的飞速发展，网络中出现的问题也随之日益增多，这就需要有人对网络进行管理和维护，以保障网络的正常运行。于是，网络管理员这样一个职业就出现了。

前些年，网络管理员职责很模糊，对于分工明确的大中型企业而言，网络管理员的职责比较单一，例如，要么从事网站管理，要么从事网络维护或数据库维护等。但是，在小型企业中，更多的是将所有和网络有关的工作都交给网络管理员全权负责，有时甚至会将与网络关系并不大的硬件、软件维护等工作也交给网络管理员来做，这就使得网络管理员的职业定位变得非常模糊。

这样的混乱局面持续了很长时间，直到 2002 年 11 月国家劳动和社会保障部颁布了计算机网络管理员的职业标准，这个职业才有了一个明确的定义。该标准将计算机网络管理员定义为从事计算机网络运行、维护工作的人员，具体负责规划、监督、控制网络资源的使用和网络的各种活动，以使网络的性能达到最优。

本书以网络管理员应该具备的知识和技能为主线，介绍了局域网的组建、管理和维护方法，以及各种服务器的创建方法。具体内容如下。

第 1 章和第 2 章：网管职业本身具有的特性和一些必须掌握的基础网络知识。

第 3 章到第 5 章：如何独立地从无到有地组建一个局域网络。

第 6 章到第 8 章：面向内网用户提供网络服务，包括访问 Internet 等，以及对网络用户和网络资源的管理。

第 9 章到第 13 章：面向内网用户或所有用户提供各种服务，如 Web 服务、FTP 服务等。

第 14 章：维护局域网的正常运转，使网络能够稳定高效地提供各种服务。

本书主要供希望从事网络管理职业的人员或网络爱好者阅读，也可作为大中专院校网络管理专业，以及社会上各类网络管理培训班的教材。

本书由龙腾科技主编，由郭玲文、白冰、郭燕、贾敬瑶、李弘、黄瑞友、李金龙、章银武、林军会、张安鹏、刘春瑞、王立民、李鹏、崔元胜、谭建、郭玲玫等具体编写，由甘登岱审校。

由于时间仓促，加之笔者水平有限，恳请广大读者批评指正。

编　者

目 录

第1章　网管基础

内容提要

◆　了解网络管理员的概念
◆　了解网络管理员的工作范围
◆　了解作为网络管理员应该掌握的知识
◆　了解作为网络管理员应该具备的素质

随着计算机网络技术的飞速发展，网络中出现的问题也随之日益增多，这就需要有人来对网络进行管理和维护，以保障网络的正常运行。本章主要介绍关于网管——网络管理员的相关知识。

1.1　什么是网管

网管——网络管理员是一个先出现后定义的职业。随着网络技术的发展，网络管理员的角色很自然地出现了。开始时，网络管理员负责的工作很模糊，有些是比较单一的，如网站管理、网络维护、数据库维护等，这些工作大多出现在分工明确的大中型企业中；而在小型企业中，更多的则是将所有和网络有关的工作都交给网络管理员全权负责，有时甚至会将与网络关系并不大的硬件、软件维护等工作也交给网络管理员来做，这就使得网络管理员的职业定位出现了偏差。

这样的混乱持续了很长时间，直到2002年11月，国家劳动和社会保障部颁布了计算机网络管理员的职业标准，这个职业才有了一个明确的定义。该标准将计算机网络管理员定义为从事计算机网络运行、维护工作的人员。

虽然如此，时至今日，庞大的网络管理员群体仍然在IT领域中负责各种各样的工作，而且很多并不是自己的本职工作，这样的状况还将持续很长一段时间。究其原因，一来是由于用人单位对网络管理员的定位很模糊，比如，在招聘信息中网络管理员的职位经常会被描述成“系统维护”、“网页制作”或“硬件维护”等，这就使得人们自然而然地认为网络管理员本来就应该负责这些工作；二来是由于大多数网络管理员并不能将自己的本职工作做到位。事实上，一个合格的网络管理员每天需要做的工作十分繁重，包括系统测试、日志维护、数据库管理、软硬件升级，尤其是杀毒软件病毒数据库的升级等，网管必须保障网络正常高效地运行，并且要对各种各样可能出现的问题做好预防和应变措施，同时还要对现有的网络系统进行尽可能的优化，使网络效率达到最大的提高。而目前的多数网络管理员并不能做到这一点，他们认为只要能将计算机联网，只要能使所有的人员访问到Internet就可以了，所以无所事事的网络管理员渐渐地变成了电工、搬运工、软件安装员。

各个岗位的网络管理员所负责的工作各不相同，因此，作为一个网络管理员，首先要清楚地认识自己应该做哪些工作，这样才能有目的地学习职业相关知识，提高专业技能，更好地做好本职工作。

网络管理员是从事网络运行和维护的人员，负责规划、监督、控制网络资源的使用和网络的各种活动，以使网络的性能达到最优，网络管理员的工作目的是提供对计算机网络进行规划、设计、操作运行、管理、监视、分析、控制、评估和扩展的手段，从而合理地组织和利用系统资源，提供安全、可靠、有效和友好的服务。

1.2 网管的工作范围

由于工作环境等方面的差异，网络管理员所负责的工作也各不相同。总的来说，网络管理员应该负责以下几个方面的工作。

- ❑ 规划、组建和维护网络：很多企业在招聘网络管理员之前，就已经有了自己的网络，因此有些管理员并不需要亲手创建一个网络，但是，独立搭建并不复杂的小型网络是网络管理员必须具备的能力，只有清楚了解网络组建的整个流程，才能在出现问题的时候迅速找到原因，并对症下药。确保网络长时间稳定高效运行是网络管理员的基本任务，网络管理员应熟练掌握运用系统网络工具或第三方软件查看网络状态、进行网络设置和发现并排除网络故障的方法。
- ❑ 提供网络服务：向网络用户提供各种各样的网络服务，包括 DNS 服务、DHCP 服务、Web 服务、邮件服务、数据库服务、代理服务、文件服务和即时消息服务等，这也是组建网络的根本目的所在。
- ❑ 网络用户和资源管理：管理网络中的硬件和软件资源，如文档、图像、程序、打印机和扫描仪等，为不同的用户群体赋予不同的使用权限，以使得每个网络用户都能正常地访问其需要的网络资源。添加、修改和删除网络用户，为每个用户设置对应的参数。
- ❑ 网络安全管理：一个安全的计算机网络应该具有可靠性、可用性、完整性、保密性和真实性等特点。因此，不仅要保护网络设备安全和网络系统安全，还要保护网络数据的安全。针对计算机网络本身可能存在的安全问题，实施网络安全保护方案以确保计算机网络自身的安全性是每个网络管理员都必须认真对待的一个重要问题。网络安全管理的重点主要有两个方面，计算机病毒和黑客犯罪。

1.3 网管的知识结构

网络技术是一种专业性很强的技术，因此，一定要具备相应的专业能力才能胜任网络管理员这个职业。而依据企业的业务性质和规模的不同，对网管掌握知识的要求也有较大的差异。

1.3.1 初级网管

初级网管主要指小型企业或大中型企业的某个部门中的网络管理员，这些管理员一般会面对几台或十几台计算机，接触到的网络设备也只有网卡、交换机和路由器等，通常只需要进行一些简单的网络配置，提供最基本的网络服务。

初级网管需要掌握的知识有以下几点。

- ❑ 网络基础知识：包括对网络的概念、网络的分类及网络拓扑结构的理解，对常见网络硬件、软件的认识及应用等。

- 网络的规划和组建：根据企业的环境和要求规划、设计、组建网络，包括网卡、网线、交换机和路由器的选择和使用，网线的制作，各网络设备之间的互连，以及网络布线时应该注意的事项等。
- 网络的配置：安装 Windows 系列网络操作系统，并对 TCP/IP 协议进行安装和配置，实现计算机之间的互相访问，以及文件和打印机的共享。
- 常见网络故障的诊断和排除。

1.3.2 中级网管

中级网管主要指中小型企业的网络管理员，这些管理员一般会面对几十台计算机（不超过 100 台），会接触到交换机和路由器等网络设备，需要进行一些比较复杂的网络配置，提供一些常用的网络服务，如 FTP 服务、DHCP 服务等。

中级网管需要掌握的知识除了上节所讲的之外，还有以下几点。

- 服务器的配置：DHCP 服务、DNS 服务、WINS 服务的安装和管理，分布式文件系统的创建和管理。
- 域模式网络的搭建：活动目录的基本思想，活动目录的安装和配置方法；域的概念，域模式网络的实现方式，域的管理，组策略的概念及应用。
- 邮件服务器的创建：安装配置邮件服务器，创建和删除邮箱，实现邮件收发功能。
- 控制和监视网络：使用事件查看器、其他系统自带工具和第三方软件控制和监视网络，当发生网络故障时迅速将其排除。
- 路由和远程访问：使用各种方式将局域网接入 Internet，如共享拨号、网络地址转换（NAT）和代理接入等，安装和配置路由和远程访问服务。
- 网络安全管理：数据的备份和还原；理解防火墙的概念，安装和配置各种防火墙软件以抵御黑客攻击；常用杀毒软件的配置和管理。

1.3.3 高级网管

高级网管如一些中型企业的网络主管或大型企业的部门网络主管等，他们的工作范围较广，一般来说会面对多组计算机，接触到大部分的网络设备，需要进行复杂的网络配置，通常还需要提供一些企业级的网络解决方案。

高级网管除了需要掌握初级和中级网管应该掌握的所有知识外，还应该掌握以下方面的知识。

- 深入了解各种网络协议，包括它们的协议内容、工作方式、使用到的算法等各方面的知识，对网络的逻辑拓扑结构有很深的理解，能够熟练处理各种因素引发的网络问题。
- 熟练掌握各种网络设备的配置方法，掌握主流路由器的常用配置命令，了解交换机和路由器的工作原理。
- 了解常规加密的实现方法，公钥密钥加密的基本知识，使用数字签名进行身份验证的方法；了解常见的网络操作系统漏洞，常见的网络攻击手段及解决方法，能够提出完整的网络安全解决方案。
- 掌握服务器集群技术、负载平衡技术，使网络在高负荷运转的情况下仍能够正常提供各种服务。

- 懂得利用工具检测网络中存在的问题，如网速瓶颈等，并能够根据检测结果提出解决方案，以优化网络，提高网络性能。

1.4 网管需要的能力

每个行业都有自己的行业特点，并且会根据其特点对从事该行业的人员提出相应的能力要求。网络管理员的职业特点是技术含量高、技术更新速度快、有时工作强度很大、保密性强等，因此作为一个网络管理员，应具备以下能力。

- 英文读写能力：因为大部分的技术资料和专业书籍都是英文版的，因此网络管理员必须具备一定的英文能力，才能掌握最新的网络技术，这在网络安全方面的影响是十分巨大的。
- 学习和创新能力：网络技术的更新速度极快，所谓的最新技术也许用不了几天就会过时、被淘汰，因此作为网络管理员，必须具备“终身学习”的思想，时时刻刻都要坚持学习，否则将很快被时代所淘汰。不仅如此，网管还需要灵活运用已经掌握的知识，解决一些新的网络故障。
- 职业道德：网络管理员作为整个网络的管理人员，对网络中的大部分数据均会享有完全控制的权限，因此作为一个网络管理员，必须有良好的职业道德，对本职工作保密。
- 吃苦耐劳的精神：组建网络和排除网络故障都是体力劳动与脑力劳动密切结合的工作，并且有时劳动强度会比较大，因此要求网络管理员一定要有不怕苦的精神。

本章小结

本章主要介绍了网管的定义，网管主要负责的工作，作为一个网管需要掌握的知识和需要具备的能力等一系列的网管职业相关知识。通过本章的学习，读者应该对网管有一个整体的了解。对于有志于从事这个行业的读者，通过学习本章，应该能够找到自己需要努力的方向。

思考与练习

1．什么是网管？网管主要负责哪些工作？

2．作为一个网管，至少应该具备哪些知识？

3．如果希望成为一名合格的网络管理员，应该从哪些方面入手，通过怎样的步骤，才能达到自己的目标？

第 2 章　网络基础知识

内容提要

- 了解网络的分类
- 了解常用的网络协议
- 了解网络的拓扑结构
- 了解常见的网络操作系统
- 了解网络的硬件组成

利用通讯设备和线路将不同位置、操作相对独立的多台计算机连接起来，并配置相应的网络操作系统和应用软件，从而在计算机之间实现软、硬件资源共享和信息传递，这样互相连接组合起来的系统就是网络。网络技术是计算机技术和通信技术的有机结合。

本章将主要介绍作为一个网络管理员需要掌握的网络基本知识，如网络的硬件、软件组成，在网络中使用的操作系统，常用的网络协议以及网络的拓扑结构和分类等。

2.1　网络的分类

网络的分类方法有多种，最常见的划分方式是依据网络的组建规模和延伸范围，这样网络可以分为 3 类：局域网（Local Area Network，简称 LAN）、城域网（Metropolitan Area Network，简称 MAN）和广域网（Wide Area Network，简称 WAN）。

2.1.1　局域网

局域网是局部地区网络的简称。在局域网中，联网计算机的距离通常小于 10km。例如，由一栋或几栋建筑物内的计算机、一个小区内的计算机或一个单位内的计算机构成的网络，基本上都属于局域网。

即使只将两台计算机联网，也是一个局域网。

局域网根据其规模的大小又可以细分为小型局域网和大型局域网。小型局域网的特点是地域小，计算机数量不多，网络安装、管理和配置都比较简单。例如，家庭、办公室、游戏厅、网吧以及计算机机房的网络都属于小型局域网，如图 2-1 所示。

大型局域网主要指企业 Intranet 网络、行政网络等，这类网络的特点是设备较多，管理和维护都比较复杂。

局域网之所以能够被广泛地应用，是因为它主要具备如下几个优势。

- 极高的数据传输速率：局域网内各计算机之间的数据传输速率一般不小于 100Mbit/s（bit/s，位/秒，指每秒传输的位数），最快可以达到 10Gbit/s。
- 误码率较低：由于局域网的传输距离较短，经过的网络连接设备较少，并且受外界干扰的程度也较小，因此数据在传输时的误码率也较低，一般在 10^{-8}~10^{-11} 范围内。
- 低廉的联网成本：例如，廉价的同轴电缆、双绞线都可作为传输介质，而作为联网设备的网卡、交换机和路由器价格也不高。

- 网络安装、配置与管理比较简单，并且具有较高的稳定性和可扩充性。

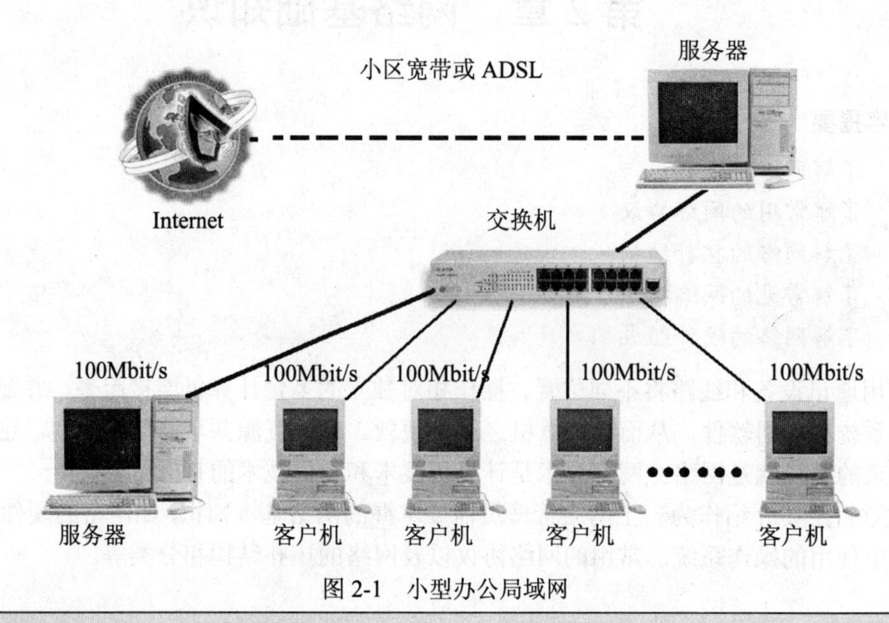

图 2-1　小型办公局域网

> 在很多小型局域网中，没有专门的服务器。

2.1.2　城域网

城域网（MAN）比局域网规模大得多，采用与局域网相同的联网技术。它一般覆盖一座城市，通常采用 ATM 作为主干网络交换机，采用光纤通信技术，具有实时的数据传输、语音和视频等业务，提供较高的网络传输速度，干线速度一般在 100Mbit/s 以上，如图 2-2 所示。

城域网一般由政府或大型集团组建，例如城市信息港，它作为城市的基础设施，为公众提供信息服务。此外，某些大型企业或集团公司为连接市内各分公司或分厂的局域网，建设覆盖较大范围的企业 Intranet 网络，也是一种城域网的应用。

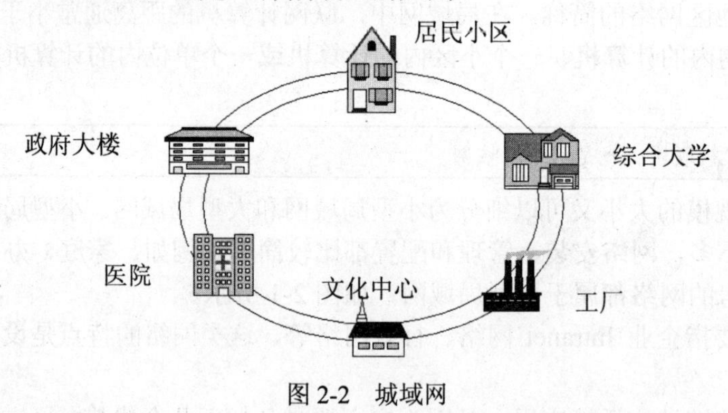

图 2-2　城域网

2.1.3　广域网

广域网（WAN）用电话线和卫星提供跨国或全球间的联系。例如，那些有区域或全球性事务的大公司通常使用广域网进行网络互联。

广域网的数据传输速率通常要比局域网慢，广域网的上线典型速率仅为 56kbit/s 到 155Mbit/s，现在已有 622Mbit/s、2.4Gbit/s 甚至更高速率的广域网。

2.2 常见的网络协议

如同人与人之间相互交流时需要遵循一定的规矩一样，计算机之间的相互通信也需要共同遵守一定的规则，这些规则就称为网络协议。网络协议是网络上所有设备（服务器、工作站、交换机和路由器等）之间通信规则的集合，它定义了通信时信息必须采用的格式和这些格式的意义。

大多数网络都采用分层的体系结构，每一层都建立在它的下层之上，向它的上一层提供一定的服务，而把如何实现这一服务的细节对上一层加以屏蔽。一台设备上的第 n 层与另一台设备上的第 n 层进行通信的规则就是第 n 层协议。在网络的各层中存在着许多协议，接收方和发送方同层的协议必须一致，否则一方将无法识别另一方发出的信息。

网络协议使网络中的各种设备能够相互交换信息，常见的网络协议有 TCP/IP 协议、IPX/SPX 协议和 NetBEUI 协议等。

2.2.1 OSI 参考模型

在网络发展的初期，许多研究机构、计算机厂商和公司都大力发展计算机网络。从 ARPANET 出现至今，已经推出了许多商品化的网络系统。这种自行发展的网络，在体系结构上差异很大，以至于它们之间互不相容，难于相互连接以构成更大的网络系统。为此，许多标准化机构积极开展了网络体系结构标准化方面的工作，其中最为著名的就是国际标准化组织 ISO 提出的开放系统互连参考模型 OSI/RM。OSI 参考模型是研究如何把开放式系统（即为了与其他系统通信而相互开放的系统）连接起来的标准。

OSI 参考模型将计算机网络分为 7 层，如图 2-3 所示。我们将从最底层开始，依次讨论模型的各层所要完成的功能。

1. 物理层

物理层（Physical Layer）处于 OSI 参考模型的最低层，向下直接与物理传输介质相连接，向上相邻且服务于数据链路层，是建立在通信介质基础上的，实现设备之间连接的物理接口。特别强调的是怎样才能在连接各种计算机的传输介质上传输数据的比特流，而不考虑连接时计算机的具体物理设备或具体传输介质。

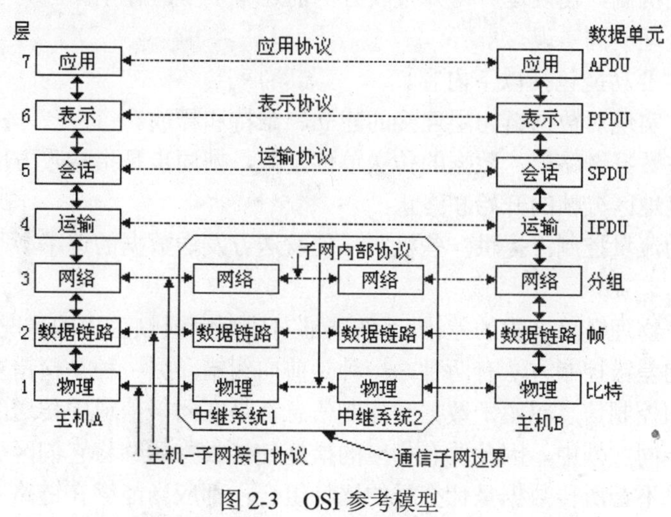

图 2-3　OSI 参考模型

这一层负责在计算机之间传递数据位，为在物理介质上传输的位流建立规则，同时定义电缆如何连接到网卡上，以及需要用何种传送技术在电缆上发送数据。

物理接口标准定义了物理层与物理传输介质之间的边界与接口。最常用的物理接口标准是EIA-232-C、EIA RS-449 与 CCITT X2.1。这些接口主要通过以下几方面的特性进行定义。

- 机械特性：物理层的机械特性规定了物理连接时所使用的可接插连接器的形状和尺寸，连接器中引脚的数量、功能、规格、引脚的分布、电缆的长度及所含导线的数目等。
- 电气特性：物理层的电气特性规定了在物理连接上传输二进制比特流时，线路上信号的电平高低、阻抗及阻抗匹配、传输速率与距离限制。
- 功能特性：物理层的功能特性规定了物理接口上各条信号线的功能分配和确切定义。物理接口信号线一般分为数据线、控制线、定时线和地线。
- 规程特性：物理层的规程特性定义了信号线进行二进制比特流传输的一组操作过程，包括各信号线的工作规则和时序。
- 物理层的功能：提供建立、维护和拆除物理链路所需的机械、电气、功能和规程特性；实现实体间的按位传输，保证按位传输的正确性，实现数据链路实体之间比特流的透明传输；提供物理层管理，如功能的激活及差错控制等。

2. **数据链路层**

数据链路层（Data Link Layer）的主要功能是如何在不可靠的物理线路上进行数据的可靠传输。数据链路层完成的是网络中相邻结点之间可靠的数据通信。为了保证数据的可靠传输，发送方把用户数据封装成帧（Frame），并按顺序传送各帧。由于物理线路的不可靠，发送方发出的数据帧有可能在线路上出错或丢失（所谓丢失实际上是数据帧的帧头或帧尾出错），从而导致接收方不能正确地接收到数据帧。为了保证能让接收方对接收到的数据进行正确性判断，发送方为每个数据块计算出 CRC（循环冗余检验）并加入到帧中，这样接收方就可以通过重新计算 CRC 来判断数据接收的正确性。一旦接收方发现接收到的数据有错，则发送方必须重传这一帧数据。然而，相同帧的多次传送也可能使接收方收到重复帧。比如，接收方给发送方的确认帧被破坏后，发送方也会重传上一帧，此时接收方就可能接收到重复帧。数据链路层必需解决由于帧的损坏、丢失和重复所带来的问题。

数据链路层要解决的另一个问题是防止高速发送方的数据把低速接收方“淹没”。因此需要某种信息流量控制机制，使发送方得知接收方当前还有多少缓存空间。为了控制的方便，流量控制常常和差错处理一同实现。

数据链路层的主要功能包括以下内容。

- 链路管理：实现对数据链路层连接的建立、维持和释放。
- 帧同步：在数据链路层，数据的传送单位是帧，帧同步是指接收方应当能从收到的比特流中准确地区分帧的开始和终止。
- 提供数据的流量控制：提供一些机制，使发送方发送数据的速率必须能使接收方来得及接收。
- 检测和校正物理链路产生的差错：系统能够对错误帧或帧丢失的情况进行检查和纠正。广泛采用的差错控制方法有两种，一种是前向纠错，另一种是检错重发。
- 区分数据和控制信息：由于数据和控制信息都是在同一信道中传送的，而且通常数据和信息处于同一帧中，因此要有相应的措施使接收方能够将它们区分开来。
- 透明传输：不管所传数据是什么样的比特组合，都应当能够在链路上传送。

- 寻址：保证每一帧被送到正确的地方，接收方也要知道发送方是谁。

3. 网络层

网络层（Network Layer）的主要功能是完成网络中主机间的报文传输，其关键问题之一是使用数据链路层的服务将每个报文从源端传输到目的端。在广域网中，这包括产生从源端到目的端的路由，并要求这条路径经过尽可能少的 IMP。如果在子网中同时出现过多的报文，子网可能形成拥塞，必须加以避免，此类控制也属于网络层的内容。

网络层实现网络上任一节点的数据准确、无差错地传输到其他节点，这一层定义网络操作系统通信用的协议、为信息确定地址、把逻辑地址和名字翻译成物理地址。它也确定从源机沿着网络到目标机的路由选择，并处理交通问题，例如交换、路由和对数据包阻塞的控制。路由器的功能就是在这一层实现的。

数据链路层协议是相邻两直接连接结点间的通信协议，它不能解决数据经过通信子网中多个转接结点的通信问题。设置网络层的主要目的就是要为报文分组、使其以最佳路径通过通信子网到达目的主机，而网络用户不必关心网络的拓扑结构与所使用的通信介质。

网络层的主要功能是支持网络连接的实现。为传输层提供整个网络范围内两个终端用户之间的数据传输的通路，包括以下内容。

- 为上一传输层提供服务。
- 提供路径选择与中继，即在通信子网中，源结点和中间结点为将报文分组传送到目的结点而对其后继结点的选择。
- 流量控制，对整个通信子网内的流量进行控制，以防因通信量过大造成通信子网性能下降。
- 网络连接的建立与管理。

当报文不得不跨越两个或多个网络时，又会产生很多新问题。例如，第二个网络的寻址方法可能不同于第一个网络；第二个网络可能因为第一个网络的报文太长而无法接收；两个网络使用的协议可能不同，等等。网络层必须解决这些问题，使异构网络能够互连。

在单个局域网中，网络层是冗余的，因为报文是直接从一台计算机传送到另一台计算机的，因此网络层所要做的工作很少。

4. 传输层

传输层（Transport Layer）的主要功能是完成网络中不同主机上的用户进程之间可靠的数据通信。

传输层要决定对会话层用户（最终对网络用户）提供什么样的服务。最好的传输连接是一条无差错的、按顺序传送数据的管道，即传输层连接是真正端到端的。换言之，源端机上的某进程，利用报文头和控制报文与目标机上的对等进程进行对话。在传输层下面的各层中，协议是每台机器与它的直接相邻机器之间（主机-IMP、IMP-IMP）的协议，而不是最终的源端机和目标机之间（主机-主机）的协议。在它们中间，可能还隔着多个 IMP。即 1 至 3 层的协议是点到点的协议，而 4 至 7 层的协议是端到端的协议。

由于绝大多数主机都支持多用户操作，因而机器上有多道程序，这意味着多条连接将进出于这些主机，因此需要以某种方式区分报文是属于哪条连接的。识别这些连接的信息可以放入传输层的报文头中。除了将几个报文流多路复用到一条通道上，传输层还必须管理跨网连接的建立和拆除，这就需要某种命名机制，使机器内的进程能够讲明它希望交谈的对象。

5. 会话层

会话层（Session Layer）允许不同机器上的用户之间建立会话关系。会话层允许进行类似传输层的普通数据的传送，在某些场合还提供了一些有用的增强型服务，允许用户利用一次会话在远端的分时系统上登录，或者在两台机器间传递文件。

会话层提供的服务之一是管理对话控制。会话层允许信息同时双向传输，或任一时刻只能单向传输。后者类似于物理信道上的半双工模式，会话层将记录此时该轮到哪一方。

一种与对话控制有关的服务是令牌管理（Token Management）。有些协议保证双方不能同时进行同样的操作，这一点很重要，为了管理这些活动，会话层提供了令牌，令牌可以在会话双方之间移动，只有持有令牌的一方可以执行某种关键性操作。另一种会话层服务是同步。如果在平均每小时出现一次大故障的网络上，两台机器间要进行一次两小时的文件传输，想想会出现什么样的问题？每一次传输中途失败后，都不得不重新传送这个文件。当网络再次出现大故障时，可能又会半途而废。为了解决这个问题，会话层提供了一种方法，即在数据中插入同步点。每次网络出现故障后，仅仅重传最后一个同步点以后的数据。

6. 表示层

表示层（Presentation Layer）完成某些特定的功能，对这些功能人们常常希望找到普遍的解决办法，而不必由每个用户自己来实现。值得一提的是，表示层以下的各层只关心如何从源机到目标机可靠地传送比特，而表示层关心的是所传送的信息的语法和语义。表示层服务的一个典型例子是用一种大家一致选定的标准方法对数据进行编码。大多数用户程序之间并非交换随机的比特，而是交换诸如人名、日期、货币数量和发票之类的信息。这些对象是用字符串、整型数、浮点数的形式，以及由几种简单类型组成的数据结构来表示。

网络上计算机可能采用不同的数据表示，所以需要在数据传输时进行数据格式的转换。例如在不同的机器上常用不同的代码来表示字符串（ASCII 和 EBCDIC）、整型数（二进制反码或补码）以及机器字的不同字节顺序等。为了使采用不同数据表示法的计算机之间能够相互通信并交换数据，我们在通信过程中使用抽象的数据结构来表示传送的数据，而在机器内部仍然采用各自的标准编码。管理这些抽象的数据结构，并在发送方将机器的内部编码转换为适合网上传输的传送语法，以及在接收方做相反的转换等工作都是由表示层来完成的。另外，表示层还涉及数据压缩和解压、数据加密和解密等工作。

7. 应用层

联网的目的在于支持运行于不同计算机的进程进行通信，而这些进程则是为用户完成不同任务而设计的。可能的应用是多方面的，不受网络结构的限制。应用层（Application Layer）包含大量人们普遍需要的协议。虽然，对于需要通信的不同应用来说，应用层的协议都是必须的。例如，PC 机用户使用仿真终端软件通过网络仿真某个远程主机的终端并使用该远程主机的资源，这个仿真终端程序使用虚拟终端协议将键盘输入的数据传送到主机的操作系统中，并接收显示于屏幕的数据。再比如，当某个用户想要获得远程计算机上的一个文件拷贝时，他要向本机的文件传输软件发出请求，这个软件与远程计算机上的文件传输进程通过文件传输协议进行通信，这个协议主要处理文件名、用户许可状态和其他请求细节的通信。远程计算机上的文件传输进程使用其他的特征来传输文件内容。

由于每个应用有不同的要求，应用层的协议集在 ISO/OSI 模型中并没有定义，但是，有些确定的应用层协议包括虚拟终端、文件传输和电子邮件等都可作为标准化的候选。

2.2.2 TCP/IP 协议

TCP/IP 是 Transmission Control Protocol/Internet Protocol（传输控制协议/网际协议）的简称，它起源于美国 ARPAnet，由它的两个主要协议即 TCP 协议和 IP 协议而得名。TCP/IP 是 Internet 上所有网络和主机之间进行交流所使用的共同“语言”，是 Internet 上使用的一组完整的标准网络连接协议。通常所说的 TCP/IP 协议实际上包含了大量的协议和应用，且由多个独立定义的协议组合在一起，因此，更确切地说，应该称其为 TCP/IP 协议集。

OSI 参考模型研究的初衷是希望为网络体系结构与协议的发展提供一种国际标准，但由于 Internet 在全世界的飞速发展，使得 TCP/IP 协议得到了广泛的应用，虽然 TCP/IP 不是 ISO 标准，但广泛的使用也使 TCP/IP 成为一种“事实上的标准”，并形成了 TCP/IP 参考模型。不过，ISO 的 OSI 参考模型的制定也参考了 TCP/IP 协议集及其分层体系结构的思想。而 TCP/IP 在不断发展的过程中也吸收了 OSI 标准中的概念及特征。

TCP/IP 协议具有以下几个特点：

- 开放的协议标准，可以免费使用，并且独立于特定的计算机硬件与操作系统。
- 独立于特定的网络硬件，可以运行在局域网、广域网中，更适用于互联网中。
- 统一的网络地址分配方案，使得整个 TCP/IP 设备在网中都具有唯一的地址。
- 标准化的高层协议，可以提供多种可靠的用户服务。

TCP/IP 共有 4 个层次，它们分别是网络接口层、网际层、传输层和应用层。

1. 网络接口层

TCP/IP 模型的最低层是网络接口层，也被称为网络访问层，它包括了能使用 TCP/IP 与物理网络进行通信的协议。TCP/IP 标准并没有定义具体的网络接口协议，而是旨在提供灵活性，以适应各种网络类型，如 LAN、MAN 和 WAN。这也说明了 TCP/IP 协议可以运行在任何网络之上。

2. 网际层

网际层是在 Internet 标准中正式定义的第一层。网际层的主要功能是处理来自传输层的分组，使分组形成数据包（IP 数据包），并为该数据包进行路径选择，最终将数据包从源主机发送到目的主机。在网际层中，最常用的协议是网际协议 IP，其他一些协议用来协助 IP 协议的操作。

3. 传输层

TCP/IP 的传输层也被称为主机至主机层，与 OSI 的传输层类似，它主要负责主机到主机之间的端对端通信，该层使用了两种协议来支持两种数据的传送方法，它们是 TCP 协议和 UDP 协议。

4. 应用层

在 TCP/IP 模型中，应用程序接口是最高层，它与 OSI 模型中的高 3 层的任务相同，都是用于提供网络服务的，比如文件传输、远程登录、域名服务和简单网络管理等。

5. OSI 与 TCP/IP 的比较

ISO 制定的开放系统互连标准可以使世界范围内的应用进程开放式地进行信息交换。世界上任何地方的任何系统只要遵循 OSI 标准即可进行相互通信。TCP/IP 是最早作为 ARPAnet 使用的网络体系结构和协议标准，以它为基础的 Internet 是目前国际上规模最大的计算机网络。

OSI 和 TCP/IP 有着许多的共同点：

- 采用了协议分层方法，将庞大且复杂的问题划分为若干个较容易处理的范围较小的问题。
- 各协议层次的功能大体相似，都存在网络层、传输层和应用层。网络层实现点到点通信，并完成路由选择、流量控制和拥塞控制功能；传输层实现端到端通信，将高层的用户应用与低层的通信子网隔离开来，并保证数据传输的最终可靠性；传输层以上的各层都是面向用户应用的，而以下的各层都是面向通信的。
- 两者都可以解决异构网的互连，实现世界上不同厂家生产的计算机之间的通信。
- 都是计算机通信的国际性标准，虽然这种标准一个（OSI）原则上是国际通用的，一个（TCP/IP）是当前工业界使用最多的。
- 都能够提供面向连接和无连接的两种通信服务机制。
- 都是基于一种协议集的概念，协议集是一簇完成特定功能的相互独立的协议。

虽然 OSI 和 TC/IP 存在着不少的共同点，但是它们的区别还是相当大的。如果具体到每个协议的实现上，这种差别就到了难以比较的程度。

图 2-4 画出了 TCP/IP 与 OSI 这两种体系结构的对比。图 2-4（a）是已成为历史的 OSI 体系结构。图 2-4（b）是目前因特网使用的 TCP/IP 体系结构（但也有些人将下面的网络接口层划分为两层，即网络接口层和物理层，因而成为五层的体系结构）。图 2-4（c）概括了 TCP/IP 的三个服务层次，即应用层向应用进程提供应用服务，运输层在使用 TCP 协议时向应用层提供面向连接的可靠的（使用 TCP）或不可靠的（使用 UDP）运输服务，而网际层使用 IP 向运输层提供无连接分组交付服务（即尽最大努力交付）。

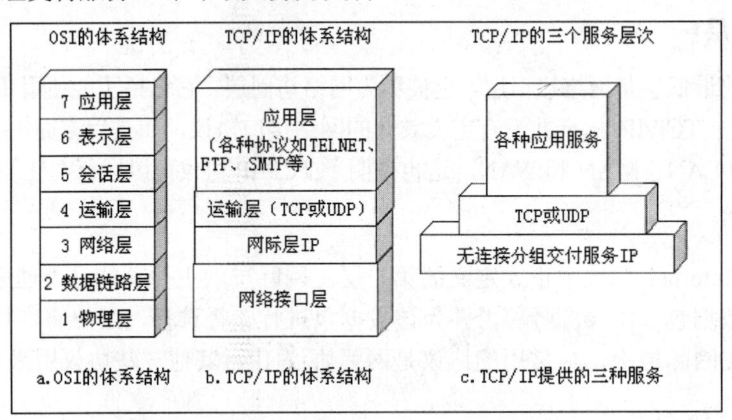

图 2-4　TCP/IP 与 OSI 的比较

值得注意的是，在以下一些问题的处理上，TCP/IP 与 OSI 是很不相同的。例如：

- TCP/IP 一开始就考虑到多种异构网的互连问题，并将网际协议 IP 作为 TCP/IP 的重要组成部分。但 ISO 和 CCITT 最初只考虑到全世界都使用一种统一的标准公用数据网将各种不同的系统互连在一起。后来，ISO 认识到了网际协议 IP 的重要性，然而已经来不及了，只好在网络层中划分出一个子层来完成类似 TCP/IP 中 IP 的作用。
- TCP/IP 一开始就对面向连接服务和无连接服务并重，而 OSI 在开始时只强调面向连接这一种服务。一直到很晚 OSI 才开始制定另一种无连接服务的有关标准。
- TCP/IP 较早就有较好的网络管理功能，而 OSI 到后来才开始考虑这个问题。当然，TCP/IP 也有不足之处。例如，TCP/IP 的模型对“服务”、“协议”和“接口”等概念并没有很清楚地区分开。因此在使用一些新的技术来设计新的网络时，采用这种模型就可能会遇到一些麻烦。另外，TCP/IP 模型的通用性较差，很难用它来描述其他种类的协议栈。还有，TCP/IP 的网络接口层严格来说并不是一个层次，而仅仅是一个接口。

OSI 制定的初衷是希望网络标准化，人们对 OSI 寄予厚望。可是 OSI 却迟迟未能推出产品，妨碍了第三方厂家开发相应的软、硬件，进而影响了 OSI 的市场占有率和未来的发展。而 TCP/IP 在 OSI 推出之前就已经占有一定的市场，代表着市场的主流，OSI 在出台后很长时间不具有可操作性。这样，经过十几年的发展，得到广泛应用的不是法律上的国际标准 OSI，而是非国际标准 TCP/IP，所以 TCP/IP 常被称为事实上的国际标准。

2.2.3 IPX/SPX 协议

IPX/SPX 是 Internet work Packet Exchange/Sequences Packet Exchange（网际包交换/顺序包交换）的简称，它是 Novell 公司开发的通信协议集。该协议支持路由，因此，适用于大型网络。

在 Windows 操作系统中，用户可通过安装 IPX/SPX 的兼容协议 NWLink IPX/SPX，使 Windows 计算机作为客户端访问 NetWare 服务器。但是，如果网络中不存在 NetWare 服务器，则没有必要安装 IPX/SPX 协议。

2.2.4 NetBEUI 协议

NetBEUI 是 NetBIOS Extended User Interface（NetBIOS 扩展用户接口）的缩写，由 IBM 于 1985 年发布，它是一个体积小、效率高、速度快，且占用内存很少的通信协议。该协议特别适用于小型的网络，如部门网络或局域网络区段。如果所有的网络运行都是在一个局域网络区段内的话，NetBEUI 是 Windows 所支持的通信协议中速度最快的一种。

虽然 NetBEUI 在小型局域网络中的速度非常快，但是如果将其在广域网（WAN）中使用的话，其效率却非常令人失望，因为它无法被路由到其他的网络区段。因此，如果用户有广域网需求的话，建议在网络上同时使用两种通信协议，一种使用 NetBEUI，一种使用 TCP/IP。当网络上的计算机都运行 NetBEUI 与 TCP/IP，并且将 NetBEUI 当作主通信协议时，Windows 利用 NetBEUI 的快速能力与同一局域网内的计算机通信，而当必须通过路由器与其他网络内的计算机通信时，就借助于 TCP/IP。

2.3 网络的拓扑结构

局域网的拓扑结构是指局域网中各计算机之间的连接形式，主要包括星型、总线型、环型等几种，目前以星型使用较多。

2.3.1 总线型

将所有计算机连接到一根主电缆上，这样的拓扑结构叫做总线型拓扑，如图 2-5 所示。当网络上的某一台计算机发送消息时，网络上的所有计算机都会收到这台计算机发送的消息，这种数据传输形式被称为广播。

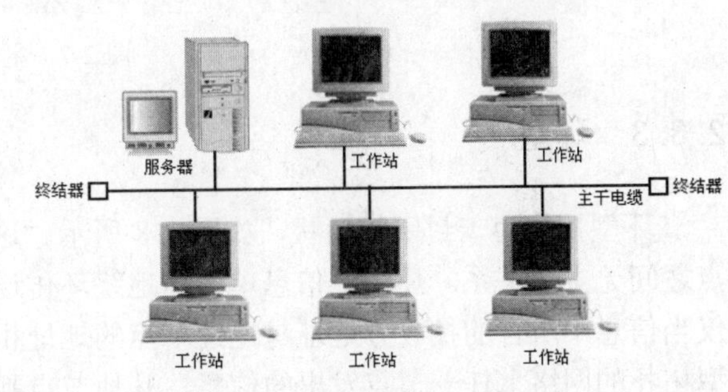

图 2-5 总线型拓扑结构

在总线型网络中，由于各计算机共享一条通信电缆，而且不需要额外的通信设备，因此，可节约联网费用。但是，其缺点也是非常明显的，网络中某个节点出现故障，将导致整个网络瘫痪。同时，由于采用竞争方式传送信息，因此，当网络中的计算机较多时，其工作效率明显降低。目前，这类结构的网络已趋于淘汰。

2.3.2 星型

星型拓扑结构是把所有的计算机（包括服务器和工作站）都连接到一个中央节点（通常为集线器或交换机）上，网络中的所有信息都要通过中央节点来转发，如图 2-6 所示。

这种结构便于集中控制，因为端用户之间的通信必须经过中心站，这一特点也带来了易于维护和安全等优点。端用户设备因为故障而停机时也不会影响其他端用户间的通信。但这种结构非常不利的一点是，中心系统必须具有极高的可靠性，因为中心系统一旦损坏，整个系统便趋于瘫痪。对此，中心系统通常采用双机热备份，以提高系统的可靠性。

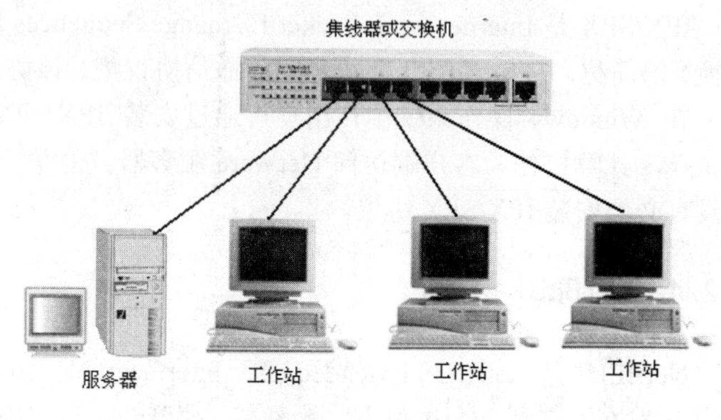

图 2-6　星型拓扑结构

这种网络拓扑结构的一种扩充便是星型树，如图 2-7 所示，每个交换机（或集线器）与端用户的连接仍为星型，交换机（或集线器）级联而形成树。不过，交换机（或集线器）级联的个数是有限制的，并随厂商的不同而有变化。

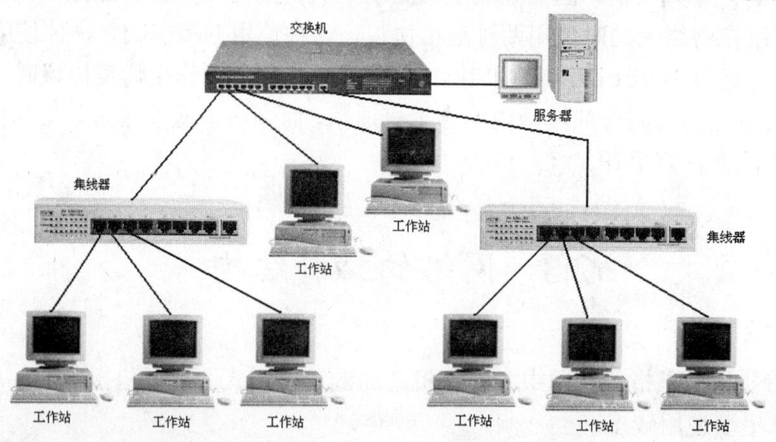

图 2-7　星型树

2.3.3 环型

环型拓扑为一封闭的环状，如图 2-8 所示。这种拓扑网络结构采用非集中控制方式，各节点之间无主从关系。环中的信息单方向地绕环传送，途经环中的所有节点，并回到始发节点。仅当信息中所含的接收方地址与途经节点的地址相同时，该信息才被接收，否则不予理睬。环型拓扑的网络上任一节点发出的信息，其他节点都可以收到，因此它采用的传输信道也叫广播式信道。

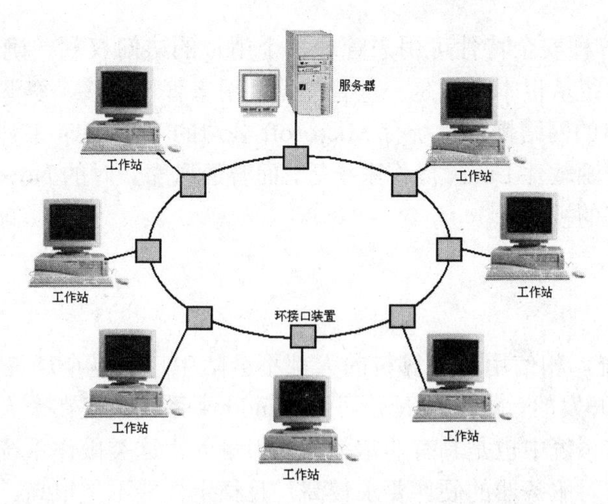

图 2-8　环型拓扑结构

环型拓扑网络的优点是：结构简单，安装方便，传输率较高。缺点是：单环结构的可靠性较差，当某一节点出现故障时，会引起通信中断。目前，环型结构主要用于组建大型、高速局域网的主干网，如光纤主干环网。

2.3.4　其他

以上三种基本网络拓扑结构都有一定的优点，也都有一定的缺点，因此人们为了更好地实现网络的功能，研究出了一些新的网络拓扑结构，如将环型和星型网络拓扑结构结合而形成的星型环网络拓扑结构，将总线型和星型网络拓扑结构结合而形成的星型总线网络拓扑结构等，这些新的网络拓扑结构，更好地发挥了原来的网络拓扑结构的优点，又互相弥补了彼此的缺点，因此在现实中有不少应用。

2.4　网络操作系统

网络操作系统（Network Operation System，简称 NOS）是指在网络中为用户提供各种服务的操作系统软件，它是网络用户和计算机网络的接口，管理着网络上的硬件和软件资源。

网络操作系统是网络的心脏和灵魂，它运行在服务器上，由各工作站共享。网络操作系统与运行在工作站上的单机操作系统由于提供的服务类型不同而有所差别，一般情况下，网络操作系统是以使网络相关特性最佳为目的的。如共享数据文件、软件应用以及共享硬盘、打印机、调制解调器、扫描仪和传真机等。而单机操作系统，如 DOS 和 OS/2 等，其目的是让用户与系统及在此操作系统上运行的各种应用之间的交互作用最佳。

为防止一次由一个以上的用户对文件进行访问，一般网络操作系统都具有文件加锁功能。如果没有这种功能，将无法正常工作。文件加锁功能可跟踪使用中的每个文件，并确保一次只能有一个用户对其进行编辑。文件也可由用户的口令加锁，以维持专用文件的专用性。

网络操作系统还负责管理 LAN 用户和 LAN 打印机之间的连接。网络操作系统总是跟踪每一个可供使用的打印机，以及每个用户的打印请求，并对如何满足这些请求进行管理，使每个端用户的操作系统感到所希望的打印机犹如与其计算机直接相连。

网络操作系统的各种安全特性可用来管理每个用户的访问权利，确保关键数据的安全保密。因此，网络操作系统从根本上说是一种管理器，用来管理连接、资源和通信的流向。

目前，应用比较多的网络操作系统有 Microsoft 公司的 Windows 系列操作系统、各个版本的 UNIX 操作系统和开源软件 Linux 操作系统等，而曾经风靡一时的 Novell Netware 操作系统，已经渐渐地淡出了人们的视野。

2.4.1 Windows

对于这类操作系统，相信用过计算机的人都不会陌生，这是全球最大的软件开发商——Microsoft（微软）公司开发的。Microsoft 公司的 Windows 系统不仅在个人操作系统中占有绝对的优势，它在网络操作系统中也是具有非常强劲的力量的。这类操作系统在整个局域网配置中是最常见的，但由于它对服务器的硬件要求较高，且稳定性能不是很高，所以微软的网络操作系统一般只是用在中低端服务器中，高端服务器通常采用 UNIX、Linux 或 Solairs 等非 Windows 操作系统。

在局域网中，微软的网络操作系统主要有：Windows 2000 Server/Advanced Server、Windows Server/Advanced Server 2003、Windows Server 2008 等。工作站可以采用任一 Windows 或非 Windows 操作系统，包括个人操作系统，如 Windows XP。

本书中讲述的网络操作系统就是 Windows Server 2003。

2.4.2 NetWare

Novell NetWare 的推出时间比较早，运行稳定。在一个 NetWare 网络中，允许有多个服务器，用一般的 PC 机即可作为服务器。NetWare 可同时支持多种拓扑结构，具有较强的容错能力。NetWare 的特点主要表现在以下几个方面。

- 强大的文件及打印服务能力：NetWare 以其强大的文件及打印服务能力而久负盛名。NetWare 能够通过文件及目录高速缓存，将那些读取频率较高的数据预先读入内存，来实现高速文件处理。在 NetWare 中，还可以将打印服务器软件装入像文件服务器这样的硬件中，方便实现打印机资源共享。
- 良好的兼容性及系统容错能力：较高版本的 NetWare 不仅能与不同类型的计算机兼容，而且还能与不同类型的操作系统兼容。另外，它所具备的 SFT（系统差错容限）和 TTS（事务跟踪系统）技术，能够在系统出错时及时进行自我修复，大大降低了因重要文件和数据的丢失所带来的不必要的损失。
- 比较完备措施：NetWare 对入网用户进行注册登记。并采用 4 级安全控制原则，管理不同级别的用户对网络资源的使用。在 NetWare 4.x/5.x 中，还采用了名为 NDS（Net Directory Server，网络服务）的技术，使用户无需了解打印机或文件位于哪个服务器中，就能使用该打印机或文件。
- 不足之处：NetWare 存在工作站资源无法直接共享，安装及管理维护比对等网复杂，多用户需要同时获取文件及数据时会导致网络效率降低以及服务器的运算能力没有得到发挥等特点。

总的来说，随着 Windows 操作系统的流行，NetWare 操作系统由于缺少第三方厂商的支持，没有可靠的开发工具，已成昨日黄花。

2.4.3 UNIX

UNIX 操作系统还可以作为单机操作系统使用，主要用于工程应用、计算机辅助设计和科学计算等领域。

对普通用户来说，UNIX 操作系统比较难掌握，其主要特点如下。

- 安全可靠：UNIX 操作系统在预防病毒侵入方面比其他任何操作系统都具有明显的优势。尽管也有部分病毒已开始进入 UNIX 系统，但数量极少。因为 UNIX 操作系统起初是为多任务、多用户环境设计的，它在用户权限、文件和目录权限、内存管理等方面都有严格的规定，使系统的安全性、可靠性得到了充分保障。此外，UNIX 操作系统在网络信息的保密性、数据安全备份等方面也有很好的保护措施。因此，UNIX 操作系统目前仍被广泛用于金融、民航、邮电等行业。
- 可方便地接入 Internet：Internet 的基础是 UNIX，Internet 中运用的 TCP/IP 协议也是随着 UNIX 操作系统的发展而不断发展和完善起来的。当局域网接入 Internet 或构建企业、学校的 Intranet 时，UNIX 操作系统是很好的选择。目前，大量的 Internet 服务器仍然使用 UNIX 操作系统。
- UNIX 存在的不足：UNIX 的微内核使用 C 语言和汇编语言编写，这些程序代码的可移植性较差，致使 UNIX 的微内核只能安装在少数几家厂商制造的硬件平台上，所以硬件的兼容性不够好。同时，UNIX 的微内核公开后，虽然为 UNIX 带来了空前的繁荣，很多公司根据自身的特点和发展推出了自己的 UNIX 版本，但这些不同版本的 UNIX 之间并不兼容，这也是 UNIX 得不到普及的一个重要原因。

2.4.4 Linux

1991 年，芬兰赫尔辛基大学的学生 Linus Torvalds 利用 Internet 发布了他在 80386 个人计算机上开发的 Linux 操作系统内核的源代码，开创了 Linux 操作系统的历史，也促使了自由软件 Linux 的诞生。Linux 可以在网络服务器上运行，也可在客户机（包括无盘工作站）上运行。作为类 UNIX 操作系统，Linux 具有以下特点：

- 它的内核源代码是公开的，任何人都可以通过 Internet 下载并修改它，然后公布修改结果。
- 可以在多种硬件平台上运行，而且还支持对称多处理器（SMP）的计算机。
- 支持外部设备，如：CD-ROM、声音卡、视频卡、打印机等。
- 可以仿真多种操作系统软件的环境，如：DOS、Windows NT 等。
- 支持多种协议，如：TCP/IP、SLIP（串行线路接口协议）和 PPP（点到点协议）。
- 支持多种格式的文件系统，如：EXT2、EXT、XIAFS、ISOFS、HPFS 等 32 种。其中最常用的是 EXT2，它的文件名长度可达 255 个字符。

尽管 Linux 操作系统发展很快，但也存在不少问题，其中主要问题是版本众多，可在 Linux 平台上运行的软件较少，且各种版本之间有很多不兼容之处。

2.5 网络的硬件组成

网络的硬件包括提供网络服务的服务器、使用网络服务的客户端、作为通讯线路的网络传输介质和各种各样的网络连接设备等，这些网络硬件在网络中各自起着不同的作用，各司其职，分工合作，共同构成了网络的硬件主体。

2.5.1 网络传输介质

网络传输介质是指网络数据信息传输的载体，在计算机网络中，最常用的网络传输介质可以分为两大类：一类是有线传输介质，包括双绞线、同轴电缆和光纤等；另一类是无线传输介质，包括微波和红外线信道等。

1. 双绞线

双绞线（Twisted Pair，TP）是目前综合布线工程中最常用的一种传输介质，由两根具有绝缘保护层的铜导线组成。两根铜导线按一定密度互相缠绕在一起，每一根导线辐射的电波会被另一根线上发出的电波抵消，可有效降低信号干扰的程度。就目前来说，双绞线通常被作为建筑物内局域网的主要通信介质。

双绞线可分为屏蔽双绞线（Shielded Twisted Pair，STP）和非屏蔽双绞线（Unshielded Twisted-Pair，UTP）两大类，其中，屏蔽双绞线又可细分为 3 类、5 类两种，非屏蔽双绞线又可细分为 3 类、4 类、5 类和超 5 类四种。

屏蔽双绞线的最大特点在于封装其中的双绞线与外层绝缘胶皮之间有一层金属材料，这种结构能够减小辐射，防止信息被窃，同时还具有较高的数据传输率（5 类 STP 在 100m 内的数据传输率可达 155Mbit/s）。屏蔽双绞线的缺点主要是价格相对较高，安装时要比非屏蔽双绞线困难，必须使用特殊的连接器。

与屏蔽双绞线相比，非屏蔽双绞线的主要优点是重量轻、易弯曲、易安装和组网灵活等，因此，在无特殊要求的情况下，使用非屏蔽双绞线即可。

不同类型的双绞线具有不同的传输频率和数据传输速率，下面简要介绍一下各类双绞线的特点。

- 3 类双绞线：其最高传输频率为 16MHz，最高数据传输速率为 10Mbit/s，目前已基本被淘汰。
- 4 类双绞线：其最高传输频率为 20MHz，最高数据传输速率为 16Mbit/s，但该类双绞线很少用于网络布线，市场上基本找不到。
- 5 类双绞线：该类双绞线使用了特殊的绝缘材料，其最高传输频率为 100MHz，最高数据传输速率为 100Mbit/s。这是目前使用最多的一类双绞线，它是构建 10/100 Mbit/s 局域网的主要传输介质。
- 超 5 类双绞线：属非屏蔽双绞线，与普通 5 类双绞线相比，超 5 类双绞线在传送信号时衰减更小，抗干扰能力更强。使用超 5 类双绞线时，设备的受干扰程度只有使用普通 5 类线受干扰程度的 1/4，并且只有该类双绞线的全部 4 对线都能实现全双工通信。目前，超 5 类双绞线主要用于千兆位以太网。

2. 同轴电缆

同轴电缆（Coaxial Cable）由一根空心的外导体和一根位于中心轴线的内芯线组成，并且内芯线和外导体及外导体和外界之间都用绝缘材料隔开，如图 2-9 所示。同轴电缆内芯线的直径一般为 1.2~5 mm，外导体的直径一般为 4.4~18 mm，内芯线和外导体一般都采用铜质材料。

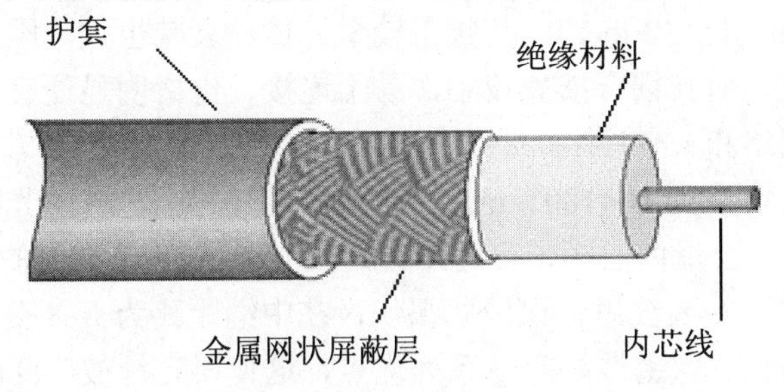

图 2-9　同轴电缆

同轴电缆的低频串音及抗干扰性不如双绞线电缆，但当频率升高时，外导体的屏蔽作用加强，同轴电缆所受的外界干扰以及同轴电缆间的串音都将随频率的升高而减小，因此同轴电缆特别适用于高频传输。一般情况下，同轴电缆的上限工作频率为 300MHz，有些质量高的同轴电缆工作频率可达 900MHz，因此同轴电缆具有很宽的工作频率范围。

按直径的不同，同轴电缆可分为粗缆和细缆两种。细缆安装较容易，而且造价较低，但因受网络布线结构的限制，其日常维护不是很方便，一旦一个用户出故障，便会影响其他用户的正常工作。粗缆适用于较大型局域网的网络干线，布线距离较长，可靠性较好，但是安装、维护等比较困难，且造价较高。

目前，随着光纤技术的迅速发展，同轴电缆的应用越来越少。

3. **光纤**

光纤是一种新型的传输介质，由于它具有传输速率高、通信容量大、重量轻等一系列非常突出的优点，因此发展极为迅速。当前长距离通信的干线网几乎都是用光纤做为传输介质的，而在企业网和 LAN 环境中，当要求的传输速率大于 100Mbit/s、通信距离超过数百米时，也大多使用光纤做为传输介质。在结构化布线系统中，通常都是利用 5 类非屏蔽双绞线电缆作为水平布线，用光纤作为垂直布线。

光纤是一种极纤细（50~100μm）、柔软、能传导光线的介质，生产光纤的原料是玻璃或塑料。利用超高纯石英玻璃纤维生产的光纤，可以获得较低的传输损耗，宜用于长距离传输；而利用塑料纤维生产的光纤，价格更低，常用于短距离传输。

由一束光纤做成的光缆，通常包含四个部分。

- 缆芯：可以是一股或多股光纤，光纤的直径约为 50~100μm，通常是超高纯的玻璃纤维。
- 包层：这是在光纤外面包裹的一层，对光的折射率低于光纤的折射率。
- 吸收外壳：用于防止光的泄漏。
- 防护层：对光缆起保护作用。

光纤可分为以下两类，如图 2-10 所示。

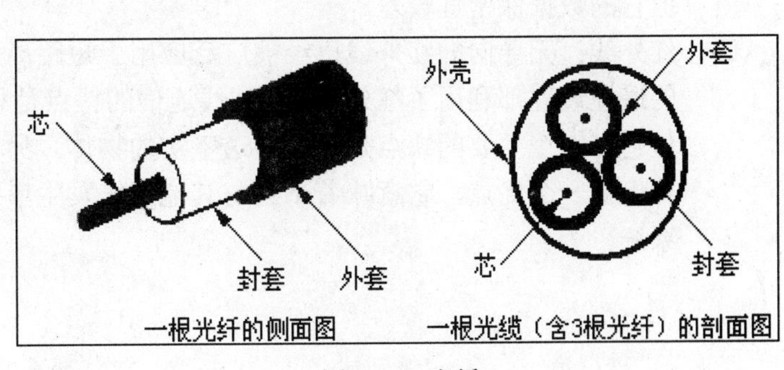

图 2-10　光纤

- 单模光纤（Single Mode Fiber）：这种光纤具有较宽的频带，传输损耗小，因此允许做无中继的长距离传输。但由于这种光纤难与光源耦合，连接较困难、价格也贵，故主要用做邮电通信中的长距离主干线。

- ❑ 多模光纤（Multi Mode Fiber）：其频带较窄、传输衰减也大，因此，其所允许的无中继传输距离较短，但其耦合损失较小，易于连接、价格明显便宜，故常用于中、短距离的数据传输网络和 LAN 中。

由于光纤的直径小，可小到 10~100μm，故重量很轻，每公里长的光纤也只有几克重。光纤具有非常宽的频带，在一公里内的频带可达 1GHz 以上，在 30 公里内的频带仍大于 25MHz。光纤的无中继传输距离可达 6~8 公里，误码率很低，在中继距离为 6~8 公里时可小于 10^{-9}。此外，光纤还有不受电磁干扰、保密性好等一系列优点，这使得光纤被广泛地用于电信系统中，用来铺设主干线。

不过，光纤价格昂贵，光缆的安装、连接和分接都不容易，且相应的安装和测试工具也非常昂贵，这使光纤的应用受到一定限制，目前还主要局限于要求的传输速率很高（如超过 100Mbit/s）、抗干扰性极强的主干网络上使用。

4. 无线传输介质

无线传输介质是指信号通过空气传输，信号不能被约束在一个物理导体内。无线介质实际上就是无线传输系统，主要包括无线电波、微波和红外线等。

- ❑ 无线电短波通信：无线电波很容易产生，可以传播很远，很容易穿过建筑物的阻挡，因此被广泛用于通信，不管是室内还是室外。无线电波的传输是全方向的，因此发射和接收装置不需要在物理上很准确地对准。无线电短波是指波长在 10~100m 的电磁波，其频率为 3~30MHz，电波通过电离层进行折射或反射回到地面，从而达到远距离通信，经多次反射可以实现全球通信。短波通信可以传送电报、电话、传真、低速数据和语音广播等多种信息，在波长配置合适时，很小的发射功率就可以将信号传到数千公里以外，而且能得到良好的通信质量，这是流动的小电台能获得良好通信的原因。不过，短波通信的质量易受电离层特性的影响。短波通信在空间传播，为避免相互间的干扰，国家设立了无线电管理委员会，审批无线电台的设置，监测各类无线电台是否按规定程序和核定的项目进行工作，并处理各类无线电干扰问题。
- ❑ 微波传输：在 100MHz 以上，微波能沿着直线传播，具有很强的方向性，因此，发射天线和接收天线必须精确对准，它构成了远距离电话系统的核心。由于微波沿着直线传播，而地球是一个不规则的球体，所以会限制地面微波传输的范围，为使传输距离更远，必须每隔一段距离就在地面设置一个中继站，设置中继站的主要目的是实现信号的放大、恢复及转发。微波通信的特点是通信容量大、受外界干扰小、传输质量高，但它的数据保密性较差。
- ❑ 红外线：无导向的红外线已经被广泛应用于短距离通信。例如，在日常生活中所使用的遥控装置都利用了红外线。红外线通信的特点是相对有方向性、便宜而且容易制造。但它有一个主要的缺点是不能穿透坚实的物体。另一方面，红外线不能穿透坚实的物体也是一个优点，它意味着不会与其他系统发生串扰，它的数据保密性要高于无线电系统。

2.5.2 网络连接设备

常用的网络连接设备包括网卡、中继器、集线器、交换机和路由器等，它们在网络中的职责各不相同。

1. 网卡

网卡是网络接口卡（Network Interface Card，NIC）的简称，也称为网络适配器，是计算机网络中最基本的设备之一，如图 2-11 所示。它除起到物理接口的作用外，还有控制数据传送的功能，计算机通过它接收或发送网络信息。

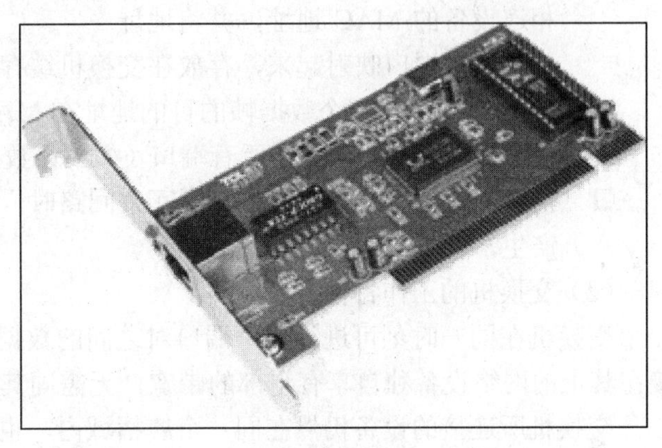

图 2-11 网卡

网卡一方面要和计算机内部的 RAM 交换数据，另一方面又要按照网络所要求的速度和格式发送、接收数据，由于计算机内的数据是并行数据，网上传输的是串行比特流信息，因此网卡必须具备串-并转换功能。为防止数据传输中的丢失，网卡中还需有数据缓存，以实现不同设备间的缓冲。网卡上的 ROM 中有固化的控制通信软件，实现上述功能。

2. 中继器

用于局域网的电缆，按其种类和规格，各有不同的最大可能通信距离，当电缆的连接长度超出其技术规格所规定的通信距离时，就会产生噪声，信号波会衰减，严重的会使结点上的设备无法接收到正常信号。中继器就是在需要延长通信距离时使用的信号放大装置。

中继器除可扩大网络范围外，还具有自动分割和重新连接网络、暂停网段间的数据传送、自动隔离出错段等保证网络正常运行的功能。此外，中继器也提供多种状态指示，如发送、接收、分割、冲突指示等。

使用时，中继器一般与网络主干线相连，主干线可以是细缆、粗缆、光纤等。若与粗缆连接，则需外接收发器，并在网络局域外使用细缆或双绞线。

中继器只有对信号进行再生和放大的功能，没有通信隔离功能，也没有办法解决信息拥挤和路径选择等问题。

3. 集线器

集线器（HUB）是将局域网内各自独立的计算机连接在一起，实现资源共享的网络产品，它是最早出现的局域网设备，如图 2-12 所示。

目前市场上集线器已很少见，原因是其采用共享带宽模式组建网络，随着用户数量的增多，网络速度下降明显。而且，这种性能远落后于交换机的产品，价格却不比交换机便宜多少，在交换机只需要几十元或一、二百元即可买到的情况下，集线器确实已经没有存在的必要了。

4. 交换机

交换是按照通信两端传输信息的需要，用人工或设备自动完成的方法，把要传输的信息送到符合要求的相应路由上的技术的统称，而广义上的交换机就是一种在通信系统中完成信息交换功能的设备。

局域网交换机起源于集线器和网桥等广泛应用的网络通信基础设备，但它在引进数据包交换技术后，在性能和功能上有了很大的发展，因此，集线器和网桥等设备正在被交换机所取代，如图 2-12 所示。

图 2-12　交换机

（1）交换机的主要功能

- 学习：以太网交换机了解每一端口相连设备的 MAC 地址，并将地址同相应的端口映射起来，存放在交换机缓存中的 MAC 地址表中。
- 转发/过滤：当一个数据帧的目的地址在 MAC 地址表中有映射时，它被转发到连接目的节点的端口，而不是所有端口（如果该数据帧为广播/组播帧，则转发至所有端口）。
- 消除回路：当交换机包括一个冗余回路时，以太网交换机通过生成树协议避免回路的产生，同时允许存在后备路径。

（2）交换机的工作特性

交换机在同一时刻可进行多个端口对之间的数据传输，每一端口都可视为独立的网段，连接在其上的网络设备独自享有全部的带宽，无需同其他设备竞争使用。

交换机所连接的设备仍然在同一个广播域内，也就是说，交换机不隔绝广播。

（3）交换机的分类

从大的方面讲，局域网交换机可以分为以太网交换机、快速以太网交换机、千兆位以太网交换机、FDDI 交换机、ATM 交换机和令牌环交换机等多种，这些交换机分别适用于以太网、快速以太网、FDDI、ATM 和令牌环网等环境。

依照交换机处理帧的不同操作模式，交换机主要可分为两类。

- 存储转发：交换机在转发之前必须接收整个帧，并进行检错，如无错误再将这一帧发向目的地址。帧通过交换机的转发时延随帧长度的不同而变化。
- 直通式：交换机只要检查到帧头中所包含的目的地址就立即转发该帧，而无需等待帧全部被接收，也不进行错误校验。由于以太网帧头的长度总是固定的，因此帧通过交换机的转发时延也保持不变。

直通式的转发速度大大快于存储转发模式，但可靠性要差一些，因为可能会转发冲突帧或错误的帧。

如果按照交换机端口的数据传输速率来划分，以太网交换机可分为对称交换机和非对称交换机，其特点如下。

- 对称交换机：交换机的全部端口都具有相同的数据传输速率。
- 非对称交换机：在客户机/服务器网络中，服务器的数据传输量通常要远高于工作站，此外，如果网络比较复杂，由于下层网络共享一个上传端口，因此要求上传端口具有较高的数据传输速率。很多厂商为了适应这种需求，开发了包含两类传输速率端口的交换机，这种交换机被称为非对称交换机。

按照最广泛的普通分类方法，局域网交换机可以分为工作组交换机（信息点少于 100 个）、部门级交换机（信息点少于 300 个）和企业级交换机（信息点在 500 个以上）3 类。这 3 类交换机的特点如下。

- 工作组交换机是最常见的一种交换机，它主要用于办公室、小型机房、多媒体制作中心、网站管理中心和业务受理较为集中的业务部门等。在传输速率上，工作组交换机大都提供多个具有 10/100 Mbit/s 自适应能力的端口。

- ❑ 部门级交换机常用来作为扩充设备，在工作组交换机不能满足需求时，可直接考虑选用部门级交换机。虽然部门级交换机只有较少的端口数量，但却支持较多的 MAC 地址，并具有良好的扩充能力，端口的传输速率基本上为 100Mbit/s。
- ❑ 企业级交换机仅用于大型网络，且一般作为网络的骨干交换机。企业级交换机通常具有快速数据交换能力和全双工能力，可提供容错等智能特性，还支持链路汇聚及第三层交换中的虚拟局域网（VLAN）等功能。

5. 路由器

路由器（Router）是一种多端口的网络设备，它能够连接多个不同网络或网段，并能将不同网络或网段之间的数据信息进行传输，从而构成一个更大的网络。从计算机网络模型角度来看，路由器的行为是发生在 OSI 的第 3 层（网络层）。路由器主要用于异种网络互联或多个子网互联。

路由器的主要功能有：可以在网络间截获发送到远程网段的报文，起转发的作用；选择最合理的路由，引导通信；为了便于在网络间传送报文，按照预定的规则把大的数据包分解成适当大小的数据包，到达目的地后再把分解的数据包包装成原有形式；多协议的路由器可以连接使用不同通信协议的网络段，作为不同通信协议网段通信连接的平台。

路由器像其他网络设备一样，也存在它的优缺点。它的优点主要是适用于大规模的网络，复杂的网络拓扑结构，负载共享和最优路径，能更好地处理多媒体，安全性高，隔离不需要的通信量，节省局域网的带宽，减少主机负担等。它的缺点主要是不支持非路由协议、安装复杂、价格高等。

2.5.3 服务器

服务器是局域网中的关键设备，根据局域网规模及服务器所担负的功能不同，对服务器的要求也就有所不同。例如，如果局域网的规模较小，用户基本上可将任何一台计算机作为服务器使用。但是，在一般情况下，人们对服务器都会提出一些特殊的要求，例如，要求它要较一般的计算机更快、更安全，内存与硬盘容量更大等。

1. 服务器的功能

与网络中的工作站相比，服务器通常具有如下一些功能：

- ❑ 服务器通过运行网络操作系统，控制和协调网络中各工作站的运行，并处理和响应各工作站发出的各种网络操作请求。
- ❑ 存储和管理网络中的各种软、硬件共享资源，如数据库、文件、应用程序、打印机等。
- ❑ 网络管理员通过服务器对各工作站的活动进行监视与调整。

2. 服务器的技术

从技术方面讲，服务器包括了许多普通 PC 机所没有的技术，如 SMP（对称多处理）技术、RAID（冗余磁盘阵列）技术、热插拔技术、智能输入/输出技术、智能监控管理技术、冗余和容错技术等。

3. 服务器的类型

按照不同的角度，服务器有多种划分标准，如按 CPU 分为 CISC 服务器（以 Intel 为主）和 RISC 服务器（Alpha、SPARC、PA-RISC、MIPS 和 PowerPC 等）；按结构分为单处理机系统和多处理机系统；按用途分为网络服务器（如 Internet 接入服务器、Web 服务器和电子邮件服务器等）、数据库服务器、文件服务器、打印服务器等；按应用的操作系统还可以划分为 UNIX 服务器、NT 服务器等。如果从购置者的角度着眼，服务器通常根据其所支持的网络规模分为如下几类。

- 工作组服务器（Workgroup Server）：这是一种初级服务器，一般可支持小于 25 个用户的网络（如小型企业网），主要用于文件共享和打印服务，也可作为小型应用服务器，其价格比同等配置的 PC 稍高一点。此类服务器通常采用单个 Intel 处理器，磁盘阵列和 ECC（错误检查和纠正）内存做为可选项，机箱为小型或中型的落地机箱。
- 部门服务器（Department Server）：这类服务器属于中型服务器，可支持用户数为 20～150 个，主要用于中型企业网的骨干服务器或大型企业的部门服务器。这类服务器可扮演文件和打印服务器的双重角色，还能作为中型的应用服务器使用。在该级别的服务器中，磁盘阵列、ECC 内存和冗余电源供应通常是标准设备，或至少是可选项，CPU 采用 RISC 处理器或高档的 Intel 处理器，其设计是可支持至少两个处理器的 SMP（对称多处理）系统，机箱是落地式的，也可能是双倍宽的立方体或可组装机柜。此外，由于这类服务器的管理比较复杂，因此，需要专门的配置与管理软件。
- 企业服务器（Enterprise Server）：这类服务器属于高档产品，可支持用户数为 100～500 个，主要用于大型企业网、科研园区网、校园网、金融保险网、电信网、邮政综合网、政务网和电子商务网站等。

本章小结

本章主要介绍了网络相关的基础知识，包括网络的分类、网络协议、网络的拓扑结构、网络操作系统和网络的硬件组成等，这些内容都是作为网络管理员必须知道的，是学习网络知识的基础，只有理解并掌握了这些内容，在后面的学习中才能做到游刃有余。

本章的内容大部分都是网络的原理性知识，因此比较抽象，再加上知识点多且分散，读者在学习的时候可能会比较吃力。

思考与练习

1．什么是计算机网络？计算机网络由哪些部分组成？
2．什么是计算机网络的拓扑结构？它主要有哪些类型？
3．计算机网络分成哪几种类型？试比较不同类型网络的特点？
4．计算机网络的主要功能是什么？试根据兴趣和需求，举出几种应用实例。
5．什么是网络体系结构？为什么要定义网络体系结构？
6．什么是网络协议？它在网络中的作用是什么？
7．什么是 OSI 参考模型？各层的主要功能是什么？
8．服务器与普通计算机有哪些异同点？

第 3 章　局域网规划

内容提要

◆ 局域网的规划原则
◆ 选择适合的网络拓扑结构
◆ 选择适合的网络协议
◆ 选择适合的网络操作系统
◆ 选择网络模式
◆ 网络布线与优化

本章主要介绍如何进行局域网的规划和如何设计网络布线方案，这些都是在组建网络之前需要完成的工作。设计一个好的布线方案对于网络的组建十分重要，这不仅是因为它可以更快更好地组建网络，更是由于当网络发生故障时，这些工作能够十分方便有效地找到故障所在，迅速地将故障解决。

3.1　局域网规划原则

网络的规划设计在整个网络的建设中起着举足轻重的作用，一般网络规划需要考虑以下几个方面的问题：

- ❑ 采用哪种或者哪几种网络协议；
- ❑ 采用什么样的网络拓扑结构；
- ❑ 采用什么样的应用程序，包括什么样的操作系统；
- ❑ 如何加强网络的安全性；
- ❑ 选择什么样的网络速度；
- ❑ 如何在满足网络需求的基础上减少建设费用。

在进行以上选择的时候，我们要注意哪些因素呢？

首先要明确整个网络的需求情况，也就是明确有哪些用户，需要哪些服务，这是建设局域网的基础。在此基础上，可进一步确定需要些什么样的资源来建设这个网络，然后确定合适的网络协议，确定网络拓扑，保证网络的安全性和可靠性。

在网络设计中，要特别注意以下的因素。

- ❑ 网络的可扩展性：因为网络始终是可能需要扩充的，因此必须在网络设计时考虑可扩展性。
- ❑ 冗余性：也就是在网络的某些资源出现故障的时候，还能够找到替代资源，维持网络运行的能力。
- ❑ 容错性：指网络对不可避免的各种突发事件的处理能力。

3.2 规划网络

规划网络时，首先要对需要使用网络资源的单位或部门进行需求采集，然后根据了解到的资料来进行网络协议、网络拓扑结构、网络操作系统和网络模式的选择。

3.2.1 选择网络协议

适合局域网的网络协议最常见的三个是：NetBEUI、IPX/SPX 和 TCP/IP。

NetBEUI 是 IBM 开发的非路由协议，用于携带 NetBIOS 通信。NetBEUI 缺乏路由和网络层寻址功能，这既是其最大的优点，也是最大的缺点。因为，NetBEUI 不需要附加的网络地址和网络层头尾，可以迅速有效地适用于只有单个网络或整个环境都桥接起来的小工作组环境。网桥负责按照数据链路层地址在网络之间转发通信，但因为所有的广播通信都必须转发到每个网络中，所以网桥的扩展性不好。100 BASE-T Ethernet 允许 NetBIOS 网络扩展到 350 台主机，这样才能避免广播通信成为严重的问题。一般而言，桥接 NetBEUI 网络很少超过 100 台主机。

IPX 是 Novell 公司用于 NetWare 客户端/服务器的协议群组，它避免了 NetBEUI 的弱点，但同时带来了新的弱点。IPX 具有完全的路由能力，可用于大型企业网，它包括 32 位网络地址，在单个环境中允许有许多路由网络。但 IPX 的可扩展性受到其高层广播通信和高开销的限制。服务广告协议（Service Advertising Protocol，SAP）将路由网络中的主机数限制为几千台。尽管 SAP 的局限性已经被智能路由器和服务器配置所克服，但是，大规模 IPX 网络的网络管理员的工作仍是非常困难的。

TCP/IP 允许与 Internet 完全地连接，它同时具备了可扩展性和可靠性的需求，不幸的是，它牺牲了速度和效率。Internet 的普遍性是 TCP/IP 至今仍然使用的原因。用户常常在没有意识到的情况下，就在自己的计算机上安装了 TCP/IP 协议，从而使该网络协议在全球应用最广。TCP/IP 的 32 位寻址功能方案不足以支持即将加入 Internet 的主机和网络数，因而正在研究的 IPv6 将是下一代的 Internet 网络协议。

根据它们的特点，当我们需要创建一个小型的局域网，并不准备将其接入 Internet 时，不妨采用 NetBEUI 协议，体验一下它的高速；当我们需要使用 Internet 资源时，TCP/IP 协议将会是唯一的选择。至于 IPX 协议，则是当网络中存在 NetWare 服务器时才会被考虑的对象。

3.2.2 选择网络拓扑结构

选择网络拓扑结构是网络建设的基础和前提，网络拓扑结构可以决定网络的特点、速度、实现的功能等。局域网中常用的拓扑结构有：星型拓扑结构、总线型拓扑结构和环型拓扑结构。

星型拓扑结构的优点是：利用中央结点可方便地提供服务和重新配置网络；单个连接点的故障只影响一个设备，不会影响整个网络，容易检测和隔离故障，便于维护；任何一个连接只涉及到中央结点和一个站点，因此控制介质访问的方法很简单，从而访问协议也十分简单。星型拓扑结构的缺点是：每个站点直接与中央结点相连，需要大量电缆，因此费用较高；如果中央结点发生故障，则整个网络不能工作，所以对中央结点的可靠性和冗余度要求很高。根据其特点，我们通常会在对等网中采用星型拓扑结构。

总线型拓扑结构的优点是：电缆长度短，易于布线和维护；结构简单，传输介质又是无源元件，从硬件的角度看，十分可靠。总线型拓扑结构的缺点是：因为总线型拓扑结构的网不是集中控制的，所以故障检测需要在网上的各个站点上进行；在扩展总线的干线长度时，需重新配置中继器、剪裁电缆、调整终端器等；总线上的站点需要介质访问控制功能，这就增加了站点的硬件和软件费用。因特网等常采用总线型拓扑结构。

环型拓扑结构的优点是它能高速运行，而且为了避免冲突，其结构相当简单，缺点是在环型网络中信息流只能单向传播，而且只有得到令牌的站点才可以向网络中发送信息。

最常见的办公室小型局域网一般采用星型结构，这是因为星型网络的构造简单，连接容易，使用双绞线和网卡再加上 HUB 就可以架设一个局域网，管理也比较简单，建设费用和管理费用都较低。而且这种结构的网络易于改变网络容量，方便增加或减少计算机，并易于扩充和管理，容易发现、排除故障。但是，这种结构对中央 HUB 的依赖性很大，如果中央节点出了问题，就会造成整个网络的瘫痪，因此其可靠性低，不适合用在可靠性要求很高的大型网络上。

而总线型结构易于布线和维护，结构简单，易于扩充和管理，可靠性高，速率快，但接入节点有限，发现、排除故障困难，实时性较差。

环型结构也是常用的大型网络结构之一，经常配合令牌使用，其网络结构也很简单，只是网络速度慢，排除故障也很困难。

掌握了三种网络结构的特点，我们就可以根据需要采用适合自己的拓扑结构。

3.2.3　选择网络操作系统

对于新组建的局域网，服务器操作系统建议使用 Windows Server 2003，因为这个系统能为我们提供许多适合当今 Internet 时代的服务，性能方面也比原来的 Windows NT 和 Windows 2000 Server 等操作系统强大、稳定许多。不过 Windows Server 2003 对硬件的要求比 Windows NT 和 Windows 2000 Server 高不少，这就要求在选购服务器时考虑到这一点，不然不仅享受不到 Windows Server 2003 的种种优良性能，还有可能造成整个局域网速度过慢。

安装 Windows Server 2003 系统时，不需要全部安装所有选件，全部安装并打开所有服务要占用系统许多内存及 CPU 资源，而实际上又暂用不上，对一些暂时不用的服务可以暂不安装，如终端服务、活动目录服务和 IIS 都可以选择安装。

对于低端服务器，建议选择 Windows 2000 Server 甚至 Windows NT Server 4.0，特别是后者，这是一个相当成熟的系统（要安装 SP4 以上），能够满足绝大多数服务的要求，可贵的是，它对硬件的要求比起 Windows 2000 Server 和 Windows Server 2003 要低很多，可以满足绝大多数公司的设备定位。

3.2.4　选择网络模式

网络可以分为工作组模式（对等网）和域模式两种。

1. 工作组模式

工作组网也称对等网，它不像企业专业网络是通过域来控制的，在对等网中没有“域”，只有“工作组”。正因如此，在后面的具体网络配置中，就没有域的配置，而只需配置工作组。很显然，“工作组”的概念远没有“域”那么广，所以对等网所能容纳的用户数也非常有限，通常情况下，对等网络中计算机的数量不会超过 20 台。在对等网络中，对等网上的各台计算机都有相同的功能，无主从之分，网上任意节点的计算机既可以作为网络服务器，为其他计算机提供资源；也可以作为工作站，分享其他服务器的资源，任一台计算机均可同时兼作服务器和工作站，也可只作其中之一。同时，对等网除了共享文件之外，还可以共享打印机，可被网络上的任一节点使用，如同使用本地打印机一样方便。因为对等网不需要专门的服务器来做网络支持，也不需要其他组件来提高网络的性能，因此对等网络的价格相对要便宜很多。

对等网主要有如下特点：

- 网络用户较少，一般在20台计算机以内，适合人员少，应用网络较多的中小型企业。
- 网络用户都处于同一区域中。
- 对于网络来说，网络安全不是最重要的问题。

它的主要优点有：网络成本低、网络配置和维护简单。它的缺点也相当明显，主要有：网络性能较低、数据保密性差、文件管理分散、计算机资源占用大。

2. 域模式

域模式网络也称为客户机/服务器模式，服务器是指专门提供服务的高性能计算机或专用设备，客户机就是用户计算机。客户机/服务器网是客户机向服务器发出请求并获得服务的一种网络形式，多台客户机可以共享服务器提供的各种资源。这是最常用、最重要的一种网络类型。不仅适合于同类计算机联网，也适合于不同类型的计算机联网，如PC机、Mac机的混合联网。这种网络安全性容易得到保证，计算机的权限、优先级易于控制，监控容易实现，网络管理能够规范化。网络性能在很大程度上取决于服务器的性能和客户机的数量。目前把针对这类网络的有很多优化性能的服务器称为专用服务器。银行、证券公司都采用这种类型的网络。

3. 选择网络模式

首先，对等网中的计算机地位是完全平等的，每台计算机都可以向其他计算机提供服务，即给别人提供资源，如共享文件夹、共享打印机等；同时，每台计算机也可以享受别人提供的服务。在对等网中，用户自行决定自己的资源（文件、打印机等）是否共享给网络内的其他用户使用，或使别人只能访问自己的资源而不能进行控制。而在客户机/服务器网中，必须至少有一台运行网络操作系统的服务器，其中，服务器可以扮演多种角色，如文件和打印服务器、应用服务器、电子邮件服务器等。服务器作为一台特殊的计算机，除了向其他的计算机提供如文件共享、打印共享等服务之外，它还具有账号管理、安全管理的功能，它能赋予账号不同的权限。而且它与其他非服务器计算机之间的关系不是对等的，即存在制约与被制约的关系。

其次，在对等网中，采用工作组的形式组织计算机，计算机分布在相同或不同的工作组中，工作组只是起隔离作用，以便于浏览。计算机分布在哪个工作组中，由计算机用户自己决定，比如在Windows XP中，可以通过在“我的电脑”上单击鼠标右键，在弹出菜单中选择“属性”选项，在打开的对话框中的“计算机名”选项卡中单击“更改”按钮，选择自己所在的工作组。而在客户机/服务器网中，只有将计算机加入“域”中，才能访问网络上基于域账户的资源，比如访问互联网、访问内部电子邮件系统等，而且用户必须具有一定的权限，才能通过域控制器的验证。把一台安装有Windows XP的计算机加入域中，需要在Windows XP中设置“隶属于域”，同时需要在域控制器上有相应的账户。而一台客户机加入域，则必然在域控制机上有相应的账户，账户由系统管理员来分配。这样就实现了网络中服务器资源访问的控制。

从它们的特点可以发现，对等网组建简单，不需要架设专用的服务器，不需要过多的专业知识，每台计算机完全是平等的，不需要过多的网络设置和管理及规划监控等，每台计算机在网内是相对独立的，但也因此带来了很多的不安全不稳定的因素，比如无法控制网内计算机的运作、无法分配和管理各自的权限等，这些都会对整个网络的安全性和可靠性带来负面的影响。因此，对等网一般应用于计算机数量在十台至几十台、网络规模增长不快、对网络安全要求不高的小型网络。但是如果对网络安全要求较高，就不能使用对等网，应该使用基于服务器的网络。

客户机/服务器网络的组建要复杂一些，主要是服务器端的设置和配置需要较多的专业知识。从一方面讲，这种类型的网络，由于采用了专门的服务器（有的还专门划分了功能，比如文件服务器、打印服务器和 Web 服务器等），所以网络的稳定性要高得多，再加上一般都采用了防火墙设备或者软件对服务器进行保护，因此安全性也提高很多。另外，服务器可以对网内计算机进行管理和监控，也保证了整个网络运行的有序性和可操控性。但是它也有不少缺点，这种网络的建设费用比其他网络要高出很多，日常的维护和管理也要复杂很多。所以基于服务器的网络适用于联网计算机数量在几十台、几百台甚至上千台以上，并且网络规模增长迅速、对网络安全要求高的网络环境。

3.3 结构化布线

随着通信技术和信息产业的飞速发展，智能建筑中越来越多地借助于计算机、控制设备和通讯设备对建筑物的所有设备、语音交换、数据终端、网络设备、视频设备、暖通空调、消防系统、保安监控、电力系统和热力系统等进行智能化的管理和控制，达到互通信息、共享资源的目的。这样多的系统和设备，其信息种类和信息分布复杂而多变，因此必须建立一套有效的布线系统，把不同的控制设备、交换设备、网络设备和计算机设备等相互连接起来。

网络是将独立的设备连接在一起，并使它们可以共享信息和资源的连接系统。正确的设计和实施一个网络系统可以提高通信的速度和可靠性，从而使得一个系统工作起来更加富有效率。网络的建设应该满足已公布的国家和国际标准，并应能够根据商业要求的改变进行不断地进化和升级。

随着计算机的大量使用，人们越来越关注网络和布线的话题。过去，台式计算机通常都是独立进行工作的，现在这种情况已经发生了变化。目前，超过 80%的商用计算机连在局域网中，它们可以大大提高工作效率。局域网可以将计算机与服务器和外设连接在一起，或者为传感器、照相机、监视器以及其他电子设备提供信号通道。如果这些链路都是临时搭建的，那么，工作区将很快就堆满了各种无法辨别的电缆，对它们进行故障排除和维护几乎是不可能的。

3.3.1 布线准备

任何事情在实施前都需要做好充分的准备。布线系统的准备工作涉及到负载评估和规划、目标生命周期和技术指标等因素。

负载评估和规划：对网络和电缆类型的选择主要是由需要连接的设备类型、它们的位置和它们的使用方式来决定的。在开始规划以前，给出关于网络潜在的负载说明是非常有必要的。当一个网络需要为多个系统服务时，应对它们的混合数据流量的峰值进行仔细的考虑。

目标生命周期：布线系统的平均目标生命周期为 15 年，它与主要建筑物的整修周期是一致的。在这段时间内，系统的计算机硬件、软件和使用方式都将发生重大的变化。网络的吞吐量、可靠性和安全性的要求肯定都要增加。

技术指标的制定：使用方法；用户的数量和可能的增长；用户的位置以及他们之间的最长距离；用户位置发生变化的可能性；与当前和今后计算机及软件的连接；电缆布线的可用空间；网络拥有者的总投资；法规及安全性要求；防止服务丢失和数据泄密的重要性。

3.3.2 网络布线原则

网络布线是任何网络系统的关键部件之一，因此决策人员必须准备将网络总投资的 10%用于这一领域。高质量的布线和网络设计方面的投资绝对是物有所值的。

- ❑ 电缆：连接在网络中的设备的类型以及电缆上所承载的通信负载是选择电缆的关键因素。在布线系统中，应首先确定是使用屏蔽电缆、非屏蔽电缆、光缆，还是将它们结合在一起使用。电缆通常使用带有绝缘层的导线，并使用一层或多层塑料外皮。电缆通常由 2~1800 个线对组成。大对数电缆通常用于主干布线系统，它们特别适合在话音和低速率数据应用中使用。
- ❑ 长度：这些电缆在干线和水平（集线器到桌面）布线系统应用中的最大长度在国际标准 IS0/IECIS11801 中有详细的说明。
- ❑ 尺寸：在确定电缆类型前，对电缆走线的可用空间进行检查也是非常重要的一点。尺寸、重量和屏蔽灵活性等因素主要取决于电缆是否采用金属箔或编织护层，以及电缆中使用了多少导线。
- ❑ UTP 电缆：非屏蔽双绞线对（UTP）可以在 622Mbit/s 或更高的传输速率上传输数据。这样就使得人们可以在原来只能使用屏蔽型电缆的应用中使用这种价格更低、体积更小的电缆。UTP 电缆通过将电缆线对进行更紧密的匹配来减小 EMI 干扰。这种电缆被称为平衡电路。
- ❑ 电路的平衡：在理想的平衡电路中，导体中引入的噪声电压的和是零，这样线对之间的信号传输将没有干扰。然而，这种理想情况是无法完全实现的，电缆的信噪比（SNR）是用来测量电缆中在存在噪声信号的情况下信号质量的指标。在屏蔽电缆中，由于存在屏蔽，因此它的平衡特性较差，因此良好的屏蔽完整性和良好的接地对屏蔽电缆来说是非常重要的。高质量的 UTP 电缆在不需要接地或整个电路不需要屏蔽的情况下可以实现良好的平衡电路特性。由于光纤通过光波传输信号，因此它不受任何形式的电磁屏蔽影响。
- ❑ 光缆：在传输速率要求超过 155Mbit/s 和需要更长传输距离的应用中，光纤通常是最佳选择。光纤具有体积小、耐用等优点，但它的成本比其他类型的电缆要高。在大多数网络中，一般都采用光缆作为干线，而使用 UTP 电缆来充当水平连接线。对于那些由于受安装时间、空间或其他限制而不易安装电缆的系统来说，无线局域网可以作为一种可替代的方案。

3.3.3 布线规划

大多数电缆厂商为它们的产品规定了 15 年的保质期。在这段时间内，变化是不可避免的，同时也是无法准确预测的。唯一的解决方法是设计网络时为满足网络变化和增长的要求而进行相应的规划。

- ❑ 未来的投资保护：在正常使用条件下，新型网络不应该在 15 年建筑物整修周期内限制系统的升级。经过精心设计的布线系统可以承受超过大多数局域网传输速率 10～15 倍的数据流量。这将允许在不改变布线系统的情况下使用新型网络技术。

- 通用布线系统：通用布线系统的主要优点是用户可以利用它将不同厂商的设备接入网络。同时，它也允许用户在同一个布线网络上运行几个独立的系统。比方说，用户可以在一个布线系统上建立电话、计算机和环境控制等系统。
- 布线的结构：通用布线和海量布线是结构化布线的核心内容，朗讯科技（前身为 AT&T）和它的 SYSTIMAXSCS 解决方案是这方面的先驱。它使用一种开放式结构平台，支持所有的主要专用网络和非专用网络的标准和协议。SYSTIMAXSCS 使用 UTP 电缆和光缆作为传输媒介，采用星形拓扑结构，使用标准插座进行端接。SYSTIMAXSCS 使用的电缆类型简单，组成的网络模块化，在不影响用户使用的情况下，可以很容易地对网络进行扩展或改变。
- 网络部件：位于每个建筑或建筑群内的配线架是用来实现计算机、外设、网络集线器和其他设备快速接入或撤出网络的部件。在结构和布局不断进行调整的公司内，它可以节约大量的成本。
- 避免干扰：每种有源电子和电气设备都可能产生电磁干扰来破坏网络通信。随着电子设备使用的增加，这个问题也变得越来越突出。在选择电缆和电缆布线时，如何防止 EMI 干扰以保护通信也是一个非常关键的问题。

3.3.4 设计布线方案

在决定了采用何种网络配置和电缆类型之后，剩下的工作就是进行具体的系统设计和安装。

- 折叠的干线：网络的典型结构可能会有所不同。例如可以采用折叠的干线结构，以便于将服务器、集线器和配线架集中放置在一个紧凑的安全区域内，这样可以节省空间并改善系统的物理安全性。
- 冗余：如果系统是用于执行关键任务的，那么系统可能需要使用多条干线来实现网状网络设计，使系统具有一定程度的冗余。
- 物理限制：在规划的较早阶段已经选择了在干线、水平布线和海量布线中使用的电缆类型。在安装、设计和规划阶段，在选择电缆类型时考虑它的物理限制是十分重要的。
- 电缆走线：电缆厂商将给出电缆最小弯曲半径和最大拉力等指标，他们还将就诸如热源、EMI（Electro Magnetic Interference，电磁干扰）干扰源等方面的问题给出相关的参考建议。可以和其他哪些网络共用管线，特别是在有电力电缆分布的地方，EMI 问题应特别注意。
- 走线图：在布线系统进行安装以前，必须准备一份完整的电缆走线图。它对安装人员有很大的帮助，同时对于今后网络的维护、扩展和故障查找也有很大的参考价值。
- 电缆标识：图表与电缆上的实际标签应互相参照。制定计划和标识的工作可由安装人员或室内系统部门来完成。有很多软件包可以帮助人们来完成这方面的工作。
- 安装和接入：网络的设计应遵循易于安装和访问的原则，并应考虑给予电缆足够的支撑和保护。厂商的应用指南应设计为保证它的产品可以满足这些要求，他们还应考虑到与电缆管线相关的国家和国际标准的要求，现场安装人员也有责任来确保满足建筑物的代码要求和标准的规定。可供选择的电缆支撑和保护方法包括：地下管线、活动地板、电缆管道、托盘和线槽、天花板布线和边界通道。

- 管道和天花板布线：管道和天花板布线通常应根据通用标准的要求来实施。例如，在EIA/TIA569中，规定了管道的最大长度为30m，并且在电缆拖拉点的90°弯曲数量应小于两个。管道内部弯曲半径必须是管道直径的6倍，对于直径大于50mm的管线，弯曲半径应至少为其直径的10倍。
- 线路通道：在进行电缆安装时，使用合适的设备和程序可以减少电缆上的张力和避免电缆损坏。在系统安装时，应遵循线路通道和管道生产厂商指南中给出的编码要求的电缆管道填充方式。
- 电缆支撑：天花板布线、管道、托盘和其他管道硬件必须在吊顶的天花板上方使用。另外，电缆在不超过1.5m高的空间内，可以使用J型钩、环或其他悬挂手段做电缆支撑。除了专门的设计以外，不要使用天花板瓷砖、支架和支撑物来固定电缆，也不能将通信电缆与电力电缆绑在一起。
- 电缆到桌面：网络连接的最后部分可能包括在办公室家具、屋内或地毯下的布线。电缆最后走线接入永久性建筑物内网络的转接点可能是网络中潜在的薄弱环节。
- 网络插座：在每个网络的末端都是一个插座，用户可以使用跳线将设备和网络连接在一起。插座的位置、质量和固定硬件在网络设计中是非常重要的环节。CENELECprEN50174和EIA/TIA569标准中对安装在墙壁上、地板上及家具中的插座位置有相关的规定。除了标准规定的原则之外，接插的方便性也应予以充分的考虑。
- 配线架：在一个不会发生变化的可靠网络中，是不需要使用配线架的。而实际上，每个网络都在不断地发生改变，正是配线架可以让人们更加快速、容易地实现网络的改变。配线架还使得网络的错误查找和排除变得更加容易。

3.3.5 注意事项

在确定网络的安装和供应的标书时，网络拥有者的总投资成本是一个关键的因素。由于布线网络有至少15年的使用寿命，因此网络的运营成本和升级成本将等于或超过最初的投资金额。在网络安装好后，增加、去掉和改变连接在网络中的设备通常需要较大的投入。

- 临时的布线选择：可替代集成的结构化布线的系统是临时性的布线系统。它具有不同的形式，其中一些也被定义为结构化布线的范畴，但它们不能被称为集成的结构化布线。在临时的布线系统中，可以使用不同类型的布线部件来实现系统的功能，但可能需要更高的成本，并可能经常导致通信故障的发生。
- 兼容性：临时性布线系统的维护费用是很高的，由于新的部件必须从多个供应商处购买，这样就需要额外的开销，同时还会存在部件之间不兼容的风险。
- 网络故障：操作故障可能是更大的潜在问题，并且是最不好预料的问题。在设计和实施质量不好的网络中查找错误是非常困难和成本很高的一件工作。完备的线路文档和对电缆和连接器的容易访问可以在最大程度上帮助维护工作的顺利进行。
- 质量保证：网络保修的质量是使系统故障不导致意外损失的最佳保证。在理想情况下，电缆布线系统及其所有部件的保质期应为15年。网络的设计和实施应由经生产厂商授权的公司进行，所使用的部件在它的质量保证方面也应没有疑义。这样的工程将来出现问题的几率就小得多了。

本章小结

本章主要介绍了网络规划和网络布线等方面的基本知识，对于大多数网络管理员来说，本章的知识也许不会应用在实际工作中，但是对于一个网络管理员来说，对于这些知识还是应当了解的。

独立组建小规模的网络是一个合格的网络管理员必须具备的能力。

思考与练习

1. 什么是局域网规划？为何要进行局域网规划？
2. 规划网络时应注意哪些方面？
3. 什么是网络模式？该如何选择网络模式？
4. 什么是结构化布线？如何设计结构化布线方案？

第 4 章　采购网络设备

内容提要

- 选购交换机时需要注意的方面
- 选购路由器时需要注意的方面
- 选购双绞线时需要注意的方面
- 选购服务器时需要注意的方面

计算机技术的迅速发展，带来了 IT 产业的繁荣，目前市场中的网络设备种类繁多、良莠不齐，本章就来介绍如何在网络设备的海洋中寻找适合自身需要的产品，包括如何选购交换机、路由器、双绞线和服务器等。

4.1　交换机的选购

交换机设备除了在速度上给网络用户带来优势外，它还能提供比传统的网络共享设备更多的功能。随着交换机市场竞争日趋激烈，交换设备的价格也渐渐地能为广大用户所接受。在国际市场上，交换机已经迅速代替了集线器，成为用户构造网络的首选产品。

4.1.1　如何采购交换机

一般来说，与交换机性能和设备选型密切相关的因素主要有背板带宽、包转发率、交换方式、端口类型、端口速率、端口密度、冗余模块、堆叠能力、VLAN 数量、MAC 地址数量和三层交换能力等。

1. 根据背板带宽选择

背板带宽是选购交换机时应该十分注意的一个性能指标，它标志着一个交换机总的吞吐能力。背板带宽越高，交换机负载数据转发能力就越强，网络瓶颈就越低。在以背板总线为交换通道的交换机上，任何端口接收的数据，首先都会被传送到总线上，再由总线传递给目标端口，这种情况下背板带宽就是总线的带宽。现在的许多交换机，尤其是模块化的交换机都为交换矩阵设计，这种设计的交换能力更强，在这样的交换机上，背板带宽实际上指的是交换矩阵的总吞吐量。背板带宽以 Gbit/s 为单位，从几 Gbit/s 到几百 Gbit/s 不等。一般来说，固定端口交换机的背板带宽较低，而模块化交换机的背板带宽较高，如 Cisco 桌面级交换机 CISCO WS-C2950G-48-EI 的背板带宽为 4.4Gbit/s，而企业级交换机 CISCO WS-C6513 的交换矩阵吞吐能力是 256Gbit/s，相差两个数量级。当然，背板带宽越大，价格也就越高。

2. 根据端口选择

购买交换机时还需要注意交换机的端口，一般要看端口类型、端口速率和端口密度三个方面。

端口类型是指交换机上的端口是以太网、令牌环、FDDI 还是 ATM 等类型，一般来说，固定端口交换机只有单一类型的端口，而模块化交换机则可以有不同介质类型的模块可供选择，从而实现各种网络的互连。如华为的 S3050 交换机提供的是 10/100 Base-TX，1000 Base-FX 端口，而华为 S5516 交换机有 1000/100/10 Base-T，1000 Base-LX，1000 Base-SX 等几种接口可供选择。小型办公室中使用的交换机一般是以 RJ45 以太网端口居多。

端口速率也是衡量交换机的一项重要指标，如神州数码 DCS-1016 交换机提供了 10/100 Mbit/s 速率，而其模块化交换机 DCRS-7515 能够提供 10/100/1000 Mbit/s 等不同速率。目前，低端交换机一般都能够提供 10Mbit/s、100Mbit/s 的速率，高端交换机能够提供 1000Mbit/s 甚至更高的速率。一般的企业需求选择 10/100 Mbit/s 自适应交换机就已经能够满足需求了。千兆端口都作为上联端口与其他交换机相连，带宽需求较大的企业可以选择千兆网络交换机。

端口密度是指一台交换机所支持的最大端口数量。这也是我们在选购交换机时最能直接看出来的，目前市场上的中小企业固定交换机一般提供几个到几十个不等，而企业模块化交换机提供的端口会更多。普通用户一般选择端口较少的固定交换机即可，但如果是中等规模企业，为了以后的升级需求，就要考虑选择模块化交换机。

3. 根据包转发率选择

在选购交换机时，经常会注意到背板带宽和端口速率，但包转发率这项指标也是不可忽视的。包转发率以数据包为单位，体现了交换机的交换能力，单位是 Mpps（百万包/秒）。包转发率的数值从几 Mpps 到几百 Mpps 不等。如 Cisco 2950 系列交换机的包转发率一般为 6.6Mpps。华为 S5516 的包转发率为 24Mpps。

4. 根据交换方式选择

目前交换机通常采用直通式交换、存储转发式和碎片隔离式三种。其中，直通式交换延时小，速度快，但不提供错误检测，容易丢包；存储转发与之相反，它是接收数据包后先缓存起来，做 CRC 校验，过滤错误的数据包后再发送到目的端口，这种交换方式稳定准确，但是延时大，华为的 S3026 交换机即属于存储转发式，该技术是目前交换机使用最普遍的方式。还有就是碎片隔离式技术，原理是在转发之前先检查数据包的长度是否够 64Byte，如小于该值，则丢弃（说明是假包），如大于该值，则转发。该技术一般应用于低端交换机中。

5. 根据三层交换能力选择

早期的交换机不提供三层交换，对于三层交换能力的指标首先是指交换机有无三层交换能力，是否可以通过软件升级为具有此能力；其次是指三层的包转发率的高低，能否实现线速的三层交换（线速三层交换是指具有和二层交换相同的交换速率）。有些交换机的标准版软件是不支持三层交换的，但增强版软件则支持三层交换，例如思科的 Cisco 3550 系列交换机就是如此。

6. 根据堆叠能力选择

交换机之间的连接有两种方式，即级联和堆叠，级联是指通过网线将两台交换机连接起来，而堆叠则指通过堆叠端口（或模块）和堆叠线缆将两台交换机连接起来。不同类型的交换机可以级联，而只有同类的交换机才能堆叠到一起，这一点要特别注意。不同厂商的产品，可堆叠的设备数量有一定的差别，一般最多为 9 台，比如 3Com SuperStack 系列交换机的堆叠数量是 4 台，而 Cisco 3550 系列交换机的堆叠数量是 9 台。

7. 根据 VLAN 支持选择

VLAN 指的是虚拟局域网，主要是为了防止局域网内产生广播效应，同时加强网段之间的安全性。不同厂商的设备对 VLAN 的支持能力不同，支持 VLAN 的数量也不同，早期的交换机支持 VLAN 能力比较低，现在的交换机大部分都支持基于端口的 VLAN、基于 IP 和 MAC 的 VLAN 和基于组播的 VLAN，且支持数量一般都不少。比如联想的 imax iSpirit3524G-L3 就能够支持 256 个 VLAN。

8. **根据 MAC 地址数量选择**

像路由器有路由表一样，每个交换机都有一个 MAC 地址表，所谓 MAC 地址数量是指交换机的 MAC 地址表中可以最多存储的 MAC 地址数量，存储的 MAC 地址数量越多，那么数据转发的速度和效率也就越高。如 Cisco WS-C6509（1300AC）的 MAC 地址为 16000，NETGEAR GS524T 的 MAC 地址为 8K。在我们选购交换机时要注意这个参数，不过现在的交换机一般都会在几千到几万个以上，几乎都能满足用户要求。

以上简单列举了交换机的一些主要性能指标，目前市场上的交换机产品琳琅满目，不同厂商都会针对不同用户提出自己产品的特色，以增强卖点，因此我们一定要清楚产品的本质特性，找到最佳的性能价格比，相信不难选出适合自己的产品。还有其他一些像 CPU 主频类型、延时、MTBF（平均无故障时间）、模块冗余、缓存类型和大小等参数，也都是交换机的基本性能指标，一般在厂商的手册或彩页上都有说明，在此就不再一一介绍了。

4.1.2 主流交换机介绍

由于高端交换机存在一定的技术门槛，加上国外厂商进入这个市场比较早，因而一直以来都是由国外品牌，如 Cisco（思科）、3Com 等占据了绝大部分的市场份额，直至现在，他们仍处于市场的前列，占据着大半江山。但随着国内厂家纷纷向高端交换机靠拢，高端市场的格局也有了不小的变化。从目前的市场状况来看，思科的份额正在不断缩小，3Com 的业绩也在一路下滑，而像华为、神州数码等国内品牌的市场份额却在不断扩大。为了保持已有的市场份额，国外厂商利用自身的技术优势，不断推出更能满足高端用户的产品，同时加大对渠道建设的投入；而国内厂商为了争取更多的市场份额，也在不断地提高自身的研发能力和服务水平，为用户提供性价比更高的产品。

3Com 在高端产品上也加大了技术研发的投入。据了解，3Com 公司在过去几年内投资了几亿美元，研制出一种组建企业局域网核心的 XRN 技术，这种技术类似于几台 PC 机或者服务器互为冗余备用的集群技术，XRN 技术针对各种规模的骨干网络，允许多台千兆交换机组合成一台“分布式引擎”的交换机。从而为用户减少了设备开支，并使得网络管理简单易行。

华为公司也发布了自己的高端交换机产品。其中，Quidway S8016 企业核心路由交换机，定位于 IP 城域网骨干汇聚层和企业网络的大容量骨干交换网络。此外，华为发布的核心骨干路由交换机 Quidway S6506 除了具备灵活、高效等优点以外，还采用了 ASIC 技术，较 Quidway S8016 交换机具有更好的性能价格比，也丰富了华为交换机的产品线。

神州数码网络通过推出 DCRS-7500 这一标志性产品，确立了高端市场策略，以后又陆续推出了 DCRS-8500 系列机箱式城域三层交换机、DCRS-6500 系列机箱式部门级三层交换机，逐步完善了高端路由交换产品线。而在渠道方面，神州数码正在积极地寻找核心的合作伙伴，力图打造全新的渠道队伍，扩大分销力量。

与神州数码不同，清华比威从一开始就立足高端。它们分别推出了 BitStrean3024 到 BitStream8500 系列交换机，这些产品将会在不同领域和行业满足各种类型和规模的用户的组网需求。紫光比威的优势就是研发能力，因为有清华大学的背景，人才优势明显。此外，紫光比威还专门成立了技术市场行销部，为客户提供个性化的服务，从而加大了对行业的渗透力。

而在中低端市场，从国内销售情况来看，由于资金有限，国内用户对交换机的选择更多地考虑的是价格因素，大多数仍停留在非网管、低端口密度的中低端产品。在企业上网需求中，中小型企业是其重要组成部分，因此中低端产品的需求将进一步扩大。国内厂商都抓住时机，推出了针对中小型用户的交换机，并逐渐在中小型网络应用中扮演主角。由于中低端交换机的技术门槛较低，产品同质化的特点尤其突出，因而各大厂家的竞争焦点都集中在价格、服务与渠道三方面。

一直在中低端处于老大地位的D-Link，面对越来越多的竞争对手，不断进行产品的价格调整。D-Link的渠道建设比较完善，但在行业上却显得力度不够。

TP-Link交换机则主要侧重于分销渠道的建设和作用。

值得一提的是，一直统领高端市场的厂家，也在开始走进中低端市场，Cisco、3Com、华为等不断推出针对中小企业的产品。思科着重推出的智能交换机，以图抢占中低端市场；华为也开始试图扩大其在中小企业中的品牌影响力度。这些大厂家的介入，更加加剧了中低端市场的竞争程度，同时也对市场混乱的局面起到了一定的“清洗”作用，从而促使交换机的市场格局变得清晰可见。

4.2 路由器的选购

随着计算机网络规模的不断扩大，路由技术在网络技术中已逐渐成为关键部分，路由器也随之成为最重要的网络设备。在目前的情况下，任何一个有一定规模的计算机网络，无论采用的是快速以太网技术、FDDI技术，还是ATM技术，都离不开路由器，否则就无法正常运作和管理。

4.2.1 如何采购路由器

1. 路由器的分类

弄清楚路由器的分类是正确选择合适产品的基础。通常大家根据路由器的性能和所适应的环境，把路由器分为低端、中端和高端，这是一种约定俗成的作法，没有严格定义。我们以市场占有率最高的Cisco产品为例来进行说明。事实上，很多厂家的产品也和Cisco的产品划分有类似之处。

- 低端路由器：主要适用在分级系统中最低一级的应用，或者中小企业的应用，产品档次相当于Cisco2600系列以下的产品。至于具体选用哪个档次的路由器，应该根据自己的需求来决定，要考虑的主要因素除了包交换能力外，端口数量也非常重要。
- 中端路由器：中端路由器适用于大中型企业和Internet服务供应商，或者行业网络中的地市级网点，产品的档次应该相当于Cisco的模块化3600系列、4000系列等产品，应该在Cisco7200系列以下，选用的原则也是考虑端口支持能力和包交换能力。同时，安全特性也相应地要重要一些。
- 高端路由器：高端路由器主要应用在核心和骨干网络上，一般是提供千兆能力的产品，端口密度要求极高，产品的档次应该相当于Cisco的7600系列、12000系列的产品。

选用高端路由器的时候，性能因素显得更加重要。

另外，按照不同的标准，路由器又有不同的划分方式，如从结构上看，可分为模块化结构和非模块化结构；从所处的网络位置上看，分核心路由器和接入路由器（边缘路由器）；从功能上看，可分为通用路由器和专用路由器（如VPN路由器、宽带接入路由器等）；从处理能力上看，可分为线速路由器和非线速路由器。通常情况下，中高端路由器采用模块化结构、处于网络的核心、具有线速处理能力；低端路由器则相反。

2. 选购路由器的原则

首先，应确定是选择接入级、企业级还是骨干级路由器，这是选择的大方向。然后再根据路由器选择方面的基本原则，来确定产品的基本性能要求。路由器的选择应依据以下基本原则。

- 核心路由器：核心路由器在网络中起到的作用不言自明，选择核心路由器时最需要强调的是产品的性能和可靠性。性能方面除了要考察具体指标外，是否具有真正的线速处理能力也很大程度上影响着网络的性能，有些厂商号称具有线速能力的路由器实际上达不到线速，所以在这方面可以看一看第三方的评测报告。可靠性也包括多个方面，如硬件的冗余、模块热插拔等。
- 边缘路由器：边缘路由器一般服务于企业的分支机构，如果仅需要进行简单的信息传输，那么大部分基本的边缘路由器都能胜任。但是如果需要实现一些关键业务（如语音视频服务和远程数据备份等），情况就不那么简单了，这些业务要求网络设备除了具备传统的数据传输、包交换功能之外，还要支持数据分类、优先级控制、用户识别和快速自愈等特性。具体来讲，QoS能力、组播技术、安全和管理性都要具备。
- 专用路由器：随着应用的细化，厂家针对一些特定的应用制定了专用的路由器，如VPN路由器、网吧路由器、宽带接入路由器等，每一种专用路由器都是在通用路由器的基础上进行了一些改进，从而能够更好地适应特定应用的需要。如近来面对网络游戏的升温，网吧路由器就很受青睐，因为它做到了支持用户量大、访问率高、处理速度快、兼容性和可扩展性皆不错，并且价格不高，从而很适合网吧运营企业。事实上，这类路由器在设计上并不太复杂，关键是能抓住特定应用的本质需求，就产品本身来讲，都不存在技术不成熟的问题，所以，对于有特定需求的用户，购买适合的专用路由器是一种不错的选择。

4.2.2 主流路由器介绍

生产路由器的厂家很多，这个市场过去通常是国外的品牌一统天下，如Cisco、3Com、Cabletron和Nortel Networks等公司的产品。如今，随着互联网时代的到来，许多国内厂商也瞄准了计算机网络这个具有无限潜力的市场，纷纷推出自有品牌的网络产品。

Cisco 2800系列：思科系统公司（Cisco Systems）是路由器技术的领导者，在Internet上流动的数据大多都会通过Cisco的设备，其中绝大多数是Cisco的路由器。可以说Internet成就了Cisco的辉煌。Cisco的路由器有多种系列，Cisco 2800系列路由器的设计将多个独立设备的功能整合到一个可远程管理的小巧产品包中。因为Cisco 2800系列路由器为模块化设备，可方便地定制接口配置来支持多种网络应用，如分支机构数据访问、集成交换、多服务话音和数据集成、拨号接入服务、VPN 接入和防火墙保护、企业级 DSL、内容网络、入侵检测、VLAN 间路由和串行设备集中。Cisco 2800系列路由器为客户提供了业界最灵活的可适应基础设施，以满足当前和未来对于最高投资回报的企业的要求。

Quidway S5000：华为自进入数据通信领域以来，已经推出了全系列的路由器产品，华为技术有限公司以华为自主品牌的网络核心技术为龙头，不断成长壮大，造就了今日出色的全系列网络产品。其中，Quidway S5000系列全千兆智能以太网交换机是华为3Com公司自主开发的二层线速全千兆以太网交换产品，是为企业网高速互连和千兆到桌面应用而设计的智能型可网管交换机。Quidway S5000系列以太网交换机应用在城域网时，可以提供多路千兆光口，从而能够进行城域网汇聚，解决高端设备的GE端口紧张的问题；Quidway S5000系列还提供设备电源冗余备份保护。

OfficeConnect NETBuilder：H3C MSR 50-06是H3C公司推出的一款高性能全千兆宽带路由器，它主要定位于以太网接入的SMB市场和政府、企业分支机构、网吧等网络环境，如需要高Internet带宽的网吧、酒店和学校以及采用以太网光纤接入的电子政务网等。

H3C MSR 50-06全千兆路由器采用高性能处理器，CPU主频达到800M，集成全千兆以太网接口，在软件特性方面支持丰富的安全特性，支持防攻击和应用过滤等功能。它是H3C公司宽带路由器中的高端产品，是大型网吧用户和大型企业Internet出口设备的理想选择。

该产品的主要特点是：

- 全千兆以太网接口（支持电口及光口），4个千兆以太口足以满足接口数量的要求。
- 提供高性能数据处理能力，能够达到双向千兆线速转发。
- 强大的安全功能，支持丰富的防DOS攻击、防ARP、防BT/QQ等P2P应用的控制功能。
- 支持带机数目多，一般为300~1000台。

4.3 双绞线的选购

网线是整个网络中数据传输的通道，其重要性不言而喻，目前市场中的假冒伪劣产品比比皆是，因此本节我们来介绍一下如何分辨双绞线的真假。

4.3.1 如何采购双绞线

目前，在做网络工程时用双绞线的地方很多，由于成本及施工复杂度的原因，光纤主要还是用于主干网，“光纤到桌面”恐怕还要假以时日，同轴电缆已基本被淘汰。双绞线又分为屏蔽双绞线和非屏蔽双绞线两类，STP仅在一些特殊场合（如受电磁干扰严重、易受化学品的腐蚀等）使用，用得最多的还是UTP。现在市场中假的双绞线比真的还要多，而且假线上同样有和真线一样的标记。除了假线外，市面上有很多用三类线冒充五类线、超五类线的情况。

首先来判别一下是否是假冒国外厂家的。国内系统集成商一般情况下都是使用国外的网线居多，原因就是国外的网线质量确实比国内的大部分网线质量要好得多，工程比较容易通过验收，所以国内有些不法厂商就开始仿国外的网线。如何签别网线是否是假冒的呢？一位在海关验货的IT技术人员提供了这样一个检验方法：国外的网线外面的塑料皮弹性很大，把一段网线对折，如果能立即弹回，基本上可以认为此网线为真品。

> 以上方法仅仅为经验之谈，只可作为参考。

接着确定双绞线的类型。双绞线电缆中的导线是成对出现的，每2条为一对，并且相互扭绕。根据美国线缆规格（AWG）规定：双绞线中的导线全部应为4对，共8根。但是10Mbit/s以太网标准规定只使用2对导线传输信号，所以3类双绞线中有些是2对的，而有些则是4对的。快速以太网的出现，一方面将原来10Mbit/s网络的速度从理论上提高了10倍，另一方面为将来更快速度的网络（千兆位以太网，传输速度为1000Mbit/s）作好准备，同时传输速度为100Mbit/s的5类双绞线也投入使用。虽然快速以太网只使用其中的2对，但千兆位以太网必须要用到全部的4对。因此建议用户多看看网线上的标注，如标有“CAT3”的字样，则一般为3类线，当标有“CAT5”的字样时说明为5类双绞线、5E字样的为超5类线。

然后还要实际测试其速度。现在组建的网络一般都采用5类以上的双绞线，3类双绞线已属于淘汰产品。但是，一些双绞线生产厂商在5类双绞线标准推出后，便将原来用于3类线的导线封装在印有5类双绞线字样的电缆中出售。当使用了这类假5类线后，网络的实际通信速度只能在很短的距离内达到5类双绞线所规定的100Mbit/s。这种造假非常隐蔽，一般用户很难发现。这时，建议大家先购买一段，亲自测试一下。如果测试速度达到了100Mbit/s，则表明是5类双绞线，若只有10Mbit/s，则说明电缆中使用的是3类线的导线。这种方法不仅能够正确区别3类线和5类线，而且可以用于测试双绞线电缆中每一对导线的扭绕度是否符合标准，同时还可以测出导线中的金属介质是否合格。

在进行网络速度测试时，双绞线的长度应为100米的标准长度，否则测出的数据没有任何意义。

最后还要测试网线是否具有一定的耐热、抗拉、抗燃和易弯曲等性能：

- 将双绞线放在高温环境中测试一下，真的双绞线在周围温度达到摄氏35℃至40℃时外面的一层胶皮不会变软，而假的会变软。
- 为了保证连接的安全，真的双绞线电缆外包的胶皮具有较强的抗拉性，而假的却没有。
- 双绞线电缆中一般使用金属铜，而一些厂商在生产时为了降低成本，在铜中添加了其他的金属元素，其直观表现是掺假后的导线比正常的导线明显要硬，不易弯曲，使用中容易产生断线。
- 真的双绞线外面的胶皮还具有抗燃性，而假的则使用普通的易燃材料制成，购买时可亲自试验一下。

4.3.2 制作网线

1. 准备工具材料

在制作网线前，必须准备相应的工具和材料。首要的工具是RJ-45工具钳，该工具上有三处不同的功能，最前端是剥线口，它用来剥开双绞线外壳。中间是压制RJ-45头工具槽，这里可将RJ-45头与双绞线合成。离手柄最近端是锋利的切线刀，此处可以用来切断双绞线。接下来需要的材料是RJ-45头和双绞线。由于RJ-45头像水晶一样晶莹透明，所以俗称为水晶头，每条双绞线两头通过安装RJ-45水晶头来与网卡和集线器（或交换机）相连。而双绞线是指封装在绝缘外套里的由两根绝缘导线相互扭绕而成的四对线缆，它们相互扭绕是为了降低传输信号之间的干扰。

在选择RJ-45工具钳时，一定要注意工具钳压下来后上面的每个齿口都能与水晶头上的金属片一一对应好，这样才能保证制作出合格的网线。

2. 网线的标准

双绞线做法有两种国际标准：EIA/TIA568A 和 EIA/TIA568B，而双绞线的连接方法也主要有两种：直通线缆和交叉线缆。直通线缆的水晶头两端都遵循 568A 或 568B 标准，双绞线的每组线在两端是一一对应的，颜色相同的导线在两端水晶头的相应槽中保持一致。它主要用在交换机（或集线器）Uplink 口连接交换机（或集线器）普通端口或交换机普通端口连接计算机网卡上。而交叉线缆的水晶头一端遵循 568A 标准，而另一端则采用 568B 标准，它主要用在交换机（或集线器）普通端口连接到交换机（或集线器）普通端口或网卡上。

568A 标准描述的线序从左到右依次为：白绿、绿、白橙、蓝、白蓝、橙、白棕、棕。568B 标准描述的线序从左到右依次为：白橙、橙、白绿、蓝、白蓝、绿、白棕、棕。在网络施工中，建议使用 568B 标准。当然，对于一般的布线系统工程，568A 也同样适用。

> 通常情况下，将水晶头有塑料弹簧片的一面向下，有针脚的一面向上，使有针脚的一端指向远离自己的方向，有方型孔的一端对着自己，此时，最左边的是第 1 脚，最右边的是第 8 脚，其余依次顺序排列。

3. 网线的制作

（1）利用压线钳的剪线刀口剪取适当长度的网线。

（2）用压线钳的剪线刀口将线头剪齐，再将线头放入剥线刀口，让线头触及档板，稍微握紧压线钳慢慢旋转，让刀口划开双绞线的保护胶皮，拔下胶皮。

> 网线钳档板离剥线刀口的长度通常恰好为水晶头的长度，这样可以有效地避免剥线过长或者过短。剥线过长一则不美观，另一方面因网线不能被水晶头卡住，容易松动；剥线过短，因有保护胶皮存在，网线不能完全插到水晶头底部，造成水晶头插针不能与网线芯线完好接触。

（3）剥除外包皮后，即可见到双绞线网线的 4 对 8 条芯线，并且可以看到每对的颜色都不同。每对缠绕的两根芯线是由一种染有相应颜色的芯线加上一条只染有少许相应颜色的白色相间芯线组成。四条全色芯线的颜色为：棕色、橙色、绿色、蓝色。每对线都是相互缠绕在一起的。制作网线时，必须将 4 个线对的 8 条细导线一一拆开、理顺、拉直，然后按照规定的线序排列整齐。

（4）把线尽量拉直（不要缠绕）、压平（不要重叠）、挤紧理顺（朝一个方向紧靠），然后，用压线钳把线头剪平齐。这样，在双绞线插入水晶头后，每条线都能良好地接触水晶头中的插针，避免接触不良。如果以前剥的皮过长，可以在这里将过长的细线剪短，保留的去掉外层绝缘皮的部分约为 14mm，这个长度正好能将各细导线插入到各自的线槽中。如果该段留得过长，一来会由于线对不再互绞而增加串扰，二来会由于水晶头不能压住护套而可能导致电缆从水晶头中脱出，造成线路接触不良甚至中断。

（5）一手以拇指和中指捏住水晶头，使有塑料弹片的一侧向下，针脚一方朝向远离自己的方向，并用食指抵住；另一手捏住双绞线外面的胶皮，缓缓用力将 8 条导线同时沿 RJ-45 头内的 8 个线槽插入，一直插到线槽的顶端。

（6）确认所有导线都到位，并透过水晶头检查一遍线序无误后，将 RJ-45 头从无牙的一侧推入压线钳夹槽后，用力握紧线钳，将突出在外面的针脚全部压入水晶头内。

水晶头的两端都做好后即可用网线测试仪进行测试，如果测试仪上 8 个指示灯都依次为绿色闪过，证明网线制作成功。如果出现任何一个灯为红灯或黄灯，都证明存在断路或者接触不良现象，此时最好先对两端水晶头再用网线钳压一次，然后再测，如果故障依旧，检查一下两端芯线的排列顺序是否一样，如果不一样，剪掉一端重新按另一端芯线的排列顺序制做水晶头。

如果芯线顺序一样，但测试仪在重做后仍显示红色灯或黄色灯，则表明其中肯定存在对应芯线接触不好，可以先剪掉一端，按另一端芯线的顺序重做一个水晶头，然后重新测试。直到测试全部为绿色指示灯闪过为止。对于制作的方法不同，测试仪上的指示灯亮的顺序也不同，如果是直通线测试仪上的灯应该是依次顺序地亮，如果做的是双绞线，测试仪灯的闪亮顺序应该是3、6、1、4、5、2、7、8。

4.4 服务器的选购

4.4.1 如何采购服务器

今天的服务器面对各种各样的用户需求，除了文件、电子邮件及打印服务等传统任务外，还承担起了数据库查询及多媒体应用等新任务。无论是在 Internet 还是 Intranet，服务器的地位都变得越来越重要。总体上讲，选择服务器时应注意其性能、扩展性、可用性、可管理性、可靠性等方面，并综合考虑市场价格、服务支持等因素。

- ❑ 可靠性：服务器的可靠性由服务器的平均无故障时间（Mean Time Between Failure，简称 MTBF）来度量，平均无故障时间越长，服务器的可靠性越高。如果使用服务器实现文件共享和打印功能，只要求服务器在工作时间段内不出现停机故障，并不要求服务器长时间（每年 365 天，每天 24 小时）无故障运转，服务器中的低端产品就完全可以胜任。但是对于银行、电信、航空之类的关键业务，即便是短暂的系统故障，也会造成难以挽回的损失。在这类环境中，可靠性是服务器的灵魂，其性能和质量直接关系到整个网络系统的可靠性。服务器在设计之初就应考虑到可靠性，在产品发布之前也应通过多项严格测试。所以，用户在选购时必须把服务器的可靠性放在首位。
- ❑ 可管理性：服务器的可管理性是其标准性能。服务器管理有两个层次，硬件管理接口和管理软件。管理的内容可以包括性能管理、存储管理、可用性/故障管理、网络管理、安全管理、配置管理、软件分发、统计管理和技术支持管理等。使用合适的系统管理工具有助于降低支持和管理成本，有效监控系统的运行状态，及时发现并解决问题，将问题消灭于萌芽状态。这些都为服务器在可管理性方面提供了极大的方便，特别是安装软件所提供的方便，它使管理员安装服务器或扩容（增加硬盘、内存等）服务器就像安装普通计算机一样简单。
- ❑ 可用性：关键的企业应用都追求高可用性服务器，希望系统长时间不停机、无故障运行。有些服务器厂商采用服务器全年停机时间占整个年度时间的百分比来描述服务器的可用性。一般来说，服务器的可用性是指在一段时间内服务器可供用户正常使用时间的百分比。服务器的故障处理技术越成熟，向用户提供的可用性就越高。提高服务器的可用性有两种方式：减少硬件的平均故障间隔时间和利用专用功能机制（容错、冗余等）。可在出现故障时自动执行系统或部件切换，以避免或减少意外停机。然而，不管采用哪种方式，都离不开系统或部件冗余，当然，这也提高了系统成本。
- ❑ 易用性：服务器应多采用国际标准，机箱设计科学合理，拆卸方便，可热拔插部件较多，可随时更换故障部件，而且随机配有完善的用户手册，可以指导用户迅速简单地进行安装和使用。

- 可扩展性：服务器的可扩展性是服务器的重要性能之一。服务器在工作中的升级特点，表现为工作站或用户的数量增加是随机的。为了保持服务器工作的稳定性和安全性，就必须充分考虑服务器的可扩展性能。首先，在机架上要为硬盘和电源的增加留有充分余地，一般服务器的机箱内都留有 3 个以上的硬驱动器间隔，可容纳 4～6 个硬盘可热插拔驱动器，甚至更多。若 3 个驱动器间隔全部占用，至少可容纳 18 个内置的驱动器。另外，还支持 3 个以上的可热插拔的负载平衡电源 UPS。其次，在主机板上的插槽不但种类齐全，而且要有一定的数量。一般的服务器都有 64 位 PCI 插槽和 32 位 PCI 插槽 2～6 条，有 1～2 条 PCI 插槽和 ISA 插槽。
- 安全性：安全性是网络的生命，而服务器的安全就是网络的安全。为了提高服务器的安全性，服务器部件冗余就显得非常重要。因为服务器冗余是消除系统错误、保证系统安全和维护系统稳定的有效方法，所以冗余是衡量服务器安全性的重要标准。某些服务器在电源、网卡、SCSI 卡、硬盘、PCI 通道上都实现设备完全冗余，同时还支持 PCI 网卡的自动切换功能，大大优化了服务器的安全性能。当然，设备部件冗余需要两套完全相同的部件，也大大提高了系统的造价。

4.4.2 主流服务器介绍

我们发现，一般中小企业如果不是批量采购，大半是采用塔式的服务器。机架式服务器多半是大企业和政府职能部门采购，因为与同性能的塔式服务器相比，机架式服务器的价格要高一些，而新的刀片服务器还没有大面积应用，对于中小企业来说，是没有这个必要的。

另外一个原因，这个档次的服务器完全可以担当部门级服务器的应用。部门级服务器是一个中间档产品，相比之下，产品架构比较稳定，既可以在大企业的部门采用，也可以在中小企业中担当各种功能服务器使用，比如邮件服务器或者文件打印服务器等。

1. HP Integrity rx8640

HP Integrity rx8640 动能服务器提供了中高端服务器中的高端性能、功能和价值。Integrity rx8640 动能服务器采用双核英特尔®安腾® 2 处理器，并结合了基于单元的惠普（HP）超级可扩展处理器芯片组 sx2000 来提升处理器的性能，从而使其成为支持世界级 IT 运行的理想平台。该服务可以轻松满足整合、纵向扩充和性能工作负载等种种需求，包括企业资源规划、客户关系管理、业务智能、数据库托管（databasehousing）以及财务和计费等。领先的虚拟化和软硬件分区功能，以及多操作系统支持，可使用户自由选择合适的解决方案来满足业务需求。

产品配置：

处理器：1.6 GHz/24MB 双核英特尔安腾（9150N）。

内存：最小值/最大值 2GB/512GB。

硬盘：73GB、146GB 和 300GB Ultra320 SCSI 硬盘驱动器。

内部硬盘托架：4 个热插拔 Ultra320 SCSI。

I/O 插槽：基础系统－PCI-X I/O 背板选件：可用 16 个内置 PCI-X 热插拔 I/O 卡插槽（8 个 PCI-X 266、8 个 PCI-X 133）；基础系统－PCIe/PCI-X I/O 背板选件：可用 16 个内置 PCIe 和 PCI-X 热插拔 I/O 卡插槽(8 个 PCIe x8、8 个 PCI-X 133)；可选的 SEU-2－PCI-X I/O 背板选件：可用 16 个内置 PCI-X 热插拔 I/O 卡插槽（8 个 PCI-X 266、8 个 PCI-X 133）；可选的 SEU-2－PCIe/PCI-X I/O 背板选件：可用 16 个内置 PCIe 和 PCI-X 热插拔 I/O 卡插槽（8 个 PCIe x8、8 个 PCI-X 133）。

网卡：10/100/1000Base-T 以太网卡。

2. IBM system x3400

IBM system x3400 是一款在灵活性、性能和价位之间获得最佳平衡的服务器，适合中小型企业和分支机构。

IBM system x3400 支持 Intel 全新 Xeon 四核处理器，能以较低的成本实现业务增长，并获得卓越的性能，最多支持 8 个热插拔 SAS 内置硬盘，满足企业对大存储容量的要求，可选的冗余功能有助于保护关键业务应用。

产品配置：

处理器：四核英特尔至强处理器 5405。

内存：2*1GB PC2-5300 DDR2 ECC 全缓冲内存，最大内存容量 32GB。

硬盘：146GB 热插拔 SAS 硬盘，集成 RAID-0、-1、-10，可选 RAID-5。

网卡：集成千兆以太网卡。

标准接口：2 个串口、2 个 USB 2.0（后面）、2 个 USB 2.0（前面）、1 个并口、Video、键盘、鼠标、1 个千兆以太网接口（RJ-45）、1 个系统管理接口（RJ-45）。

3. Sun SPARC Enterprise T5120（SECPAAF2Z）

Sun SPARC Enterprise T5120 是世界上首款旨在满足 Web 伸缩性能要求的服务器：可安全地支持数百万名新用户，并且降低了 2 倍功耗和 4 倍空间。它还是业界最开放的平台，每个处理器都具有多达 8 个内核和 64 个线程，所占空间仅为 1RU，从而可以克服当前数据中心的容量限制。

主要应用领域：

虚拟化与合并；

Web 服务/网络密集型应用程序；

Java 应用程序服务器和虚拟机；

安全应用程序。

产品配置：

处理器：4 核 1.2 GHz UltraSPARC T2 处理器。

内存：4GB（4 个 1GB FBDIMM）内存。

硬盘：2 个 146GB 10000 rpm SAS 磁盘。

外设接口：1 个串行端口，4 个 USB 端口。

扩展插槽：1 个专用 PCI-E 薄型插槽，2 个 PCI-E 薄型插槽或 XAUI（10Gbit/s 以太网）插槽。

网卡：4 个 10/100/1000Mbit/s 以太网端口。

操作系统：预装 Solaris 10 操作系统。

4. **浪潮英信** NF5220

浪潮英信 NF5220 基于最新的“IFA+效能动三角”技术理念设计，是一款低功耗、稳定可靠、高性价比的 2U 双路全能服务器产品，采用英特尔®至强®处理器 5500 系列，独特的散热系统和模块化、热插拔冗余设计在有限的空间内完美展现了高可靠性、高可扩展性、高性能的特性，为行业用户量身打造了精控化的 IT 平台，适用于各类对计算、稳定性、扩展性有高标准要求的关键应用。

产品配置：

处理器：支持双路英特尔®至强®处理器 5500 系列。

芯片组：Intel 5500+ICH10R。

内存：8 个内存插槽，DDR3 800/1066/1333MHz 内存，支持三通道读取，最大内存容量 64GB。

硬盘控制器：集成 SATA 控制器，支持 RAID0，1，10，5；SAS 机型集成 8 通道 SAS 控制器，支持 RAID0，1，10，可选支持 IBUTTON RAID5 组件。

RAID：可选具有电池、采用 DDR2 缓存的高性能 RAID 卡。

硬盘：最大支持 6 个热插拔 3.5 寸 SATA/SAS 硬盘。

扩展插槽：2 个 PCI-E2.0x8，1 个 PCI-E2.0x4。

集成 I/O 端口：2 个 RJ45 网络接口、4 个后置 USB 接口、1 个前置 USB 接口、1 个后置 VGA、1 个后置串口、PS2 键盘、鼠标接口。

网卡：集成高性能双千兆网卡，支持网络唤醒、网络冗余、负载均衡等网络高级特性。

5. **联想万全** T168 G5 S3220 2G/2*500S **热插拔** HR1

专为成长型企业用户开发的高可靠、全方位数据保护、易维护和易管理的主流单路服务器。

主要应用领域：

局域网的数据库服务器、文件和打印服务器，网络管理服务器；

WEB 服务器、NAS 服务器；

电子政务、电子教室、教务管理等网络建设；

企业进销存管理等类型的应用服务器。

产品配置：

处理器：四核英特尔®至强®处理器 X3220（2.4GHz，8M，1066MHz）。

内存：2*1GB ECC DDR2-800 内存。

SAS 控制器：可选购外插 SAS 控制卡，支持 SAS RAID 1，0，1E 等扩展。

ATA 控制器：集成 6 口 SATA300 控制器；其中一个用来安装光驱。

RAID：板载 RAID1。

硬盘：2*500G 热插拔 SATA3.5 寸硬盘（7200 转）。

网卡：集成 Intel 单千兆自适应网卡。

6. **曙光天阔** A650（r）–FX

曙光天阔 A650（r）-FX 服务器是曙光精心打造的一款性能卓越、稳定可靠、配置灵活的新一代双路 64 位服务器。具有处理速度快、可用性强、易管理、高扩展、低功耗和低噪音等特点。它采用机塔互换式设计，可在标准 5U 机架式服务器和塔式服务器之间转换，支持两路 AMD64 2300 系列皓龙处理器，支持 DDRI 内存，独特的服务器设计能稳定运行 Windows、Red Hat Linux、SUSE Linux 等 32 位和 64 位主流操作系统，是能适应多种重要任务环境的新一代服务器。

A650（r）-FX 服务器采用了高性能服务器芯片组，高速 Hyper Transport 直连架构，极大地提高了整机性能和运行效率。支持 8 块热插拔硬盘，板载的 SAS RAID 配置在提供强大的性能的同时并保证数据的安全。A650（r）-FX 服务器不仅提供了超群的高性能和高可靠性，而且为以后的平台升级预留了空间。

产品配置：

处理器：最大支持 2 颗 AMD Opteron 2300 系列处理器。

芯片组：NVIDIA 高性能芯片组。

内存：支持 DDR2 667 ECC Registered 内存。

插槽及容量：16 根内存插槽，最大支持 64GB 内存，8 个热插拔硬盘位。

硬盘：可选 SAS RAID 卡，支持 SAS RAID 0，1，5，10。

板载 SAS 控制器：提供 8 个 SAS 接口，支持 SAS RAID 0，1，1E。

板载 SATA 控制器：提供 6 个 SATAII 接口，支持 SATA RAID 0，1，5，10。

网卡：集成两个千兆网卡（RJ45 接口）。

扩展插槽：2 个 PCI-E 插槽，3 个 PCI-X 插槽，1 个 PCI 插槽。

外设接口：1 个后部串口，1 个后部 VGA 接口，2 个后部 USB2.0 接口，2 个前置 USB2.0 接口，2 个后置 RJ45 网口，1 个后置标准 PS/2 鼠标/键盘接口。

本章小结

本章主要介绍了采购各种网络设备的相关知识，对于一个网络管理员来说，挑选好适用的网络设备无疑是搭建一个合格的局域网的基础。通过本章的学习，读者应该对各种网络设备采购时需要注意的方面有所了解，应注意一些比较重要和关键的参数，以便在采购时不为不法商家所蒙蔽。

思考与练习

1．采购交换机时需要重点注意哪些方面？应如何选择适合自己的交换机？

2．采购路由器时需要重点注意哪些方面？应如何选择适合自己的路由器？目前市场中有哪些比较知名的路由器品牌？

3．采购双绞线时应该注意哪些方面？如何自己制作网线？

4．采购服务器时需要重点注意哪些方面？应如何选择适合自己的服务器？

第 5 章　组建局域网

内容提要

- 网卡、RAID 卡、SCSI 卡的安装
- 安装网络协议
- 分配 IP 地址
- 检查网络连通性
- 网络的优化

本章主要介绍局域网的组建，包括硬件组建和软件安装两部分。硬件安装即是将前面的计划、方案付诸实施的过程，而在组建好网络之后，还需要进行一定的设置，以保证网络中的计算机之间能够互相访问，并且，有时还要通过一定的监测手段来确保网络的稳定和高效。

5.1　服务器的安装配置

服务器是整个网络的心脏，无疑是重中之重，服务器性能的好坏，直接决定了网络的功能和效率，因此，我们组建网络的第一步就是要做好服务器的安装配置工作，为以后的工作打下坚实的基础。服务器的配置包括网卡的配置、RAID 卡的配置和 SCSI 卡的配置等。

5.1.1　安装网卡

网卡的安装大致可以分为硬件安装和软件安装两部分，对于即插即用型网卡，仅仅需要将网卡插在计算机主板上即可使用，而对于非即插即用型网卡，我们还需要为其安装相应的驱动程序。

（1）在关机状态下打开机箱盖，将网卡插在主板的相应插槽中（大多数网卡都是 PCI 接口），然后合上机箱盖，开机进入操作系统，系统会提示发现了新硬件，如图 5-1 所示。

（2）将网卡驱动程序光盘放入光驱中，然后单击“下一步”按钮，系统会自动寻找并安装合适的驱动程序，如图 5-2 所示，单击“完成”按钮，完成网卡的安装。

> 如果通过自动搜索找不到合适的驱动程序，表示驱动光盘和系统自带的驱动中没有需要的网卡驱动程序。用户可根据网卡的型号到网上查找或者去销售商处索要合适的网卡驱动程序。

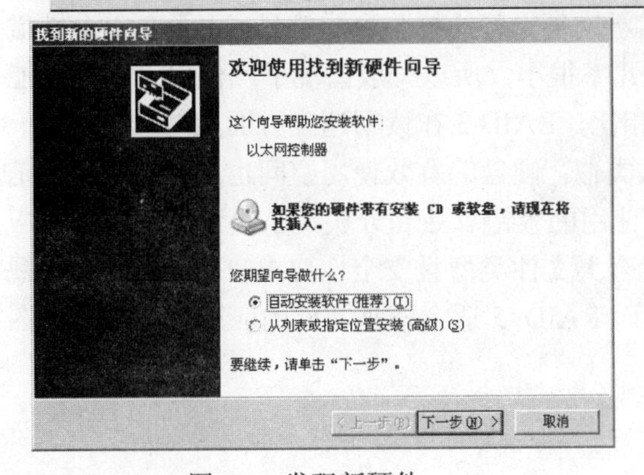

图 5-1　发现新硬件

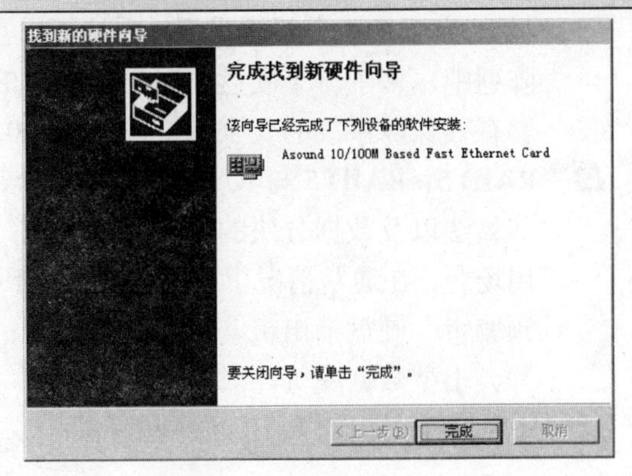

图 5-2　完成网卡的安装

5.1.2 安装RAID卡

RAID是Redundant Array of Independent Disk（独立冗余磁盘阵列）的缩写，诞生于1987年，由美国加州大学伯克利分校提出。RAID 最初的研制目的是为了组合小的廉价磁盘来代替大的昂贵磁盘，以降低大批量数据存储的费用，同时也希望采用冗余信息的方式，使得磁盘失效时不会使对数据的访问受损失，从而开发出一定水平的数据保护技术，并且能适当地提升数据传输速度。

RAID 是利用若干台小型硬盘驱动器，加上控制器，按一定的组合条件组成的一个大容量、快速响应、高可靠的存储子系统。由于可有多台驱动器并行工作，因此大大提高了存储容量和数据传输率，而且由于采用了纠错技术，提高了可靠性。硬盘阵列是网络系统中非常重要的一个环节，硬盘阵列的容量、速度、稳定性往往决定了整个网络的性能。RAID通常是由硬盘阵列中的 RAID 控制器或计算机中的 RAID 卡来实现的，由多个硬盘并发协同工作完成数据的读写，数据被均匀分布在各个硬盘上。一般情况下，使用的硬盘越多，读写的速度越快。

1. RAID技术分类

目前常见的RAID技术可以大致分为以下几种。

- RAID 0：其特点是读写速度快，价格便宜，缺点是安全性相对较差，因为在RAID 0中的一个硬盘出现故障时，整个阵列的数据都将会丢失。RAID 0是最快和最有效的磁盘阵列类型，但没有容错功能。
- RAID 1：又称为磁盘镜像。原理是在两个硬盘之间建立完全的镜像，即所有数据会被同时存放到两个物理硬盘上，当一个硬盘出故障时，仍可从另一个硬盘中读取数据，因此安全性得到了保障。但系统的成本大大提高了，因为系统的实际有效硬盘空间仅为所有硬盘空间的一半。
- RAID 0+1：RAID 0和RAID 1的组合，即由两个配置完全相同的RAID 0形成镜像关系，既提高了阵列的读取速度，又保障了阵列数据的安全性，当然，为此付出的代价同样是价格昂贵。
- RAID 3：把数据分成多个“块”，按照一定的容错算法，存放在N+1个硬盘上，实际数据占用的有效空间为 N 个硬盘的空间总和，而第 N+1 个硬盘上存储的数据是校验容错信息，当这 N+1 个硬盘中的一个硬盘出现故障时，从其他 N 个硬盘中的数据也可以恢复原始数据，这样，仅使用这N个硬盘也可以带伤继续工作（如采集和回放素材），当更换一个新硬盘后，系统可以重新恢复完整的校验容错信息。由于在一个硬盘阵列中，多于一个硬盘同时出现故障的几率很小，所以一般情况下，使用RAID 3能够有效保障系统的安全性。与RAID 0相比，RAID 3在读写速度方面相对较慢。
- RAID 5：RAID 5与RAID 3的原理非常类似，硬盘的有效使用空间也是一样的，只是其算法以及数据分块的方式有所不同。使用的容错算法和分块大小决定了RAID的应用场合，在通常情况下，RAID 3比较适合大文件类型且安全性要求较高的应用，如视频编辑、硬盘播出机、大型数据库等；而 RAID 5 适合较小文件的应用，如文字、图片、小型数据库等。

表5-1是几个常用的RAID级别的特征。

表 5-1 常见 RAID 种类

RAID 级别	RAID 0	RAID 1	RAID 3	RAID 5
容错性	无	有	有	有
冗余类型	无	复制	奇偶校验	奇偶校验
热备份选择	无	有	有	有
硬盘要求	一个或多个	偶数个	至少三个	至少三个
有效硬盘容量	全部硬盘容量	硬盘容量 50%	硬盘容量 n-1/n	硬盘容量 n-1/n

2. 安装 RAID 卡

目前很多主板都已经集成了 RAID 功能，而对于一些专业服务器产品来说，RAID 更是必不可少的功能之一。RAID 卡的安装方法与网卡的安装方法类似，这里不再赘述。

5.1.3 安装 SCSI 卡

1. SCSI 技术

SCSI 是 Small Computer System Interface（小型计算机系统接口）的缩写，它是一种外设接口，在服务器中主要由硬盘采用，除硬盘之外，还有 CD/DVD-ROM、CD-R/RW、扫描仪、磁带机等也有采用这一接口的。早在 1986 年，SCSI 标准就已开始制定，至今已经历了 20 多年的时间。早期 Apple 公司率先将 SCSI 选定为苹果机的标准接口，许多外设都借此统一接口与主系统连接，而在 PC 机方面，则因为 SCSI 接口卡和设备价格昂贵，并且几乎各种外设都有较便宜的接口可替代，SCSI 并未受到青睐。可如今，支持 SCSI 接口的外设产品从原本仅有硬盘、磁带机两种，增加到扫描仪、光驱、刻录机、MO 等各种设备，大家接触 SCSI 的机会正在逐步增加中，再加上制造技术的进步，SCSI 卡与外设的价格都已经不再高高在上，SCSI 市场已经相当成熟。

SCSI 接口向来以高传输率和高可靠性著称，广泛应用于服务器和高档 PC 中，我们常说的 SCSI 硬盘就是指具有 SCSI 接口的硬盘。SCSI 自身也在不断完善发展之中，其数据传输速率从最初的 4Mbit/s 一直发展到目前最快的 320Mbit/s，而且还将向上发展。相对于 PC 机中常用的 IDE（ATA）接口来说（目前最快的为 133Mbit/s），它具有明显的优势，所以在服务器中通常采用 SCSI 接口的硬盘，而不是常见的 IDE 接口的硬盘。不过目前 SATA（串行 IDE）接口的数据传输速率也接近了 SCSI 接口速率，也正在服务器中得到应用。

相对于 IDE 接口，除了具有传输速率的优势外，SCSI 接口也较好地解决了多设备挂接问题。常见 PC 主板的 IDE 接口只支持挂接 4 个 IDE 设备，但是 1 个 SCSI 接口可以挂接 15 个以上的设备，对于服务器这种需要海量存储的系统来说，其优势非常明显。

目前常见的 SCSI 技术有 Ultra160 SCSI 和 Ultra320 SCSI 两种，与 Ultra160 SCSI 相比，Ultra320 SCSI 不仅将带宽由 160Mbit/s 提高到了 320Mbit/s，并且在信号和协议等方面都有了明显改进。

2. 安装 SCSI 卡

SCSI 卡虽然与普通的 PCI 卡一样属于内置板卡，但它的安装方法要复杂得多，并不是即插即用。首先由于 SCSI 接口技术发展至今其接口类型非常多样，对应的连接电缆也是各种各样的，所以在安装 SCSI 卡时还要配上合适的连接电缆，如果连接电缆不合适，则很可能不能正确发挥 SCSI 卡的性能。

下面以一个实例简单介绍一下 SCSI 卡的安装步骤。实例所用 SCSI 卡为 Adaptec19160。基本步骤如下。

（1）设置 SCSI 节点代码

每一个与 SCSI 接口相连的设备（包括 SCSI 卡本身），必须有一个唯一的 SCSI ID。Adaptec19160 SCSI 卡支持 SCAM（SCSI Configured Auto Magically）协议，如果希望启动该功能，需要在 SCSI BIOS 中将 Plug and Play SCAM 一项设为 Enable。此协议在系统启动时能自动动态地标识 SCSI ID 和解决 SCSI ID 冲突问题。但 SCSI BIOS 默认的设置将 SCAM 功能 Disabled 掉了（因为出厂时标准配置只有一个 SCSI 设备），如果有更多的支持 SCAM 协议的 SCSI 设备需要安装，并且不想再为每一个 SCSI 设备设置 ID，那么只需在 SCSI BIOS 中打开 SCAM 即可。

需要特别注意的是，某些 SCSI 设备（SCSI-2 及以前的设备）不支持 SCAM 协议。这些设备的 SCSI ID 必须人为设置。人工设置的方法因卡而异，不过都可以在 SCSI 卡的 BIOS 程序中进行。在 SCSI BIOS 设置中，可以看到每一个 SCSI 设备的 ID。如果想从某一个 SCSI 设备引导系统，那么需要将该设备的 ID 设为最高优先级（一般是 6，7 为最高级，但是通常被 SCSI 卡本身所用）。除此之外，还需要在主板的 CMOS 中将引导顺序设为 SCSI 优先。

（2）SCSI 的终结

为了确保可靠通讯，SCSI 总线必须终结，终结由一套电阻（也叫终端器）来控制。终端器必须置于 SCSI 总线的外端，使其成为 Enable（有效状态），而所有置于端点之间的 SCSI 设备都必须去掉（状态配置成 Disable 状态）终端器。

Adaptec19160 SCSI 控制卡自身的终结是通过 SCSI BIOS SETUP 软件命令来控制的。其缺省设置是 Automatic（自动）。在设置成自动的情况下，如果 Adaptec19160 SCSI 控制卡检测到 SCSI 电缆线与它自身的 SCSI 接口相连，其自动将 16 位宽 SCSI 总线的高位和低位字节设置为终结状态。

内置 LVD SCSI 设备的终结，采用的都是在 LVD SCSI 电缆上终结，所以必须将所有内置 SCSI 设备均设为不终结。对于大部分外置 SCSI 设备，设备的背板上通常设有改变 SCSI ID 的开关，通过此开关可以控制设备是否终结。部分外置 SCSI 设备用一个终结插器（一块装有阻抗的插块）的安装或移去来达到控制终结的目的。

（3）SCSI 设备的安装

在每一片 Adaptec19160 SCSI 控制卡上，最多可另外连接 15 台 SCSI 设备。与 SCSI 设备相连的电缆的选择取决于安装的设备类型，如使用内置 SCSI 设备，使用 68 针高密度自终结 LVD SCSI 电缆，如使用外置 SCSI 设备，则每一设备都将用一条 68 针 VHDCI 外置 LVD SCSI 电缆，通常，外置 SCSI 设备将配备此电缆。

> 当一台以上的 SCSI 设备与 SCSI 接口相连时，所有的内置式或外置式电缆总长不能超过 12 米，以保证可靠性。

如果要安装内置式 SCSI 设备，首先需要确认有一根内置式 SCSI 电缆和足够的连接器来与设备相连。准备好要安装的 SCSI 设备；配置设备的 SCSI ID（SCAM 关闭），内置设备（如 SCSI 硬盘）的 SCSI ID 通常使用跳线来配置。将 SCSI 设备固定到工作站空余的驱动器仓中。将 SCSI 电缆无终端器的一端插入 SCSI 接口。把电缆上剩下的插头分别插入 SCSI 设备背后的接口中。将直流电源线插头（由计算机电源提供直流电）插到 SCSI 设备的电源接口中。

要把外置 SCSI 设备与 SCSI 接口相连，须准备 68 针 VHDCI 外置 LVD SCSI 电缆。首先准备好要安装的 SCSI 设备；配置设备的 SCSI ID（在外置 SCSI 设备的背板上通常设有改变 SCSI ID 的开关），将 SCSI 电缆一端的接口插入机箱后面的 SCSI 外接口，把 SCSI 电缆的另一端插入 SCSI 设备上的两个 SCSI 接口中的任何一个中。

连接其他外置式 SCSI 设备时，采用链式的一台接一台地与前一台相连，直到所有的外置式 SCSI 设备都连上，最后将 LVD 终端器与最后一台与电缆相连的外置式设备相连。

在使用 Ultra2 或 Ultra160 外置 SCSI 设备时，务必要使用专用的 LVD 终端器（而非 single-ended 主动型终端器）插在最后一个设备的空余 SCSI 接口上（通常每个 SCSI 外设都有两个 SCSI 外置接口，用于级联）。

（4）安装 SCSI 设备驱动

在 SCSI 设备中，安装操作系统与 IDE 硬盘略有不同，本文以 Windows Server 2003 为例介绍安装操作系统的过程。

1）启动计算机，将 Windows Server 2003 系统安装盘放在 CD-ROOM 驱动器中。

2）按 Del 键进入主机的 BIOS 设置菜单，进入 Boot Menu，将启动顺序设为 CD-ROM 优先引导，保存并重新启动。

3）当屏幕提示 PRESS ANY KEY TO BOOT FROM CD-ROOM 时按任意键，系统开始从光驱引导。

4）当屏幕出现 PRESS F6 TO SETUP…时按下 F6 键，此时屏幕出现 S=Specify Additional Device。

5）按 S 键，将 SCSI 卡 Windows Server 2003 驱动软盘放入软驱中，按回车键，选中 Adaptec19160 SCSI 驱动程序，再按回车键，然后根据屏幕提示和实际需求进行操作即可完成 Windows Server 2003 的安装。

当装有外部 SCSI 设备的系统冷开机时，一定要首先打开外部 SCSI 设备的电源，而后再开启系统电源。这是由于 SCSI 卡在加电初始化时要搜索 SCSI 设备来调整 SCSI 总线的设置，此时若外部设备未能开机，则系统将忽略该外部设备，从而使设备不能正常工作。

5.2 组建网络

网络的连接分为两个方面，一方面是网络硬件的连接，即使用网络传输介质（网线）将各个网络连接设备和服务器、客户机等按照设计好的方案连接起来，组成网络。

另一方面是网络设置，包括网络协议的安装、IP 地址的分配等。

5.2.1 安装网络协议

Windows Server 2003 安装时会默认安装 TCP/IP 协议，如果需要使用其他协议，可以手动进行安装。下面我们以安装 NWLink 协议为例，介绍一下网络协议的安装方法。

（1）右键单击“网上邻居”图标，在弹出菜单中选择“属性”命令，打开“网络连接”，如图 5-3 所示。也可以直接在“控制面板”中双击“网络连接”。

（2）右键单击本地网络连接，在弹出菜单中选择“属性”命令，打开“本地连接属性”对话框，如图 5-4 所示。

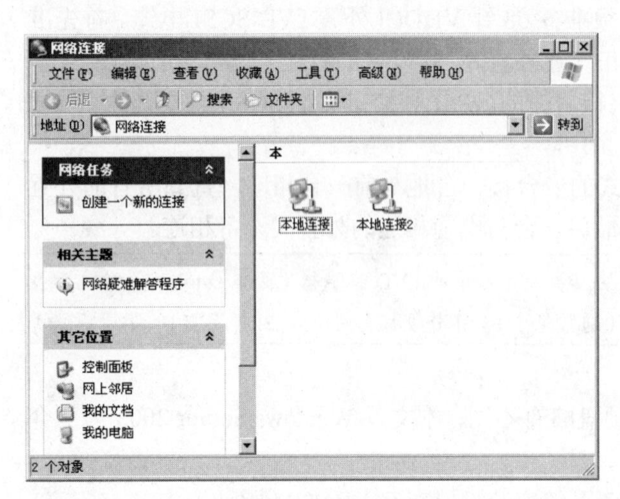

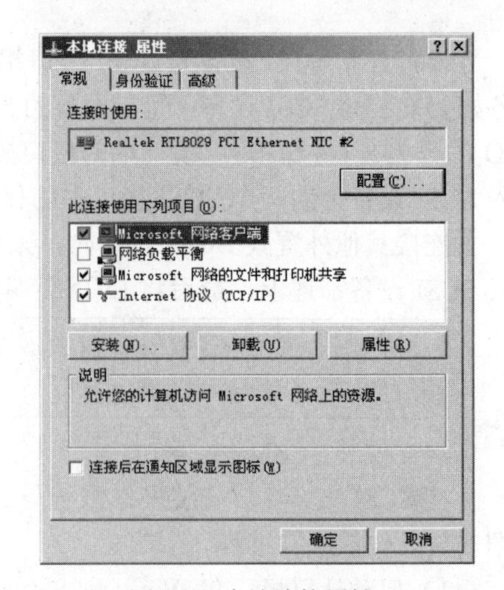

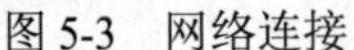
图 5-3　网络连接　　　　图 5-4　本地连接属性

（3）单击“安装”按钮，选择要安装的网络组件类型，如图 5-5 所示。根据需要选择类型，在这里我们选择“协议”。

（4）单击“添加”按钮，选择要安装的网络协议，如图 5-6 所示。根据需要选择协议，在这里我们选择 NWLink IPX/SPX/NetBIOS Compatible Transport Protocol，并单击“确定”按钮，系统会自动完成 NWLink 协议的安装。

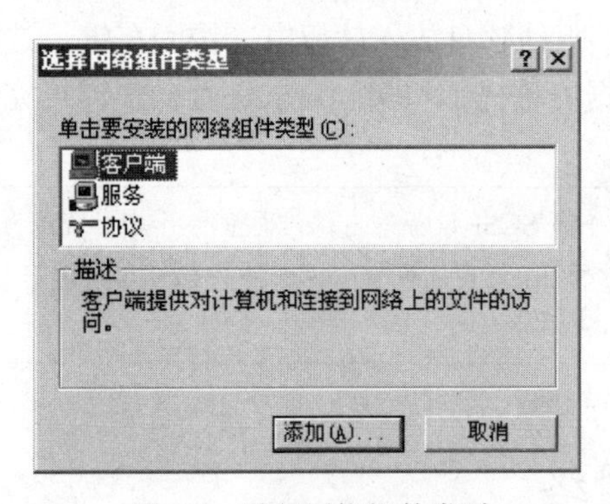

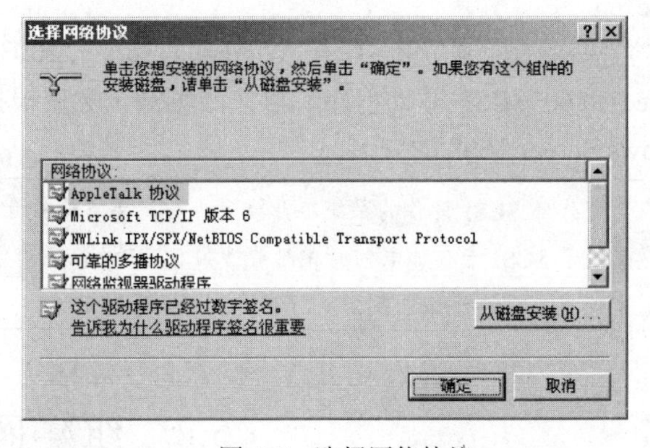

图 5-5　选择网络组件类型　　　　图 5-6　选择网络协议

按照同样的方法，根据需要安装不同的网络协议及服务。

5.2.2　分配 IP 地址

前面已经介绍了 IP 地址的相关知识，本节将讲解如何为计算机分配 IP 地址。

打开“本地连接属性”对话框，如图 5-4 所示。双击“Internet 协议（TCP/IP）”打开“Internet 协议（TCP/IP）属性”对话框，如图 5-7 所示。在“常规”选项卡中选择“使用下面的 IP 地址”单选钮，输入要使用的 IP 地址，将光标移入子网掩码编辑框中，系统会自动识别 IP 并配置子网掩码，其他选项暂时不用设置，单击“确定”按钮，完成 IP 地址的设置。

Windows 支持为一个网卡设置多个 IP 地址，单击“高级”按钮，会出现“高级 TCP/IP 设置”对话框，如图 5-8 所示。单击“IP 地址”选区中的“添加”按钮，并输入需要添加的 IP 地址和子网掩码，单击“添加”按钮，然后连续单击“确定”按钮即可完成设置。

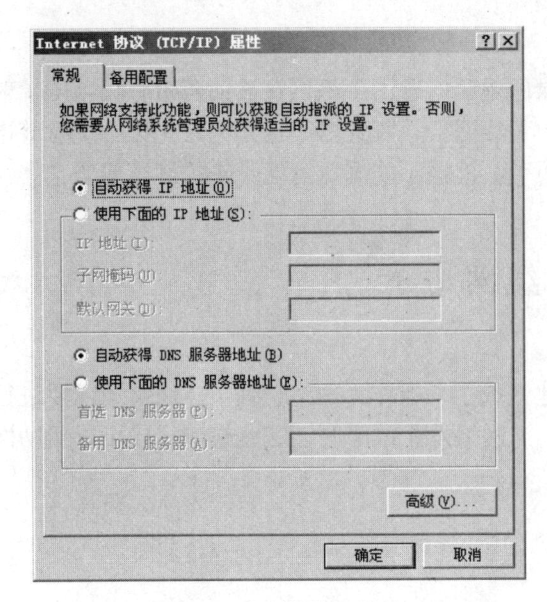

图 5-7　手动设置 IP 地址

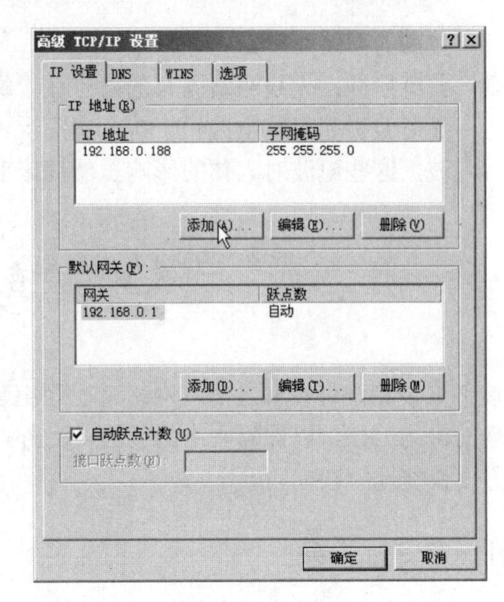

图 5-8　为单个网卡绑定多个 IP 地址

5.2.3　无线网络

随着科技的发展，网络不仅在传输带宽上得到了飞速的提升，连接方式也有了极大的改变，网络不再是有线媒介一统天下，无线通讯模式已经成为目前世界上发展最迅猛的一种网络连接方式，就象现今如日中天的手机一样，无线网络也正逐渐成为人们追逐的目标和企业完善网络部署的最佳选择方案。

无线技术的出现无疑是网络发展中的一个质的飞跃，是推动网络发展的一针强心剂，也是网络发展的一个主要趋势，它使我们摆脱了线缆的束缚，并在技术上几乎保留了传统有线技术的所有功能。面对如此广大和丰厚的市场，各大厂商自然不会错过，相继开发出了各种独特的无线技术，以赢取市场的一席之地。

与普通有线网络技术一样，无线网络技术也分为多种，它们之间的关键技术差异主要在传输带宽、传输距离、抗干扰能力、安全性以及适用范围上。

- 传输带宽：与有线网络相同，无线网络的数据传输也受到带宽限制，而且由于无线电传输没有外部屏蔽能力，因此带宽的实际受限程度要远超有线网络，目前主流无线网络的传输带宽为 54Mbit/s，与目前流行的 100Mbit/s 局域网相比，实在不可同日而语。
- 传输距离：有线网络与无线网络都有信号衰减，与有线网络相比，无线技术由于在空气中传输，随着气候条件的改变，衰减速率有高有低，往往实际有效距离达不到最大极限，尤其在电器设备使用频繁的室内，使用距离更是大幅度减短。
- 抗干扰能力：有线网络是通过加屏蔽层等技术抗干扰，必要时以光纤技术提供千兆级别的传输质量，而无线网络没有任何屏蔽能力，只能通过自身的无线电号发射强度以及频率、频跳等技术来增强抗干扰性能，也由此造成了成本、体积和使用上的区别。
- 安全性：无线网络的信号没有边界，任何人都可能截获，为了保证无线网络的安全性，一些无线技术提供了加密功能，从而获得了优秀的安全性，但也因此提高了成本，降低了兼容性。
- 适用范围：无线技术不同的固有属性决定了它们大致的使用范围。一般来说，无线网络更适用于移动特征较明显的网络系统，而有线网络则更适用于固定的，对带宽需求较高的网络系统。

- 健康特性：无线网络固有的隐患在于绿色健康问题，手机已经被证明带有相当的辐射而可能引起对脑电波的干扰，实际上，无线网卡、集线器等也是无时无刻不发射着电波，这些电波对人体的影响虽然尚未明了，但也不能排除可能带来的健康问题。

5.3 检查组网质量

硬件安装和网络设置之后，网络就已经组建完成了，但作为网络管理员，通常还需要进行一系列的检测工作，以保障网络的畅通，另外，当网络发生故障时，这些检测手段可以帮助网管更方便快捷地解决问题。

5.3.1 命令行工具

命令行就是在 Windows 操作系统中打开 DOS 窗口，以字符串的形式执行 Windows 管理程序。单击“开始”按钮，在弹出的“开始”菜单中单击“运行”，在打开的“运行”对话框中输入 cmd 并按回车键，即可进入命令行界面，如图 5-9 所示。

对于熟悉 DOS 操作系统的人来说，这个界面再亲切不过了，这就是 Windows 中的字符界面，与图形界面相比，字符界面拥有更方便的操作和更强大的功能，因此即使字符界面不如图形界面那么友好，我们也应该掌握一些常用的指令，这在实际工作中十分有用。

关于命令行工具，因为不是本书重点，这里只做简单的介绍，有兴趣的读者可以自行查找相关资料。

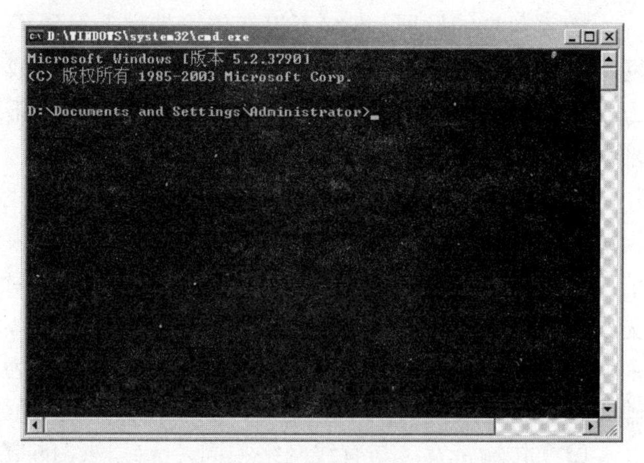

图 5-9 命令行工具界面

5.3.2 检查网络连通性

Ping 指令是网络中使用最频繁的指令，主要用于确定网络的连通性问题。Ping 指令的工作原理是，首先发送一个遵循 ICMP 协议的数据包并请求应答，接收到请求的目的主机会返回一个同样的数据包，于是系统便可记录每个包的发送和接收时间，并报告无响应包的百分比，以此来确定网络是否已经正确连接以及网络连接的状态。

使用 Ping 指令检查网络连通性非常简单。方法是：打开命令行工具，输入指令“ping 主机名或 IP 地址”并按回车键即可，如果出现如图 5-10 所示的信息，则表示网络是连通的。图 5-10 中的信息表示本机一共向名为 bb 的主机发出了四个 ICMP 数据包（Sent= 4），每个数据包的大小为 32 字节（bytes=32），对方对于每个数据包在不到 1ms 的时间内（time<1ms）都做出了回应，返回了四个数据包（Received=4），这样就说明了网络是连通的。

如果出现其他信息，则表示网络不通，常见的失败信息有以下几种。

- could not find host：无法找到主机。出现这种出错信息表示该远程主机的名字无法被转换成 IP 地址，也就无法进行数据包的发送。故障原因有可能是输入的主机名字不正确，或者是通信线路有故障，如图 5-11 所示。

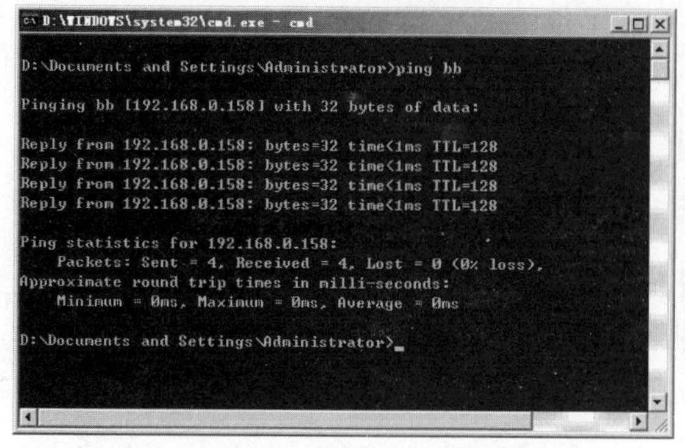

图 5-10　使用 Ping 指令检查网络连通性

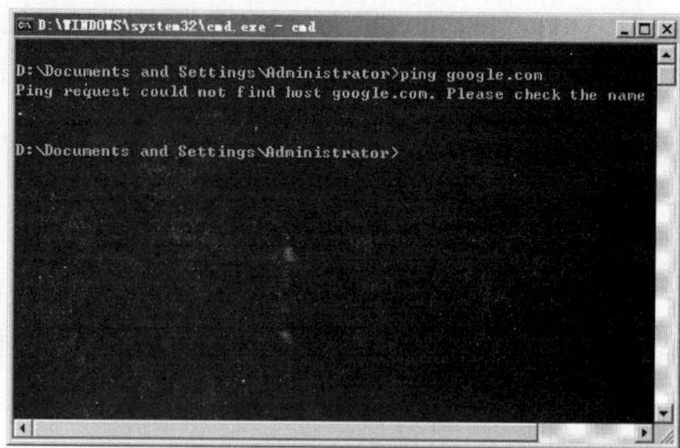

图 5-11　无法找到主机

- Destination net unreachable：目标网络不可到达。该信息表明没有到目标位置的路由。需要检查路由表。
- Request timed out：请求超时。这是最经常看到的返回信息，表示在与远程主机进行连接时，一秒钟（系统默认时间）内没有收到对方返回的数据包。故障原因可能是远程主机没有工作，或者本地或远程主机的网络配置不正确，也可能是通信线路有故障，如图 5-12 所示。

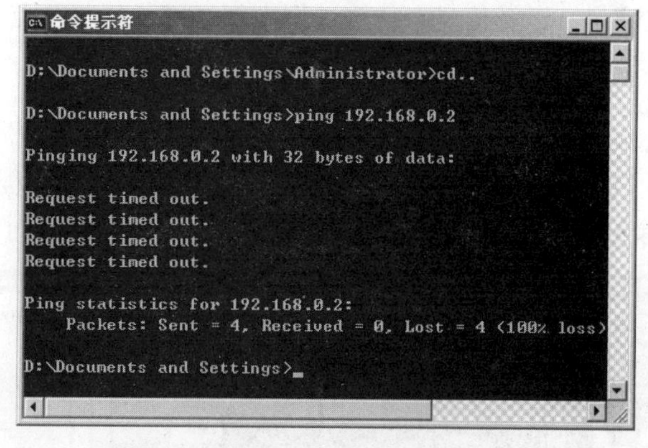

图 5-12　请求超时

在使用 Ping 指令时，有时会加上一些必要的参数，Ping 指令的详细格式为“ping [-t] [-a] [-n count] [-l size] [-f] [-i TTL] [-v TOS] [-r count] [-s count] [[-j host-list] | [-k host-list]] [-w timeout] target_name”，其中的参数的含义如下。

- -t：一直向远程主机发送 ICMP 数据包，直到强制中断。
- -a：将 IP 地址解析为主机名。
- -n count：指定发送数据包的数量，默认情况下为 4 个。
- -l size：指定发送数据包的长度，默认情况下为 32 字节。
- -f：在数据包中附加“拒绝分段”标志，使得数据包不会被路由上的网关分段。
- -i TTL：指定生存时间。
- -v TOS：指定服务类型。
- -r count：记录传出和返回数据包的路由，count 的范围是 1~9。
- -s count：指定跃点数的时间戳。

- -j host-list：利用指定的计算机列表路由数据包。
- -k host-list：利用指定的计算机列表路由数据包。连续计算机不可以被中间网关分隔，IP 允许的最大数量为 9。
- -w timeout：指定超时的间隔，单位为毫秒，默认情况下为 1 秒。
- target_name：被 Ping 的远程主机的主机名或 IP 地址。

5.4　优化网络

网络组建好之后，并不会自动地处于最佳运行状态，相反的，很有可能会存在“瓶颈”问题。因此就需要我们对网络进行分析，并根据分析结果对网络进行必要的优化。

5.4.1　分析网络性能

通常我们会使用 Windows Server 2003 中集成的网络监视器来协助分析网络性能。网络监视器是一个用于监视网络的网络诊断工具，利用它可以清楚地知道网络中的每条信息来自哪里、发往哪里，以及信息在传输过程中都经过了哪些节点，有哪些节点会影响到传输效率等。

1. 安装网络监视器

Windows Server 2003 安装时不会自动安装网络监视器组件，因此必须手动安装。

（1）打开“控制面板”，双击打开“添加或删除程序”，如图 5-13 所示，单击左侧的“添加/删除 Windows 组件”，打开“Windows 组件向导”对话框，如图 5-14 所示。

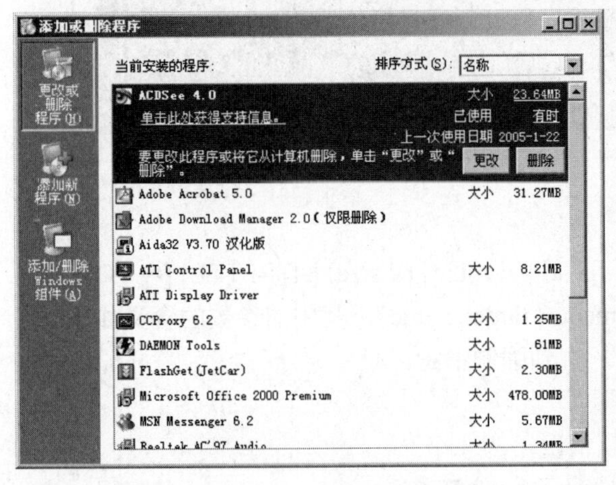

图 5-13　添加或删除程序

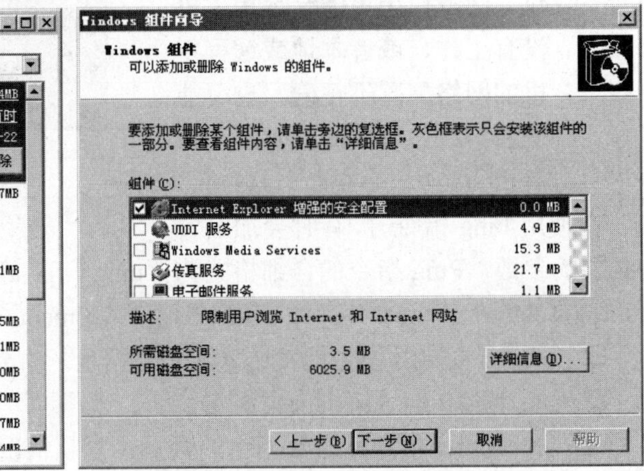

图 5-14　添加或删除 Windows 组件向导

（2）双击“管理和监视工具”察看其详细信息，如图 5-15 所示。选择“网络监视工具”复选框并单击“确定”按钮。

（3）单击“下一步”按钮进行安装，如图 5-16 所示，单击“完成”按钮，完成“网络监视工具”的安装。

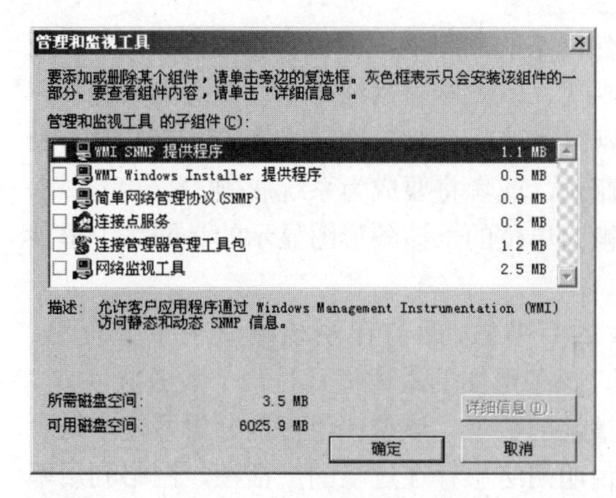

图 5-15　管理和监视工具

图 5-16　完成"网络监视工具"的安装

2. 网络监视器

首先打开网络监视器，打开方法是单击"开始"按钮，在弹出菜单中依次选择"所有程序"→"管理工具"→"网络监视器"命令，网络监视器的界面如图 5-17 所示。

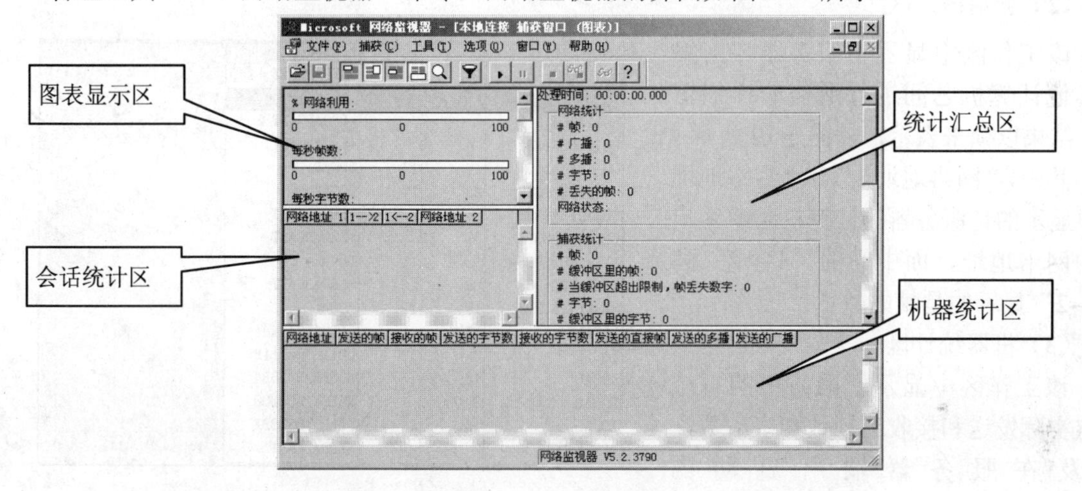

图 5-17　网络监视器

（1）图表显示区

图表显示区用一组条形图反应网络的工作情况，如图 5-18 所示，下面分别介绍这 5 个条形图的用途。

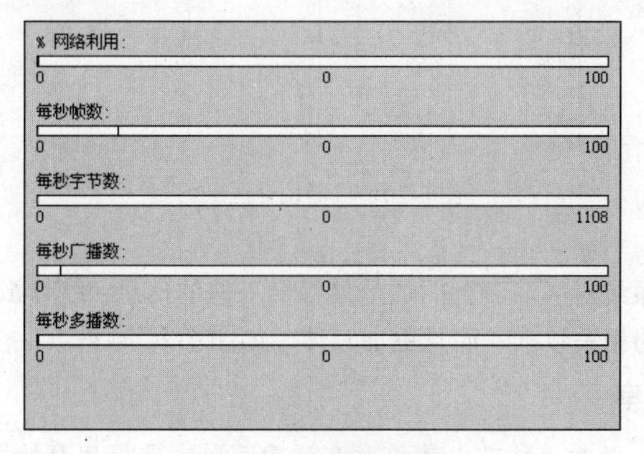

图 5-18　图表显示区

- ❑ 网络利用：表示网络带宽的占用情况。虽然网络利用率的理论值可以达到 100%，但是我们一定要注意，当此值接近或超过 80%时，就意味着网络带宽已经达到了饱和，如果继续增大网络的通信量，有可能造成网络崩溃。一般来说，该值超过 50%时，表示网络带宽可能已经成为整个网络系统的瓶颈，或者将要成为系统瓶颈。
- ❑ 每秒帧数：物理层的数据传输一般都是以帧为单位的，该条形图显示的是网络中每秒接受和发送的帧数。
- ❑ 每秒字节数：表示网络中每秒发送和接收的字节数，此值在系统测试中十分有用。需要提醒的是，首次打开网络监视器时，该条形图的最大值只是一个参考值。
- ❑ 每秒广播数：显示网络中每秒所产生的广播帧的数量。该统计值可以分析网络中是否存在一些不必要的信息，如果该值过高，说明网络中存在过多的广播帧，网络利用率较高，也可能是因为网络中存在一些设置错误，网络使用了较多的不必要的协议等。
- ❑ 每秒多播数：与每秒广播数条形图类似，它反映了网络内部自身产生的会话信息，可以对网络进行深层次的分析。

（2）会话统计区

该工作区中显示了服务器与网络中其他计算机之间进行通信的详细情况，结果以帧来表示，如图 5-19 所示。

其中，“网络地址 1”和“网络地址 2”中显示的是服务器的计算机名或客户机的网卡地址，而中间的“1-->2”和“1<--2”显示的是帧的数量。

网络地址 1	1-->2	1<--2	网络地址 2
000C6E576AE4	185		*BROADCAST
000FEA3A38B4	3		*BROADCAST
00112F6A111B	2		*BROADCAST
00112F6A1131	46		*BROADCAST
00112F6A1131	18	17	LOCAL
00112FDF6398	20	17	LOCAL
00112FDF6398	26		*BROADCAST
BELL TOB33BE	39		*BROADCAST
BELL TOB5908	12	11	LOCAL
BELL TOB5908	28		*BROADCAST
HUAWEI15CAD7	171	191	LOCAL
LOCAL	43		*BROADCAST
LOCAL	8	12	00112F6A111B
LOCAL	12	15	000FEA3A38B4
LOCAL	9		XEROX 000000
LOCAL	16	7	BELL TOB33BE
XEROX 000000	2		*BROADCAST

图 5-19 会话统计区

（3）机器统计区

该工作区中显示了网络中的每个节点实际发送和接收的帧数和字节数，以及在服务器端所启动的 BROADCAST（广播帧）和 NETBIOS Multicast（多址广播帧）的情况。机器统计区显示的内容和会话统计区基本相同，只是更为详细而已，如图 5-20 所示。

网络地址	发送的帧	接收的帧	发送的字节数	接收的字节数	发送的直接帧	发送的多播	发送的广播
*BROADCA:	0	374	0	27794	0	0	0
000C6E576	185	0	11472	0	0	0	185
000FEA3A:	18	12	2425	1558	15	0	3
00112F6A:	14	8	1280	522	12	0	2
00112F6A:	64	17	5491	1822	18	0	46
00112FDF(	46	17	4363	1823	20	0	26

图 5-20 机器统计区

（4）统计汇总区

该工作区中显示了系统对所监测到的通信量综合汇总的信息。统计汇总区所显示的内容包括了以上三个工作区中的相关数据，而且更加具体，如图 5-21 所示。

3. 测试数据传输速率

启动网络监视器后，单击“捕获”菜单并在弹出菜单中选择“开始”，即可对网络数据进行捕获，也可以单击工具栏上的“启动捕获”按钮或直接按 F10 键。而当捕获到的数据满足要求时，单击“捕获”菜单并在弹出菜单中选择“停止”，即可终止对网络系统的监视，也可以单击工具栏上的“停止捕获”按钮或直接按F11键。如果需要，还可以单击“文件”菜单，并在弹出菜单中选择“另存为”，将捕获的数据保存在扩展名为cap的文件中。

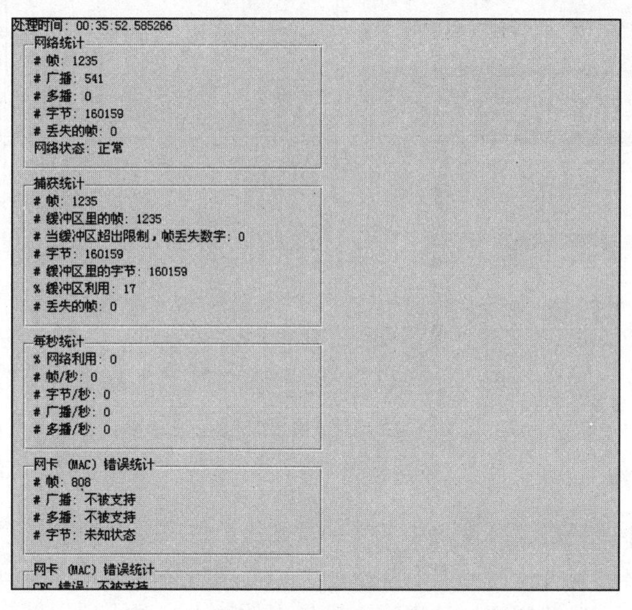

图 5-21　统计汇总区

由于网络监视器在监视中产生的数据将全部存放在专门预留的缓冲区中，而该缓冲区占用的是计算机的内存空间，因此监视的时间不可以太长，否则会造成已获取数据的丢失。不过当需捕获的数据量较大、时间较长时，可以单击“捕获”菜单并在弹出菜单中选择“缓冲区设置”，打开“捕获缓冲区设置”对话框，如图5-22所示，在这里可以设置所需缓冲区的大小，但是缓冲区仍不能设置得太大，更不能超过计算机内存的大小。

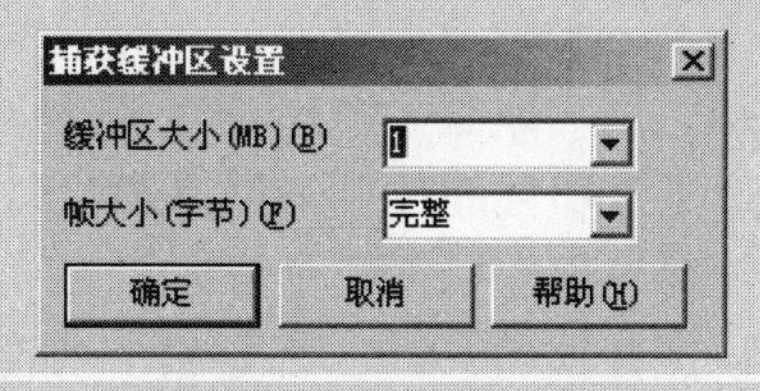

图 5-22　设置缓冲区大小

为了有足够的时间让我们能够记录下网络状态，也为了尽量使测试结果准确，我们可以给网络施加一个较大的通信量，一般来说，可以通过在两台计算机之间进行大文件复制来达到这样的目的。

在复制过程中，注意观察网络监视器中各参数的变化情况，并截取一个界面，如图5-23所示。

在这里，我们使用“每秒字节数”和“网络利用”两个参数来计算网络的最高数据传输速率。从测试数据中可得，“每秒字节数”为7594823，“网络利用”为60%，计算方法如下：

7594823×8÷（60%）÷1024÷1024=96.57Mbit/s

实验中的网络带宽为100Mbit/s，考虑到其他因素的影响，96.57Mbit/s的传输速率基本上是符合要求的。

利用这个方法还能够识别出一些假网线，标准5类非屏蔽双绞线的最高传输速率为100Mbit/s。通过测试，可以清楚地知道其实际最高传输速率是多少，假冒伪劣网线的最高传输速率远远达不到规定的标准。

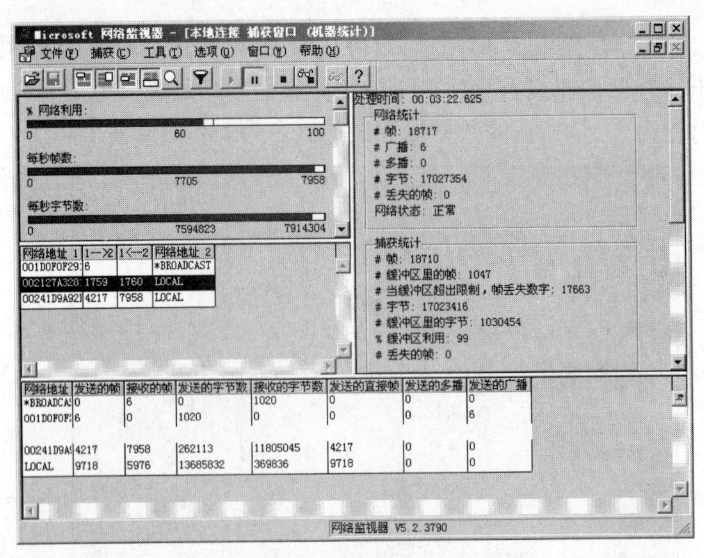

图 5-23　测试网线性能

4. 性能控制台介绍

计算机网络是一个既松散又高度集中的系统，其松散性主要表现在用户的接入和离开较为随意，各类应用软件可以视具体需要而添加或删除，而网络本身又是由多台计算机组成的，其各组成部分又相互影响、彼此制约，体现了高度集中的特点。对于任一网络，我们很有必要从其松散的工作方式中了解它的整体性能，一方面在现有的基础上进行合理的优化，消除可能存在的系统瓶颈，使之运行得更加稳定，另一方面综合分析网络的各项工作指标，为网络用户的增加或通信能力的提升提供依据。

Windows Server 2003 集成的性能控制台可以很好地满足这方面的要求，本小节将介绍它的基本功能和使用方法。

（1）性能控制台的功能

性能控制台的主要功能就是对用户或整个网络系统进行跟踪监视，对系统的关键数据进行实时记录，为单机或网络的故障排除和性能优化提供原始数据，以方便用户的管理。它既适用于单机也适用于网络，其功能主要表现在以下几个方面。

- 监视 CPU：不管是单机还是网络，CPU 都是整个系统的核心，它主要负责程序指令的执行和为各类硬件请求提供服务。利用性能控制台，可以方便地对 CPU 的工作状况进行实时监控，而通过监控，我们可以对 CPU 能否胜任现有工作进行判断。当出现 CPU 资源不足的情况时，可找出它是由软件引起还是由硬件产生，从而找到问题的根源。当系统中存在多个 CPU 时，也可分别监视它们各自的工作情况。
- 监视内存：系统内存不足可能是引起系统性能下降的重要原因，对内存资源和内存需求的协调管理是维护系统运行在最佳状态的关键。我们都知道内存越多越好，但其中的道理不一定人人都明白。系统中该有多少内存才合适，不会不够用也不会浪费，网络中主要有哪些应用程序在占用内存，性能控制台能帮我们解决类似的问题。
- 监视磁盘系统：磁盘系统是计算机中主要的 I/O 设备，磁盘性能的好坏也决定了计算机输入输出能力的强弱。在磁盘中，除安装有操作系统外，还有大量的应用程序和数据文件，它们都要进行相关的读写操作，磁盘的读写速度越快，系统的整体性能就越好。更为重要的是，在网络环境中，磁盘性能在直接影响本机内部性能的同时，还将关系到用户的访问速度，以及网络的稳定性和数据的安全性。通过性能控制台我们可以充分了解磁盘的性能和磁盘与其他设备之间的协调状况，为磁盘系统的合理配置提供依据。

- 监视网络接口性能：平时我们往往只注意到了网络表面上在做什么，很少关心它背后的工作，性能控制台能够让我们了解到都有哪些用户在向网络发出请求，网络带宽的利用率究竟是多少，网络还可以再承受多少个新用户等。

（2）如何使用性能控制台

首先打开性能控制台，有两种打开方法：

- 单击“开始”按钮并在弹出菜单中依次选择“所有程序”→“管理工具”→“性能”命令。
- 单击“开始”按钮并在弹出菜单中选择“运行”命令，打开“运行”对话框，在“打开”编辑框中输入指令 perfmon.msc 并按回车键。

任选一种方法打开性能控制台，如图 5-24 所示。

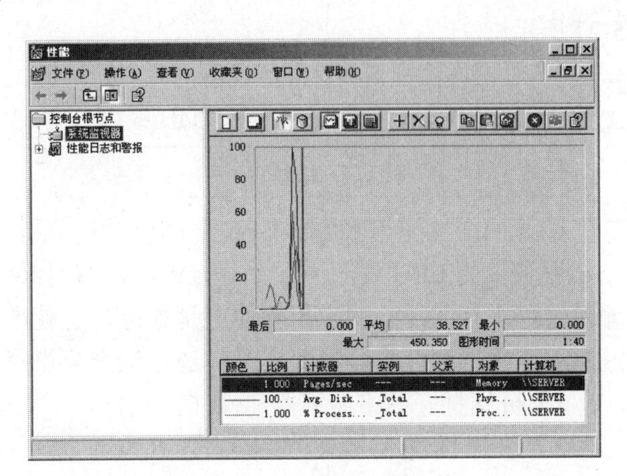

图 5-24 “性能”控制台

系统默认会记录三个方面的数值：CPU、内存和磁盘，它们分别以红色、蓝色和绿色的曲线表示，每秒钟记录一次。

在右侧窗口中的任意位置用右键单击鼠标，在弹出窗口中选择“添加计数器”，打开“添加计数器”对话框，在其中可以添加新的计数器，如图 5-25 所示；在弹出窗口中选择“属性”命令，打开“系统监视器属性”对话框，在其中可以设置计数器的属性，如图 5-26 所示。

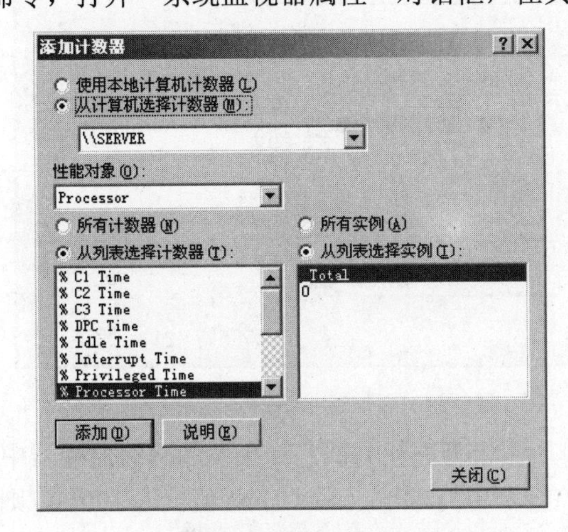

图 5-25 添加计数器

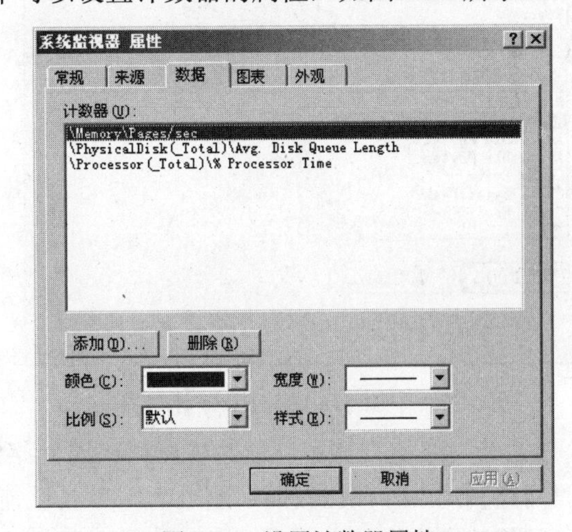

图 5-26 设置计数器属性

关于性能控制台的知识，我们就介绍这么多，下面将通过实际应用来对它进行详细讲解。

5. 测试服务器性能

一般情况下，我们通过对服务器内存、CPU、磁盘和网络接口四大系统的测试来衡量服务器的综合性能，从而发现可能存在的系统瓶颈。但在许多情况下，我们最关心的是网络的通信能力，当突然发现网络的速度比以前慢了许多时，问题可能并不是出在网络连接或设备本身，而可能与服务器内存、CPU 或磁盘有关。这时，我们可以结合网络监视器和性能监视器来进行分析。

（1）网络性能与服务器内存之间的对比分析

内存是计算机中非常重要和宝贵的存储资源，对网络的整体性能起着十分重要的作用。当我们怀疑网络性能变差可能是由于内存不足而引起时，可以使用网络监视器和性能监视器来进行综合分析。

1）分别打开网络监视器和性能监视器。

2）选择性能监视器的报表方式，添加 Memory 中的 Available Bytes 计数器，如图 5-27 所示。

3）让网络监视器和性能监视器同时对网络的工作状况进行测试，根据微软官方介绍，服务器上的 Available Bytes 值一定要大于 4MB 或内存的 5%，否则将会使网络的速度和稳定性降低。

如果发现存在问题，可通过升级内存来解决。

（2）网络性能与服务器 CPU 之间的对比分析

服务器的 CPU 资源同样十分宝贵，但有时某些应用程序会滥用 CPU 资源，尤其是一些在编写过程中存在缺陷的应用软件更是如此，这就严重影响了系统的通信能力。我们同样可以通过网络监视器和性能监视器来对其进行综合分析。

1）分别打开网络监视器和性能监视器。

2）选择性能监视器的报表方式，添加 Process 中的%Processor Time 计数器，如图 5-28 所示。

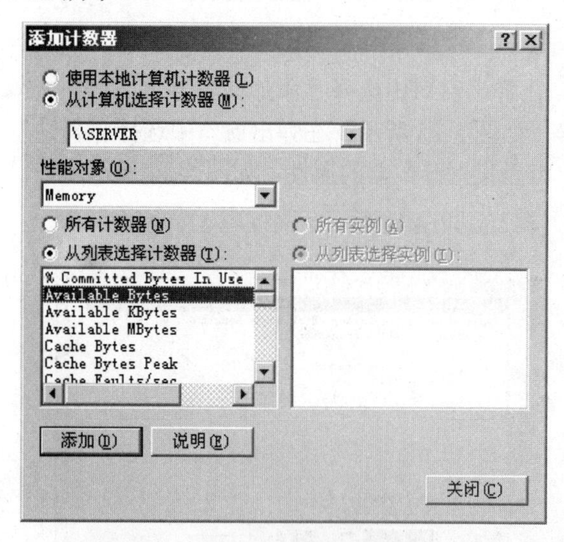

图 5-27　添加 Available Bytes 计数器

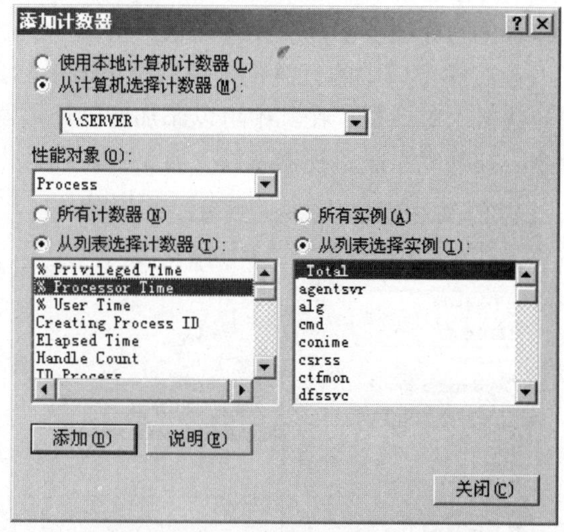

图 5-28　添加%Processor Time 计数器

3）让网络监视器和性能监视器同时对网络的工作状况进行测试，如果发现网络监视器中的“网络利用”一项比较高（超过 50%）且性能监视器中的%Processor Time 值接近 100%，则表示网络速度变慢的主要原因很可能是由服务器的 CPU 引起的，CPU 的处理能力成为了整个网络的瓶颈。

可通过升级 CPU 来解决此类问题。

（3）网络性能与服务器磁盘性能之间的对比分析

网络中的大量数据基本上都集中在服务器上，尤其是无盘工作站网络更是如此，因此就要求服务器不但要有较大的磁盘空间，而且应该具有很好的磁盘性能，影响磁盘性能的参数主要有磁盘的转速和平均寻道时间等。

随着网络用户数量的增加和服务器中存放数据的增多，磁盘很有可能跟不上网络的发展要求，影响到网络速度。我们依然可以通过网络监视器和性能监视器来对其进行综合分析。

1）分别打开网络监视器和性能监视器。

2）选择性能监视器的报表方式，添加PhysicalDisk中的%Disk Time计数器，如图5-29所示。

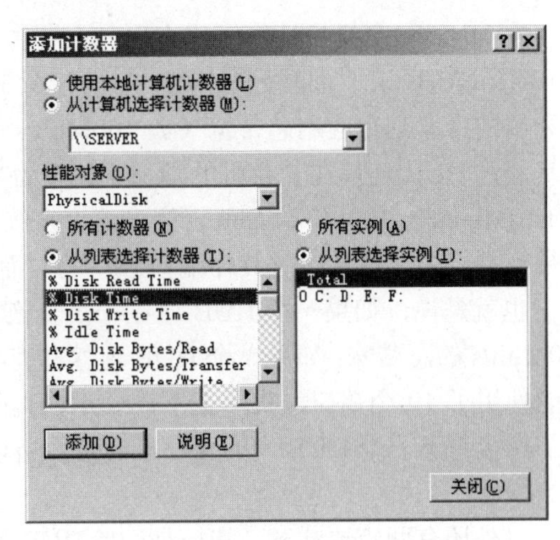

图5-29　添加%Disk Time计数器

3）让网络监视器和性能监视器同时对网络的工作状况进行测试，如果发现网络监视器中的“网络利用”一项比较高且性能监视器中的%Disk Time接近或超过80%时，表示磁盘的读写时间太长，无力响应客户端的请求，致使大量用户处于等待服务状态。

解决方法是更换性能更强的磁盘。

5.4.2　优化服务器

服务器是局域网中最重要的组成部分，对服务器的优化能在很大程度上提升局域网的性能。

在内存方面，服务器内存的选择不能与PC机一样随便，服务器一般要求24小时连续不间断工作，所以，在选择内存时一定要选择服务器专用内存，外频要在266MHz以上，不能随便使用PC机上的内存代替。内存的优化主要体现在内存访问缓冲时间的设置，在CMOS中有相应的设置，一般应尽量设置为小一点的缓冲时间，这样速度会更快些。

在硬盘方面，服务器硬盘是一个机电一体化的高精密产品，一般来说，服务器上的硬盘在正常使用期间总是在不停地转动的（因为有许多用户在调用服务器中的数据或程序），所以对服务器硬盘的转速要求比较高，一般要求达到10000转/分钟。另外，因为硬盘转速高，很容易产生高温，所以要求硬盘盘片材料的散热性能要好。在接口方面，因为SCSI接口速度明显高于IDE接口，所以一般应选择SCSI接口，尽量减少因硬盘速率而影响整机性能。服务器一般来说都要求有容错功能，所以硬盘要求允许热插拔。当然，服务器硬盘一般是专用的，价格也比同品牌、同容量的普通硬盘贵好几倍。

服务器每天都进行着许多任务调度，所以使用一段时间后需要重新对硬盘进行扫描，以及时修复硬盘上的错误，并整理文件碎片。这可以安排在晚上让系统自动进行。这对于服务器性能的提高和保证相当重要。

很少有人注意机箱的选择，但服务器因为要连续工作，很容易产生高温，所以散热就显得非常重要了，所以要求机箱材质的散热性能要好，空间要大，电源风扇的排气能力要强。同时，因为服务器上所连的设备较多，所以电源功率要大，至少要500W以上的名牌电源，如金长城、同创等。

5.4.3 优化网络设备

在 HUB 和交换机性能优化方面，主要体现在 HUB 或交换机的级联上。如果需要 HUB 与 HUB 或 HUB 与交换机级联，则一定要注意 HUB 的带宽是所有端口共用的，因此每个端口实际利用的带宽则是应用总带宽（如 100Mbit/s）除以所用端口数。所以一般不用 HUB 来级联，而是通过 HUB 连接在交换机的端口上，因为交换机所指的带宽就是每个端口的实际可用带宽，如 n10Mbit/s+m100Mbit/s，就表明在这个交换机上有 n 个 10Mbit/s 的带宽，有 m 个 100Mbit/s 的带宽端口，这些带宽是具体端口独享的，而不受交换机所用端口数的限制。

也就是说，如果一个 HUB 连在一个交换机的 100Mbit/s 端口上，则这个 HUB 上就拥有总 100Mbit/s 的总带宽；如果一个 HUB 连接在有 100Mbit/s 带宽的 HUB 端口上，则连接一个 HUB 可能使用了 10 个端口，实际上下一个 HUB 的总带宽就远达不到 100Mbit/s 的带宽，这样就影响了连接在下一个 HUB 上的工作站速度。所以 HUB 级联一般最多为两层，多了速度会呈倍差级数减慢。

另外还有两点要注意，其一是，当 HUB 要通过交换机级联时，最好连接在 100Mbit/s 带宽的端口上，除非没有 100Mbit/s 端口可用了；其二是，要注意双绞线最大单段网线长度在 100m 以内，否则信号会严重衰减，影响网络速度。

本章小结

本章主要介绍了组建局域网的相关知识。通过前几章的准备，我们已经了解了网络的结构，制定了网络的布线方案，并选购了合适的网络设备，本章就是将以前所作的准备工作进行综合实施，使用网线将各个网络设备连接起来组成网络，并进行适当的配置，以达到通讯的目的。

思考与练习

1. 什么是 RAID？如何安装 RAID 卡？
2. 什么是 SCSI？如何安装 SCSI 卡？
3. 如何安装网络协议？
4. 什么是命令行工具？其主要功能是什么？
5. 什么是网络监视器？其主要功能是什么？
6. 什么是性能监视器？其主要功能是什么？
7. 如何联合使用网络监视器和性能监视器来对服务器的性能进行评估？

第6章　用户和资源管理

内容提要

- ◆ 管理本地用户和组
- ◆ 了解活动目录的概念及应用
- ◆ 组策略
- ◆ 共享文件夹和打印机
- ◆ 分布式文件系统

资源共享是组建网络的最终目的之一，本章将介绍网络用户和组的管理，以及网络资源的共享及设置。本章的重点是 Windows Server 2003 操作系统中的活动目录功能，该功能使得我们能够更加方便、快捷、有效地进行用户和资源的管理。

6.1　管理本地用户和组

管理本地用户和组是网络操作系统的基本特征之一，通过管理本地用户和组，可以为本地用户和组指派权利和权限，从而限制本地用户和组执行某些操作的能力。权利可授权用户在计算机上执行某些操作，如备份文件和文件夹或者关机。权限是与对象（通常是文件、文件夹或打印机）相关联的一种规则，它规定哪些用户可以访问该对象以及以何种方式访问。

本节将通过具体操作来学习如何在 Windows Server 2003 中管理本地用户和组。

6.1.1　本地用户管理

用户账户是由所有用于定义用户的信息组成的对象，包括用户账户名称、用户账户密码和用户账户所在的组，本地用户账户是存储在本地计算机上的用户账户。

1. 创建本地用户账户

（1）右键单击“我的电脑”，在弹出菜单中选择“管理”，弹出“计算机管理”对话框，如图 6-1 所示。

（2）双击打开“本地用户和组”，右键单击“用户”，在弹出菜单中选择“新用户”，打开“新用户”对话框，如图 6-2 所示，有以下可编辑项。

- ❑ 用户名：要创建的新用户的账户名称，该名称不能与计算机上的其他用户账户名称或组名相同，最多 20 个字符。
- ❑ 全名：“用户名”的扩展，用户的完整名称。
- ❑ 描述：对该用户账户的进一步描述。
- ❑ 密码：要创建的新用户的账户密码，该选项用于限制账户对计算机系统及资源的访问，它为保护计算机免受非法访问提供了第一道防线。该密码最多可以由 127 个字符组成，可以包含大写字母、小写字母、数字和特殊字符。

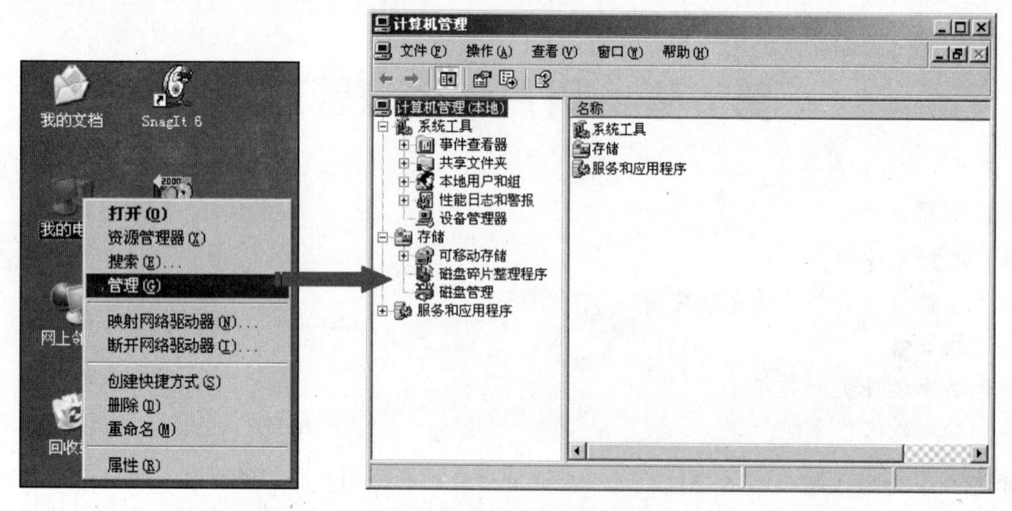

图 6-1　计算机管理对话框

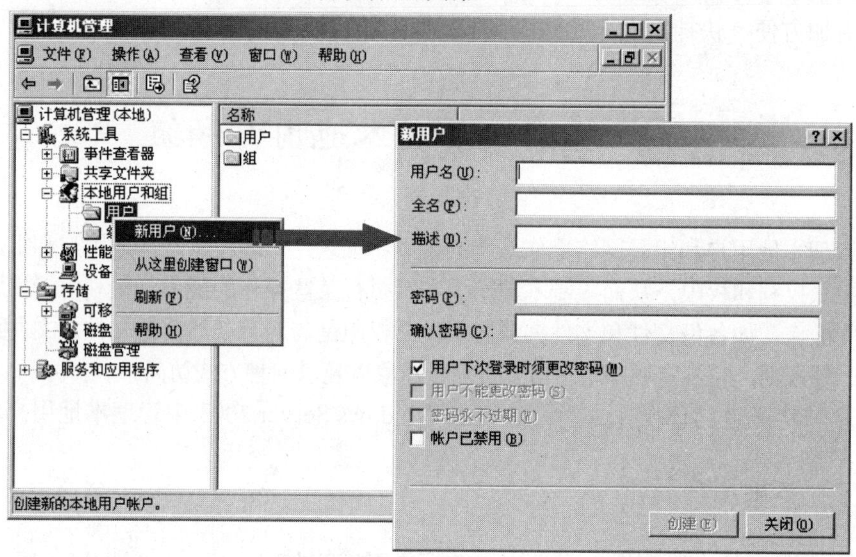

图 6-2　创建新用户

强密码：这种密码至少有六个字符长，不包含用户账户名的全部或部分字符，至少包含以下四类字符中的三类：大写字母、小写字母、数字和特殊字符。强密码很难被破解，可以为资源提供有效的保护。

- 用户下次登录时须更改密码：选中该复选框表示当新用户第一次登录时系统会要求其更改自己的密码，以使得计算机管理员也不知道该用户的密码，进一步确保安全。需要注意的是，选中该复选框之后，其下面的两个复选框将被禁用。
- 用户不能更改密码：选中该复选框表示不允许用户更改密码，只能使用管理员设置的密码，以方便管理。
- 密码永不过期：选中该复选框表示不限制密码期限，而如果不选择该复选框，系统默认用户账户密码期限为 42 天，过期之后该账户将无法使用。
- 帐户已禁用（编辑注：为与屏幕显示一致使用“帐户”）：选中该复选框表示将该账户暂时停用，这项功能经常被用于用户出差等情况。

（3）设置完成后，单击“创建”按钮，完成新用户的创建。重复操作即可添加多个用户，添加完成后单击“关闭”按钮。

（4）单击“用户”，可以查看用户账户情况，如图 6-3 所示。我们已经创建了一个用户名为 Usera 的用户账户。

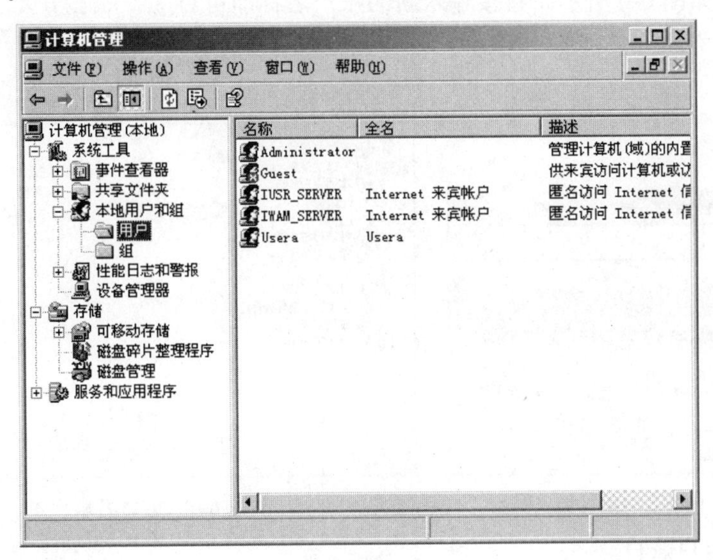

图 6-3　查看用户账户

2. 重置本地用户账户密码

（1）右键单击需要设置的用户账户，如刚创建的 Usera，在弹出菜单中选择“设置密码”，系统会弹出警告，如图 6-4 所示。如果在此更改密码，用户原有的账户信息将会全部丢失，这是为了避免计算机管理员随意查看用户的私人信息。

如果用户想自己更改密码，可以先登录，然后按 Ctrl+Alt+Del 快捷键，单击“更改密码”按钮，这样将不会发生数据丢失。

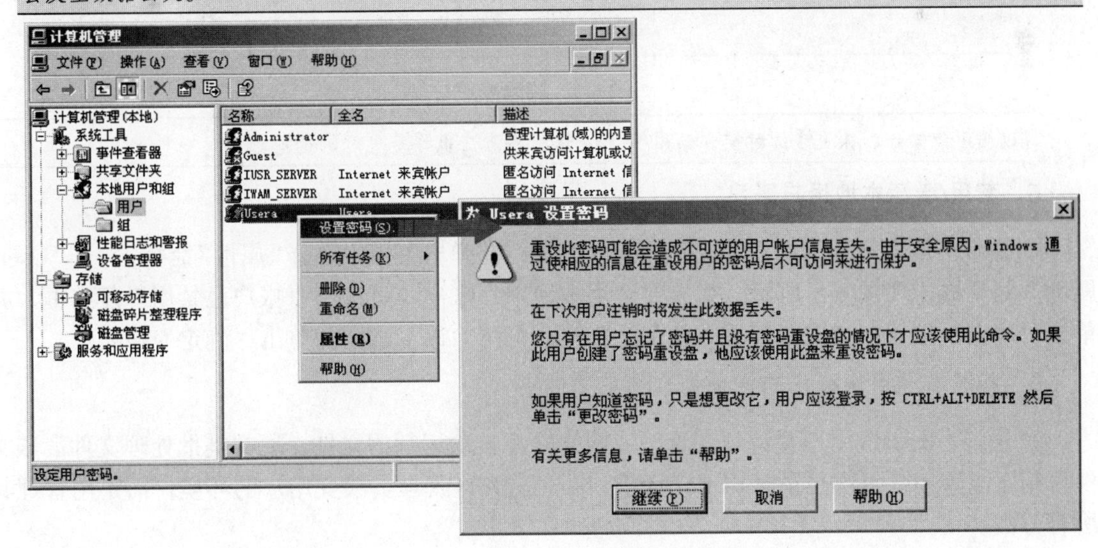

图 6-4　设置用户账户密码

（2）单击“继续”按钮，设置密码，如图 6-5 所示。如果要更改密码，可以重复两次输入密码，然后单击“确定”按钮，系统会弹出提示窗口，单击“确定”按钮，完成用户账户密码的设置。

3. **重命名本地用户账户**

右键单击需要设置的用户，如刚创建的Usera，在弹出菜单中选择“重命名”，则该账户名变为可编辑状态，如图6-6所示。直接输入新的账户名称即可。

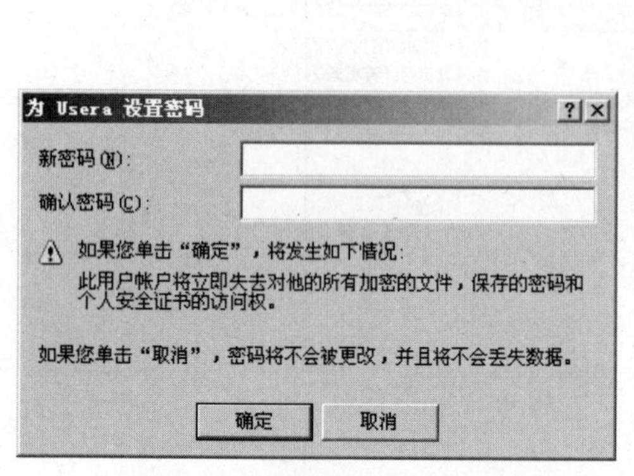

图6-5 输入新密码

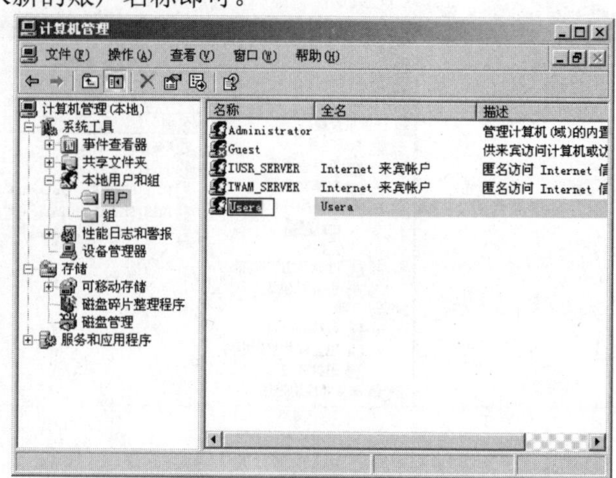

图6-6 重命名账户

4. **删除本地用户账户**

右键单击需要设置的用户，如刚创建的Usera，在弹出菜单中选择“删除”，系统会弹出警告，如图6-7所示。一旦将用户删除，该用户的所有个人设置及相应权限都将随之删除，即便重新创建一个一模一样的用户也无法恢复。如果确定要删除，单击“是”按钮即可。

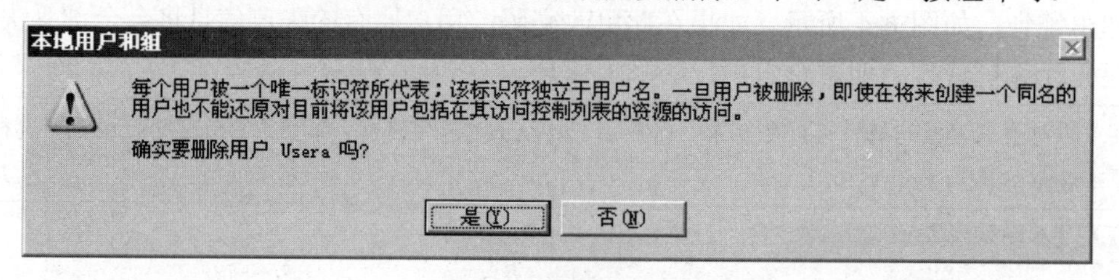

图6-7 删除账户

建议慎用此操作，在更多的时候，禁用/激活本地用户账户也许是更好的选择。

5. **禁用/激活本地用户账户**

右键单击需要设置的用户，如刚创建的Usera，在弹出菜单中选择“属性”命令，打开“Usera属性”对话框，如图6-8所示。如果要禁用本地用户账户，可选中“帐户已禁用”复选框，并单击“确定”按钮；如果要激活本地用户账户，可清除该复选框并单击“确定”按钮。

6. **指派本地用户账户的登录脚本和主文件夹**

登录脚本即每次用户登录到计算机或网络时都自动运行的文件，通常是批处理文件。该文件可用于配置用户每次登录时的工作环境，并且它允许管理员改变用户的环境，而不用管理其所有方面。

主文件夹有时也称为主目录，是管理员指派给各个用户或组的文件夹，管理员可以利用主文件夹将所有用户的文件合并到一台计算机上，以方便数据的备份。

右键单击需要设置的用户，如刚创建的Usera，在弹出菜单中选择“属性”命令，打开“Usera属性”对话框，然后单击“配置文件”选项卡，如图6-9所示，有以下可编辑项。

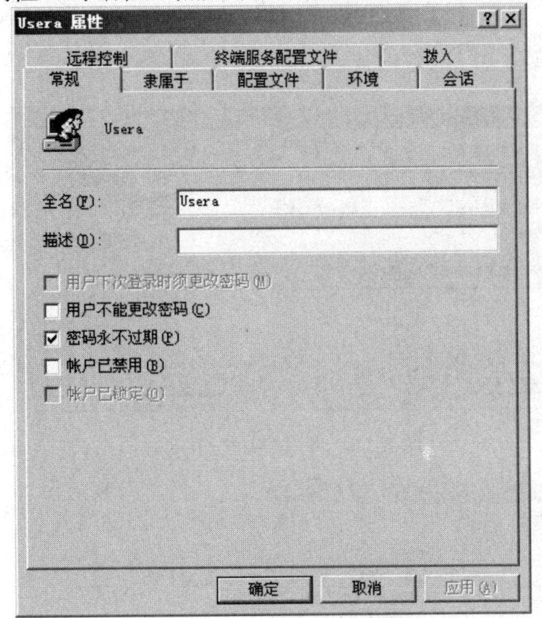

图6-8　设置用户属性

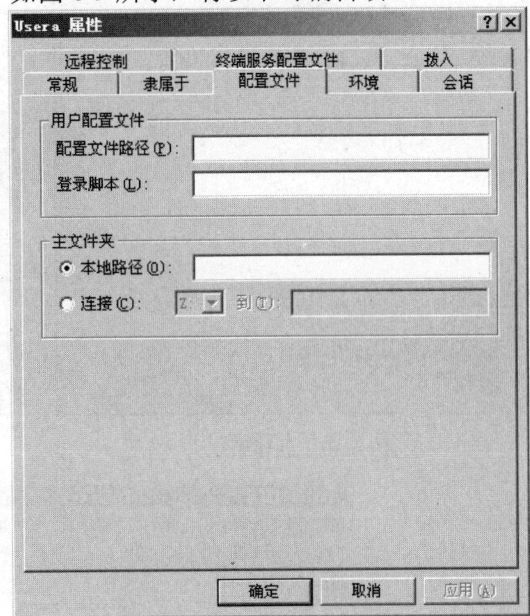

图6-9　设置本地用户账户的配置文件和主文件夹

- ❑ 配置文件路径：本地用户账户的登录脚本的相对路径。
- ❑ 登录脚本：本地用户账户的登录脚本的文件名称。如果登录脚本位于配置文件路径的子目录中，则需要在文件名称前面再加上相对于配置文件路径的相对路径。
- ❑ 本地路径：将本地文件夹设置为用户的主文件夹。
- ❑ 连接：首先将网络文件夹映射为本地磁盘，然后设置为用户的主文件夹。

6.1.2　本地组管理

1. 创建本地组

（1）打开“计算机管理”控制台，双击打开“本地用户和组”，右键单击“组”，在弹出菜单中选择“新建组”，打开“新建组”对话框，如图6-10所示，有以下可编辑项。

- ❑ 组名：要创建的本地组的名称，该名称不能与工作站或成员服务器上的任何其他组名和用户名相同，最多256个字符。
- ❑ 描述：对该组账户的进一步描述。

（2）单击“添加”按钮，打开“选择用户”对话框，如图6-11所示。在编辑框中输入要加入该组的用户账户，然后单击“确定”按钮，将用户加入组中。重复进行此操作，将需要加入该组的用户全部添加进去。

（3）设置完成后，单击“创建”按钮，完成新组的创建。重复操作即可添加多个组，添加完成后单击“关闭”按钮。

（4）单击“组”，可以查看组的情况，如图6-12所示。我们已经创建了一个名为Sales的组。

图 6-10　创建组

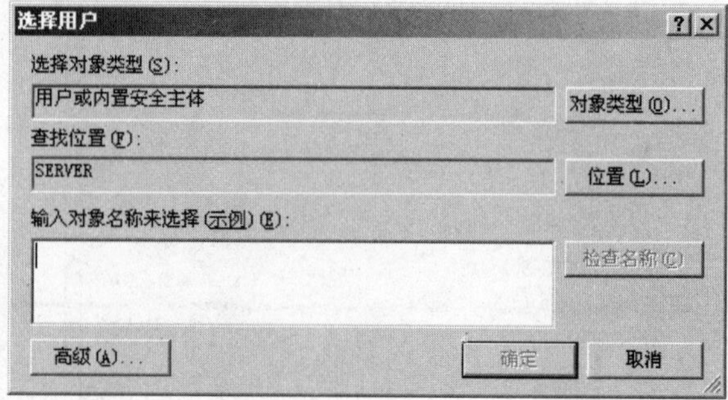

图 6-11　将用户加入组

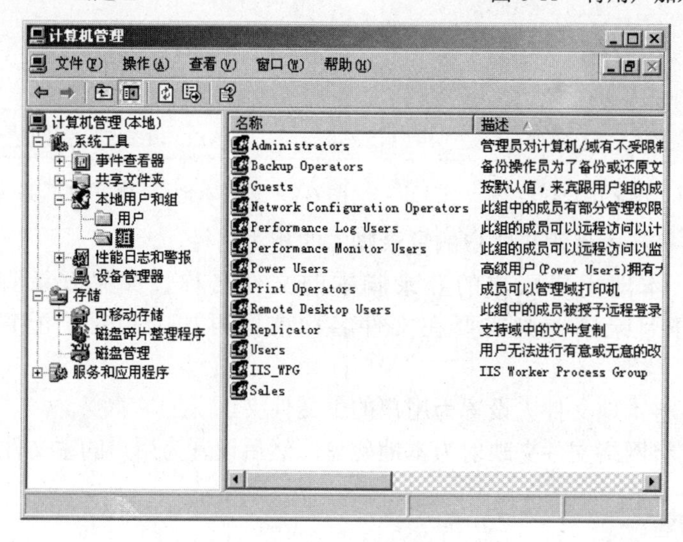

图 6-12　查看组

2. 为本地组添加成员

右键单击需要设置的组，如刚创建的 Sales，在弹出菜单中选择“添加到组”，打开“Sales 属性”对话框，如图 6-13 所示。单击“添加”按钮，弹出如图 6-11 所示的对话框，可以将用户添加到该组中。

3. 重命名本地组

右键单击需要设置的组，如刚创建的 Sales，在弹出菜单中选择“重命名”，则该组名将变为可编辑状态，如图 6-14 所示。直接输入新的组名即可。

4. 删除本地组

右键单击需要设置的组，如刚创建的 Sales，在弹出菜单中选择“删除”，系统会弹出警告，如图 6-15 所示。一旦将组删除，该组的所有设置及相应权限都将随之删除，即使重新创建一个一模一样的组也无法恢复。如果确定要删除，单击“是”按钮即可。

删除本地组后，原来组中的成员并不会随之删除。

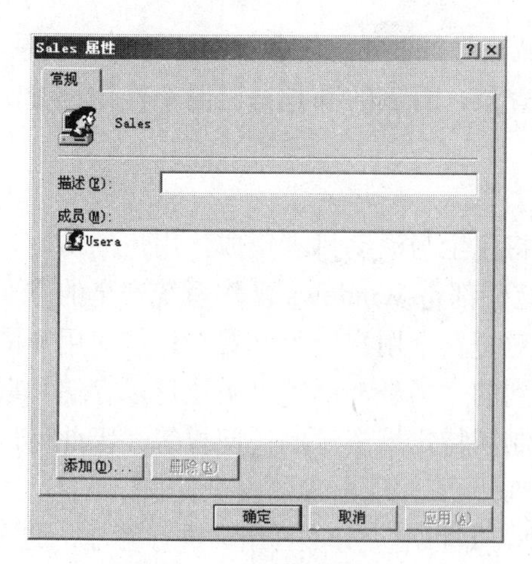

图 6-13　添加成员

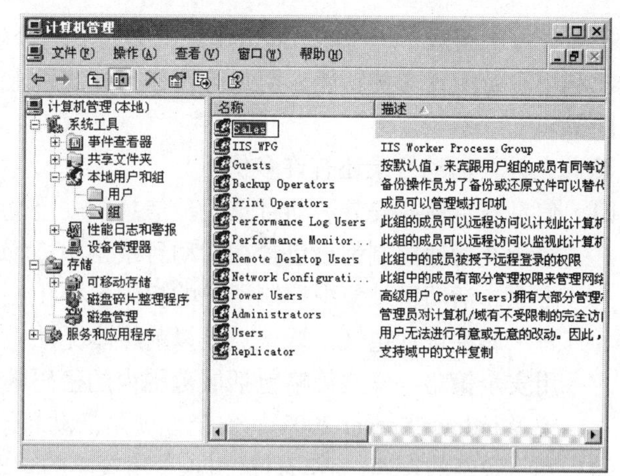

图 6-14　重命名组

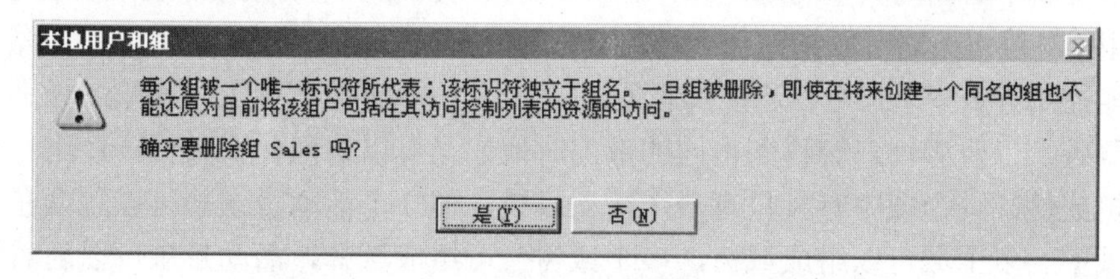

图 6-15　删除组

6.2　活动目录

活动目录（Active Directory，简称 AD）是 Windows Server 2003 最重要的功能之一，有了活动目录，就可以将原本一盘散沙的计算机集中起来，组织成一个或多个“域”进行管理。域模式与工作组模式相比有着非常突出的优点，如安全、结构清晰、便于管理等。在本章中，我们将详细介绍活动目录以及域模式网络的搭建。

6.2.1　活动目录的概念

对于初学者来说，一提到活动目录，最容易联想到的就是 Windows 下的“目录”或“文件夹”。在 Windows 中，“目录”或“文件夹”代表的是一个文件在磁盘上的存放位置和层次关系，一个文件生成之后，它所在的目录也就固定了，也就是说，它的属性也就相对固定了。这个目录所能代表的仅仅是这个目录中所有文件的存放位置，我们无法得出目录中文件的其他相关信息。Windows 以前的目录都是静态的，目录与目录之间相互独立，不存在任何关联，这样就影响到了我们使用目录的整体效率，也影响了系统的整体效率。

Microsoft 在 Windows NT 中就已经将活动目录的部分功能加入到了 IIS 中，到了 Windows 2000 时代，Microsoft 正式引入了活动目录的概念，并且活动目录的命名方式与 DNS 中域名的命名方式一致，这就使得 Windows 系统与 Internet 上的各种服务和协议联系得更加紧密。

活动目录是一种目录服务，它存储着有关网络对象的信息，如用户、组、计算机、共享资源、打印机和联系人等，使管理员和用户可以方便地查找和使用网络信息。活动目录使网络用户在域中的任意一台计算机上都可以登录并访问网络中任意位置的可用资源，换句话说，如果有二十台计算机组成了一个域，那么用户只要得到一个域账号，即可在任意一台计算机上登录，并且，利用漫游配置文件功能，用户可在任何计算机上登录，看到的都是自己的个性化设置，如桌面等。

除此之外，活动目录还有许多优点。

- 信息安全性：安装活动目录后，信息的安全性将完全与活动目录集成，用户的访问、登录及管理控制都已包含在活动目录当中，而这些都是 Windows 操作系统安全的重要方面。活动目录集中控制用户的权限，不止能对每一个用户进行设置，还能对用户的每个属性进行定义，这一点是以前根本无法做到的。另外，活动目录还可以存储和应用安全策略，安全策略包括域范围内的密码限制和特定域资源的访问权等，因此可以说 Windows Server 2003 的安全性就是活动目录功能所体现出来的安全性。
- 基于策略的管理：活动目录引入了组策略的管理，即将用户分类（组）进行管理，这样管理员就不必面向大量的用户和计算机，而只需管理少量的策略。组策略决定着用户的权限，通过组策略可以指定什么样的域资源能够被用户使用，以及怎样使用等。组策略还能控制有多少用户可以连接到服务器，当用户登录时他们可以访问什么文件，使用什么服务，以及当用户转移到不同的部门时他们又可以访问什么文件，使用什么服务。
- 可扩展性：一个域中有且只有一个活动目录，但一个活动目录却可以包含在一个或多个域中。多个域可以组成域树，多个域树又可组成域林，活动目录可以随着域的伸缩而伸缩，很好地适应了网络的变化。当新域加入时，活动目录会自动调整自己的规模以容纳更多的资源和对象。

6.2.2 活动目录的逻辑结构

1. 域

域（Domain）是指由管理员定义的具有一定共同特性的计算机、用户和对象的集合，这些对象的账户资料包括用户名和密码等都会存放在服务器上的活动目录中，它们都服从服务器制订的安全策略，拥有相同的与其他域之间的安全关系。

在安装有活动目录的独立计算机上，域即指此计算机本身。

一个域可以分布在多个物理位置上，一台北京的计算机和一台上海的计算机，只要它们之间的网络是相通的，它们就可以选择加入同一个域；一个物理位置也可以划分为不同的域，任何一台安装有 Windows Server 2003 的计算机都可以选择是加入已经创建的域还是自己创建一个新域。每个域都有自己的策略，域与域之间存在着信任与不信任的关系，当多个域建立起信任关系之后，它们可以共享一个活动目录。

2. 域树和域林

域和域可以组成域树（Tree），这些域拥有共同的结构和配置，形成一个连续的名字空间，树中的域与域之间通过信任关系连接起来。关于域树的理解，可以参考 DNS 服务中的域名结构。如域 jqe.com、域 www.jqe.com 和域 abc.jqe.com 建立起相互信任关系之后，就可以组成一个拥有三个域的域树。

在域树中，域和域之间通过双向可传递的信任关系连接在一起，由于这些信任关系是双向且可传递的，因此新加入域树的域可以立即与其他的域建立信任关系。这些信任关系允许用户使用自己的用户名和密码在域树中的任一台计算机上登录，尽管该用户在各个域中拥有的权限不一定相同。

域树和域树可以组成域林（Forest），域树和域林之间最根本的区别就是是否拥有连续的名字空间，域林中的所有域仍拥有共同的结构和配置。在域林中，域树与域树之间通过需要身份验证的信任关系连接在一起。

双向可传递的信任关系：如果A计算机信任B计算机，B计算机也信任A计算机，那么这两台计算机之间的关系就是双向信任关系；如果A计算机信任B计算机，B计算机信任C计算机，A计算机就会自动信任C计算机，那么这些计算机之间的关系就是可传递信任关系。

3. 组织单位

组织单位（Organizational Unit，简称OU）是一个纯粹的逻辑概念，它是一种容器，其中可以包含各种对象，如用户账户、用户组、计算机、打印机和下一级组织单位等。组织单位不能包含其他域中的对象。

组织单位具有继承性，子单元能够继承父单元的各种设置，管理员经常会使用组织单位来构建管理模型，该模型可以调整为任意尺寸。管理员还可以赋予某个用户对域中部分组织单位或全部组织单位的管理权限。

图6-16表示了域、域树、域林和组织单位之间的关系。

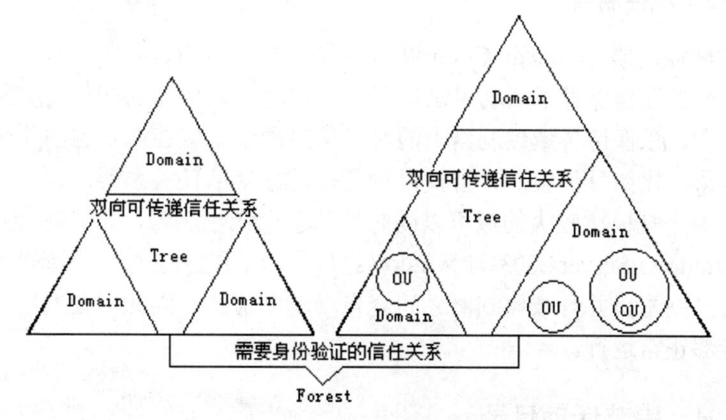

图6-16　活动目录的逻辑结构

容器：活动目录组织结构中有两种对象，一种是容器，可以容纳其他对象，一种是非容器，不再包含其他对象。组织单位（OU）是一种特殊的容器，它可以容纳其他容器。打个比方来说，非容器好比我们平时所说的文件，组织单位相当于文件夹，其他的容器就是一些只能包含文件的文件夹。

6.2.3　活动目录的物理结构

1. 站点

在活动目录中，站点（Site）代表着网络的物理结构，也可以称作网络拓扑，活动目录通过站点来建立最有效的拓扑。站点是由一个或多个物理子网组成的，这些子网通过高速网络设备连接在一起，而高速网络设备在很大程度上受到地域的限制，因此站点往往由企业的物理位置分布而定，但这并不是绝对的。使用站点结构能够使网络更有效地进行连接，并且可以使活动目录中的复制策略更合理，用户的登录更快捷。

网络速度是区分站点的最重要的因素。在活动目录中，站点和域是完全独立的两个概念，一个站点中可以拥有多个域，只要这些域之间的网络速度足够快；而如果一个域中的计算机之间的网络速度不够（如一个在北京，一个在上海，中间通过电话线和普通Modem拨号连接），那么它们将被认为是属于不同的站点。

使用站点的主要意义在于。

- 提高验证效率：当用户使用域账户登录时，登录机制会首先搜索与用户处于同一站点内的服务器，由于站点内部的网络速度快，因此可以加快用户身份验证的速度，提高了验证过程的效率。
- 平衡复制频率：活动目录会在站点内部或站点与站点之间复制信息，使用站点结构可以使活动目录在站点内部复制信息的频率高于站点之间的复制频率，这样可减少网络带宽的限制。管理员可以通过站点链接来制订活动目录复制信息的方法，从而平衡活动目录中的信息复制频率。
- 提高复制效率：活动目录可以根据站点链接成本、链接使用次数、链接何时可用等信息确定应选择哪个站点来复制信息，以及何时复制。管理员可以通过制订复制计划来避开网络传输高峰期，以提高复制的效率。

2. 域控制器

域控制器（Domain Controller，简称 DC）是指运行了活动目录的服务器，它是整个域的灵魂。域控制器保存了活动目录信息，管理着目录信息的变化，并把这些变化复制到其他的域控制器上，以保持各域控制器上的目录信息同步。域控制器也负责用户的登录以及其他与域有关的操作，比如身份验证、查找目录信息、建立信任关系等。

一个规模比较大的域可以同时使用多个域控制器，并且各域控制器之间没有主次之分，这是 Windows Server 2003 与 Windows NT 的不同之处。每一个域控制器上都会保留一份活动目录的信息副本，并且域控制器之间会自动复制信息，因此即便有的域控制器上发生了错误，网络仍能够正常运行。

6.2.4 安装活动目录

可以通过 Windows Server 2003 提供的管理控制台安装活动目录，先将 Windows Server 2003 安装盘放入光驱中备用。

（1）单击“开始”按钮，在弹出菜单中选择“管理您的服务器”，打开“管理您的服务器”管理控制台，然后单击“添加或删除角色”，打开“配置您的服务器向导”对话框。

（2）单击“下一步”按钮，在“服务器角色”列表框中选择“域控制器（Active Directory）”，如图 6-17 所示。

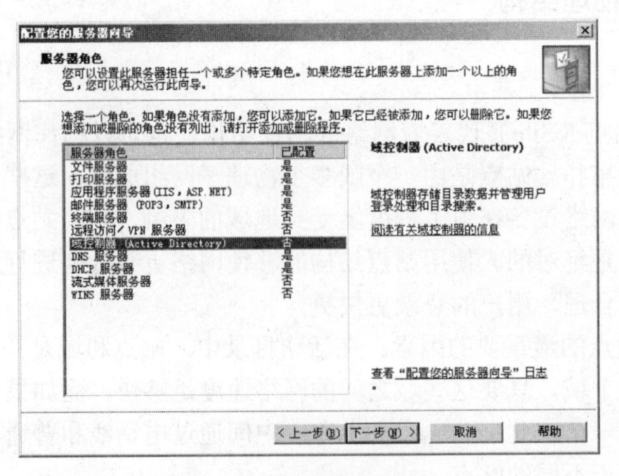

图 6-17　选择服务器角色

（3）单击“下一步”按钮，确认自己的选择，然后单击“下一步”按钮，弹出“Active Directory 安装向导”对话框，如图 6-18 所示。

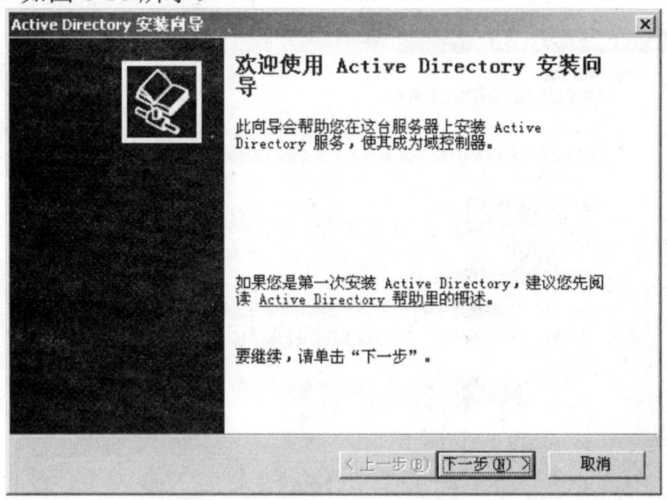

图 6-18　Active Directory 安装向导

（4）单击“下一步”按钮，可以看到系统提示：Windows 95 和 Windows NT 4.0 SP3 或更早版本的 Windows 操作系统无法使用域中的资源，如图 6-19 所示。

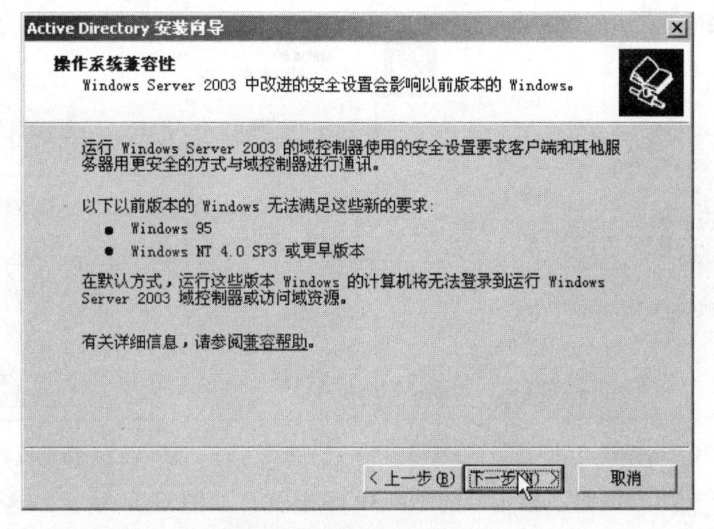

图 6-19　操作系统兼容性

（5）单击“下一步”按钮，指定此域控制器担任的角色，如图 6-20 所示，这里有以下选项。

- ❑ 新域的域控制器：创建一个新的子域、域树或者域林并将该计算机设置为新域的域控制器。
- ❑ 现有域的额外域控制器：将该计算机设置为现有域的域控制器，如果选择此选项，该计算机上的本地账户将被全部删除。

在这里我们选择“新域的域控制器”单选钮。

（6）单击“下一步”按钮，选择域的类型，如图 6-21 所示。一共有三种类型：“在新林中的域”、“在现有域树中的子域”和“在现有的林中的域树”，分别对应三个单选钮。

- ❑ 在新林中的域：创建一个全新的域，当选择此选项时，表示网络中没有其他域存在。
- ❑ 在现有域树中的子域：创建一个网络中已存在域的子域。
- ❑ 在现有的林中的域树：创建一个独立于其他域的全新域，当选择此选项时，表示网络中已有其他域存在。

在这里我们选择“在新林中的域”单选钮。

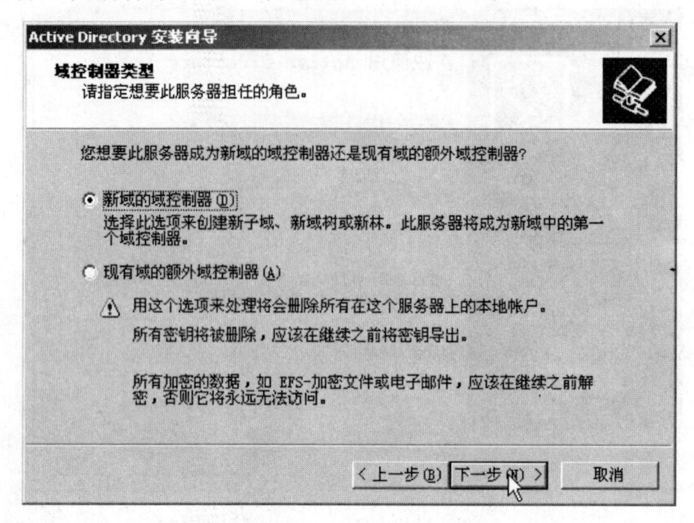

图 6-20　指定角色

（7）单击“下一步”按钮，指定域的名称。在“新域的 DNS 全名”编辑框中输入新域名称，如图 6-22 所示。

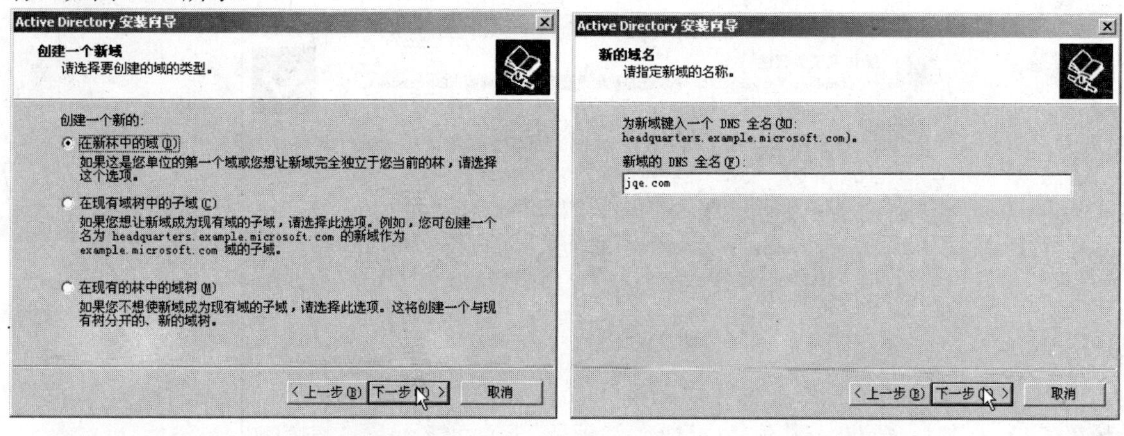

图 6-21　选择域类型　　　　图 6-22　指定域名

（8）单击“下一步”按钮，指定域的 NetBIOS 名称，如图 6-23 所示。这一步主要是为了适应网络中的早期 Windows 版本用户，一般来说选择默认即可。

（9）单击“下一步”按钮，指定活动目录日志和数据库的存放位置，如图 6-24 所示，有以下可编辑项。

- 数据库文件夹：活动目录数据库的存放位置。默认情况下 Windows 会在其系统盘的 Windows 目录下新建一个名为 NTDS 的文件夹，并指定其作为活动目录数据库的存放位置。也可以直接输入其他文件夹的本地路径，或是单击“浏览”按钮选择目标文件夹。
- 日志文件夹：活动目录日志的存放位置。默认情况下 Windows 也会选择 NTDS 文件夹。也可以直接输入其他文件夹的本地路径，或是单击“浏览”按钮选择目标文件夹。

Microsoft 建议将活动目录日志和数据库存放在不同的硬盘上以提高系统性能，不过在这里我们还是采用默认设置。

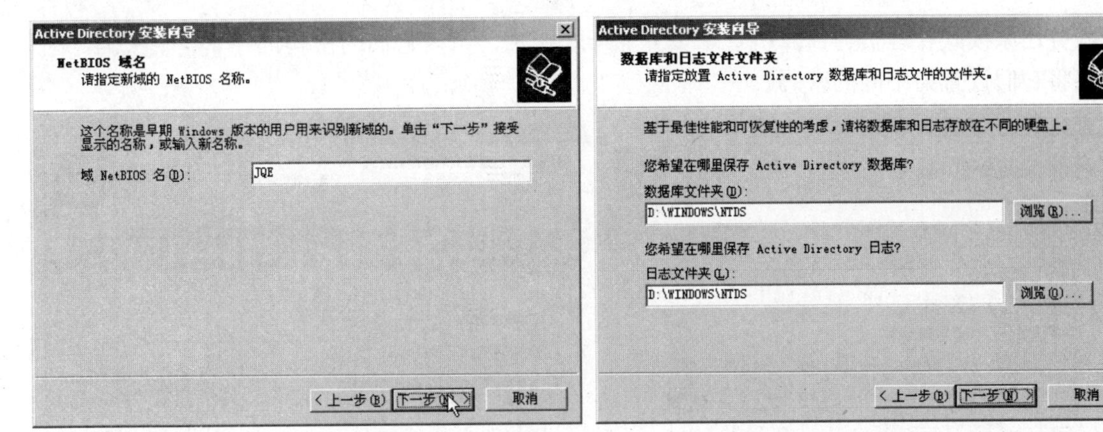

图 6-23　指定 NetBIOS 名　　　　图 6-24　选择数据库和日志文件夹

（10）单击“下一步”按钮，指定共享文件夹，如图 6-25 所示。这一文件夹中的内容会自动被网络中所有的服务器互相复制，以保持数据同步。默认情况下，它会在系统盘的 Windows 目录下新建一个名为 SYSVOL 的文件夹，也可以在“文件夹位置”编辑框中输入其他文件夹的路径，或是单击“浏览”按钮查找目标文件夹。

（11）单击“下一步”按钮，配置 DNS，如图 6-26 所示，如果之前已经安装了 DNS 服务，且已将 DNS 服务器指向本机，则这一步骤不会出现。DNS 配置共有三个选项：“我已经更正了错误，再次执行 DNS 诊断测试”、“在这台计算机上安装并配置 DNS 服务器，并将这台 DNS 服务器设为这台计算机的首选 DNS 服务器”和“我将在以后通过手动配置 DNS 来更正这个问题”，分别对应对话框中的三个单选钮。

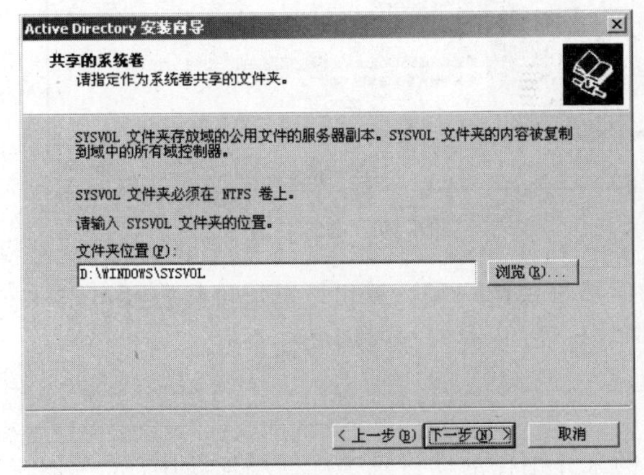

图 6-25　选择共享文件夹　　　　图 6-26　配置 DNS

在这里选择“在这台计算机上安装并配置 DNS 服务器，并将这台 DNS 服务器设为这台计算机的首选 DNS 服务器”单选钮。

> 关于 DNS 的知识，本书后面有详细的介绍。

（12）单击“下一步”按钮，设置权限，如图 6-27 所示。如果要将本机加入 Windows 2000 版本之前的域，则只能选择第一个单选钮，表示域外用户无须通过身份验证即可访问本域信息。在这里我们选择第二个单选钮，表示只允许域内用户使用本域信息。

（13）单击“下一步”按钮，设置在目录服务还原模式下的管理员密码，如图 6-28 所示。目录服务还原模式允许还原活动目录数据库及系统信息，包括注册表、系统文件、启动文件等。

目录服务还原模式管理员与计算机管理员并非一个账户，所以它们的密码也并非一个密码，因此建议将它们设置为不同的密码。

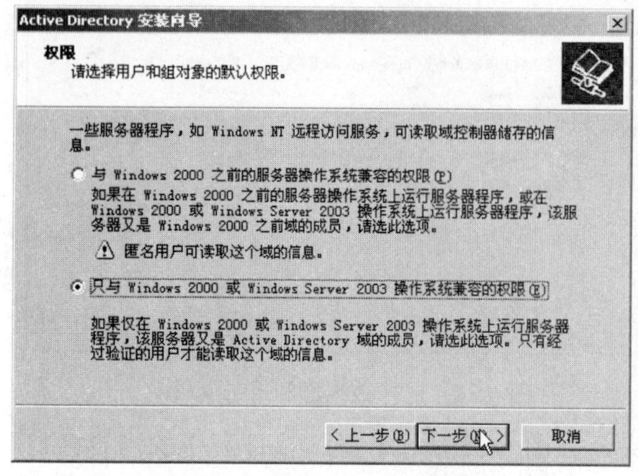

图 6-27　设置用户访问权限

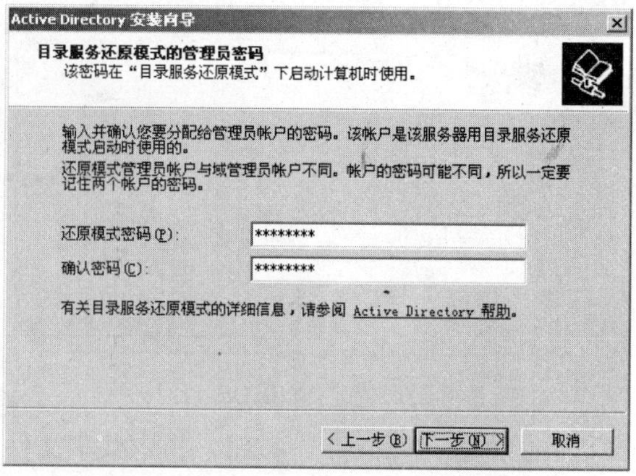

图 6-28　设置还原模式管理员密码

（14）单击“下一步”按钮，复查并确认刚才的设置，然后单击“下一步”按钮，开始活动目录的安装。等待一段时间后，单击“完成”按钮，安装向导会提示需要重新启动计算机才能使活动目录生效。

（15）重新启动计算机后，系统会提示活动目录安装完成，此服务器现在已经是域控制器，如图 6-29 所示。单击“完成”按钮，完成活动目录的安装。

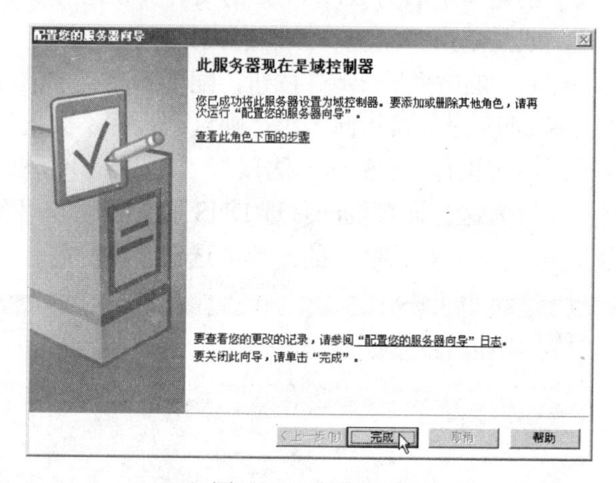

图 6-29　安装完成

6.2.5　管理用户和计算机

域模式网络的一个突出优点就是它可以很方便地管理用户和计算机，指定哪些资源可以被一部分用户使用，哪些资源可以被另一部分用户使用，以此来增强网络的安全性。

1. 添加用户

下面来创建一个名为 User1 的账户，以此为例来介绍在活动目录中如何添加新用户。

（1）首先打开“Active Directory 用户和计算机”管理控制台，有三种打开方法。

- 在“管理您的服务器”对话框中选择“管理 Active Directory 中的用户和计算机”。
- 单击“开始”按钮，在弹出菜单中依次选择“所有程序”→“管理工具”→“Active Directory 用户和计算机”命令。
- 单击“开始”按钮，在弹出菜单中选择“运行”命令，打开“运行”对话框，在“打开”编辑框中输入 dsa.msc，单击“确定”按钮。

任选一种方法打开“Active Directory 用户和计算机”管理控制台，然后展开左侧的导航树，选择 Users 容器，如图 6-30 所示。

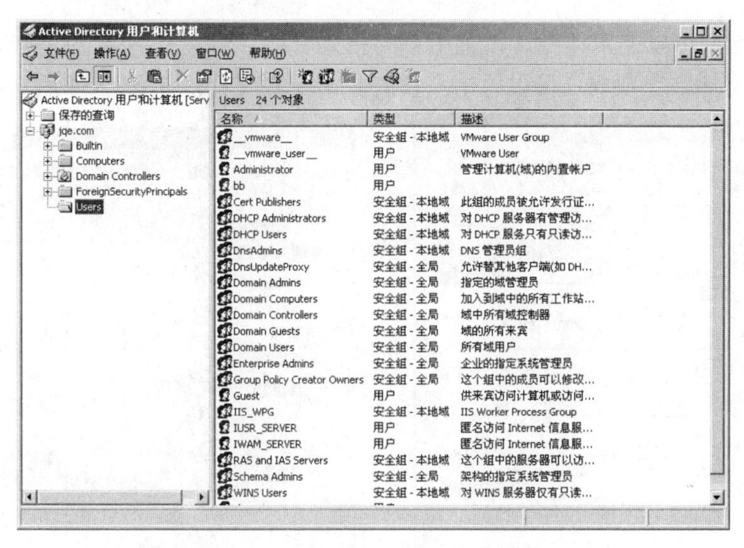

图 6-30　活动目录用户和计算机管理

（2）安装活动目录的时候，系统会保留原用户资料，并自动将原来的 Administrator 账户升级为域管理员账户，在图中我们可以看到，Windows Server 2003 已经建立了 Administrator 和 Guest 等内置用户。Administrator 是用于管理整个系统的用户，拥有对网络的完全控制权，这个账户不允许被删除，但可以更改名称。Guest 是一个供来宾使用的公开账户，主要供临时想登录域且没有账号的用户使用，默认状态下不允许使用此账户。

（3）右键单击需要添加用户的容器（如 Users），在弹出菜单中依次选择“新建”→“用户”命令，打开“新建对象-用户”对话框，如图 6-31 所示。输入用户的资料，在“用户登录名”编辑框中输入 User1，然后单击“下一步”按钮，输入该用户的密码，并选择其密码属性及账户状态，如图 6-32 所示。

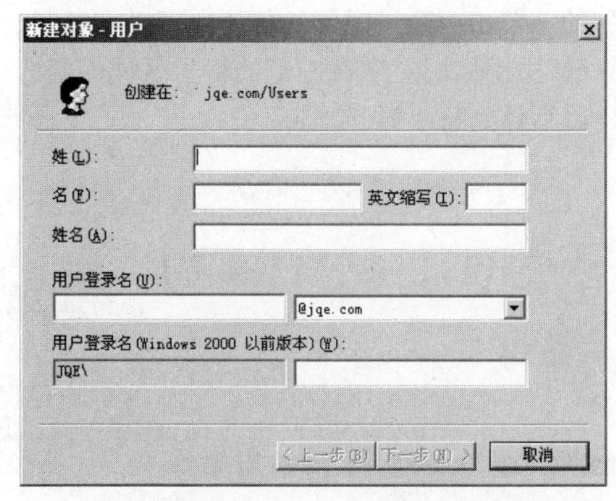

图 6-31　输入用户资料

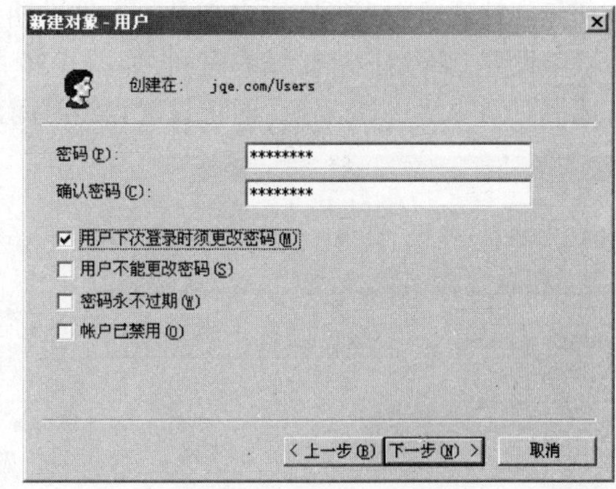

图 6-32　输入用户密码

（4）为了安全起见，建议使用强密码。设置完成后，单击“下一步”按钮，然后单击“完成”按钮，完成新用户的创建。

2. 设置用户属性

右键单击需要设置属性的用户，如 User1，在弹出菜单中选择“属性”命令，弹出用户属性设置对话框，如图 6-33 所示。

用户属性设置对话框一共包含 13 个选项卡，其中，在“常规”、“地址”、“电话”和“单位”这4个选项卡中可以非常详细地设置用户的相关资料。

单击“配置文件”选项卡，可以为用户设置漫游配置文件，如图6-34所示。

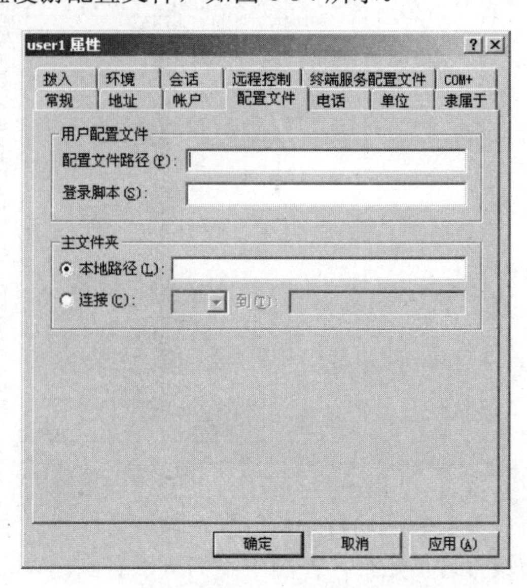

图6-33 设置用户属性　　图6-34 设置用户配置文件

前面我们已经知道，只要拥有一个域账户，就可以在域中的任何一台计算机上登录，而漫游配置文件功能，可以使用户在登录任何计算机时都能够使用自己的个性化配置文件，包括桌面、菜单和我的文档等。首先，为用户的配置文件创建一个文件夹并将其共享。然后在“配置文件路径”编辑框中输入漫游配置文件的网络路径，格式是“\\服务器名\共享名\用户名”，单击“应用”按钮保存配置。

选择“帐户”选项卡可以更改用户的登录名、设置用户的密码策略及账户过期策略，如图6-35所示，默认状态下所有账户都是“永不过期”的。单击“登录时间”按钮，可以在打开的对话框中设置允许用户登录域的时间，如图6-36所示。先用鼠标左键在左侧的格子区域中圈选，然后选择右侧的两个单选钮，即可设置详细时间，可具体到每小时。

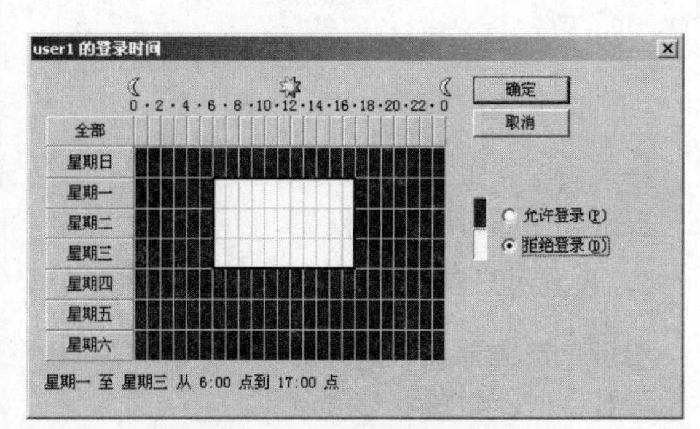

图6-35 设置账户　　图6-36 设置用户登录时间

单击“登录到”按钮，可以在打开的对话框中设置允许用户登录的计算机，如图 6-37 所示。默认状态下，允许用户在域中任一台计算机上登录，单击“下列计算机”单选钮，输入允许用户登录的计算机名并单击“添加”按钮，可以指定允许用户在哪些计算机上登录。

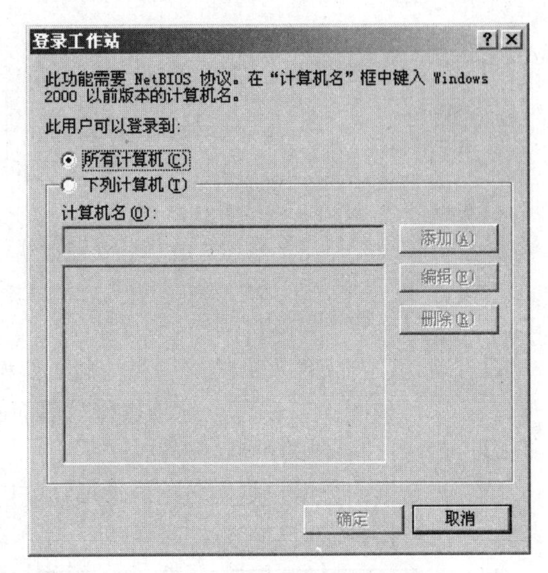

图 6-37 设置用户登录计算机

选择“隶属于”选项卡，可以将该用户添加到其他组中，这是一个比较常用的改变用户权限的方法，具体操作方法是单击“添加”按钮，在打开的对话框中输入组的名称并单击“确定”按钮。如果一个用户同时属于两个或多个组，那么该用户将拥有这些组叠加起来的权限。

3. **设置用户**

右键单击目标用户，在弹出菜单中有以下选项。

- ❑ 复制：复制出一个和原用户属性完全一样的用户。管理员只需输入新的用户名和密码即可，如图 6-38 所示。通过复制现有的账户，可以简化创建域用户账户的过程，省略了为新用户账户配置属性的工作。
- ❑ 添加到组：将用户添加到其他组中。这项操作与“属性”对话框中的“隶属于”选项卡的功能一致，如图 6-39 所示。

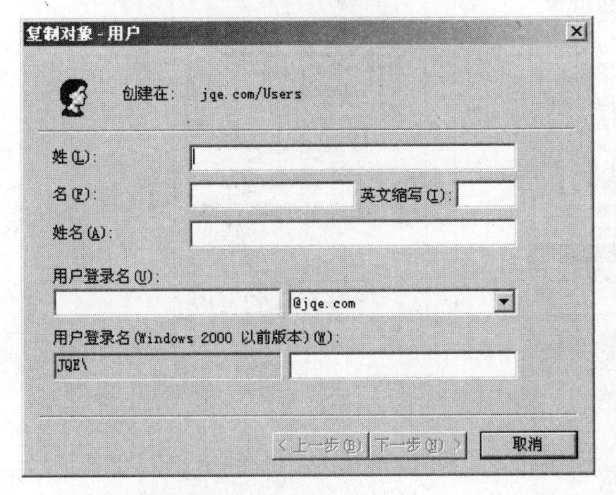

图 6-38 复制用户

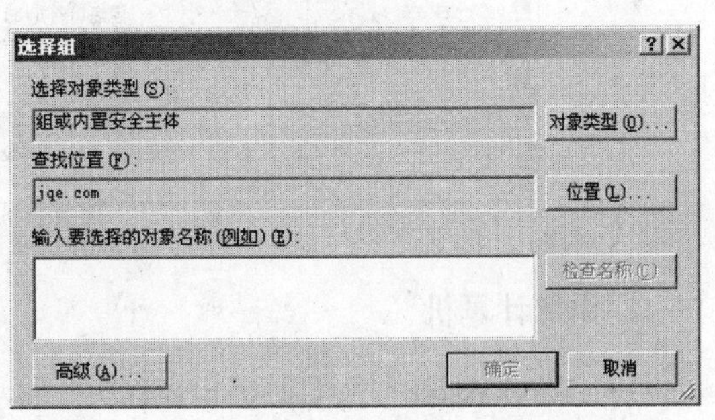

图 6-39 将用户添加到其他组

- ❑ 禁用账户：将用户暂时禁用。这项功能非常适合于用户出差的情况，需要解除禁用时只需要右键单击用户，在弹出菜单中选择“启用账户”即可。
- ❑ 重设密码：为用户更改其密码，如图 6-40 所示。经常更改密码是保障账户安全性的一种手段。
- ❑ 移动：将用户从所在的容器移动到其他容器中，如图 6-41 所示。

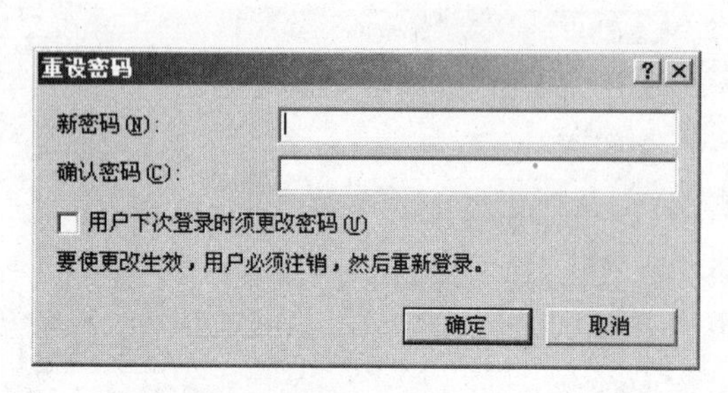

图 6-40　更改用户密码

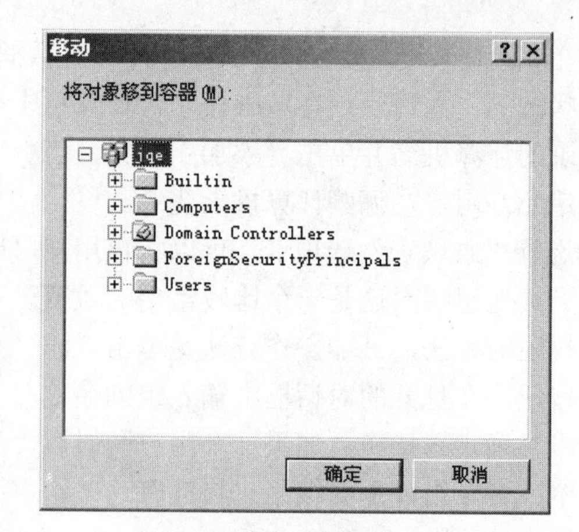

图 6-41　移动用户

- 剪切：与文件夹中的剪切和粘贴文件相似，可以将用户从所在的容器移动到其他容器中，如图 6-42 所示。这项操作与前面的“移动”选项异曲同工。
- 删除：将此用户彻底删除。
- 重命名：为用户更换名称。这项功能可以保留原用户的个性设置，因此常常被用在新用户接替老用户工作的时候。

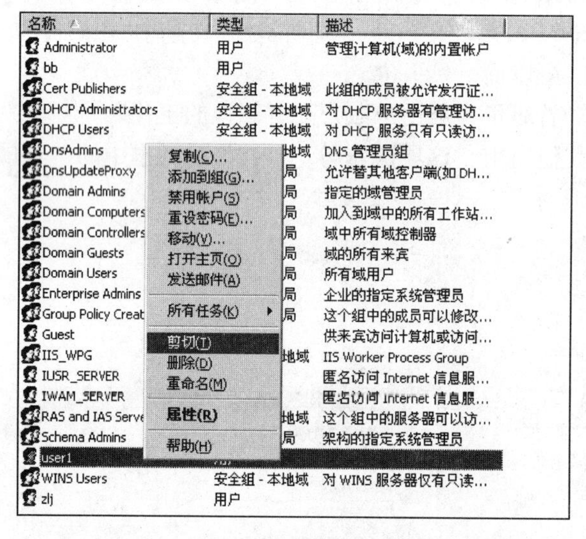

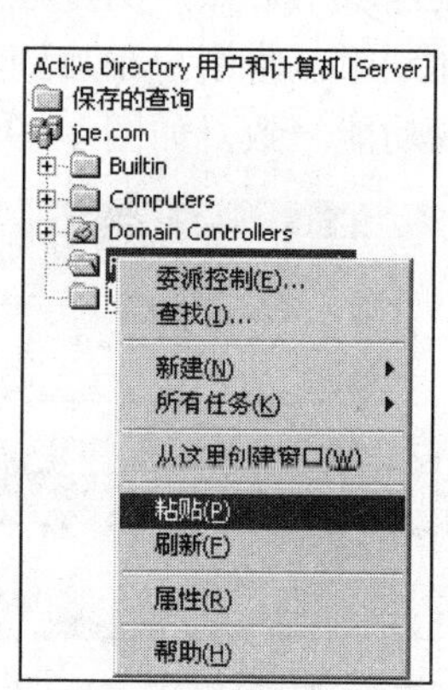

图 6-42　剪切并粘贴用户

4. 添加计算机

打开“Active Directory 用户和计算机”管理控制台，如图 6-30 所示。右键单击需要添加组的容器（如 Computers），在弹出菜单中依次选择“新建”→“计算机”命令，打开“新建对象-计算机”对话框，如图 6-43 所示。输入计算机名称，然后连续两次单击“下一步”按钮，最后单击“完成”按钮，完成计算机的添加。

5. 设置计算机属性

右键单击需要设置属性的计算机，在弹出菜单中选择“属性”命令，弹出计算机属性设置对话框，如图 6-44 所示。在“常规”选项卡中可以为计算机添加描述，选中“信任计算机作为委派”复选框表示允许此计算机在本地运行从其他计算机请求到的服务。

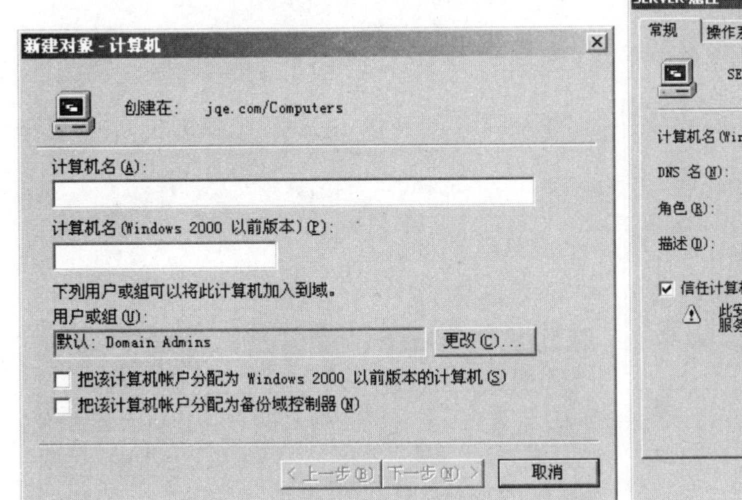

图 6-43　添加计算机

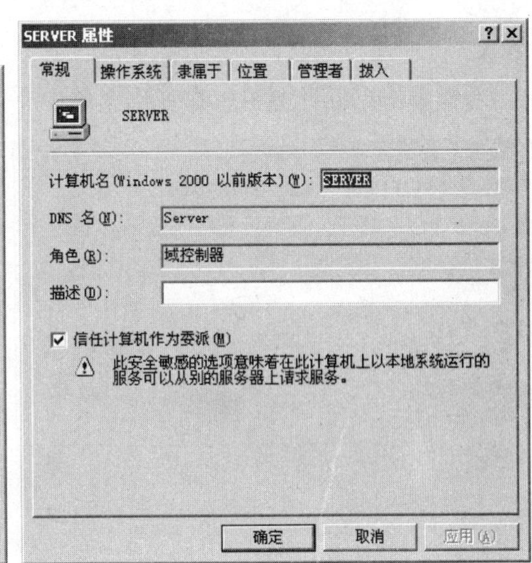

图 6-44　设置计算机属性

在“操作系统”选项卡中可以查看该计算机的操作系统版本。

选择“隶属于”选项卡，可以将计算机加入到别的组中，如图 6-45 左图所示。单击“添加”按钮，打开“选择组”对话框，如图 6-45 右图所示，输入对象名称，或单击“高级”按钮进行查找，然后单击“确定”按钮，在“隶属于”选项卡中单击“应用”按钮，即可将计算机加入到其他组中。

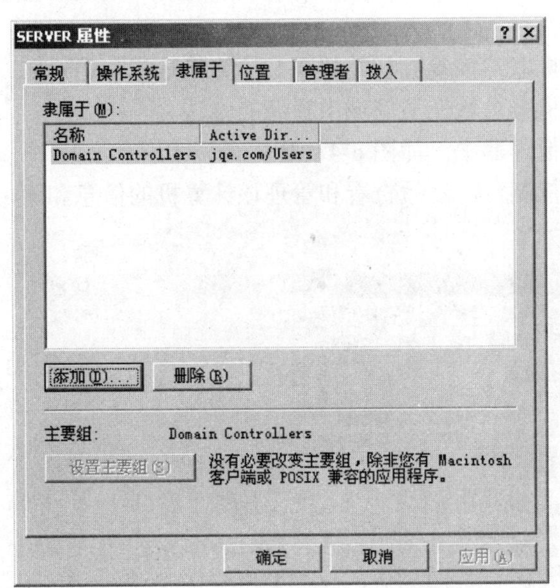

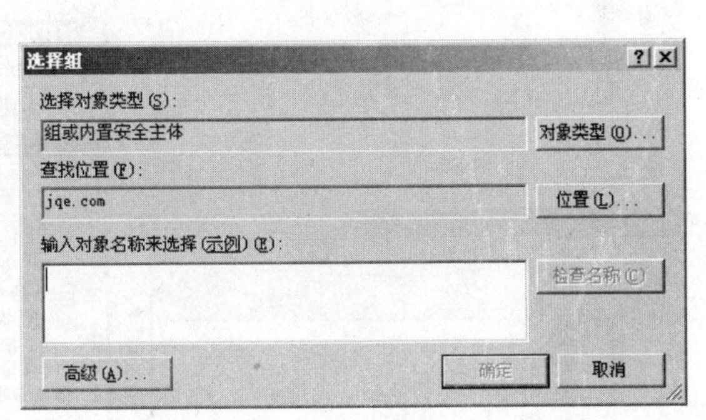

图 6-45　将计算机加入其他组

选择“位置”选项卡，可以指定计算机在网络中的位置，可以直接在“位置”编辑框中输入路径，或单击“浏览”按钮进行查找。

选择“管理者”选项卡，可以将计算机委托给某用户或联系人进行管理，如图 6-46 左图所示。单击“更改”按钮，打开“选择用户或联系人”对话框，如图 6-46 右图所示，输入对象名称或单击“高级”按钮进行查找，然后单击“确定”按钮，在“管理者”选项卡中单击“应用”按钮，即可将计算机委托给该对象。

6. 设置计算机

右键单击目标计算机，在弹出菜单中有以下选项。

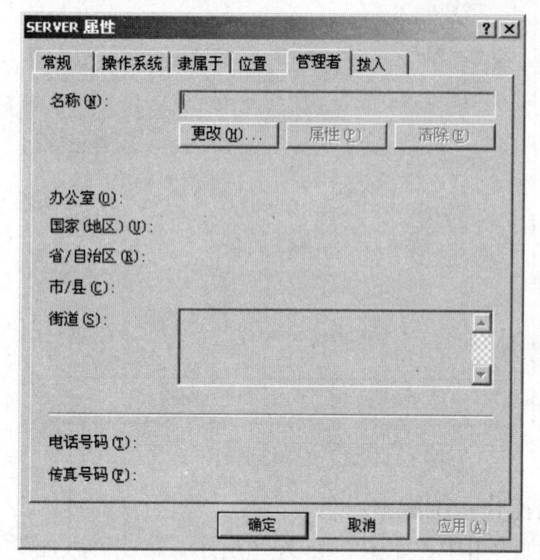

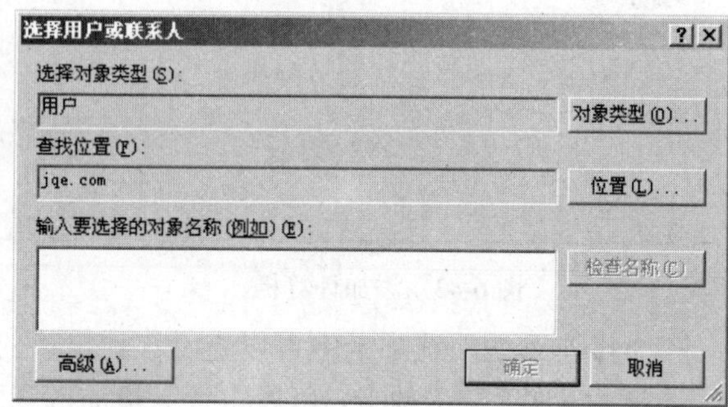

图 6-46　设置计算机管理者

- 禁用账户：将计算机暂时禁用，将计算机禁用并不意味着该计算机无法使用，而只是无法使用该计算机登录本域。需要解除禁用时只要右键单击目标计算机，在弹出菜单中选择“启用帐户”即可。
- 重设账户：重置计算机账户。将该计算机账户恢复到初始状态。计算机账户与用户账户不同，它提供了一种验证和审核计算机登录域及访问域中资源的方法。
- 移动：将计算机从所在的容器移动到其他容器中，如图 6-47 所示。
- 管理：打开该计算机的“计算机管理”控制台，然后查看和管理该计算机的信息和服务，如图 6-48 所示。

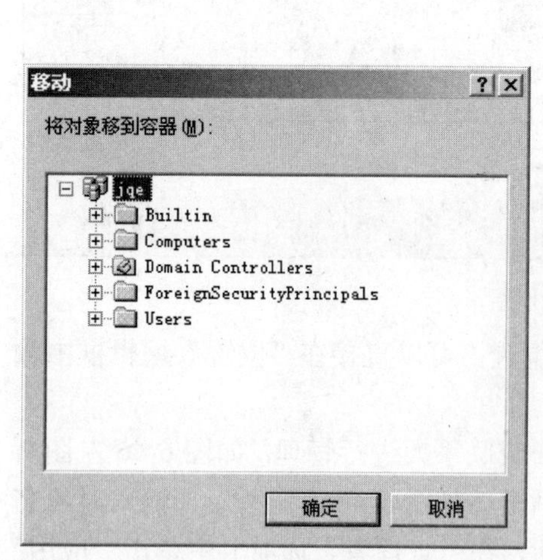

图 6-47　移动计算机

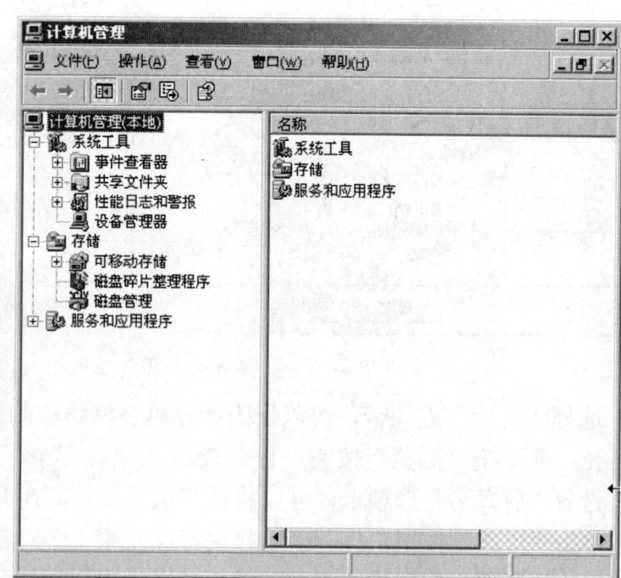

图 6-48　管理计算机

- 剪切：将计算机从所在的容器剪切到其他容器中，如图 6-49 所示。
- 删除：将此计算机账户彻底删除。

6.2.6 管理组

通常情况下，为了提高工作效率，管理员不会为每个用户分别配置权限，而是将权限分配给组，当某用户被添加到某个组时，这个用户将拥有分配给该组的所有权限，这样管理员就可以将用户分类进行管理。

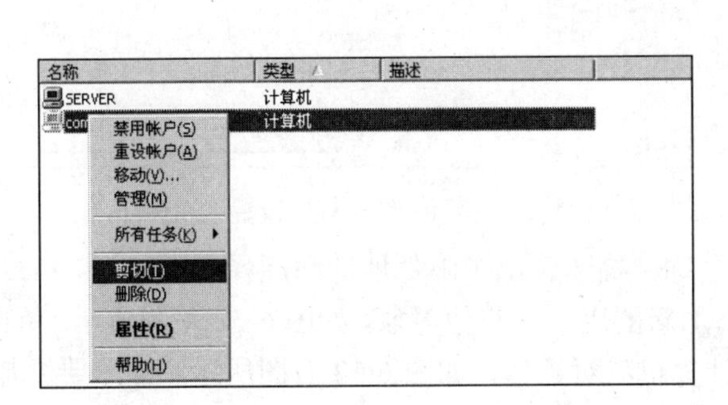

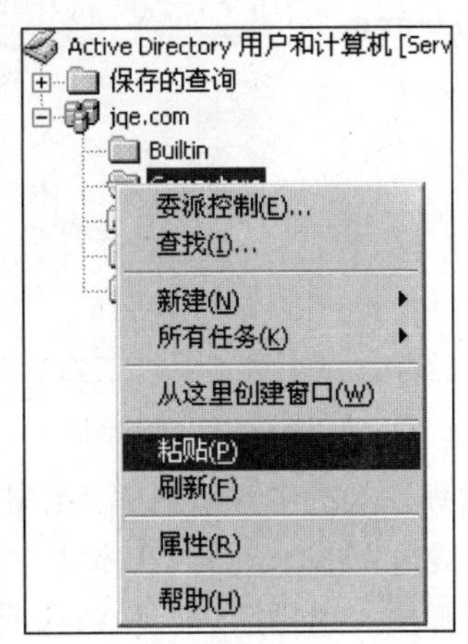

图 6-49　剪切并粘贴计算机

1. 组的类型

活动目录中的组可以分为安全组和通讯组两种，安全组一般用于定义与安全性有关的功能，使用安全组可以定义资源和对象的访问权限，控制和管理用户和计算机对活动目录对象及其属性、网络共享位置、文件、目录和打印机等资源的访问，安全组中的成员会自动继承其所属安全组的所有权限。通讯组一般用于组织用户，使用通讯组可以向一组用户发送电子邮件，由于它没有与安全有关的功能，因此只有在电子邮件应用程序中才会用到通讯组。

2. 组的作用域

活动目录中的组安全作用域可以分为域本地组、全局组和通用组三种，它们的区别就在于它们可以包含的用户和它们可以访问的资源。

域本地组中的用户可以是整个森林中的任何用户，但这些用户只能访问本域中的资源。

全局组中的用户只能是本域中的用户，不过他们可以访问整个森林中的资源。

通用组中的用户可以是整个森林中的任何用户，而且他们可以访问整个森林中的所有资源。

3. 添加组

打开“Active Directory 用户和计算机”管理控制台。右键单击需要添加组的容器（如 Users），在弹出菜单中依次选择“新建”→“组”命令，打开“新建对象-组”对话框，如图 6-50 所示。

输入组的名称并选择组的作用域和类型，单击“确定”按钮完成组的添加。

4. 设置组属性

右键单击需要设置属性的组，在弹出菜单中选择“属性”命令，打开组属性设置对话框，如图 6-51 所示。

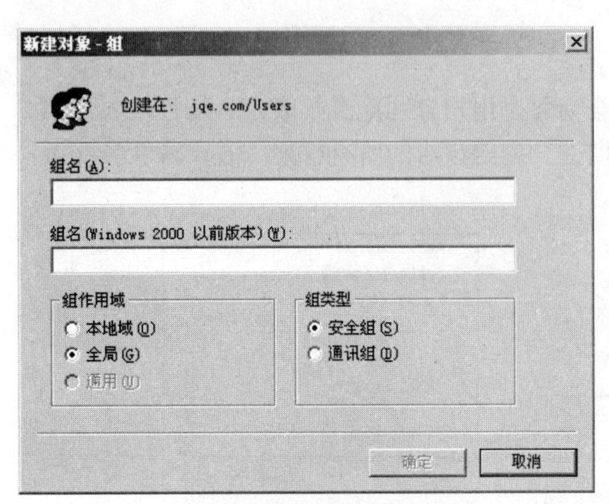

图 6-50　添加组

图 6-51　设置组属性

在“常规”选项卡中可以输入组的名称、描述、电子邮件地址和注释。

选择“成员”选项卡可以在本组中添加新的用户或其他对象，如图 6-52 左图所示。单击“添加”按钮，弹出“选择用户、联系人或计算机”对话框，如图 6-52 右图所示，输入要添加的对象，也可单击“高级”按钮进行查找，然后单击“确定”按钮，在“成员”选项卡中单击“应用”按钮完成对象的添加。

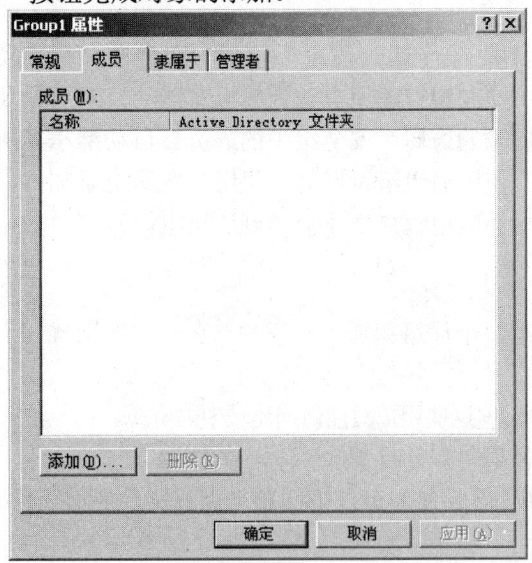

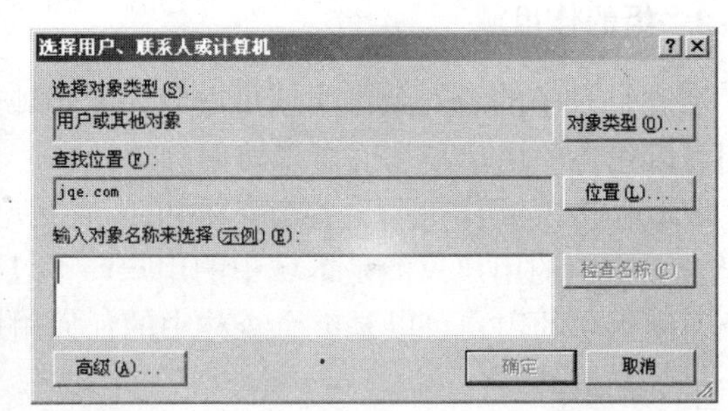

图 6-52　在组中添加对象

选择“隶属于”选项卡可以将本组加入到其他组中，如图 6-53 左图所示。单击“添加”按钮，打开“选择组”对话框，如图 6-53 右图所示，输入对象名称或单击“高级”按钮进行查找，然后单击“确定”按钮，在“隶属于”选项卡中单击“应用”按钮即可将本组加入到其他组中。

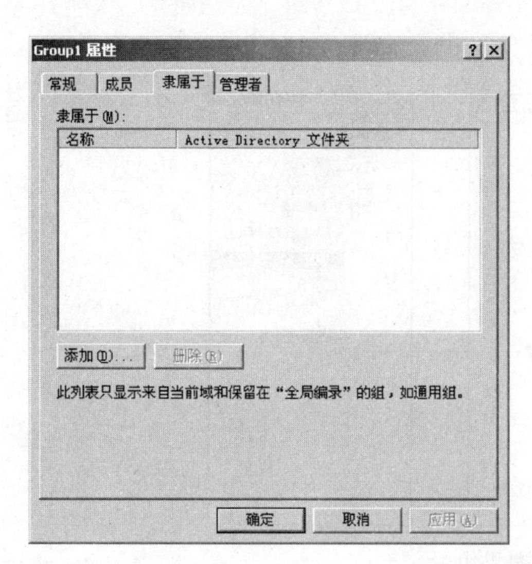

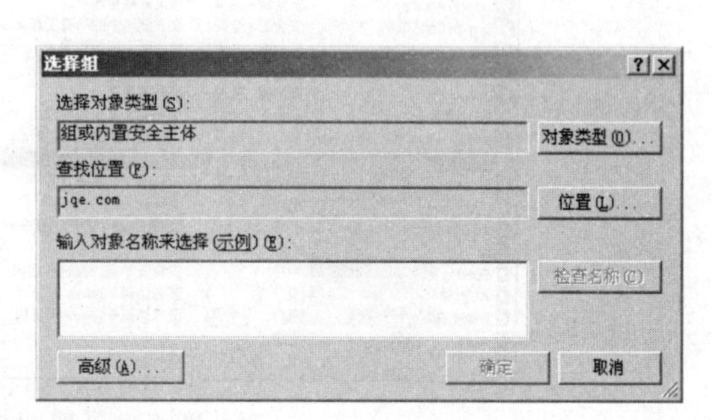

图 6-53　将组加入到其他组

选择“管理者”选项卡可以将本组委托给某个用户或联系人进行管理，如图 6-54 左图所示。单击“更改”按钮，打开“选择用户或联系人”对话框，如图 6-54 右图所示，输入对象名称或单击“高级”按钮进行查找，然后单击“确定”按钮，在“管理者”选项卡中单击“应用”按钮即可将本组委托给该对象。选择“管理员可以更新成员列表”复选框表示该管理者有权在组中添加或者删除用户。

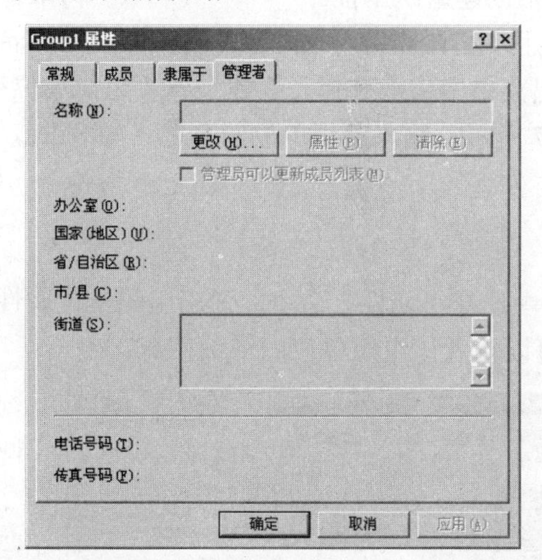

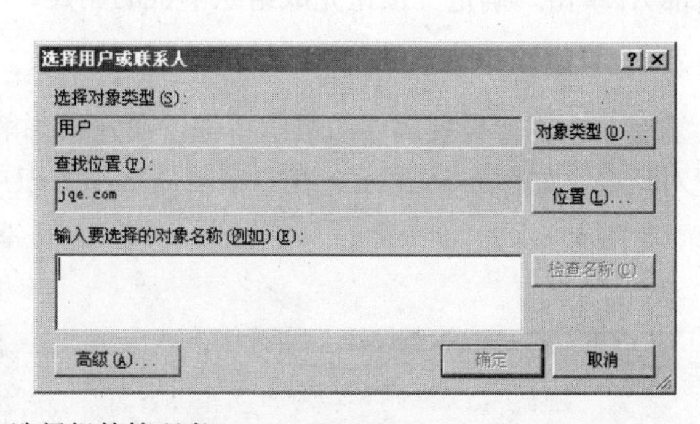

图 6-54　选择组的管理者

5. 设置组

右键单击目标组，在右键弹出菜单中有以下的选项。

- ❑ 移动：将该组从所在的容器中移动到其他容器，如图 6-55 所示。
- ❑ 剪切：将该组从所在的容器剪切到其他容器，如图 6-56 所示。这项操作与前面的“移动”选项异曲同工。
- ❑ 删除：将该组彻底删除。

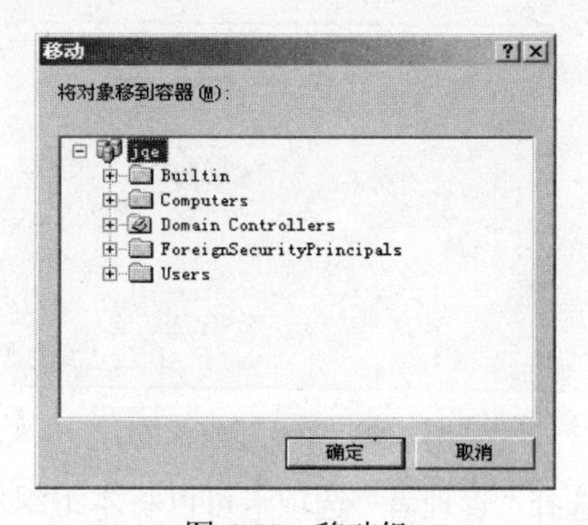

图 6-55　移动组

❑ 重命名：为该组更换名称。

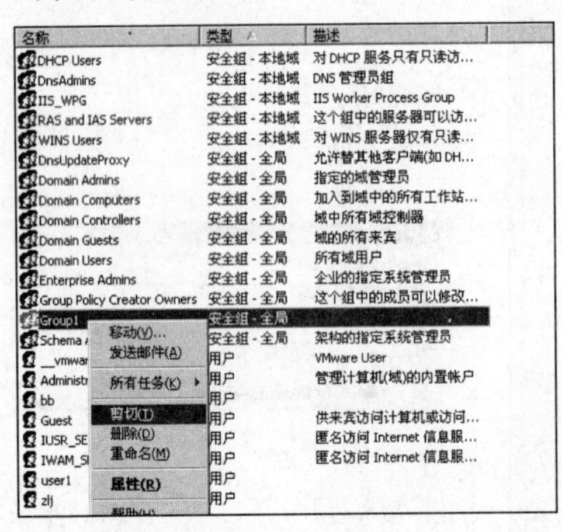

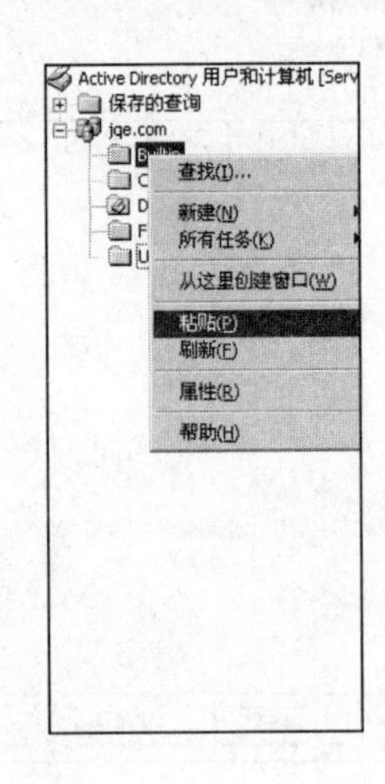

图 6-56　剪切并粘贴组

6.2.7　管理组织单位

1. 添加组织单位

前面我们已经了解到，组织单位（OU）是一种特殊的容器，它可以包含其他容器，所以，我们既可以在域中创建组织单位，也可以在组织单位中创建组织单位。

组织单位的创建很简单，打开“Active Directory 用户和计算机”管理控制台，右键单击希望创建组织单位的容器（包括域和组织单位），在弹出菜单中依次选择“新建”→“组织单位”命令，打开“新建对象-组织单位”对话框，如图 6-57 所示。输入组织单位的名称（如 Sales，销售部），单击“确定”按钮完成组织单位的创建。

2. 设置组织单位属性

右键单击需要设置属性的组织单位，在弹出菜单中选择“属性”命令，弹出组织单位属性设置对话框，如图 6-58 所示。在“常规”选项卡中可以输入该组织单位的详细信息。

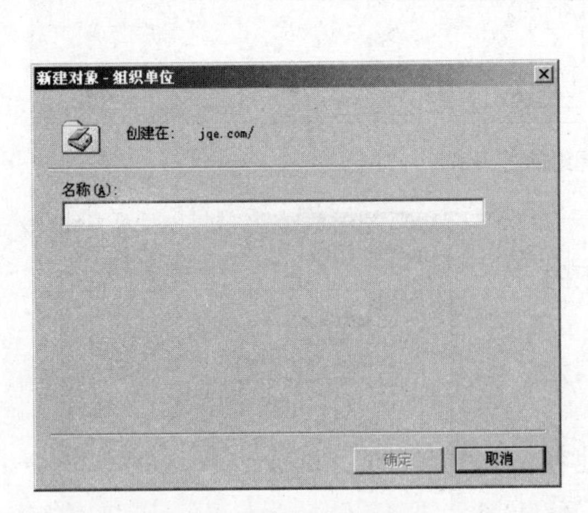

图 6-57　添加组织单位

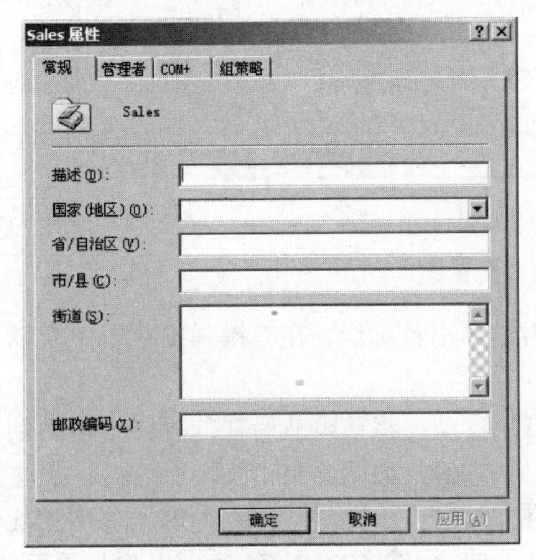

图 6-58　设置组织单位属性

选择“管理者”选项卡可以将本组织单位委托给某用户或联系人进行管理，如图 6-59 左图所示。单击“更改”按钮，打开“选择用户或联系人”对话框，如图 6-59 右图所示，输入对象名称或单击“高级”按钮进行查找，然后单击“确定”按钮，在“管理者”选项卡中单击“应用”按钮即可将本组织单位委托给该对象。

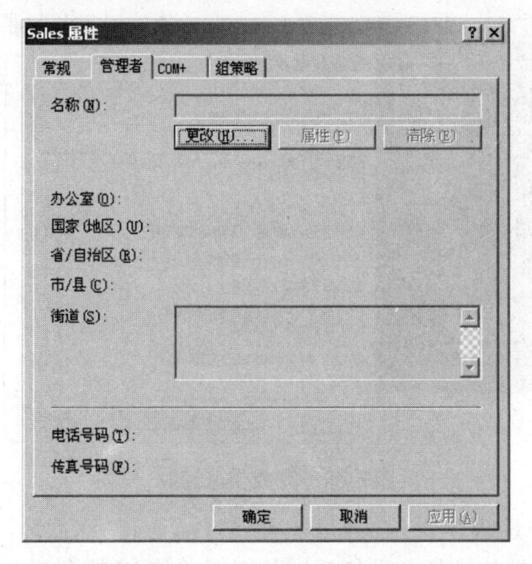

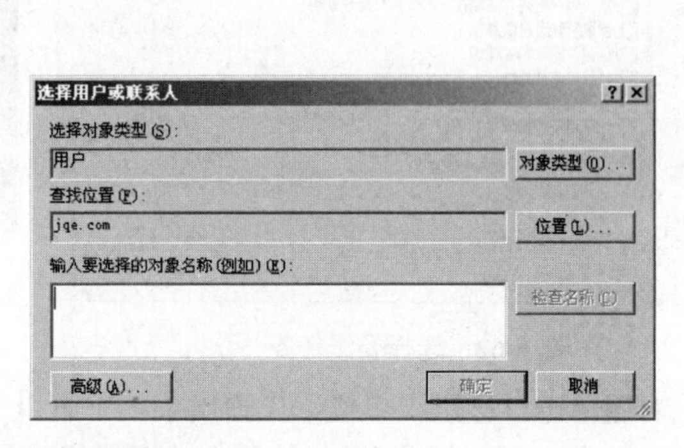

图 6-59　设置组织单位的管理者

3. 设置组织单位

我们可以将组织单位委托给某些用户或某些组，并严格限制这些用户和组的各方面的管理权限，以获得更高效的管理。

（1）右键单击目标组织单位，在弹出菜单中选择“委派控制”，打开“控制委派向导”对话框，如图 6-60 所示。

（2）单击“下一步”按钮，选择委派控制的用户或组，如图 6-61 所示。单击“添加”按钮，如图 6-59 右图所示，输入对象名称或单击“高级”按钮进行查找，然后单击“确定”按钮，将对象加入到“选定的用户和组”列表框中，重复上述操作可将组织单位委派给多个用户或组。

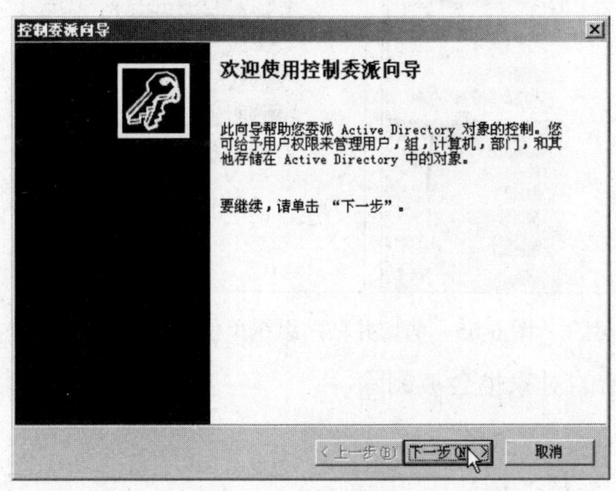

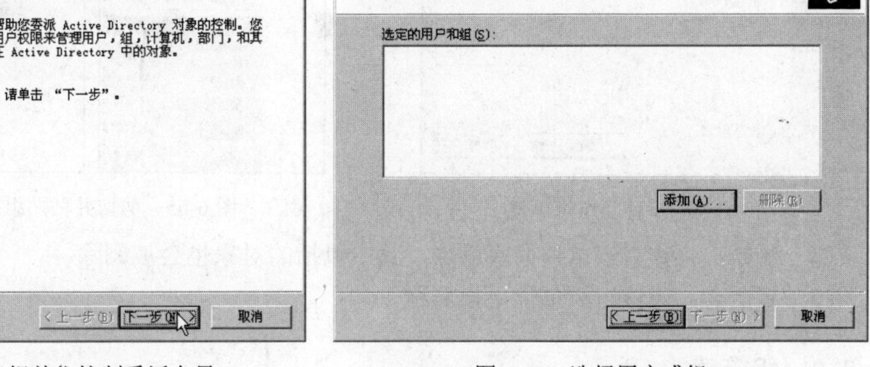

图 6-60　组织单位控制委派向导　　　　图 6-61　选择用户或组

（3）单击“下一步”按钮，选择要委派的任务，如图 6-62 所示。列表框中列举了 11 项常见的任务，如创建、删除以及管理用户账户等，分别对应 11 个复选框。如果希望委派的任务并没有列举在列表框中，可以选择“创建自定义任务去委派”单选钮并单击“下一步”按钮进行高级选择。

（4）选择好希望委派的任务，单击“下一步”按钮，系统会请求确认，如图 6-63 所示。单击“完成”按钮，完成组织单位的委派。

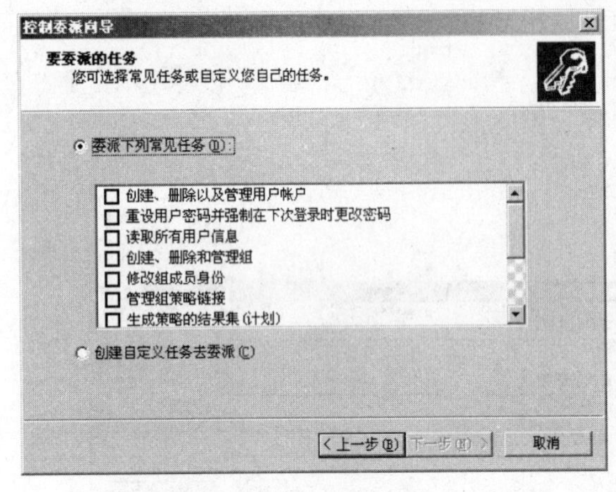

图 6-62　选择委派任务

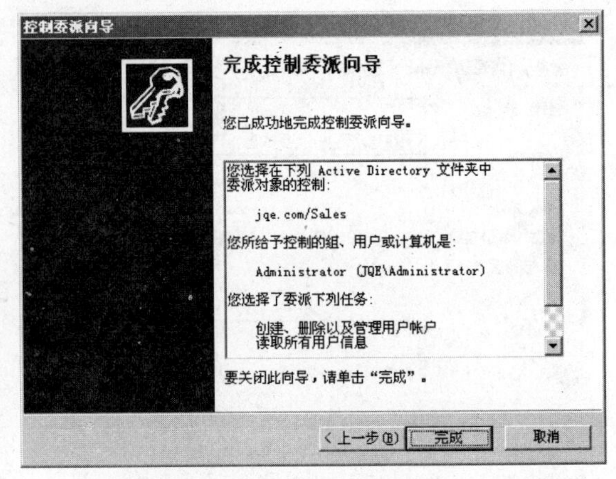

图 6-63　完成委派控制

右键单击目标组织单位，在弹出菜单中有以下选项。

- ❑ 移动：将该组织单位从所在的容器移动到其他容器（只包括域和组织单位），如图 6-64 所示。
- ❑ 查找：快速查找组织单元中的用户、联系人及组。
- ❑ 剪切：将该组织单位从所在的容器剪切到其他容器，如图 6-65 所示。

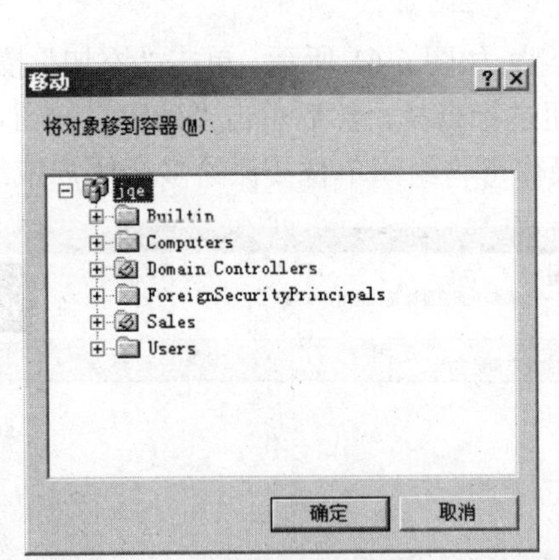

图 6-64　移动组织单位

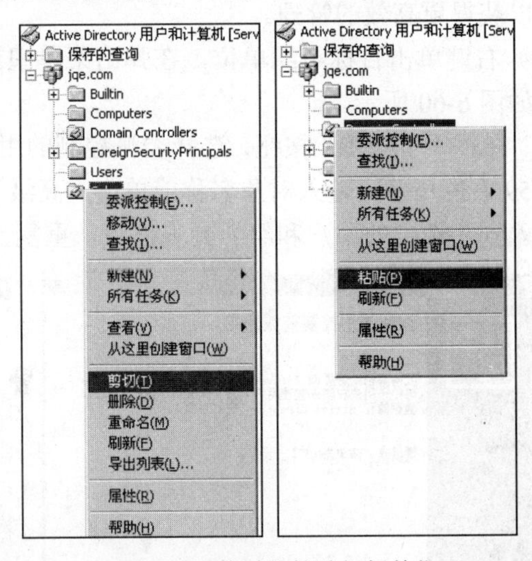

图 6-65　剪切并粘贴组织单位

- ❑ 删除：将该组织单位彻底删除，其中包括的对象也会被删除。
- ❑ 重命名：为该组织单位更换名称。

6.2.8　组策略

组策略对于活动目录的重要性，就如同活动目录对于 Windows Server 2003 的重要性一样。组策略为系统管理员提供了管理用户的各个方面的便利，管理员可以通过设置组策略来为用户设置各种操作规则，如禁止使用控制面版、禁止使用注册表等，这在很大程度上保障了网络的安全。

组策略包括两部分内容，分别是“用户配置”和“计算机配置”。“用户配置”中包含有影响用户环境的相关设置，而“计算机配置”中包含有网络中计算机的相关设定参数。

1. 组策略和活动目录

实现组策略是规划活动目录结构时需要考虑的重要因素，组策略的基本组成单元是组策略对象（Group Policy Object，简称 GPO）。

GPO 存储在 Windows Server 2003 的域中，为了能使组策略在域的不同范围内生效，需要将包含有组策略的 GPO 与域中的不同容器相链接，这个链接叫做组策略对象链接（Group Policy Object Link）。

如果将一个 GPO 链接到一个活动目录的站点上，那么这个组策略对象就能够应用于站点中的所有域。如果将 GPO 链接到域上，那么它将直接应用到域中所有的计算机和用户。如果将 GPO 链接到组织单位，那么它将应用于这个组织单位中的所有对象。

不能将组策略链接到非组织单位的容器中。如果一定要在非组织单位的容器上应用组策略，那么就需要将该容器放置在一个组织单位中，然后对该组织单位应用组策略。

2. 设置组策略

下面以禁止用户 User1 使用“开始”菜单中的“搜索”为例，介绍组策略的设置方法。

（1）将 User1 移动到创建好的组织单位 Sales 中。

（2）打开“Active Directory 用户和计算机”管理控制台，如图 7-15 所示，右键单击 Sales 组织单位，在弹出菜单中选择“属性”命令，弹出属性设置对话框，如图 7-43 所示。

（3）选择“组策略”选项卡，如图 6-66 所示。单击“新建”按钮，可以创建一条新组策略，单击“添加”按钮可以将以前曾经创建过的组策略或系统内置的组策略添加进来。在这里单击“新建”按钮，并在列表框中编辑新建的组策略的名称，设置组策略的名称为 NoSearch，如图 6-67 所示。

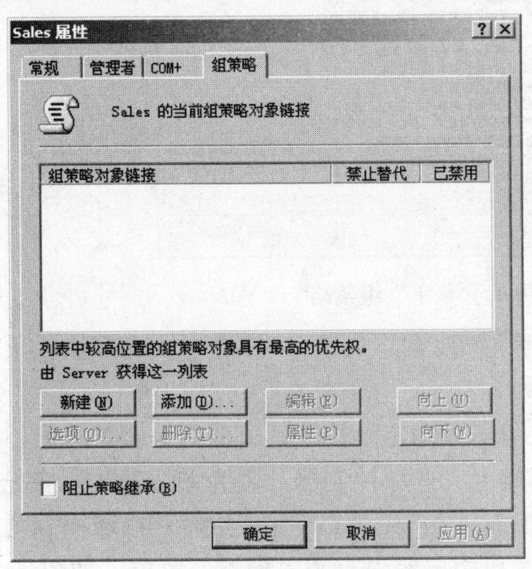

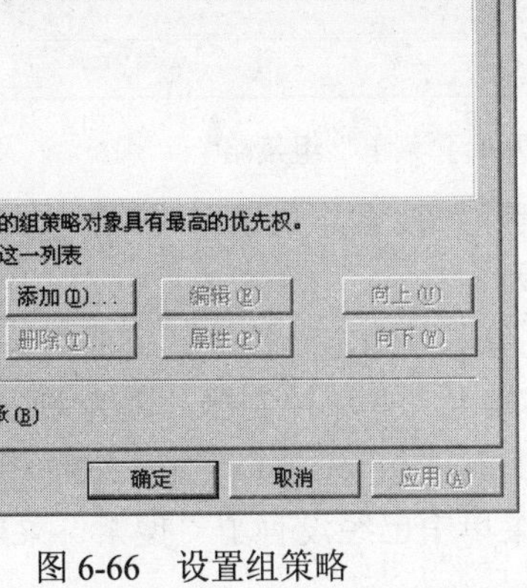

图 6-66 设置组策略

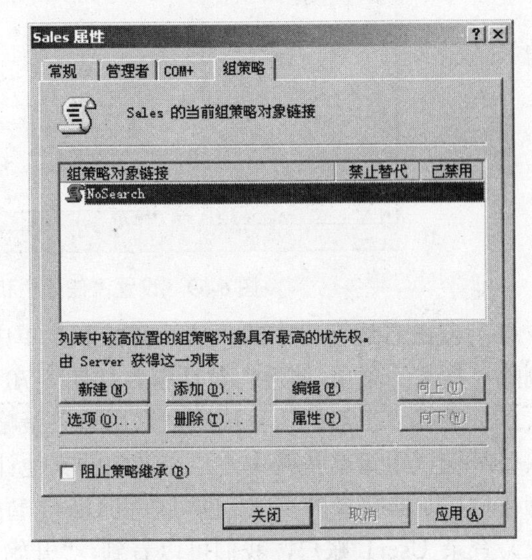

图 6-67 创建新组策略

（4）双击 NoSearch 或单击“编辑”按钮，打开“组策略编辑器”对话框，如图 6-68 所示。这里有对计算机各方面的管理设置，极为详细。

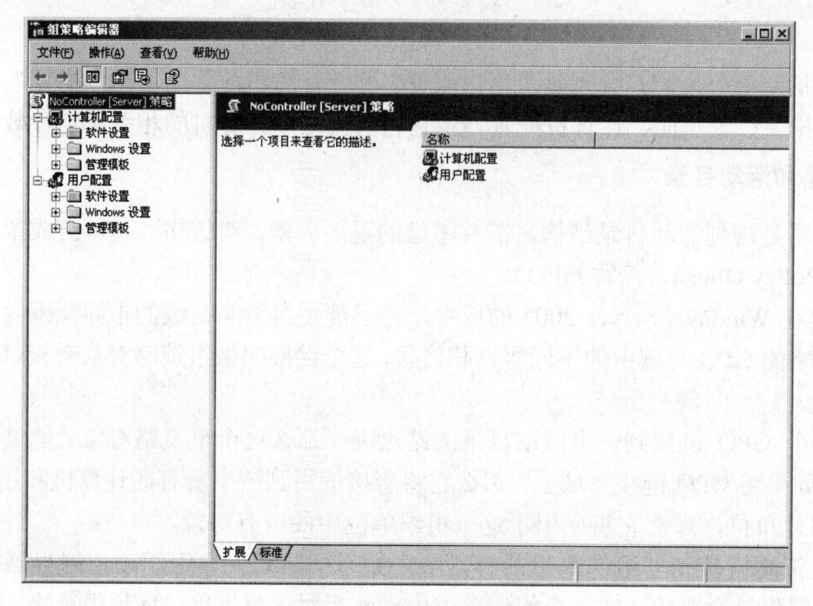

图 6-68　组策略编辑器

（5）双击“用户配置”中的“管理模板”，然后单击“任务栏和「开始」菜单”，如图 6-69 所示。

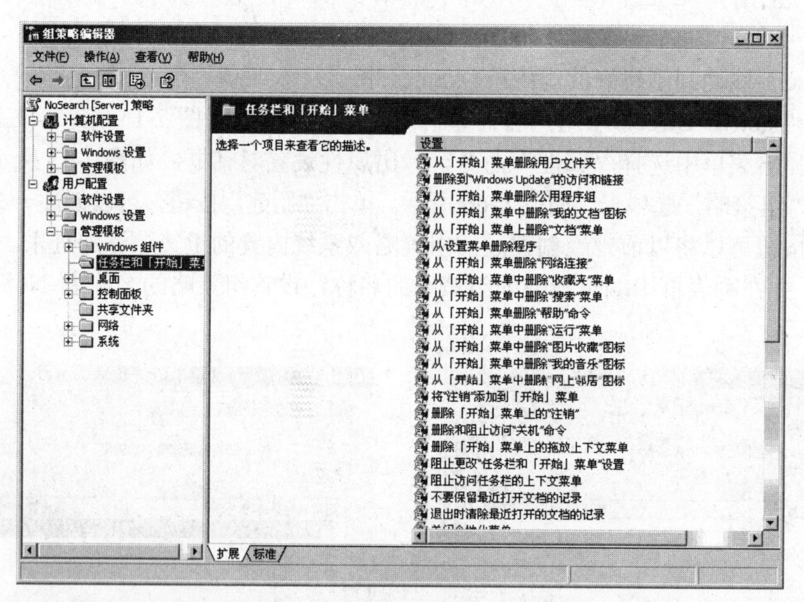

图 6-69　设置“任务栏和「开始」菜单”组策略

（6）双击右边窗口中的“从「开始」菜单中删除‘搜索’菜单”，弹出“从「开始」菜单中删除‘搜索’菜单 属性”对话框，如图 6-70 所示。

（7）选择“已启用”复选框，启用该条策略，单击“确定”按钮，完成组策略的设置。

（8）测试组策略是否生效。在域中的其他计算机上（非域控制器，因为 User1 默认情况下没有在域控制器登录的权限，也可以将 User1 暂时加入 Administrators 组，然后再在域控制器上登录）登录 User1 账户，我们可以看到，“开始”菜单中已经没有了“搜索”菜单，如图 6-71 所示。

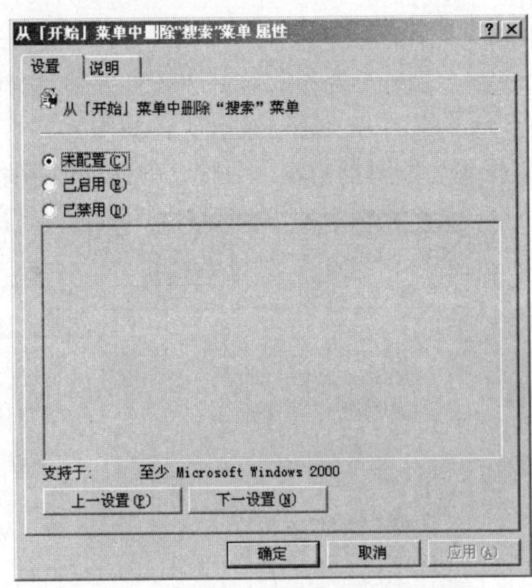

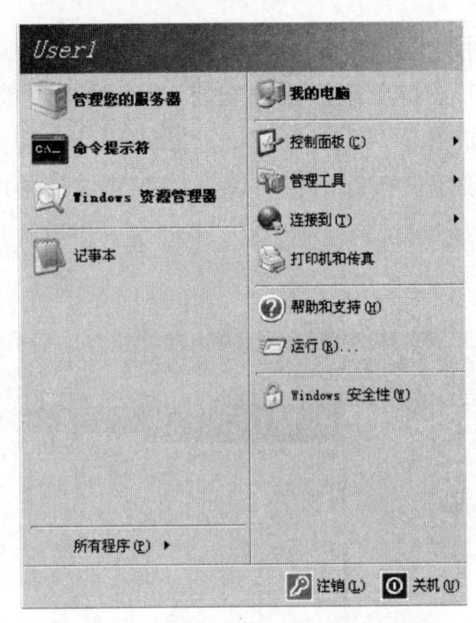

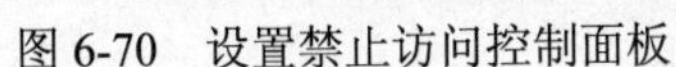
图 6-70　设置禁止访问控制面板　　　　图 6-71　禁止 User1“搜索”菜单

以同样的方法，我们可以利用组策略功能控制用户桌面、用户对网络的访问以及用户对管理工具和应用程序的访问。

3. 软件分发

软件分发是组策略中的一个非常实用的功能，管理员可以通过这一功能将应用软件分发给各个用户，由各个用户选择是否安装，也可以将一些比较重要的软件（如杀毒软件的升级包）强制性地安装在用户的计算机上。

首先要明确一点，扩展名为 exe 的文件是不可以被分发的，能够被分发的只有扩展名为 msi 的文件，目前有许多转换工具都可以将 exe 文件打包成 msi 文件，关于这方面的知识请读者参考有关资料。一些软件的安装盘里既有 exe 安装程序，又有 msi 安装程序，如 Microsoft Office 办公软件等。

下面以将 Windows Server 2003 自带的系统工具 adminpak.msi 分发给用户 User1 为例，介绍一下软件分发功能。

（1）首先创建一个名为 Software 的共享文件夹，从系统盘 Windows 目录下的 System32 文件夹中找到 adminpad.msi 文件，复制到 Software 中。

（2）打开“Active Directory 用户和计算机”管理控制台，右键单击 Sales 组织单位，在弹出菜单中选择“属性”命令，弹出属性设置对话框，选择“组策略”选项卡。

（3）单击“新建”按钮，创建一条新组策略，并在列表框中编辑新建的组策略的名称，我们将组策略名称设置为 Software，如图 6-72 所示。

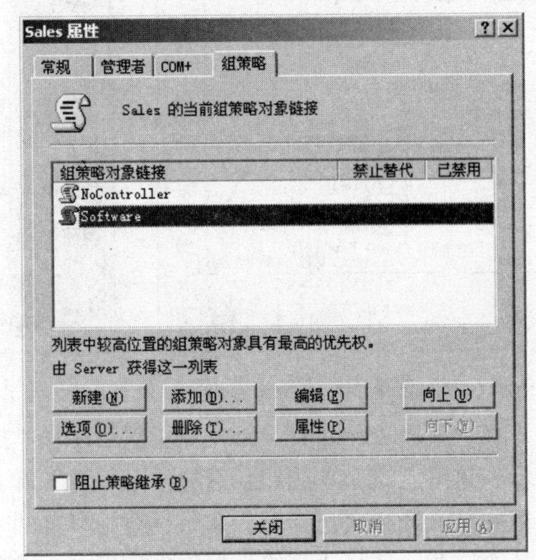

图 6-72　添加新的组策略 Software

（4）双击 Software 或选中 Software 后单击“编辑”按钮，打开“组策略编辑器”对话框，双击“用户配置”中的“软件设置”，如图 6-73 所示。

（5）右键单击“软件安装”，在弹出菜单中选择“属性”命令，打开“软件安装 属性”对话框，如图 6-74 所示。单击“浏览”按钮，找到已共享的 Software 文件夹，如图 6-75 所示，单击“确定”按钮。也可以直接在“默认程序包位置”编辑框中输入目标文件夹的网络路径。

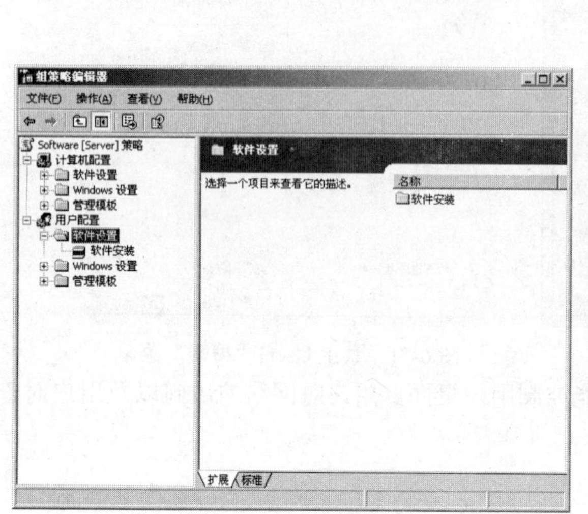

图 6-73　为用户进行软件设置

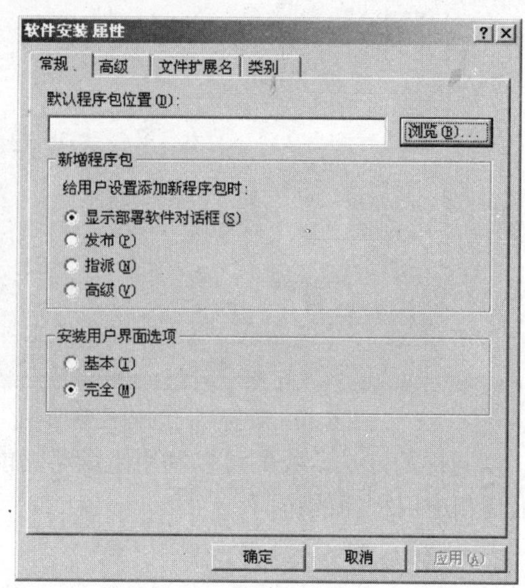

图 6-74　软件安装设置

（6）在“软件安装 属性”对话框中单击“确定”按钮，完成程序包文件夹的设置。右键单击“软件安装”，在弹出菜单中依次选择“新建”→“程序包”命令，打开“打开”对话框，如图 6-76 所示。

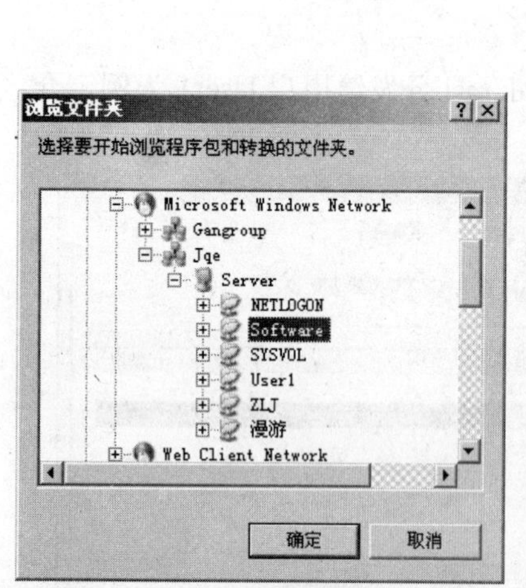

图 6-75　选择程序所在文件夹

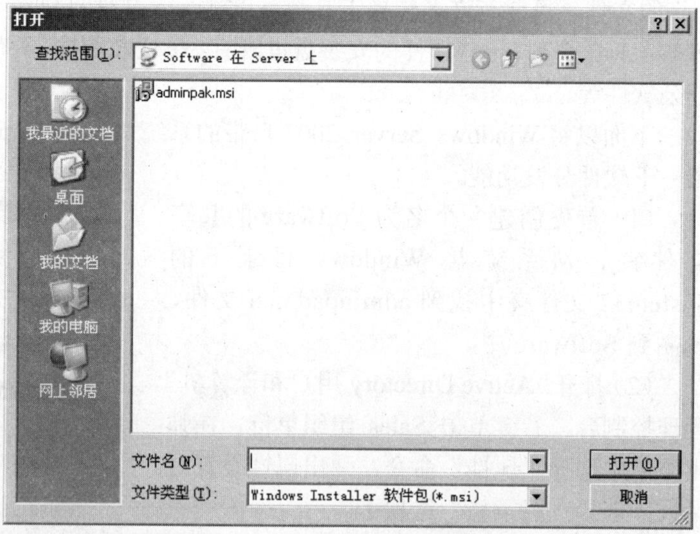

图 6-76　选择程序包

（7）选择 adminpak.msi 文件，然后单击“打开”按钮，打开“部署软件”对话框，如图 6-77 所示。这里有三个单选钮，选择“已发布”单选钮表示只是将软件发布，用户可以选择是否在本机安装；选择“已指派”单选钮表示将软件指派，也即是强制性地进行软件安装而不询问用户是否同意；选择“高级”单选钮表示进行高级设置。在这里我们选择“已发布”单选钮，然后单击“确定”按钮，完成软件分发。

（8）测试软件分发是否生效。在域中的其他计算机上（非域控制器，因为 User1 默认情况下没有在域控制器登录的权限，也可以将 User1 暂时加入 Administrators 组，然后再在域控制器登录）登录 User1 账户，打开“我的电脑”，单击左上方的“添加/删除程序”，如图 6-78 所示，然后单击左侧的“添加新程序”，可以看到“从网络添加程序”列表框中已经有了我们分发的软件包，如图 6-79 所示。单击“添加”按钮即可进行安装。

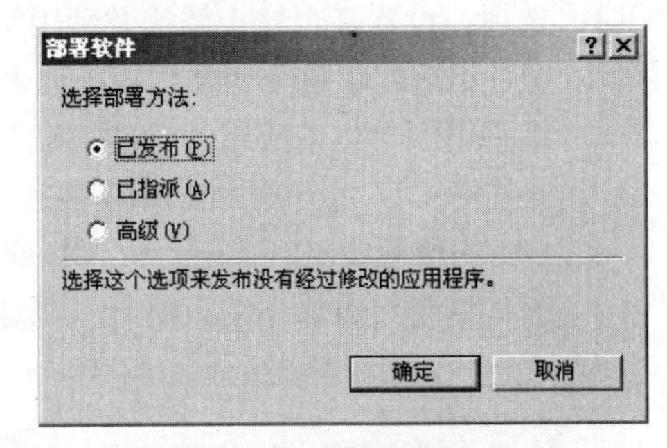

图 6-77　设置软件分发方式

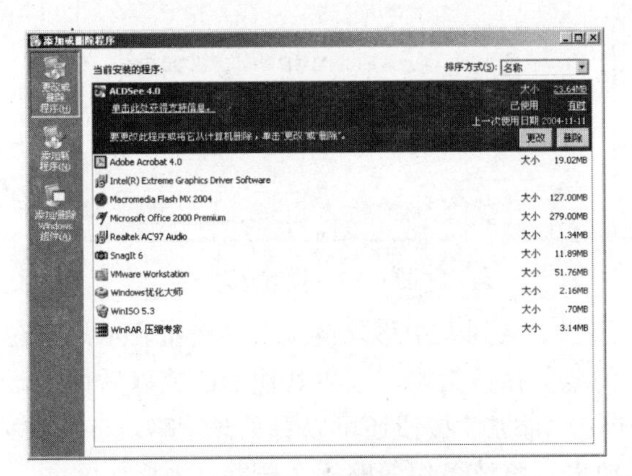

图 6-78　添加/删除程序

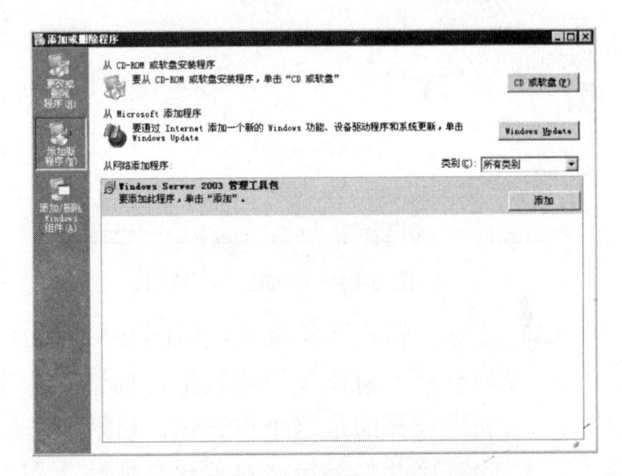

图 6-79　实现软件分发

4. 组策略的管理

打开“Active Directory 用户和计算机”管理控制台，右键单击 Sales 组织单位，在弹出菜单中选择“属性”命令，弹出属性设置对话框，选择“组策略”选项卡，如图 6-80 所示。我们可以通过选项卡中的八个按钮和一个复选框进行管理。

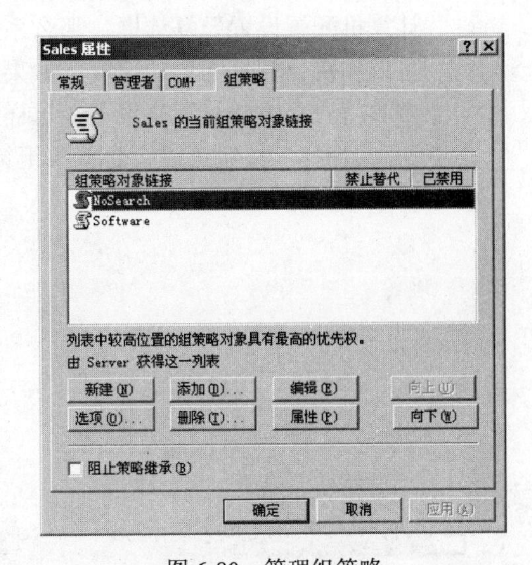

图 6-80　管理组策略

- 向上/向下：调节各条组策略在列表框中的上下位置。当两条组策略之间有冲突时，比如一条组策略中禁止用户使用控制面板，另一条组策略则允许用户使用，此时以它们在列表框中的位置为准，位置靠上的有更高的优先级。
- 新建：新建一条组策略，如果需要更改已有的组策略的名称，可以直接单击该名称来更改。
- 编辑：编辑该条组策略。
- 添加：将以前曾经创建过的组策略或系统内置的组策略添加进来，如图 6-81 所示，“域/OUs”、“站点”和“全部”三个选项卡分别表示在组织单位中、站点中和所有域中查找组策略。

- 选项：设置是否禁止替代及禁用组策略，如图 6-82 所示。选择“已禁用：‘组策略对象’不适用于这个容器”复选框表示将此条组策略暂时禁用。而“禁止替代......”是在多重组织单位中应用的功能，默认情况下，子 OU 会自动继承父 OU 的组策略，而如果在子 OU 上选择了图 6-80 中的“阻止策略继承”复选框，那么子 OU 将不再继承父 OU 的所有策略。此时，父 OU 的管理员可以选择“禁止替代：防止其它组策略对象替代这个组对象中的策略集”复选框来强迫子 OU 必须继承组策略。

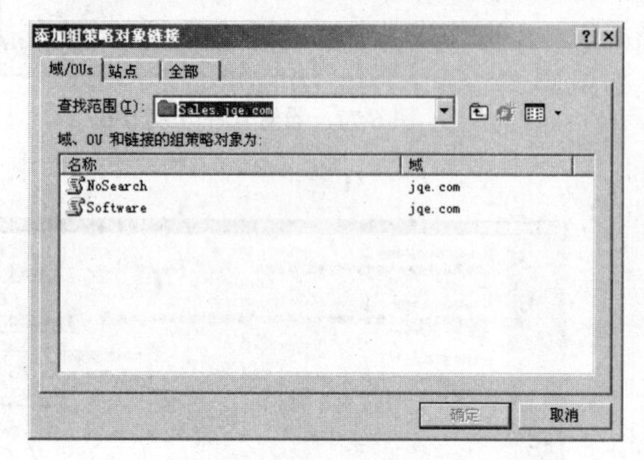

图 6-81　添加组策略链接

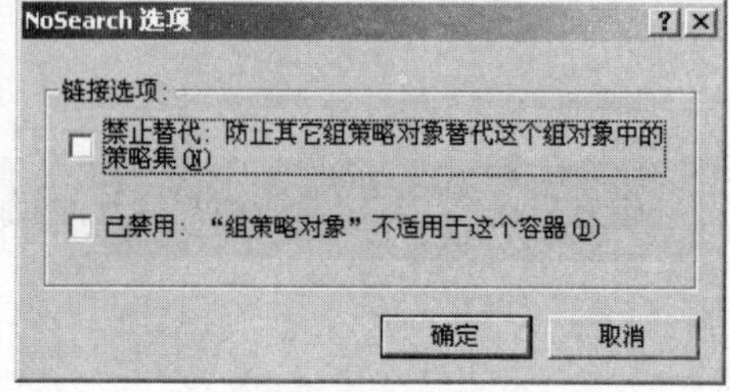

图 6-82　设置选项

- 删除：删除一条策略，如图 6-83 所示。选择“从列表中移除链接”单选钮表示只是在列表框中将该条策略删除，而数据库中仍会保存该策略，以供其他 OU 或以后使用，如果选择的是这个单选钮，则删除之后单击“添加”按钮还可以看见该策略。选择“移除链接并将组策略对象永久删除”单选钮表示将该条组策略永久删除。
- 属性：设置策略属性，如图 6-84 所示。用户在域中的计算机上登录时，系统会自动检查每条关于该用户和该计算机的组策略，看是否已经被管理员设置，如果选择“禁用计算机配置设置”复选框，那么系统将不再检查和计算机有关的组策略设置，这样就可以加快计算机的启动速度；如果选择“禁用用户配置设置”复选框，系统将不再检查和用户有关的组策略设置，这样可以加快用户的登录。选择“链接”选项卡后单击“开始查找”按钮可以查看该条组策略当前已经被应用到了哪些容器上。

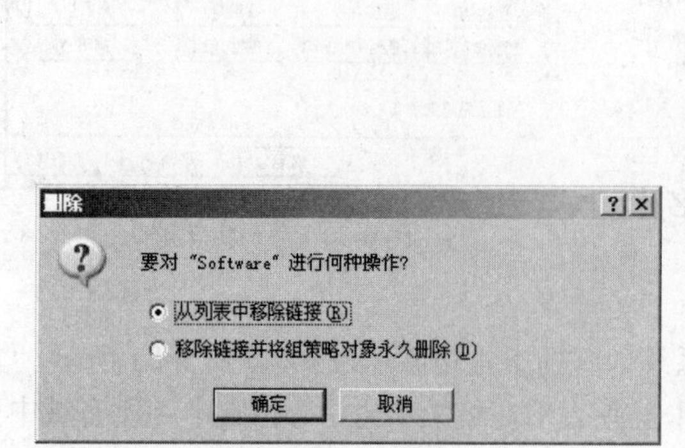

图 6-83　选择删除方式

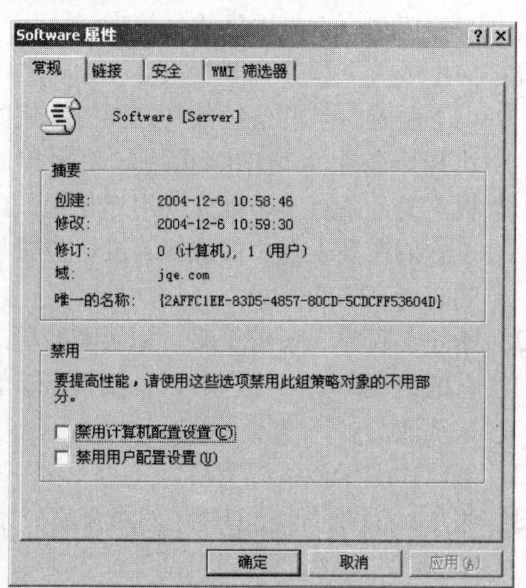

图 6-84　设置组策略属性

6.3 共享资源

资源共享是组建网络的根本目的之一，而其中的共享文件夹是局域网中最常用的功能，它能够使用户方便快捷地通过网络访问到其他计算机中的内容。

6.3.1 共享文件夹

右键单击需要共享的文件夹，在弹出菜单上选择“共享和安全”，打开“属性”对话框中的“共享”选项卡，有以下可编辑项。

- ❑ 共享名：它是其他计算机在网络上看到的文件夹名称，默认是原文件夹名。选择“共享该文件夹”单选钮，输入共享名和描述（此项可以为空），单击“应用”按钮，文件夹的图标下方会出现一个手的图标，表示该文件夹已经被共享了，如图 6-85 所示。
- ❑ 允许的用户数量：限制同时访问该文件夹的用户数量，选择“最多用户”单选钮表示不做任何限制。
- ❑ 权限：设置共享文件夹的共享权限，对网络用户的访问提供一些必要的限制。
- ❑ 脱机设置：单击“脱机设置”按钮，打开“脱机设置”对话框，如图 6-86 所示，在这里可以设置对共享文件夹的脱机访问，脱机访问是客户机与服务器网络断开后对共享资源的访问。系统默认选择“只有用户指定的文件和程序才能在脱机状态下可用”单选钮，表示脱机访问将由客户端来设置。如果选择“用户从该共享打开的所有文件和程序将自动在脱机状态下可用”单选钮，则网络断开后用户仍可以使用曾使用过的共享资源，如果选择“该共享上的文件或程序将在脱机状态下不可用”单选钮，则网络断开后用户将无法继续使用共享资源。建议没有特殊需要的用户采用默认设置。

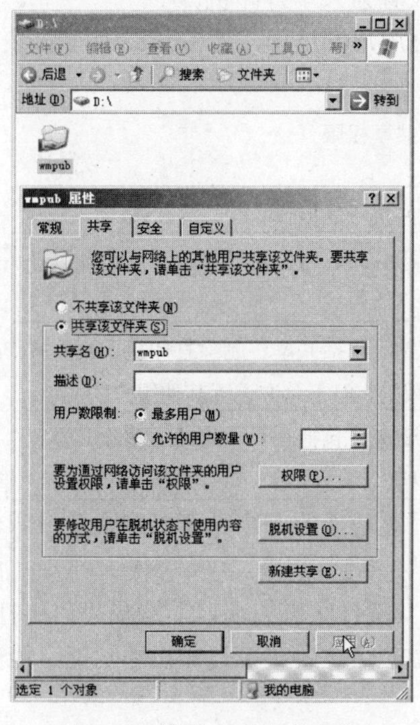

图 6-85 设置一个共享文件夹

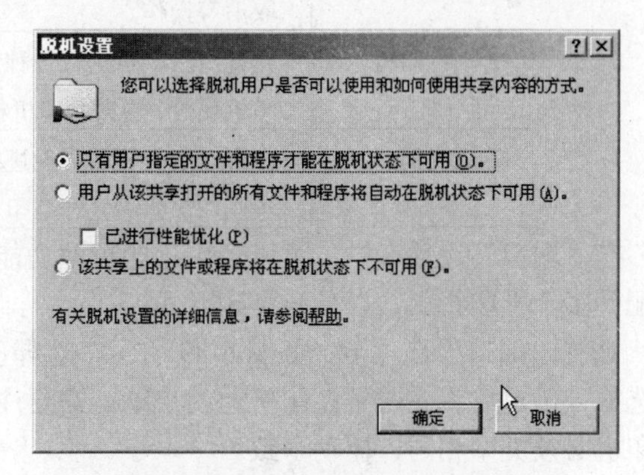

图 6-86 共享文件夹的脱机设置

6.3.2 共享打印机

如果计算机进行的是本地安装，那么可以把打印机设为共享，以便其他用户通过网络进行打印机的网络安装。

选择希望共享的打印机，右键单击打印机并选择“属性”命令，在“共享”选项卡中选择“共享这台打印机”单选钮，并输入打印机的共享名称，如图6-87左图所示。单击“其他驱动程序”按钮，打开“其他驱动程序”对话框，如图6-87右图所示，在这里可以安装该打印机在其他操作系统版本中的驱动程序。

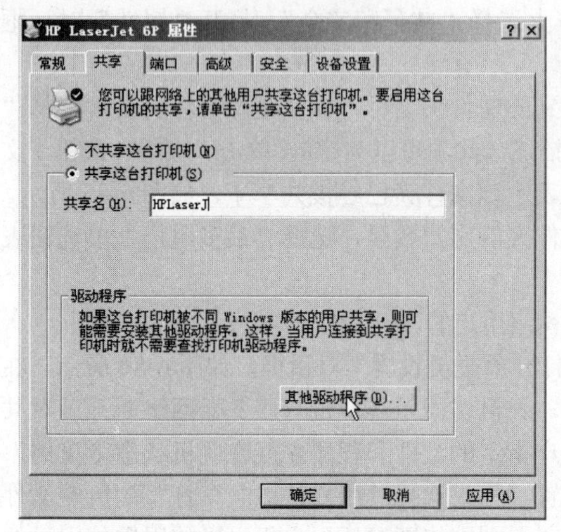

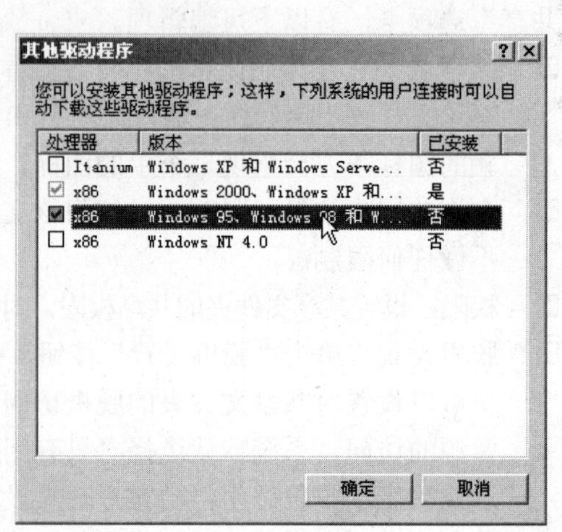

图6-87 设置打印机的共享

在列表框中选择需要的驱动程序，以便网络中使用不同版本操作系统的用户安装打印机时下载，连续单击“确定”按钮后即可将这台打印机设置为共享打印机。

在“安全”选项卡中，可以设置用户权限来管理用户的访问，如图6-88所示，表6-1中详细描述了每个权限所对应的功能。

表6-1 各种打印机共享权限

打印机权限	允许执行的操作
打印	允许对自己的打印作业进行打印、暂停、继续、重新启动以及取消等操作。
管理打印机	允许对打印机进行各种设置，包括共享、删除打印机，设置打印机属性，更改打印机权限等，但不允许设置其他用户的文档。
管理文档	允许对所有打印作业进行管理，包括查看、修改、删除、设置等操作，但不允许打印文档。

在“端口”选项卡中，可以启用打印机池功能，该功能的作用是可以将大量打印作业自动分配到多个打印机上，以节省打印时间。

选择“端口”选项卡，如图6-89所示，选择已安装打印机的端口，选择“启用打印机池”复选框，确定后就完成了打印机池的启动。需要注意的是，要实现打印机池功能，池中的所有打印机必须类型相同，驱动一致。

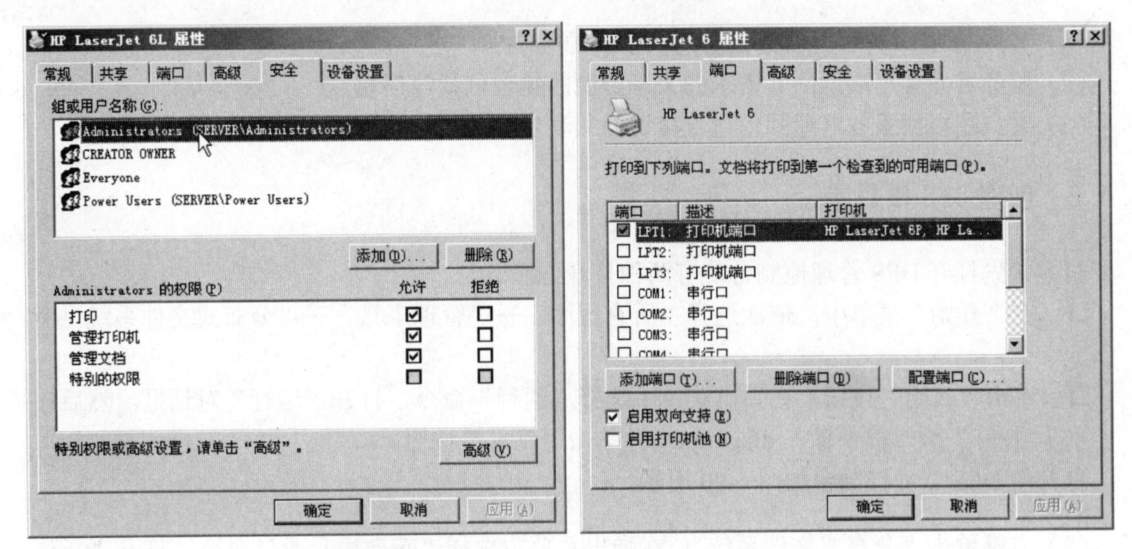

图 6-88　设置打印机的共享权限　　图 6-89　启用打印池

6.3.3　访问共享资源

我们可以通过多种途径来访问网络上的共享文件夹。

- 如果已经知道了共享文件夹所在的计算机名称，可以单击“开始”按钮，在弹出菜单中选择“运行”命令，打开“运行”对话框，然后在“打开”编辑框中输入“\\计算机名”并单击“确定”按钮来访问共享文件夹所在的计算机。
- 打开“运行”对话框，在“打开”编辑框中输入“\\计算机名\文件夹共享名”直接访问共享文件夹的内容。
- 如果只是想寻找网络上都有哪些共享文件夹，可以在“网上邻居”中选择“查看工作组计算机”。

为了安全，在访问 Windows Server 2003 系统中的共享文件夹时，系统会要求输入合法的用户名和密码，这里的用户名和密码指的是共享文件夹所在的计算机的本地用户账户。

6.4　分布式文件系统

通过共享文件夹可以使用户很方便地使用网络中的资源，不过这要求用户记住文件或文件夹在网络中的位置，否则就只能在众多计算机中慢慢查找。在小型网络中这个问题并不突出，但当网络中的计算机数量达到几十台甚至更多时，这样的查找就成了十分繁重的工作。Windows Server 2003 提供了解决此类问题的办法——DFS。

DFS 是 Distributed File System（分布式文件系统）的缩写，它可以让用户更容易地访问和管理那些分布广泛的共享文件。DFS 允许管理员将分散的网络共享资源组织到一个空间中，将多个计算机上的共享文件一同显示在用户面前，从而使用户不必指定文件的具体位置即可直接进行访问。

6.4.1　工作原理

DFS 的工作过程大致可以分为三步。

（1）客户端对 DFS 服务器提出访问共享资源的请求。

（2）服务器向客户端返回其请求的共享资源的物理位置等信息。

（3）客户端根据服务器返回信息直接访问共享资源。

6.4.2 创建 DFS 根目录

（1）首先打开 DFS 管理控制台，有两种打开方法。

- 在“开始”菜单中，依次选择“所有程序”→“管理工具”→“分布式文件系统”命令。
- 单击“开始”按钮，在弹出菜单中选择“运行”命令，打开“运行”对话框，然后在“打开”编辑框中输入 dfsgui.msc 并单击“确定”按钮。

打开的 DFS 管理控制台如图 6-90 所示。

（2）右键单击“分布式文件系统”，在弹出菜单中选择“新建根目录”命令，打开“新建根目录向导”对话框，如图 6-91 所示。

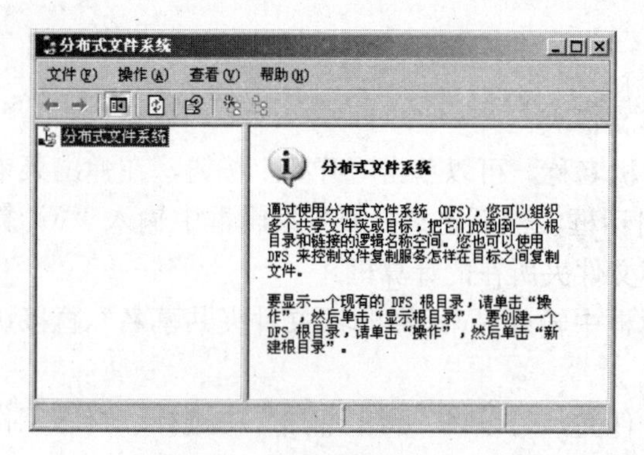

图 6-90 DFS 管理控制台

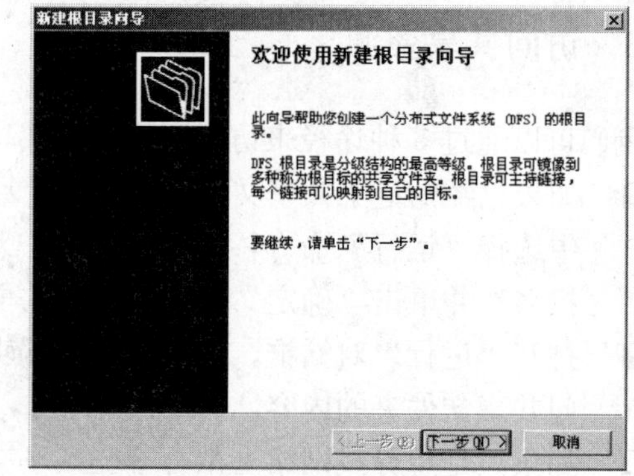

图 6-91 新建 DFS 根目录向导

（3）单击“下一步”按钮，选择希望创建的根目录类型，如图 6-92 所示。选择“域根目录”单选钮表示创建的 DFS 根目录工作在域模式下，选择“独立的根目录”单选钮表示 DFS 根目录是独立的系统。在这里我们选择“独立的根目录”单选钮。

（4）单击“下一步”按钮，输入根目录所在的服务器的名称，也就是本机的计算机名，如图 6-93 所示。

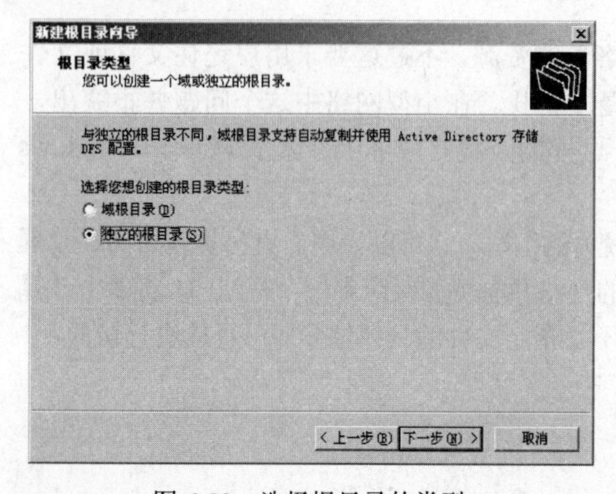

图 6-92 选择根目录的类型

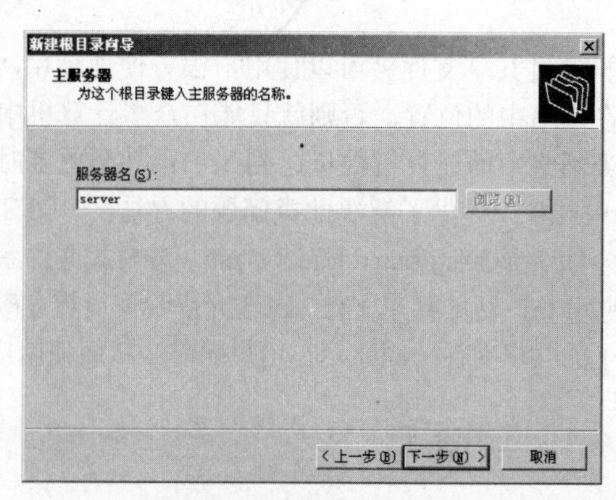

图 6-93 输入主服务器名称

（5）单击“下一步”按钮，输入根目录的名称，如图 6-94 所示。这将是用户从网络上看到的目录名，建议以简单易记为准。在“注释”编辑框中可对根目录做更详细的描述。

（6）单击“下一步”按钮，选择根目录文件夹，如图 6-95 所示。可以单击“浏览”按钮查找目标文件夹，也可以在“共享的文件夹”编辑框中直接输入目标文件夹的路径。建议以空文件夹来做根目录文件夹，如果没有可以新建一个。

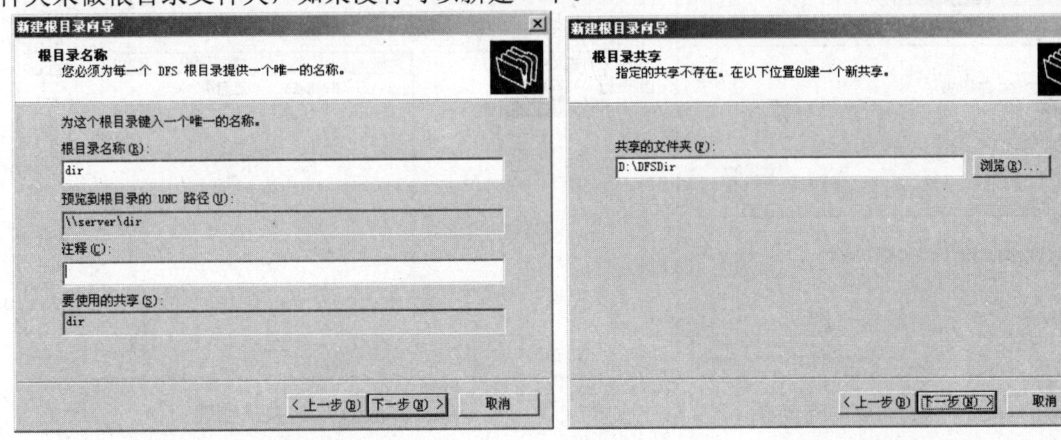

图 6-94　输入根目录名称　　　　图 6-95　选择根目录文件夹

（7）单击“下一步”按钮，确认设置，然后单击“完成”按钮，完成 DFS 根目录的创建，创建根目录后的 DFS 管理控制台如图 6-96 所示。

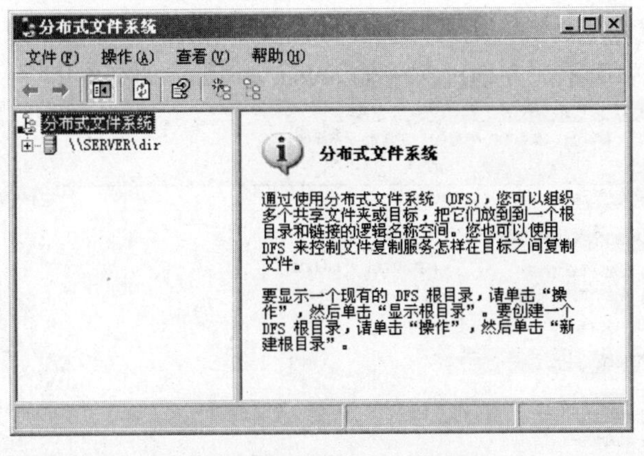

图 6-96　成功创建 DFS 根目录

创建 DFS 根目录后，作为根目录的文件夹无论原来状态如何，都将自动被设置为共享，共享名即是 DFS 根目录名称。

6.4.3　添加 DFS 链接

打开 DFS 管理控制台，右键单击已创建好的 DFS 根目录，在弹出菜单中选择“新建链接”命令，打开“新建链接”对话框，如图 6-97 所示，有以下可编辑选项。

- 链接名称：要添加 DFS 链接的名称，这将是用户从网络上看到的目录名，为了便于管理，建议尽量与将要映射的共享文件夹有所关联。
- 目标路径：该 DFS 链接将要映射的共享文件夹的路径，也可以单击“浏览”按钮，在网上邻居中选择。

- 注释：对该链接进行更详细的描述。

以上工作完成后，单击“确定”按钮完成新链接的创建。创建链接后的 DFS 管理控制台如图 6-98 所示。

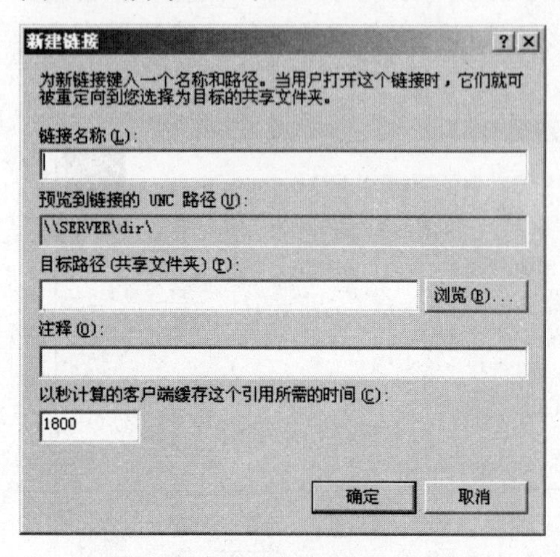

图 6-97　新建 DFS 链接

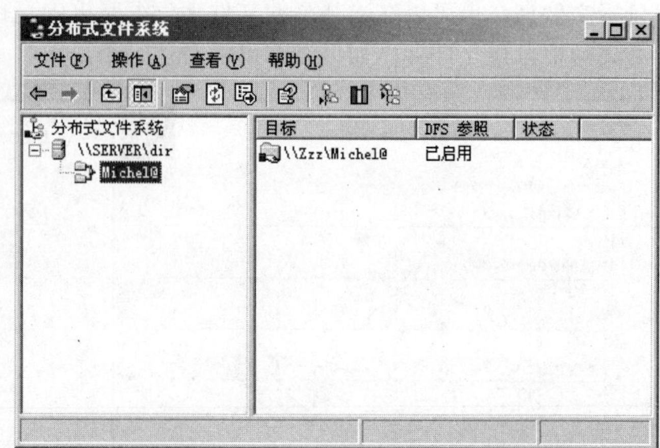

图 6-98　完成 DFS 链接的创建

重复上述步骤可以将网络上的共享文件夹全部添加到此分布式文件系统中，以便进行集中管理。

6.4.4　访问 DFS 资源

DFS 文件系统创建完成之后，用户只需在地址栏中输入 DFS 根目录的网络路径即可访问 DFS 中的资源，如本例中所示，在地址栏中输入\\server\dir，如图 6-99 所示。

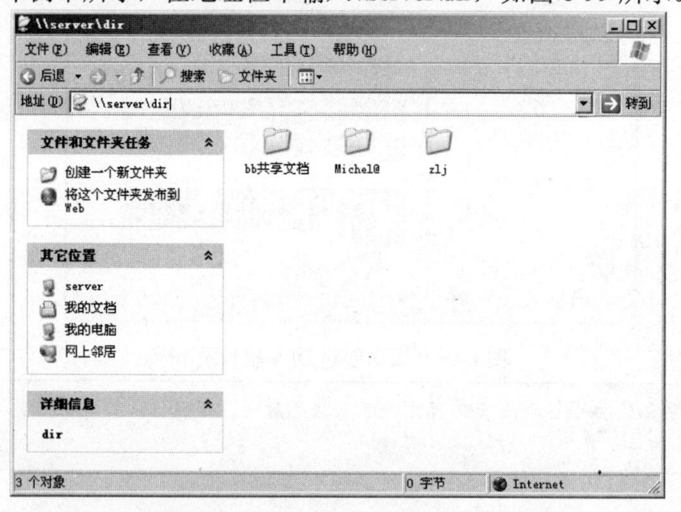

图 6-99　用户访问分布式文件系统

6.5　NTFS 分区管理

NTFS 是 New Technology File System（新技术文件系统）的缩写，它是一个基于安全性的文件系统。NTFS 可以支持 2TB 的分区，存储的文件大小不能超过 64GB。NTFS 只支持

Windows NT/2000/XP/2003，Windows 9x 操作系统无法识别 NTFS 分区。

NTFS 作为一种新的文件系统，与 FAT32 相比增加了许多功能，其中比较重要的有以下几点。

- 大分区支持：NTFS 支持的分区可以达到 2TB，并且不会因磁盘的增大而降低性能，而 FAT32 只能支持不大于 32GB 的分区。
- 压缩和加密功能：NTFS 自带压缩和加密功能。虽然有很多第三方软件也可以做到这一点，但 NTFS 提供的这两种功能都是完全自动的，用户在使用的时候不必先解压或解密。比如，如果 A 用户对一个文件进行了加密，那么 A 用户在使用该文件时，加密后与加密前不会有任何不同，而其他人则都无法访问。不过遗憾的是这两种功能是互斥的，同一个文件或文件夹不能既压缩又加密。
- NTFS 权限：用户可以对 NTFS 分区和分区中的文件、文件夹进行访问权限的设置。这是 NTFS 最实用的功能之一，能够很好地保障数据的安全，也能够帮助实现文件夹的安全共享。
- 磁盘配额：在多人共用的 NTFS 分区内，管理员可以使用这个功能合理地为每个用户分配磁盘空间，也可以对每个用户的磁盘使用情况进行跟踪和控制。

NTFS 还有许多其他功能，比如可以更有效率地管理磁盘、可以对文件创建日志等，因此，建议对 Windows 9x 操作系统没有特别需求的用户采用这种文件系统。

6.5.1 NTFS 权限

在 NTFS 分区内任意选择一个文件夹，右键单击该文件夹并在弹出菜单中选择“属性”命令，然后单击“安全”选项卡，如图 6-100 左图所示。选项卡上方是“组或用户名称”列表框，里面列举了一些组和用户的名称；下方是“权限”列表框，列举的是对应用户或组的权限。一一选择每个用户和组，查看下方列表框中权限的变化，可以看到默认情况下 Administrators 组拥有所有的权限，而 Users 组则只有“读取和运行”、“列出文件夹目录”和“读取”这三个权限是被允许的，如图 6-100 右图所示。

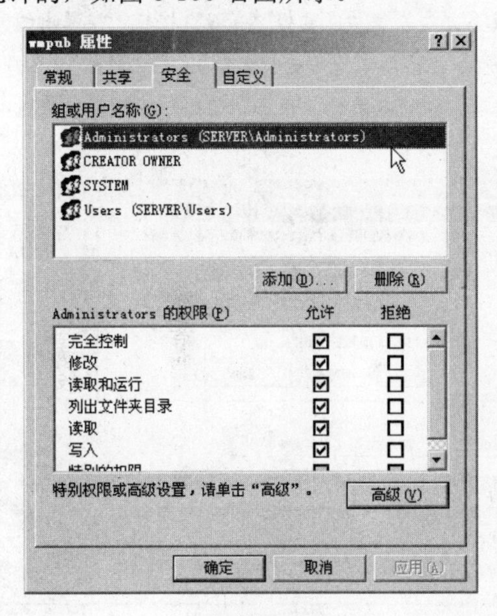

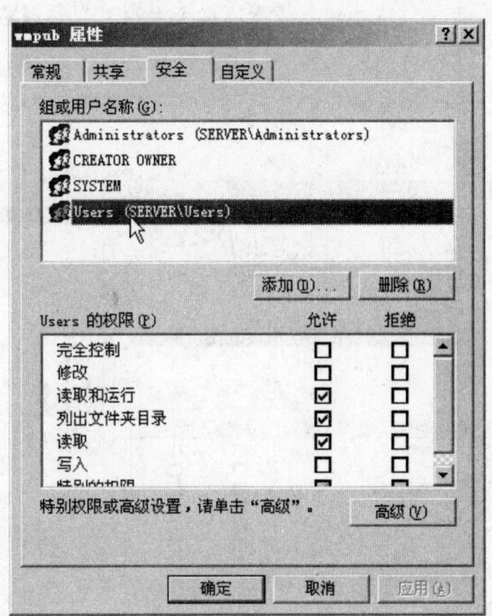

图 6-100　Administrators 和 Users 拥有的权限比较

表 6-2 中详细描述了每个权限所对应的功能。

表 6-2　各种 NTFS 权限的含义

NTFS 权限	允许执行的操作
完全控制	允许对文件夹或文件进行任何操作。
修改	允许对文件和文件夹进行访问和更改，但没有特别的权限。
读取和运行	允许访问文件夹或文件，但不可以更改。
列出文件夹目录	允许打开文件夹。
读取	允许查看文件夹或文件的属性。
写入	允许更改文件夹或文件的属性，但不可以删除文件或文件夹。

用户可以通过“添加”和“删除”按钮来添加或删除组和用户，也可以通过勾选“允许”和“拒绝”复选框来赋予相应的某个组或某个用户各种权限。

我们可以试着做一个“私有文件夹”：新建一个文件夹，在权限设置对话框中，将其他组和用户全部删除，然后把自己添加进来，赋予自己“完全控制”权限即可。注销该用户账户，用其他用户账户登录然后访问该文件夹，系统会提示拒绝访问，如图 6-101 所示。即使是系统管理员，也会受到 NTFS 权限的约束，因此这种保护方式还是比较安全的。

图 6-101　拒绝访问文件夹

最后需要提醒的是，每个用户对于自己创建的文件或文件夹，永远拥有“完全控制”权限，而不必考虑选项卡上的设置如何。

有时“权限”列表框中的“允许”复选框是不可操作的灰色，如图 6-102 所示，这是因为该文件夹继承了上一级文件夹的权限设置。这个问题可以通过以下方法来解决：选择“高级”按钮，在弹出的窗口中取消“允许父项的继承……”复选框，如图 6-103 所示，然后依次单击“复制”（或“删除”）和“确定”按钮，单击“复制”按钮表示在原来的权限设置基础上做一些更改，单击“删除”按钮表示将所有的权限设置清空。

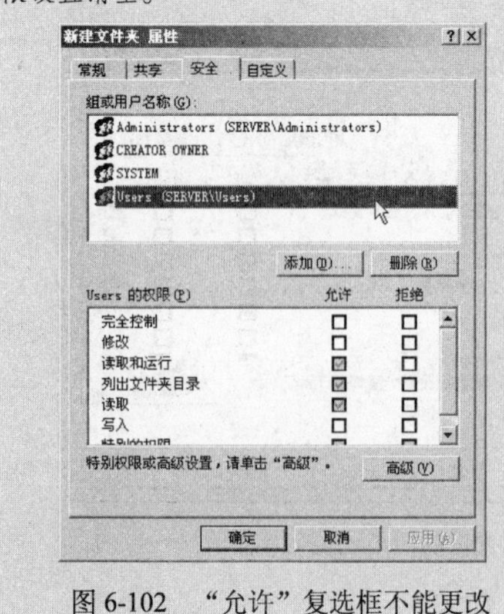

图 6-102　“允许”复选框不能更改

图 6-103　取消继承设置

6.5.2 磁盘配额

这项功能是为管理员设计的，可以根据需要为每个用户分配其最多能够使用的磁盘大小。

首先使用 Administrator 账户登录，右键单击需要管理的 NTFS 分区，在弹出菜单中选择“属性”命令，打开“属性”对话框，然后选择“配额”选项卡，进行配额管理。默认状态下磁盘配额是被禁用的，选择“启用配额管理”复选框，如图 6-104 所示，单击“应用”按钮，即可启动配额管理。

此时如果选择“拒绝将磁盘空间给超过配额限制的用户”复选框，并选择“将磁盘空间限制为”单选钮，填入数值并选好单位，那么此后创建的新用户在此分区将最多只能使用已设置好大小的磁盘空间。

如果需要对已创建用户进行配额限制，可以单击“配额项”按钮，进行高级设置。双击需要限制的用户名称，在弹出窗口中进行设置即可，如图 6-105 所示。

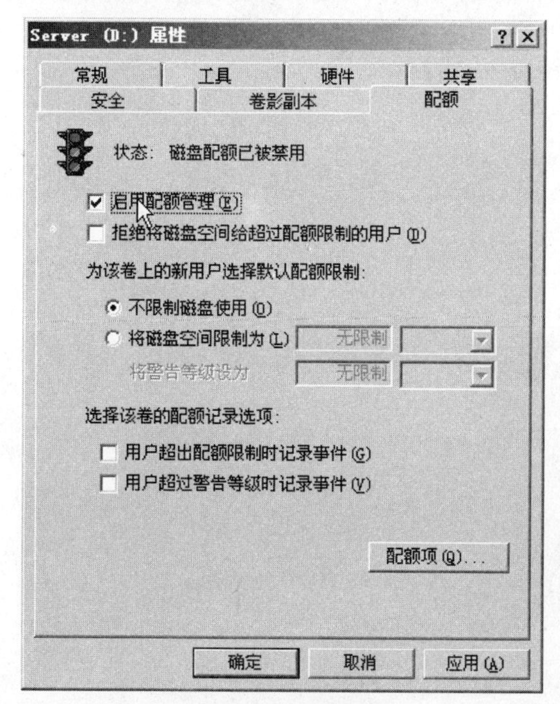

图 6-104 打开磁盘配额

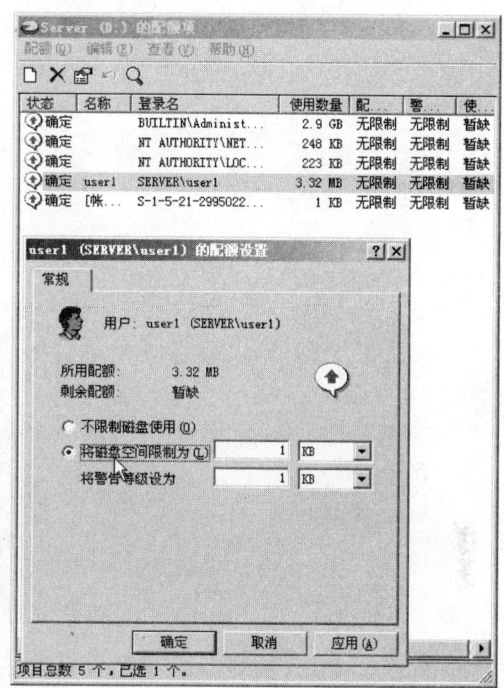

图 6-105 分别管理用户的磁盘配额

磁盘配额只与文件的创建者有关，与文件在磁盘中所处的位置无任何关系。

本章小结

本章主要介绍了用户和资源管理的知识，包括本地用户和组的管理、域模式网络的管理、共享文件夹和打印机的管理、分布式文件系统的管理和 NTFS 分区的管理等，用户和资源管理是网络操作系统的基本功能之一，掌握了这些知识，才能更好地为网络用户合理分配网络资源，提高网络的安全性和使用效率。

思考与练习

1．什么是活动目录？域模式网络与工作组网络相比各有哪些优缺点？

2．为什么拥有一个域用户账户就可以在整个域中登录？

3．活动目录中的域名和 DNS 中的域名有什么不同？

4．什么是组织单位？它和其他容器有什么不同？

5．如果希望将软件强制性地安装在客户机上，该如何操作？软件分发后，当用户在客户机上登录时，会发生什么情况？

6．NTFS 与 FAT32 文件系统相比，有哪些特点？

7．什么是分布式文件系统？分布式文件系统都有哪些功能？

第 7 章　配置网络服务

内容提要

- ◆ 如何配置服务器角色
- ◆ 了解和配置 DHCP 服务器
- ◆ 了解和配置 DNS 服务器
- ◆ 了解和配置 WINS 服务器

本章主要介绍 Windows 的三大网络服务：DHCP、DNS 和 WINS，DHCP 能够为局域网中的计算机自动分配 IP 地址，DNS 能够将毫无规律、难以记忆的 IP 地址转化为容易理解的域名，而 WINS 则能够使计算机的名称和它的 IP 地址对应起来。这三大服务是组建网络的基础，有了它们，我们才脱离了文件共享式的简单网络，拥有了丰富多彩的网络功能，因此，熟练掌握它们是十分必要的。

7.1　配置服务器角色

Windows Server 2003 提供了一个管理控制台，用来集中管理各种服务。

单击“开始”按钮，在弹出菜单中选择“管理您的服务器”，打开“管理您的服务器”管理控制台，如图 7-1 所示，大致可以分为 5 个部分。

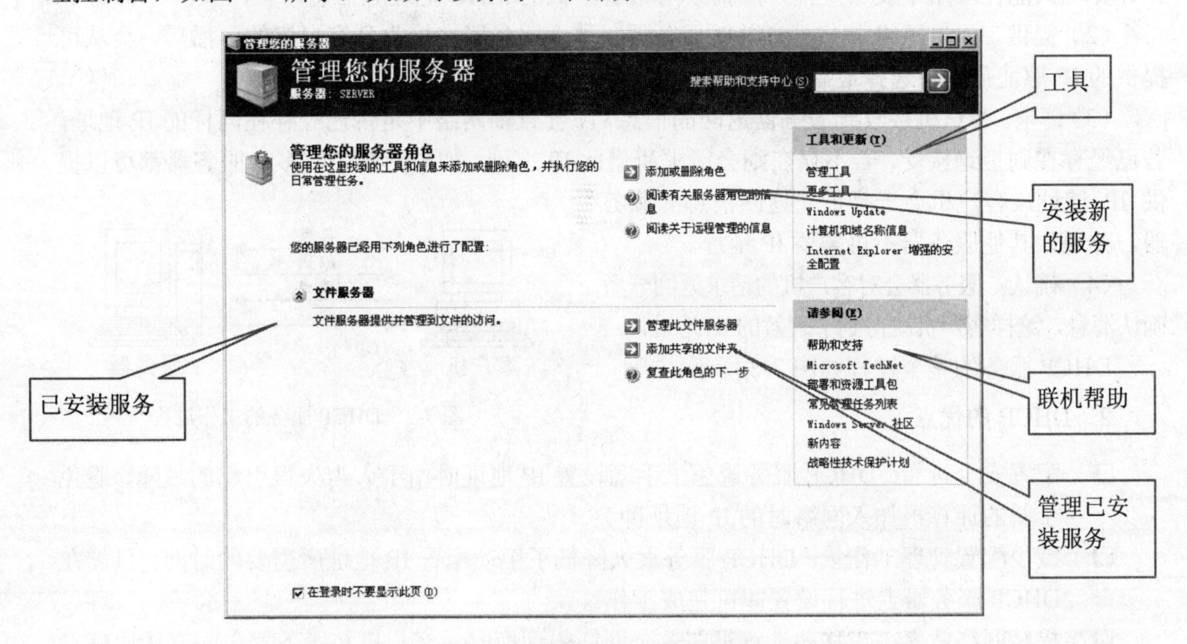

图 7-1　管理您的服务器控制台

- ❑ 已安装服务：此区域中显示了已经安装的服务的名称，包括文件服务、DNS 服务、DHCP 服务等。

- ❑ 工具：提供了帮助管理计算机、服务及资源的各种工具。
- ❑ 安装新的服务：单击“添加或删除角色”可以打开配置服务器向导，选择安装新的服务，详细信息可以阅读帮助文件。
- ❑ 联机帮助：这里提供了联机帮助的链接，连接了 Windows 庞大的联机帮助系统。
- ❑ 管理已安装服务：此区域提供了对已经安装的服务的相应管理方法，单击即可打开。

由于此服务器控制台集中了 Windows Server 2003 的所有服务，因此本章及以后的一些章节，都需要用到它，需要通过它来安装和配置各种各样的服务。建议读者熟练其使用方法。

7.2 配置 DHCP 服务

当网络中的计算机数量比较多时，IP 地址的设置、排错就成了一件繁重的工作，Windows Server 2003 自带的 DHCP 服务为此提供了解决方法。

7.2.1 DHCP 概述

DHCP 是 Dynamic Host Configuration Protocal（动态主机配置协议）的缩写，利用它可以简化对客户机 IP 地址的配置工作。

1. DHCP 工作原理

DHCP 服务具体分为如下 4 个步骤。

（1）寻求。一台没有 IP 地址的计算机登录时会自动寻找服务器，由于没有 IP 地址，所以该计算机只能在网络中发布广播，广播中附带着本机的 MAC 地址等信息。

（2）提供。如果网络中存在 DHCP 服务器，那么服务器在接收到客户机的广播后，会从可提供的 IP 地址范围中选择最靠前的一个，然后按照 MAC 地址发回给客户机。

（3）请求。客户机接收到服务器返回的信息后，会查询网络中是否已经存在同样的 IP 地址，若已经存在则拒绝接受，若不存在则会请求租借此 IP 地址。如果网络中有多台服务器都可以提供 IP 地址，客户机会选择最先返回消息的服务器，并通知其他服务器不再需要 IP 地址。

（4）确认。服务器会对客户机的请求返回一条确认消息，这样客户机就得到了有效的 IP 地址。

DHCP 服务的整个过程如图 7-2 所示。

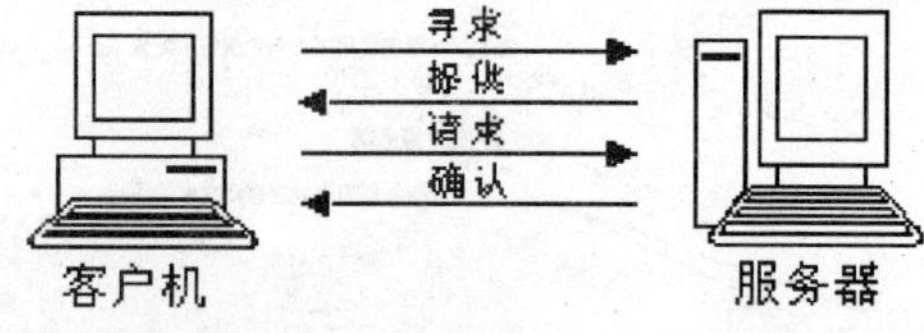

图 7-2 DHCP 服务的工作过程

2. DHCP 的优点

- ❑ 配置安全可靠：DHCP 服务避免了手动设置 IP 地址时由于人为失误引起的故障，避免了新的计算机加入网络时的 IP 地址冲突。
- ❑ 减少配置管理工作量：DHCP 服务大大降低了手动配置 IP 地址所需要的时间，只需在 DHCP 服务器上进行设置即可完成工作。
- ❑ 提高网络效率：当移动计算机在各个网络中切换时，客户机与服务器之间直接通信，无须人工参与，使网络的使用效率发挥到最高。

7.2.2 配置 DHCP 服务器

Windows Server 2003 提供了一个集成的控制台，用来集中管理各种服务。下面我们就使用这个控制台来安装和配置 DHCP 服务器。

> 只有拥有固定 IP 地址的计算机才能提供 DHCP 服务。

1. 安装 DHCP 服务器

Windows Server 2003 在安装时默认并不安装 DHCP 服务，因此需要我们手动安装。

（1）打开“管理您的服务器”管理控制台，然后单击“添加或删除角色”命令，打开“配置您的服务器向导”对话框。在列表框中选择“DHCP 服务器”，如图 7-3 所示。

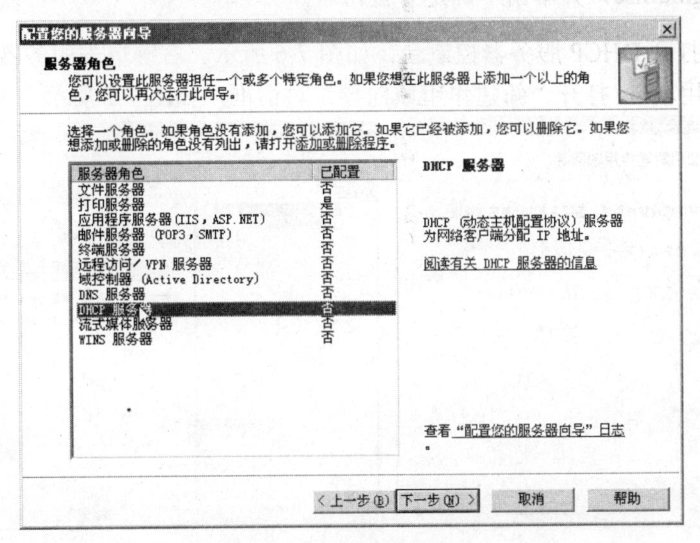

图 7-3 配置服务器向导

（2）单击“下一步”按钮，查看并确认前面的选择，如图 7-4 所示。

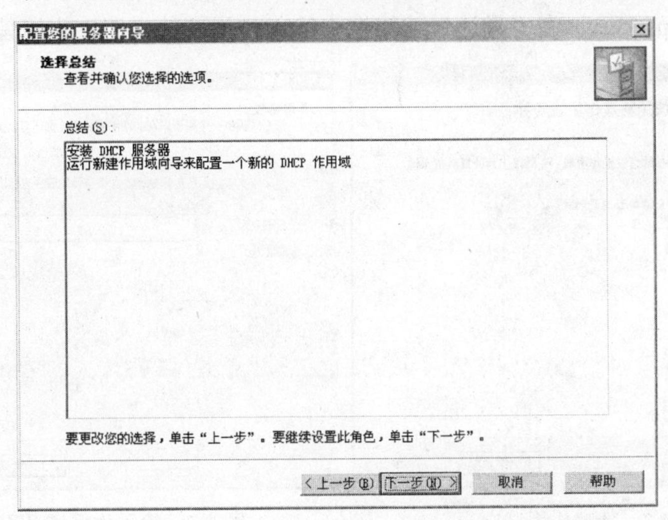

图 7-4 确认 DHCP 安装设置

（3）单击“下一步”按钮，系统会自动安装 DHCP 服务器，等待一段时间后，打开“新建作用域向导”对话框，如图 7-5 所示。在这里我们暂时不创建作用域，所以单击“取消”按钮，关闭该对话框，然后在“配置您的服务器向导”对话框中单击“完成”按钮，完成DHCP服务器的安装。

2. **设置DHCP作用域**

DHCP作用域中包含DHCP服务器能够提供的IP地址范围及其他条件，配置好DHCP作用域的DHCP服务器才可以正常工作，为客户机自动提供IP地址。

（1）首先打开DHCP服务器控制台，有三种打开方法。

- 在“管理您的服务器”对话框中选择“管理此DHCP服务器”。
- 单击“开始”按钮，然后依次选择“所有程序”→“管理工具”→“DHCP”命令。
- 单击“开始”按钮，然后单击“运行”，打开“运行”对话框，在“打开”编辑框中输入dhcpmgmt.msc，并单击“确定”按钮。

任选一种方法打开DHCP服务器控制台，如图7-6所示。右键单击服务器名称，在弹出菜单中选择“新建作用域”，打开“新建作用域向导”对话框，如图7-7所示。

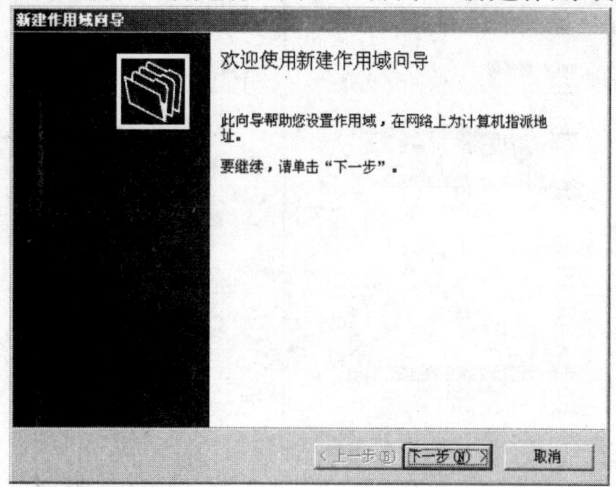

图7-5　新建作用域向导

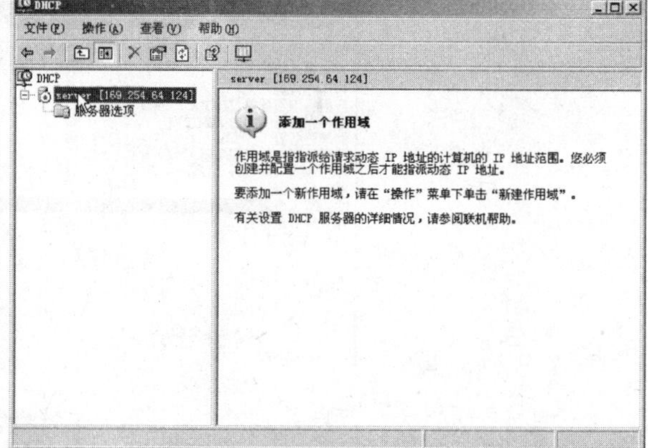

图7-6　配置DHCP服务器

（2）单击“下一步”按钮，输入作用域名称，如图7-8所示。在“名称”编辑框中输入作用域的名称，如dhcpserver，在“描述”编辑框中输入作用域的说明，也可留空。

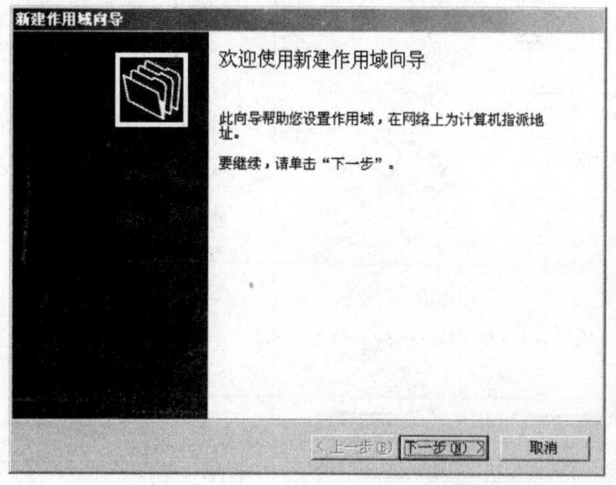

图7-7　新建作用域向导

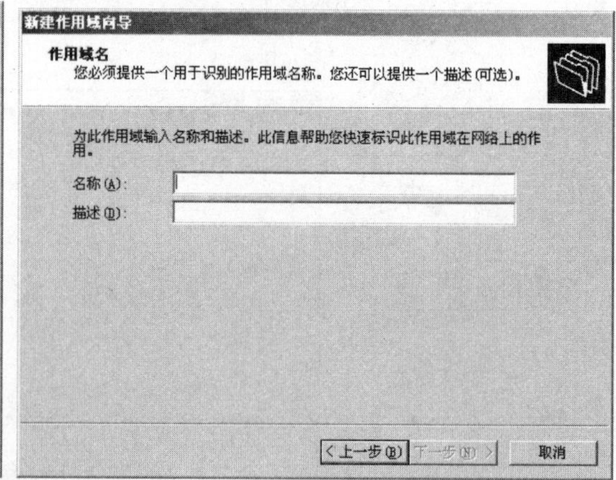

图7-8　输入作用域名称

（3）单击“下一步”按钮，配置该作用域的IP地址范围，如图7-9所示。分别在“起始IP地址”和“结束IP地址”编辑框中输入要设定的IP地址的起止范围，然后输入子网掩码的长度或直接输入子网掩码。

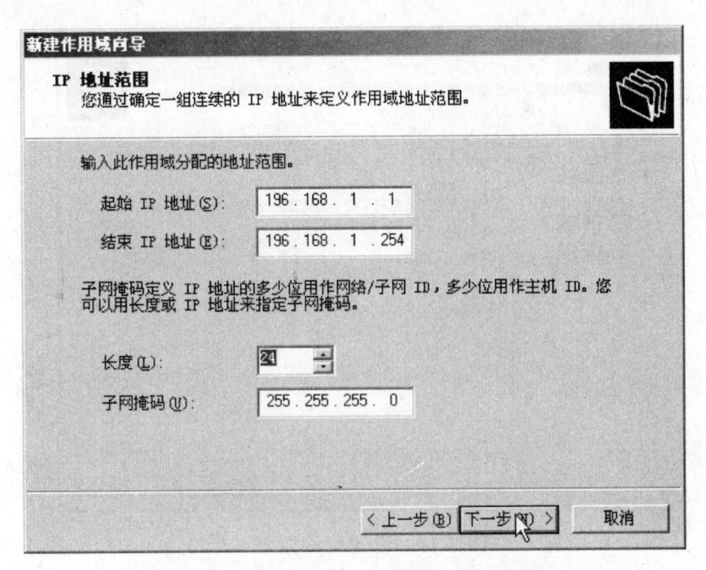

图 7-9　为 DHCP 作用域配置 IP 地址池

注意，作用域的 IP 地址范围要和服务器的 IP 地址在同一个网络内，它们的网络号必须相同。关于网络号的知识，请参考本书第 1 章的内容。

（4）单击“下一步”按钮，进行 IP 地址范围的排除，如图 7-10 所示。如果刚才设置的作用域 IP 地址范围中有不可用的 IP 地址或者地址范围，可以在这里进行排除，方法是输入起始 IP 地址和结束 IP 地址，然后单击“添加”按钮。

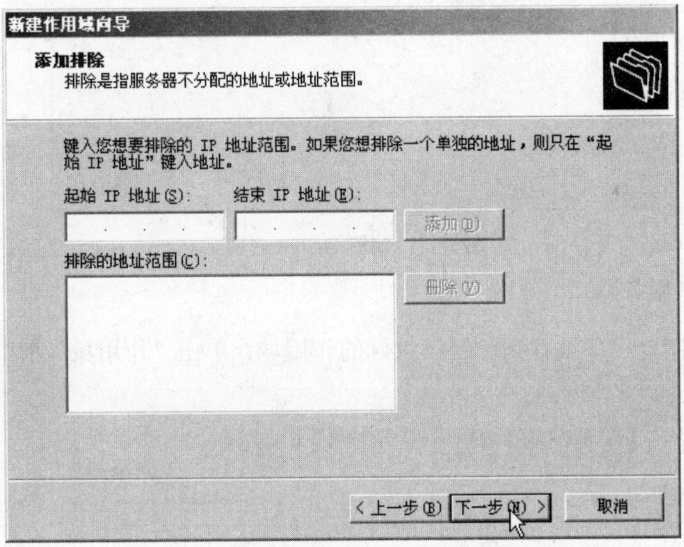

新建作用域向导
添加排除
排除是指服务器不分配的地址或地址范围。
键入您想要排除的 IP 地址范围。如果您想排除一个单独的地址，则只在“起始 IP 地址”键入地址。
起始 IP 地址(S):　结束 IP 地址(E):
添加(D)
排除的地址范围(C):
删除(V)
< 上一步(B)　下一步(N) >　取消

图 7-10　排除作用域中不可用的 IP 地址

（5）单击“下一步”按钮，设置租约期限，如图 7-11 所示。所谓租约期限就是客户机得到的能够使用 IP 地址的时间，默认状态下是 8 天。

（6）单击“下一步”按钮，配置 DHCP 选项，如图 7-12 所示。关于这些配置，我们会在下一节详细介绍，因此选择“否，我想稍后配置这些选项”单选钮，单击“下一步”按钮后单击“完成”按钮，完成设置。

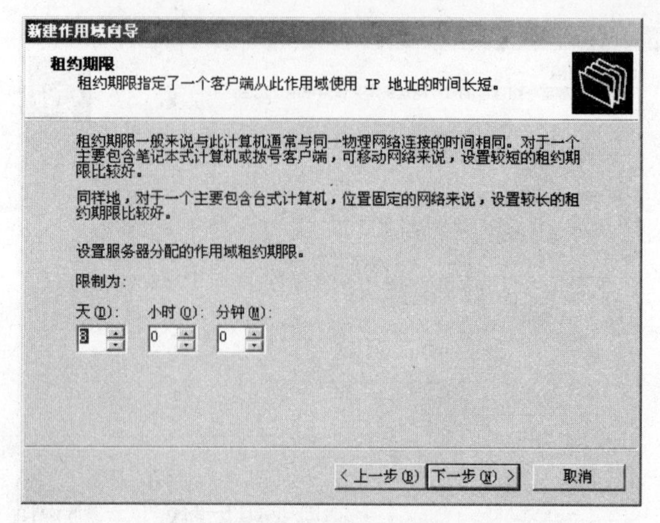

图 7-11 设置租约期限

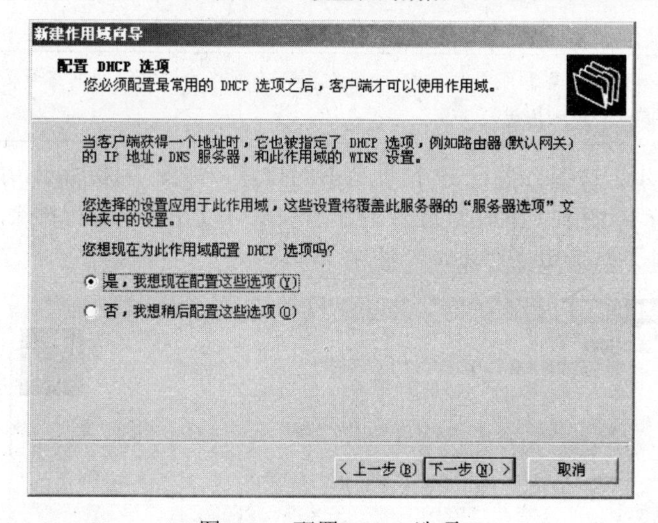

图 7-12 配置 DHCP 选项

3. 管理 DHCP 服务器

打开 DHCP 控制台，可以看到已经设置好的作用域，单击“作用域”前的加号，如图 7-13 所示。

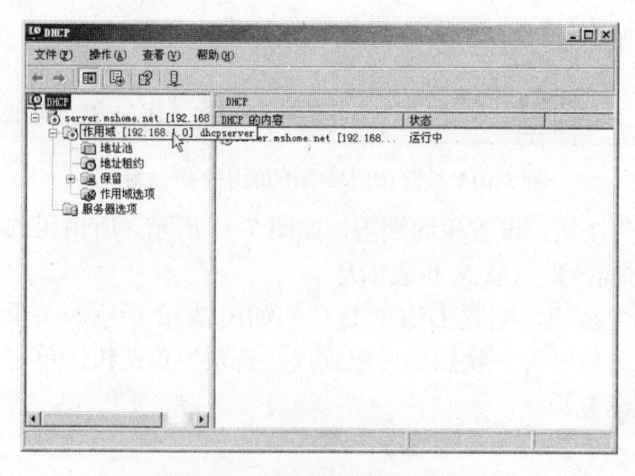

图 7-13 管理 DHCP 服务器

“地址池”就是刚才设置好的 IP 地址范围，右键单击“地址池”，然后在弹出菜单中选择“新建排除范围”命令，可以添加需要排除的 IP 地址范围，如图 7-14 所示。

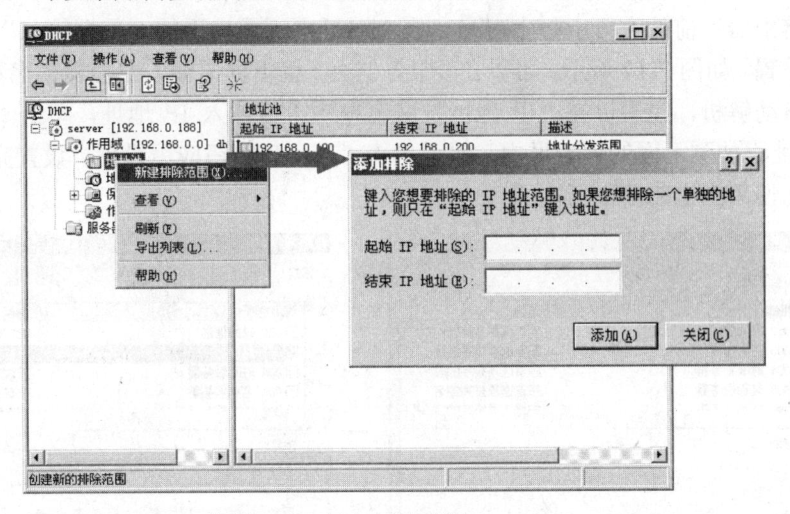

图 7-14 添加排除范围

“地址租约”是客户机租借 IP 地址的租借信息，如果“地址租约”为空表示还没有计算机从这台服务器上租借 IP 地址。

在“保留”中可以设置 IP 地址保留，该功能可为某些特殊的客户机保留固定的 IP 地址，其原理是将 IP 地址和客户机的 MAC 地址绑定，使得只有拥有指定网卡的客户机才可以获取该 IP 地址。右键单击“保留”，在弹出菜单中选择“新建保留”命令，打开“新建保留”对话框，如图 7-15 所示。填入需要设置的客户机的 MAC 地址和 IP 地址，单击“添加”按钮完成设置。

MAC 地址：厂商生产网卡时设置的编号，也被称为网卡的物理地址，由 12 位十六进制数组成，这个数在世界范围内唯一，通常情况下不可更改。查看 MAC 地址的方法是：在命令行中输入 ipconfig /all 指令，其中的 Physical Address 就是该网卡的 MAC 地址。

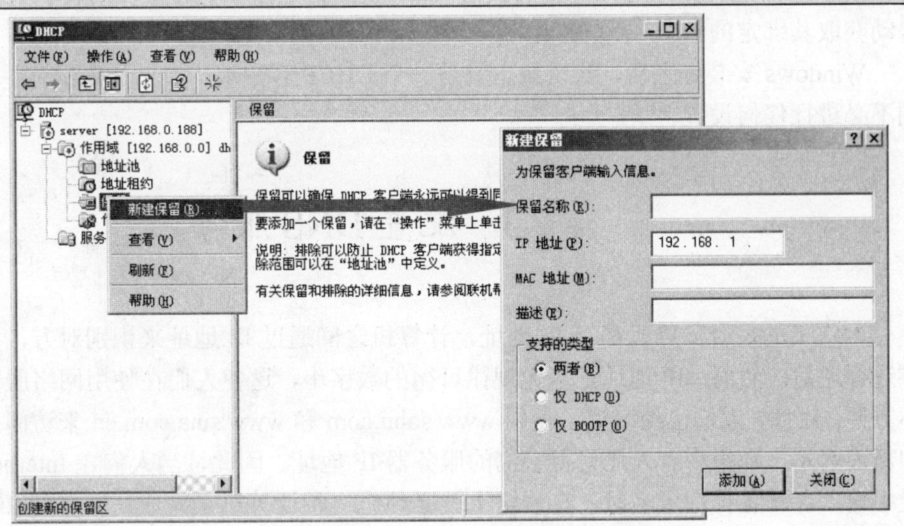

图 7-15 设置 IP 地址保留

右键单击“作用域”选项，在弹出菜单中选择“配置选项”命令，打开“作用域 选项”对话框，在这里可以设置DHCP服务器绑定其他网络服务，如图7-16所示。比如，在列表框中的“003 路由器”前的方框中打上对号，则在对话框下面出现的“数据输入”标签中就可以进行相应的设置，如图7-17所示，可以在“服务器名”编辑框中输入路由器的名称，然后单击“解析”按钮自动解析，也可以在“IP 地址”编辑框中直接输入 IP 地址，单击“添加”按钮将路由器IP地址添加到下面的列表框中，然后单击“应用”按钮应用设置，设置完成后，DHCP客户机会自动使用指定的路由器。

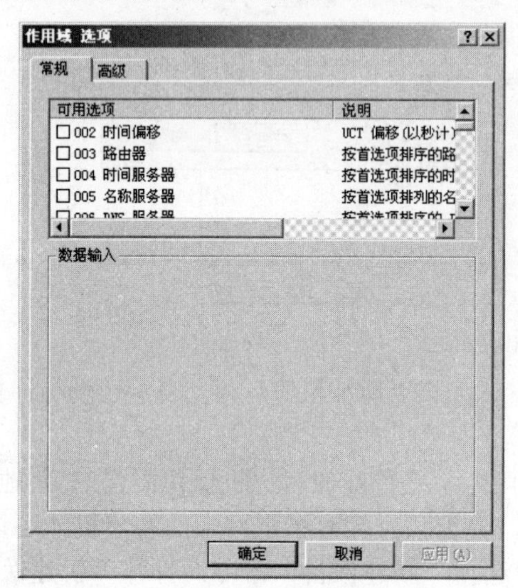

图7-16　配置DHCP作用域

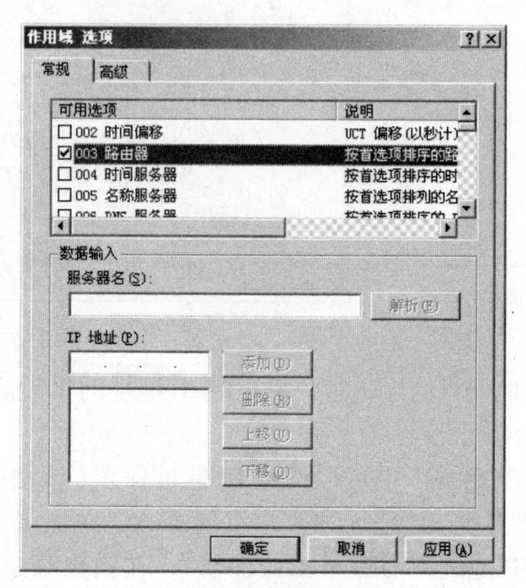

图7-17　在DHCP服务器上绑定路由器

7.2.3　设置DHCP客户端

在“Internet 协议（TCP/IP）属性”对话框中，选择“自动获得 IP 地址”单选钮就可以成为DHCP客户端。如果选择“自动获得DNS服务器地址”单选钮，则表示从DHCP服务器上自动获取其绑定的DNS服务器地址。

Windows安装好之后，默认状态就是一个DHCP客户端，如果从来没有手动设置IP地址，则不必进行任何设置。

7.3　配置DNS服务

网络上的每台计算机都有IP地址，计算机之间通过IP地址来识别对方，并使用二进制数字进行通信。然而，IP地址是毫无规律可循的数字串，这使人们在使用网络服务的时候感到很不方便，比如，人们已经习惯了使用www.sohu.com和www.sina.com.cn来访问著名的搜狐网站和新浪网站，却很少有人还记得它们的服务器IP地址。因此，当人们在Internet Explorer地址栏中输入各种各样的域名时，在网络上就必须有一种计算机来完成从域名到IP地址的转换工作，这种计算机叫做域名解析服务器，这个转换过程叫做域名解析。

域名：域名是在 Internet 上用于解决 IP 地址对应的一种方法，由两个或两个以上的部分组成，各部分之间用句点隔开。

7.3.1 域名结构

Internet 上的域名系统采用层次结构，形如一棵倒置的树，如图 7-18 所示。

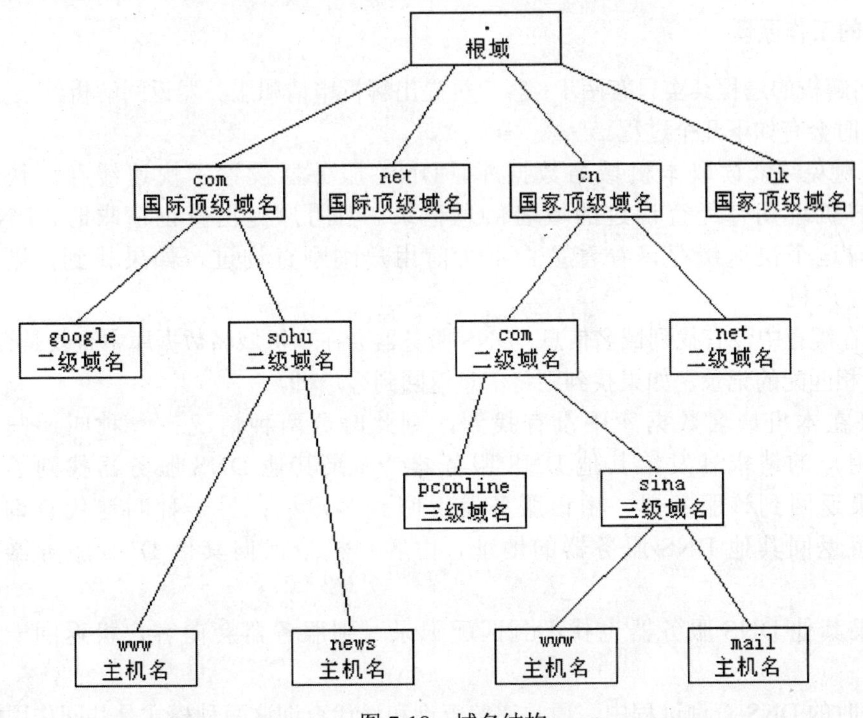

图 7-18 域名结构

最顶层称为根域，用一个句点表示。根域 DNS 服务器只负责处理顶级域名 DNS 服务器的解析请求。

第二层称为顶级域，顶级域名由美国控制下的 ICANN（Internet Corporation for Assigned Names and Numbers，国际互联网域名和地址分配组织）来定义和分配。顶级域名可以分为两种：国际顶级域名和国家顶级域名。以前对所有用户开放的国际顶级域名只有三个，它们是 com、org 和 net，其他的顶级域名由于历史原因目前只对美国开放；不过现在又新增了很多国际顶级域名，如 arts（艺术文化类）、info（信息服务类）、web（网上商店类）等。国家顶级域名有 240 多个，它们由两个字母的缩写表示，分别代表不同的国家，比如 cn 是中国国家顶级域名，jp 是日本国家顶级域名等。

第三层称为二级域名，二级域名由顶级域名管理机构来定义和分配，比如顶级域名 cn 下的二级域名的管理工作目前由中国政府委托中国科学院计算机网络信息中心负责。在 www.sohu.com 中，sohu 就是二级域名。

二级域名下面还可以分三级域名、四级域名等，最下面一层是主机名，比如 www.sina.com.cn 中的 sina 就是三级域名，www 就是主机名。

7.3.2 DNS概述

1. DNS的定义

DNS是Domain Name System（域名系统）的缩写，DNS是一种网络服务命名系统，在网络中担负着域名解析的任务，它将那些容易被用户记住的域名转换为与此域名相关的信息，如IP地址。

2. DNS的工作原理

DNS域名解析的过程其实只有两步：客户机提出解析申请和服务器返回解析结果。不过服务器解析域名时会有如下几个过程。

（1）为了避免频繁读取本机域名数据库，DNS服务器设置了快速缓存，快速缓存中保存着客户机近期曾经查询过的域名信息记录。当用户提出查询请求时，DNS服务器首先会访问这个快速缓存，看看是否不久前用户刚刚查询过，如果找到，则直接将信息返回到客户机。

（2）如果在缓存中没有找到域名信息，DNS服务器会在本机域名数据库中查找是否有与用户查询的域名相匹配的记录，如果找到则将信息返回到客户机。

（3）如果在本机域名数据库中没有找到，则此时分两种情况：一种叫递归查询，服务器会将用户的请求转发给其他DNS服务器，如果其他DNS服务器找到了匹配记录，则将结果返回到该服务器，由该服务器返回到客户机；另一种叫迭代查询，服务器会向客户机返回其他DNS服务器的地址，由客户机依次向其他DNS服务器提出查询请求。

（4）如果其他DNS服务器也找不到匹配记录，则服务器会向客户机返回一个失败信息。

在我们平时的DNS查询过程中，通常递归查询和迭代查询这两种模式是共同作用的。

3. 域名解析的种类

DNS域名解析可以分为两种：一种是用户输入域名请求查询IP地址，这种查询叫做正向域名解析；另一种是用户输入IP地址请求查询域名，这种查询叫做反向域名解析。

7.3.3 配置DNS服务器

1. 安装DNS服务器

在安装Windows Server 2003的时候，默认是不会安装DNS服务的，因此，需要我们自己手动来安装。

（1）首先确认计算机拥有固定的IP地址，然后将Windows Server 2003安装光盘放入光驱中，打开“管理您的服务器”管理控制台，然后单击“添加或删除角色”，打开“配置您的服务器向导”对话框，在列表框中选择“DNS服务器”。

（2）单击“下一步”按钮，查看并确认前面的选择，如图7-19所示。

（3）单击“下一步”按钮，系统会自动安装DNS服务器，等待一段时间后，弹出“配置DNS服务器向导”对话框，如图7-20所示。在这里我们暂时不进行配置，所以单击“取消”按钮，关闭该对话框，然后在“配置您的服务器向导”对话框中单击“完成”按钮，完成DNS服务器的安装。

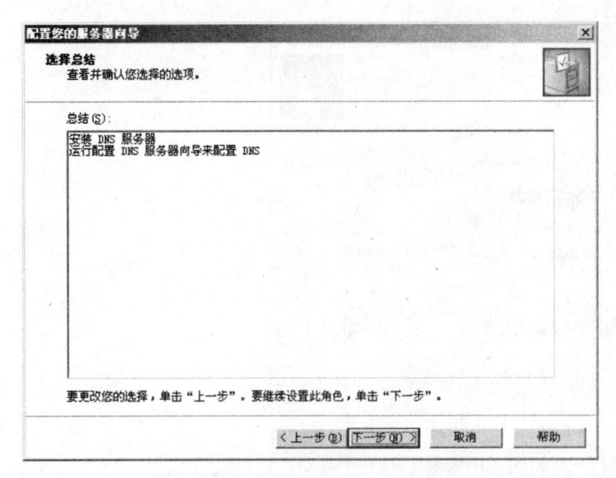

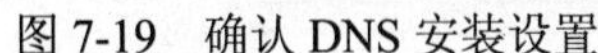
图 7-19　确认 DNS 安装设置

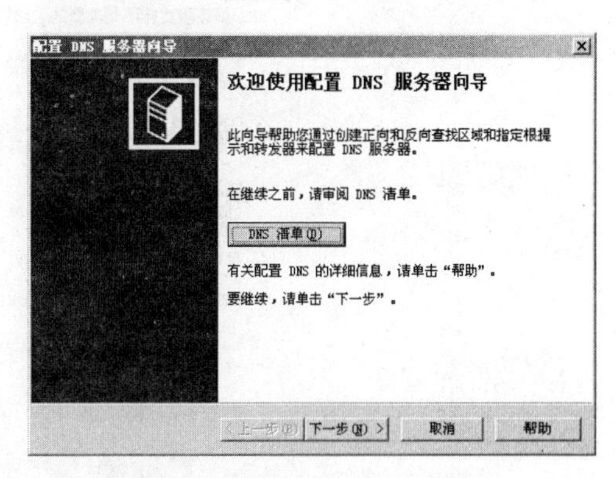

图 7-20　配置 DNS 服务器向导

2. 正向域名解析

网络中最经常用到的就是正向域名解析，我们已经习惯了在地址栏中输入不同的域名来访问网络，下面我们将域名 www.jqe.com 解析为 IP 地址 192.168.0.188，以此作为示例，介绍一下正向域名解析。

（1）首先打开 DNS 服务器控制台，有下面三种打开方法。

- 在“管理您的服务器”对话框中选择“管理此 DNS 服务器”。
- 单击“开始”按钮，然后依次选择“所有程序”→“管理工具”→“DNS”命令。
- 单击“开始”按钮，然后单击“运行”，打开“运行”对话框，在“打开”编辑框中输入 dnsmgmt.msc 并单击“确定”按钮。

任选一种方法打开 DNS 服务器控制台，如图 7-21 所示。右键单击“正向查找区域”，在弹出菜单中选择“新建区域”，打开“新建区域向导”对话框，如图 7-22 所示。

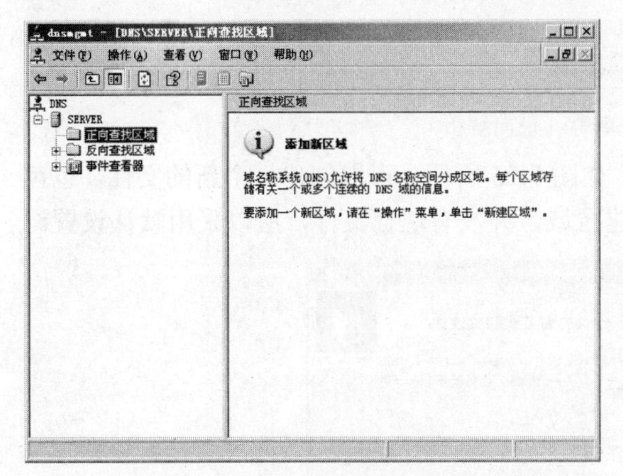

图 7-21　DNS 服务器控制台

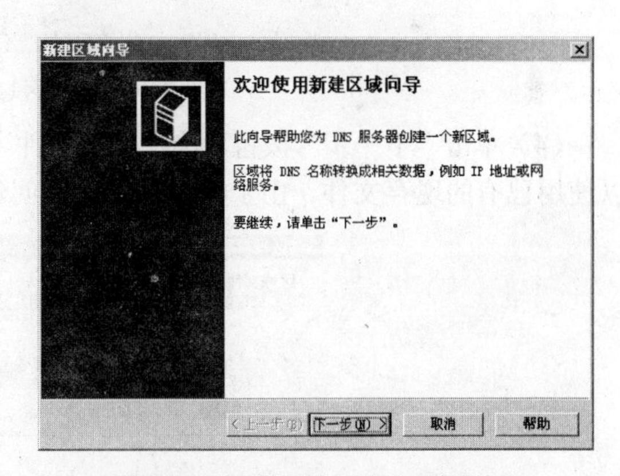

图 7-22　新建区域向导（正向解析）

（2）单击“下一步”按钮，设置区域类型，如图 7-23 所示。“主要区域”指的是可以直接在本机更新的域名数据库副本，“辅助区域”是主要区域的备份副本，从主要区域复制所有信息，“存根区域”则只从一些权威的其他 DNS 服务器上复制信息。在这里我们选择“主要区域”单选钮。

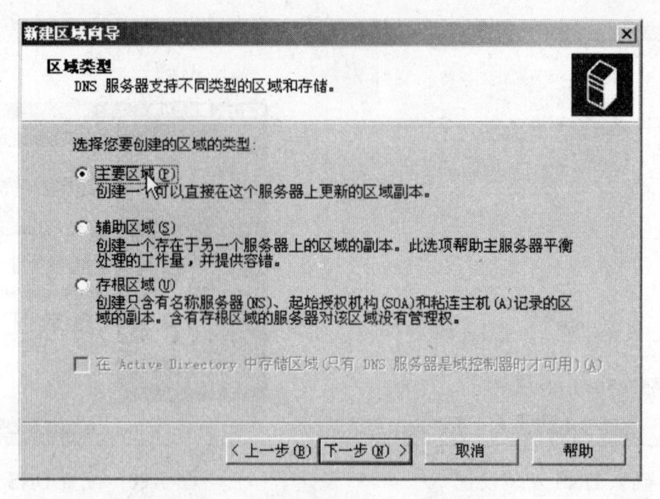

图 7-23　选择区域类型（正向解析）

（3）单击“下一步”按钮，输入区域名称。在“区域名称”编辑框中输入顶级域的名称，在这里我们输入 com，如图 7-24 所示。

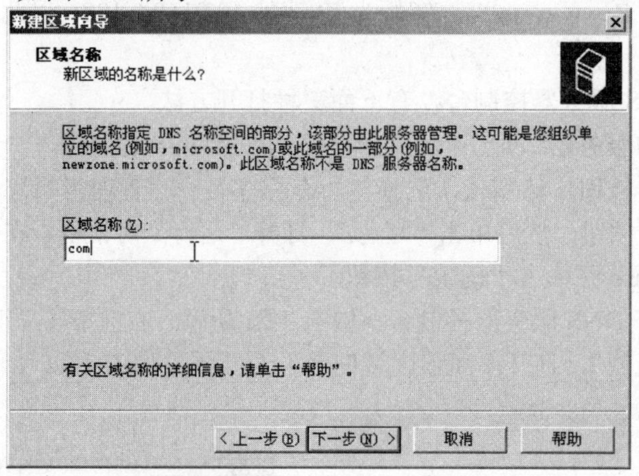

图 7-24　输入区域名称（正向解析）

（4）单击“下一步”按钮，选择区域文件，如图 7-25 所示。可以创建一个新的文件，也可以使用已有的现存文件。由于我们是第一次创建区域，并没有现存文件，所以采用默认设置。

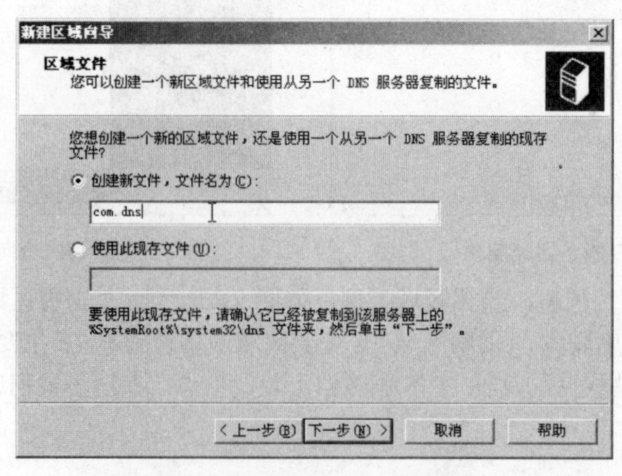

图 7-25　选择区域文件（正向解析）

（5）单击“下一步”按钮，设置动态更新，如图 7-26 所示。“允许非安全和安全动态更新”单选钮是指如果网络中存在任何其他 DNS 服务器，则它们会自动地互相更新域名信息；“不允许动态更新”单选钮表示需要手动添加每一条记录。在这里我们选择“不允许动态更新”单选钮，单击“下一步”按钮，确认前面所做的设置，单击“完成”按钮完成顶级域的创建。

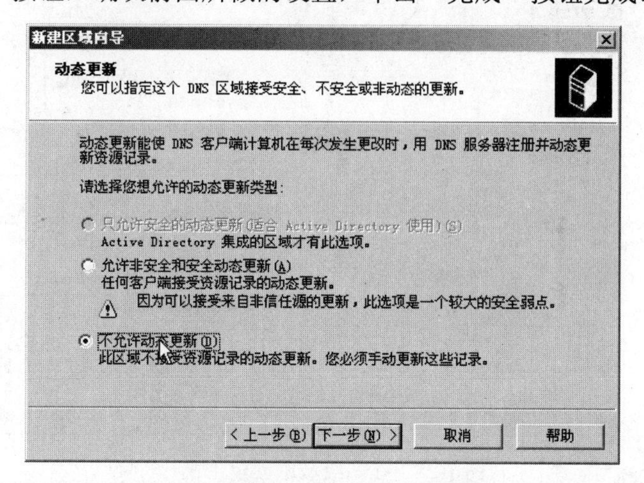

图 7-26　配置动态更新（正向解析）

（6）在 DNS 服务器控制台中，右键单击刚创建好的 com 顶级域，在弹出菜单中选择“新建域”，打开“新建 DNS 域”对话框，如图 7-27 所示。在“请键入新的 DNS 域名”编辑框中输入二级域名 jqe，单击“确定”按钮，完成二级域名的创建。

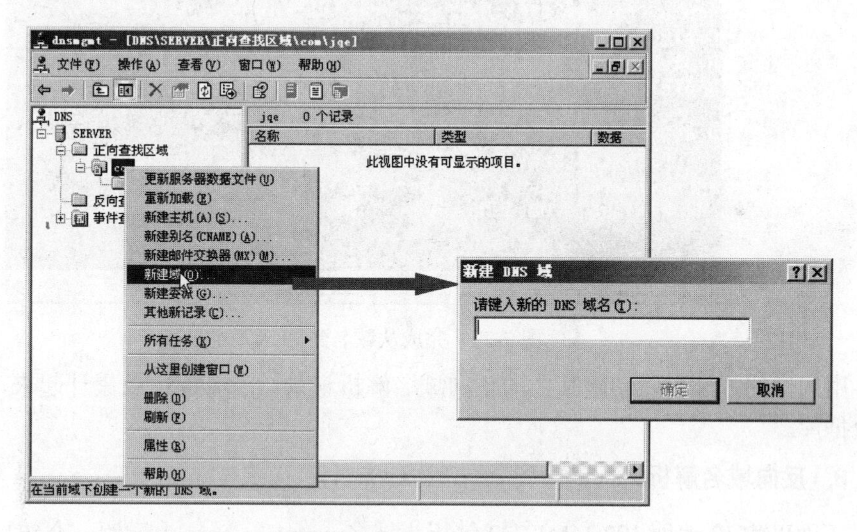

图 7-27　在顶级域中创建二级域

（7）在 DNS 服务器控制台中，右键单击刚创建好的二级域名 jqe，在弹出菜单中选择“新建主机”，打开“新建主机”对话框，如图 7-28 所示。在“名称”编辑框中输入主机名称 www，可以看到“完全合格的域名”中已显示出 www.jqe.com，在“IP 地址”编辑框中输入 IP 地址 192.168.0.188，单击“添加主机”按钮后，在弹出的成功提示对话框中单击“确定”按钮，然后单击“完成”按钮完成配置。

（8）最后检验一下是否可以实现从域名 www.jqe.com 到 IP 地址 192.168.0.188 的转换。在“Internet 协议（TCP/IP）属性”对话框中，选择“使用下面的 DNS 服务器地址”单选钮，并输入 DNS 服务器的 IP 地址 192.168.0.188，单击“确定”按钮。

单击“开始”按钮，在弹出菜单中依次选择“所有程序”→“附件”→“命令提示符”命令，打开“命令提示符”对话框，输入指令 ping www.jqe.com，并按回车键查看结果，如图 7-29 所示。

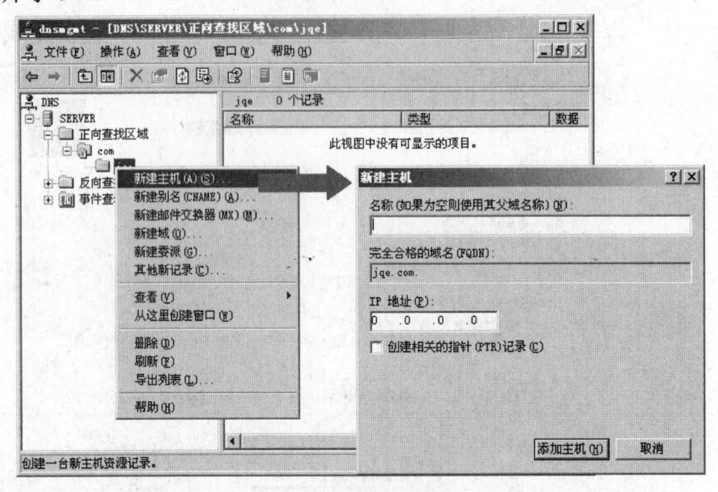

图 7-28　在二级域中创建主机

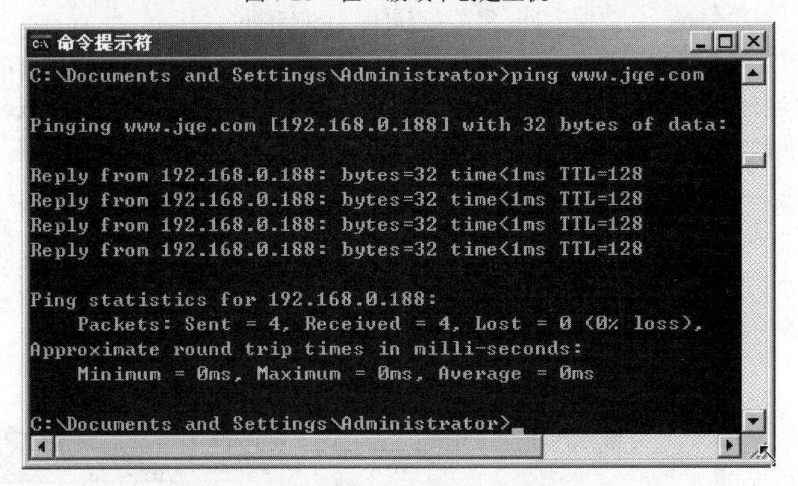

图 7-29　完成从域名到 IP 地址的转换

用同样的方法可以创建其他的正向域名解析记录，所有的记录累计起来，就是正向域名解析数据库。

3. 反向域名解析

下面以将 IP 地址 192.168.1.222 解析为域名 www.jqe.com 为示例，介绍反向域名解析。

创建反向域名解析区域与创建正向域名解析区域的方法类似。

（1）打开 DNS 服务器控制台，右键单击“反向查找区域”，在弹出菜单中选择“新建区域”，打开“新建区域向导”对话框，如图 7-30 所示。

（2）单击“下一步”按钮，设置区域类型，如图 7-31 所示。“主要区域”指的是可以直接在本机更新的域名数据库副本，“辅助区域”是主要区域的备份副本，是从主要区域复制所有信息，“存根区域”则只从一些权威的其他 DNS 服务器上复制信息。在这里我们选择“主要区域”单选钮。

（3）单击“下一步”按钮，输入反向查找区域名称，如图 7-32 所示。选择“网络 ID”单选钮并输入网络号 192.168.1。

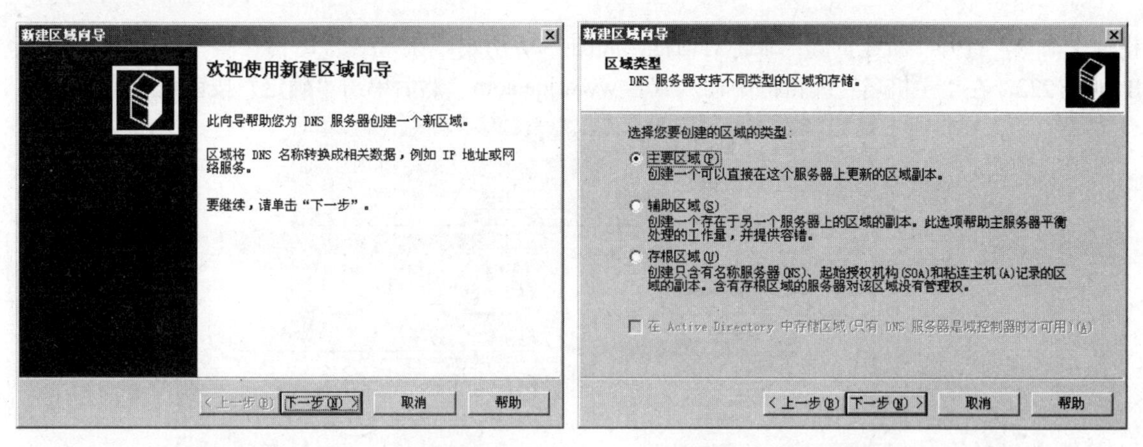

图 7-30　新建区域向导（反向解析）　　　图 7-31　选择区域类型（反向解析）

（4）单击“下一步”按钮，选择区域文件，如图 7-33 所示。可以创建一个新的文件，也可以使用已有的现存文件。由于我们是第一次创建区域，并没有现存文件，所以采用默认设置。

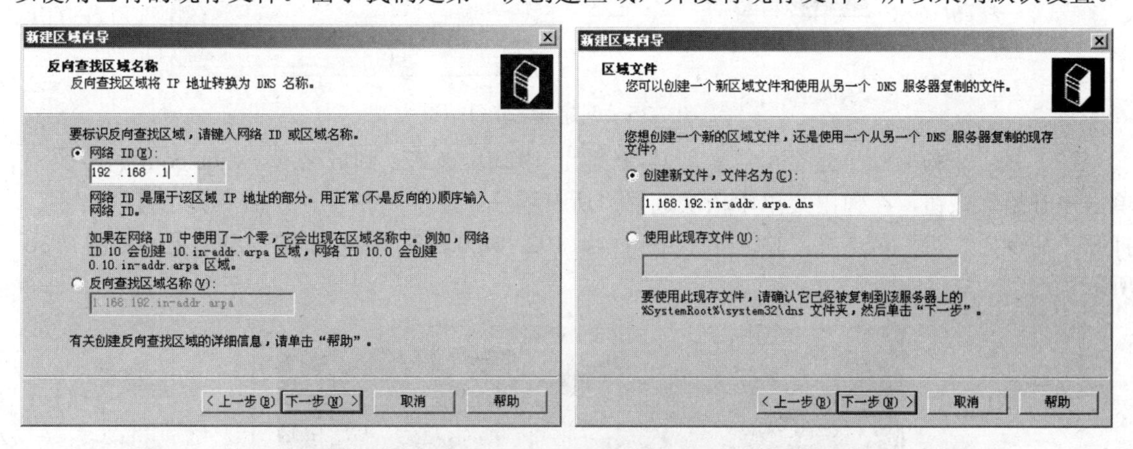

图 7-32　输入反向查找区域名称　　　图 7-33　选择区域文件（反向解析）

（5）单击“下一步”按钮，设置动态更新，如图 7-34 所示。在这里我们选择“不允许动态更新”单选钮，单击“下一步”按钮，确认前面所做的设置，单击“完成”按钮完成反向解析区域的创建。

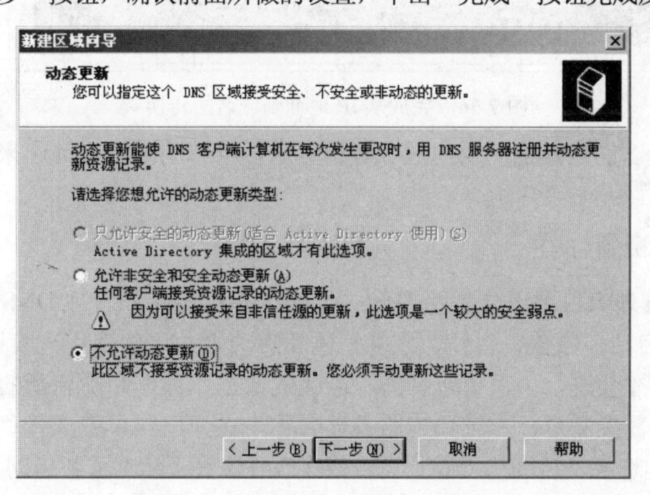

图 7-34　配置动态更新（反向解析）

（6）在 DNS 服务器控制台中，右键单击已创建好的反向查找区域，在弹出菜单中选择“新建指针”命令，打开“新建资源记录”对话框，如图 7-35 所示。在“主机 IP 号”编辑框中输入主机 IP 地址 222，在“主机名”编辑框中输入域名 www.jqe.com，然后单击“确定”按钮完成配置。

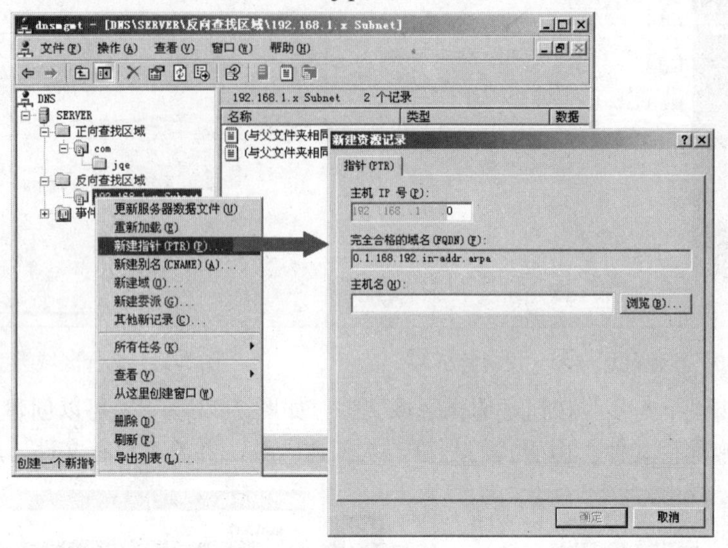

图 7-35　创建域名指针

（7）最后来检验一下是否可以实现从 IP 地址 192.168.1.222 到域名 www.jqe.com 的转换。单击“开始”按钮，在弹出菜单中依次选择“所有程序”→“附件”→“命令提示符”命令，打开“命令提示符”对话框，输入指令 ping –a 192.168.0.222，按回车键查看结果，如图 7-36 所示。

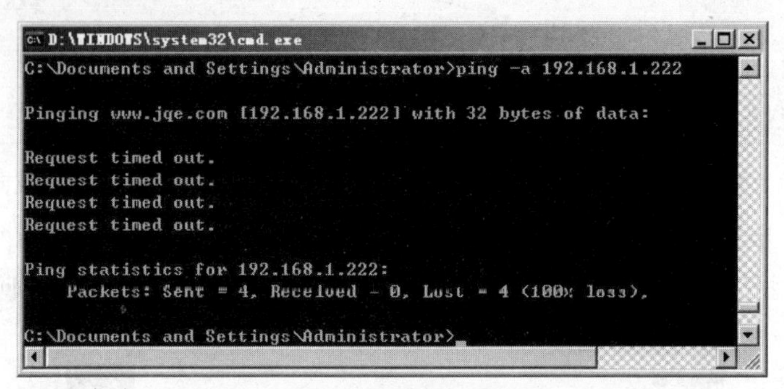

图 7-36　完成从 IP 地址到域名的转换

用同样的方法可以创建其他的反向域名解析记录，所有的记录累计起来，就是反向域名解析数据库。

4. 管理 DNS 服务器

DNS 服务器的管理大致可以分为两部分：DNS 的启动停止和管理 DNS 数据库。其中，前者包括 DNS 服务的启动、停止、暂停、恢复和重新启动等，这些操作一般只是当 DNS 服务器发生故障需要排错时才会进行；后者包括清除老化的数据库数据和更新新的数据库数据。

打开 DNS 服务器控制台，右键单击服务器名称，在弹出菜单中选择“所有任务”命令，如图 7-37 所示。分别选择“启动”、“停止”、“暂停”、“恢复”和“重新启动”选项，可以启动、停止、暂停、恢复和重新启动 DNS 服务器。

选择“清理过时资源记录”命令可以清除超出期限的数据库数据，默认期限是 7 天。

选择“更新服务器数据文件”命令可以立即更新服务器的数据文件，如果不手动更新，服务器会在预定义的时间间隔或关机时自动更新数据文件。

选择“清除缓存”命令可以清除服务器快速缓存中的域名信息记录，默认情况下，域名信息记录会在快速缓存中保留一小时。

选择“启动 nslookup”命令可以启动 DNS 服务器管理的命令行工具 nslookup，该工具是在 DOS 命令行方式下执行的，具体操作请读者查找相关资料。

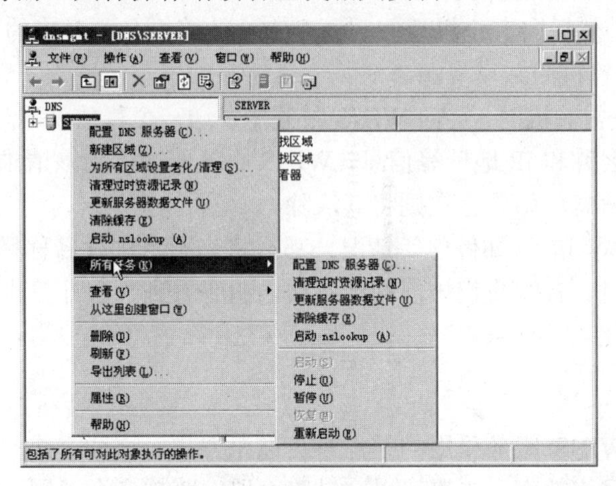

图 7-37　管理 DNS 服务器

7.3.4　设置 DNS 客户端

在“Internet 协议（TCP/IP）属性”对话框中，选择“使用下面的 DNS 服务器地址”单选钮，并输入 DNS 服务器的 IP 地址，就可以成为 DNS 客户端。如果选择“自动获得 DNS 服务器地址”单选钮，则表示从 DHCP 服务器上自动获取 DNS 服务器地址。如果需要使用多个 DNS 服务器地址，可以单击“高级”按钮进行添加。

7.4　配置 WINS 服务

DNS 可以完成从域名到 IP 地址的转换，这个功能使它在 Internet 中的应用范围越来越广泛，但在局域网内部的计算机之间通信时，如果局域网采用的不是类似于 Internet 的域模式，那么 DNS 就毫无用武之地。

事实上，除了 DNS 之外 Windows 还提供了多种名称解析服务，WINS 就是其中之一。

WINS 是 Windows Internet Name Service（Windows 网际名称服务）的简称，它可以为计算机的 NetBIOS 名称提供注册、更新、释放和转换服务，这些服务允许 WINS 服务器动态地将 NetBIOS 名称映射为 IP 地址，大大减少了管理员的工作量。

7.4.1　WINS 概述

1. WINS 工作原理

（1）注册：客户机在启动时，会向已设置好的 WINS 服务器发送一个注册请求，请求中包含该客户机的 IP 地址和计算机名，WINS 服务器接收到该请求后，会在本机的数据库中查找是否已存在相同信息，如果有则直接向客户机返回一个注册失败的确认信息，如果没有，则将客户机提供的信息写入到数据库中，同时向客户机返回一个注册成功的确认信息。

因此，网络中不能存在相同的 IP 地址和计算机名。

（2）查询：当客户机需要使用网络中的共享资源时，如果希望通过计算机名而不是 IP 地址来访问，则首先会向 WINS 服务器提出查询请求，WINS 服务器接收到查询请求后，在本机数据库中查找匹配的记录，然后向客户机返回其要查询的计算机名所对应的 IP 地址，然后客户机根据 IP 地址访问目的计算机的共享资源。

（3）释放：客户机正常关机时，会向 WINS 服务器发送一个释放请求，请求释放其在 WINS 服务器数据库中存储的名称和 IP 地址等信息，WINS 服务器接收到该请求后，会在本机数据库中查找是否已存在相应信息，如果存在则将其清除。

如果客户机是意外关闭的，如停电等情况，那么将来不及进行名称释放，WINS 服务器中还会保留该客户机的信息。有时我们访问网上邻居，明明看到一台计算机，访问时却提示网络路径错误，原因就在于此。

2. WINS 的优点

- 点对点通讯：WINS 服务采用的是点对点通讯方式，这种方式一来可以有效地降低网络流量，提高网络效率，二来可以穿过路由器，跨越多个子网。
- NetBIOS 功能：WINS 是基于 NetBIOS 的名称解析服务，因此它保留了一些 NetBIOS 的功能，如我们熟知的使用网上邻居浏览工作组计算机等。
- 提高工作效率：与 DNS 服务相比，WINS 是动态名称解析，很少需要人工干预，这在很大程度上提高了工作效率。

7.4.2 配置 WINS 服务器

1. 安装 WINS

（1）将 Windows Server 2003 安装光盘放入光驱中，打开“管理您的服务器”管理控制台，然后单击“添加或删除角色”，打开“配置您的服务器向导”对话框，在列表框中选择“WINS 服务器”。

（2）单击“下一步”按钮，查看并确认前面的选择，如图 7-38 所示。

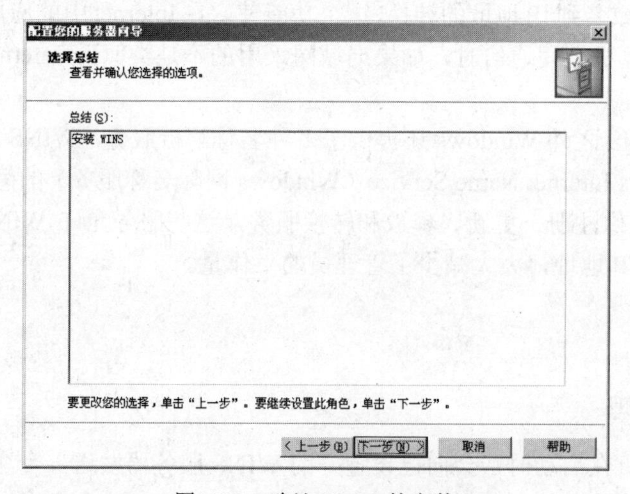

图 7-38　确认 WINS 的安装

（3）单击“下一步”按钮，系统会自动安装 WINS 服务器，等待一段时间后单击“完成”按钮，完成 WINS 服务器的安装。

2. 配置 WINS 服务器

如果网络中只有一台 WINS 服务器，那么几乎不用做任何设置，默认状态下的 WINS 服务器已经可以胜任日常工作，最多也就是备份和还原数据库。

当网络中有多台 WINS 服务器时，我们需要设置它们之间的复制关系，以使它们的数据库保持同步。

下面重点介绍一下 WINS 数据库的备份和还原、WINS 复制和 WINS 静态映射。

（1）首先打开 WINS 服务器控制台，有三种打开方法：在“管理您的服务器”对话框中选择“管理此 WINS 服务器”，或者单击“开始”按钮，然后依次选择“所有程序”→“管理工具”→“WINS” 命令，也可以单击“开始”按钮，在弹出菜单中选择“运行”命令，打开“运行”对话框，在“打开”编辑框中输入 winsmgmt.msc，并单击“确定”按钮。

任选一种方法打开 WINS 服务器控制台，如图 7-39 所示。等待一段时间后，服务器名称前面出现一个向上的绿色箭头，表示 WINS 服务已经可用，如图 7-40 所示。

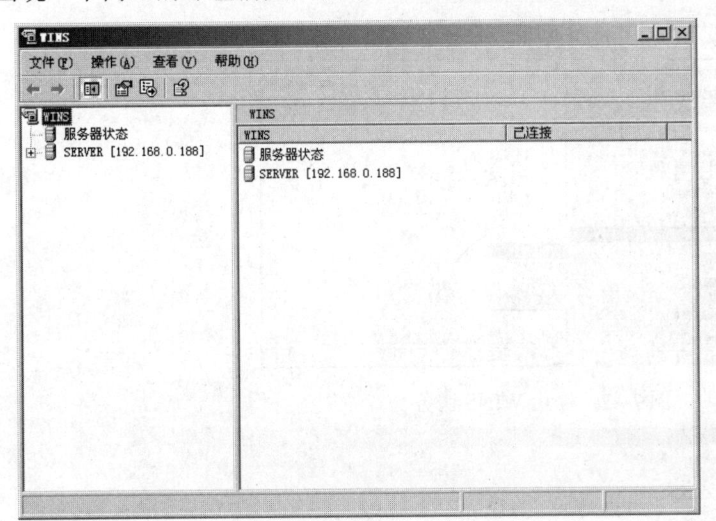

图 7-39 WINS 服务器控制台

图 7-40 WINS 服务已可用

（2）备份数据库：右键单击服务器名称，在弹出菜单上选择“备份数据库”命令，打开“浏览文件夹”对话框，如图 7-41 所示。在对话框中选择数据库备份文件要保存的位置，然后单击“确定”按钮进行数据库备份，备份完成后，系统会弹出提示，单击“确定”按钮，完成数据库的备份工作。

还原数据库：执行还原数据库操作之前，需要先停止 WINS 服务，方法是右键单击服务器名称，然后在弹出菜单上依次选择“所有任务”→“停止”命令，如图 7-42 所示，等待一段时间后，绿色箭头消失，表明 WINS 服务已经停止。再次右键单击服务器名称，在弹出菜单上选择“还原数据库”命令，打开“浏览文件夹”对话框，如图 7-43 所示。在“浏览文件夹”对话框中选择数据库备份文件的保存位置，然后单击“确定”按钮进行数据库还原，还原完成后，系统会弹出提示，单击“确定”按钮，完成数据库的还原工作。WINS 数据库还原成功后，会自动启动 WINS 服务。

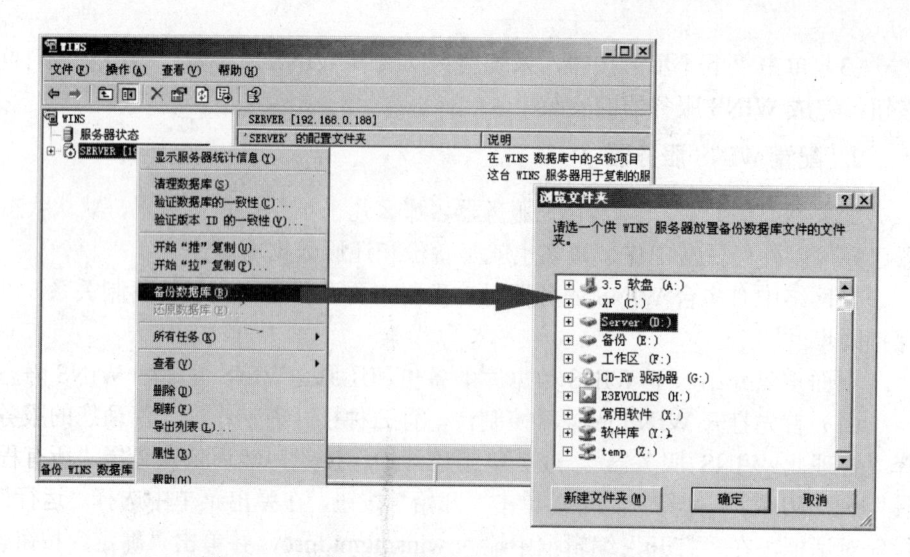

图 7-41　备份 WINS 数据库

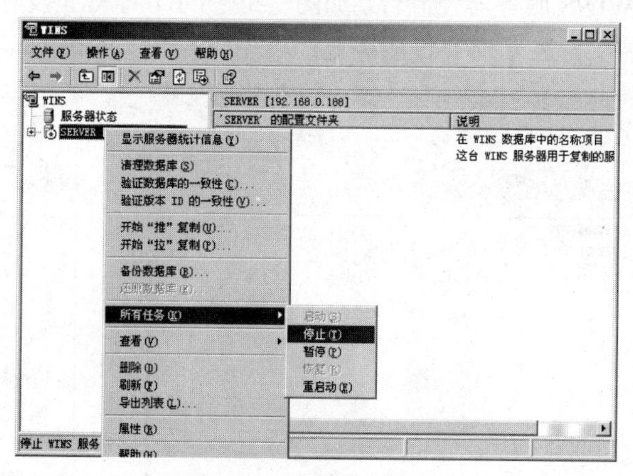

图 7-42　停止 WINS 服务

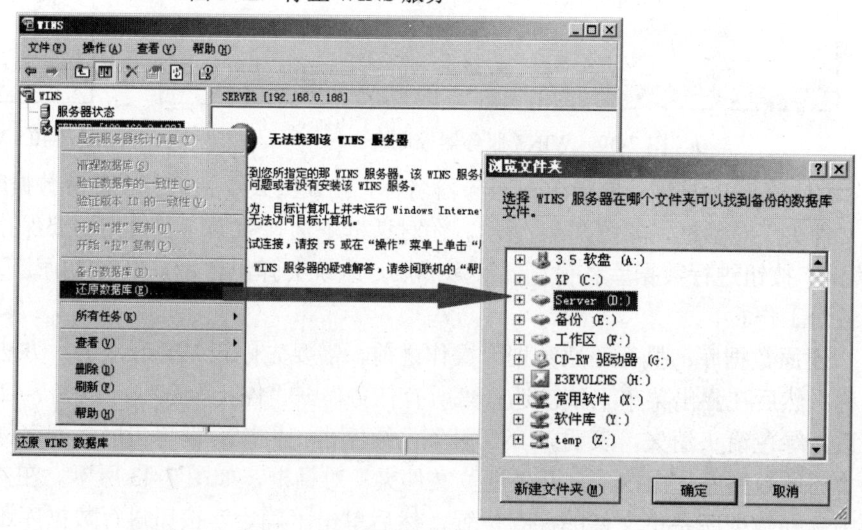

图 7-43　还原 WINS 数据库

（3）"推"/"拉"复制："推"复制的含义是一台 WINS 服务器通知其他 WINS 服务器自己的数据库已更新，要求他们复制自己的数据库；"拉"复制则是一台服务器将其他 WINS 服务器的数据库复制到本机上。

单击服务器名称左边的加号，然后右键单击“复制伙伴”，在弹出菜单中选择“属性”命令，打开“复制伙伴 属性”对话框，分别单击“‘推’复制”和“‘拉’复制”选项卡，如图7-44所示。在图中可以看到，“推”复制和“拉”复制的触发条件是不同的，“推”复制是当本机数据库的数据更改次数达到一定标准时，将本机数据库复制到其他服务器中，“拉”复制则是每隔一定时间从其他服务器上复制数据库到本机上。

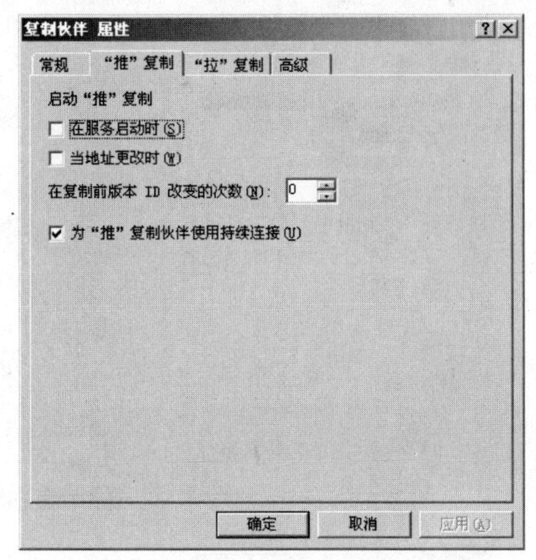

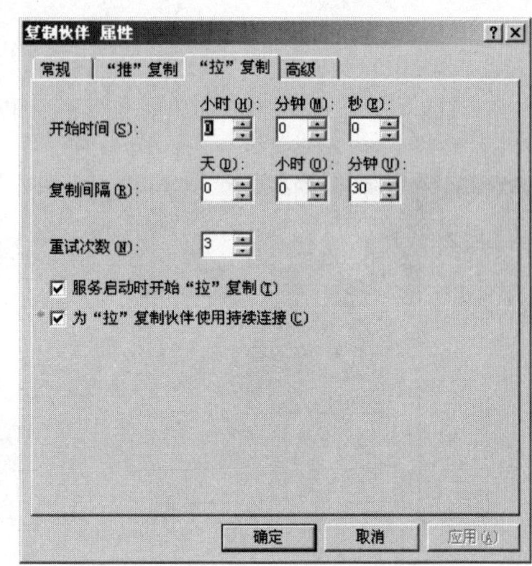

图7-44 “推”/“拉”复制

设置好“推”复制和“拉”复制的触发条件后，单击“确定”按钮应用设置，然后右键单击“复制伙伴”，在弹出菜单中选择“新建复制伙伴”命令，打开“新的复制伙伴”对话框，如图7-45所示。在“WINS服务器”编辑框中输入其他WINS服务器的名称或IP地址，或者单击“浏览”按钮进行查找，然后单击“确定”按钮创建一个新的复制伙伴。

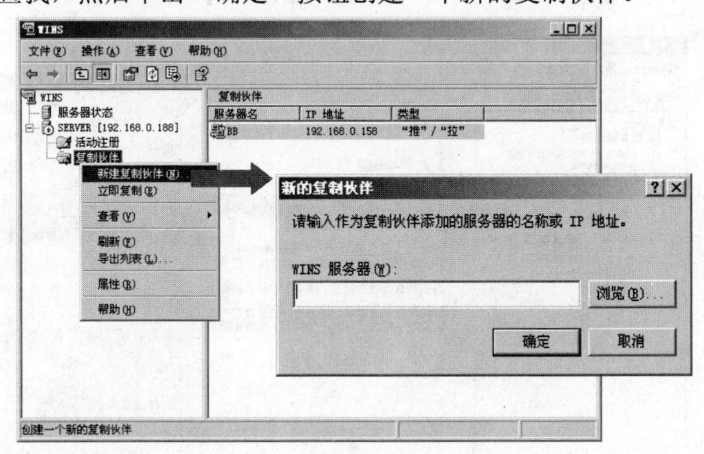

图7-45 新建复制伙伴

右键单击已创建好的复制伙伴，弹出操作菜单，如图7-46所示。选择“开始‘推’复制”或“开始‘拉’复制” 命令即可与复制伙伴之间互相复制数据库。选择“属性”命令，弹出复制伙伴的属性窗口，选择“高级”选项卡，如图7-47所示。

默认状态下系统会同时启用这两种复制，在图中可以看到这一点。单击“复制伙伴类型”下拉按钮可以更改复制类型，并可以在下面的标签中重新设置复制条件，不过通常我们都会同时启用这两种复制。

值得一提的是，无论是“推”复制还是“拉”复制，它们采用的都是增量复制，也就是说，它们只会复制数据库中被更改的内容。

（4）静态映射：静态映射即手动为计算机名称和 IP 地址之间建立关联。如果网络中有无法成为 WINS 客户端的计算机，如使用 Linux 操作系统的计算机，可以使用此功能将其计算机名称与 IP 地址对应起来。

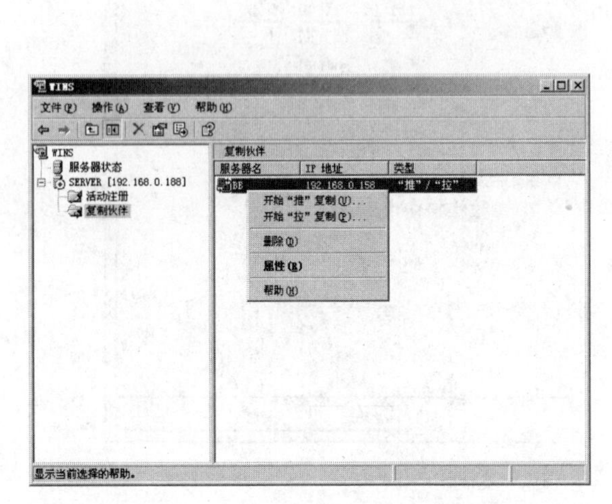

图 7-46　复制伙伴的操作菜单

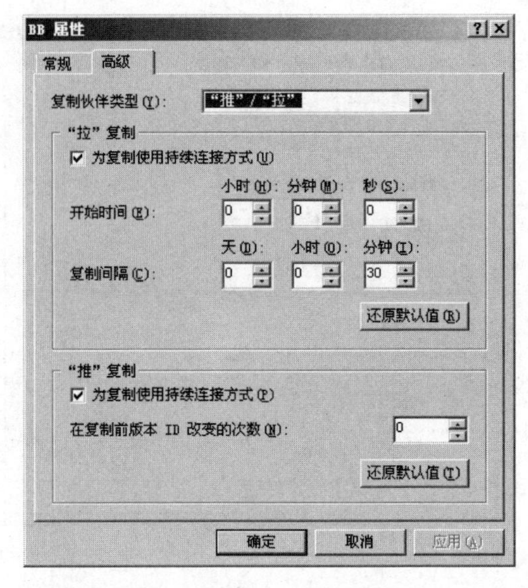

图 7-47　选择复制类型

右键单击“活动注册”，在弹出菜单中选择“新建静态映射”命令，打开“新建静态映射”对话框，如图 7-48 所示。在“计算机名”编辑框中输入要建立映射的计算机名称，在“IP 地址”编辑框中输入该计算机的 IP 地址，单击“确定”按钮即可建立映射。

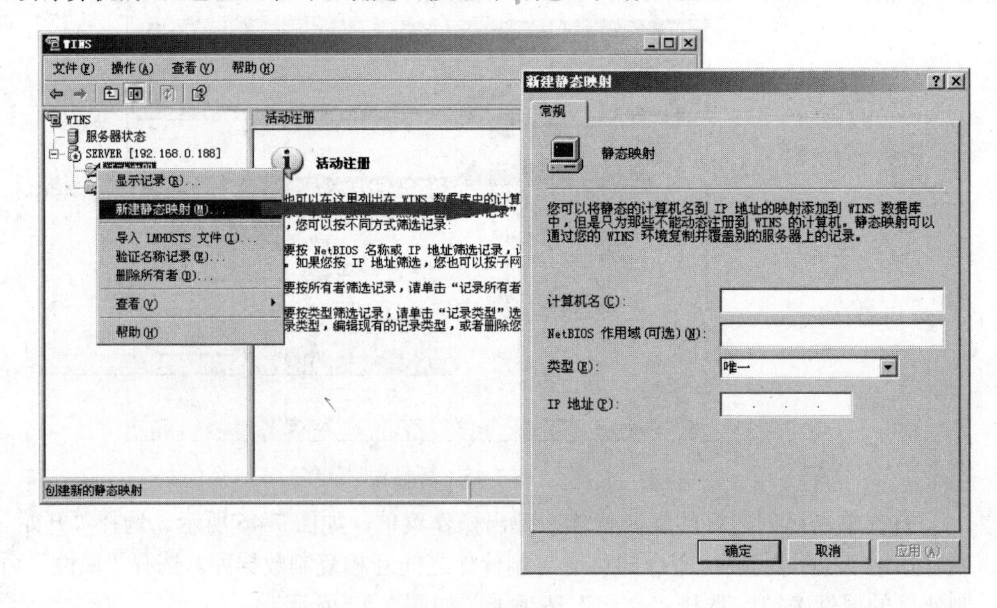

图 7-48　新建静态映射

7.4.3 设置WINS客户端

在“Internet 协议（TCP/IP）属性”对话框中单击“高级”按钮，会出现“高级 TCP/IP 设置”对话框，选择“WINS”选项卡，可以对 WINS 客户端进行设置，如图 7-49 所示。

单击“添加”按钮，弹出“TCP/IP WINS 服务器”对话框，如图 7-50 所示。在“WINS 服务器”编辑框中输入要使用的 WINS 服务器的 IP 地址，单击“添加”按钮，将其添加到“WINS 地址”列表框中。

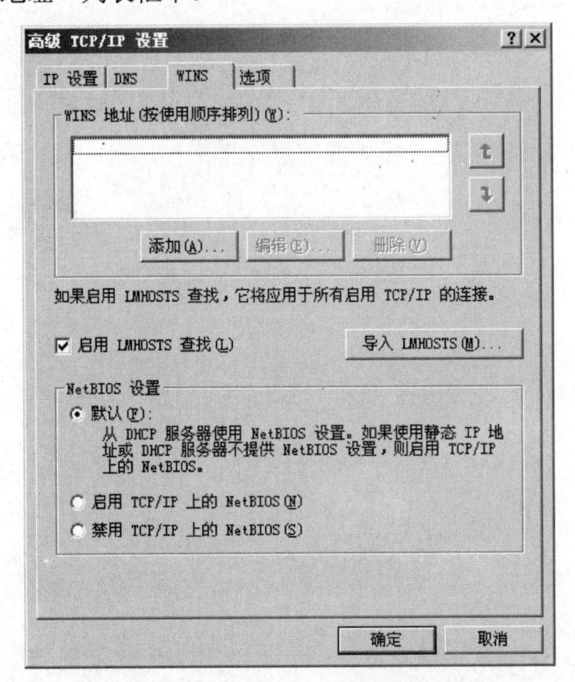

图 7-49　设置 WINS 客户端

图 7-50　添加 WINS 服务器

重复进行上述操作可以为客户机添加多个 WINS 服务器。

本章小结

本章主要介绍了 Windows Server 2003 的三大网络服务，通过本章的学习，读者应该能够独立搭建 DHCP、DNS 和 WINS 服务器，了解它们的工作原理，熟练掌握它们的常用配置方法。在网络故障中有很多都是因为这三大网络服务的配置出现了问题，因此它们在解决一些日常问题的时候非常有用，一定要好好掌握。

思考与练习

1. 什么是 DHCP？使用 DHCP 服务器分配 IP 地址和手动指定 IP 地址各有哪些优缺点？为什么 DHCP 服务器必须拥有固定 IP 地址？

2. 在 DHCP 服务器上如何设置 IP 地址保留？如何绑定其他服务？IP 地址保留和绑定其他服务的作用各是什么？

3. 透彻理解 DNS 域名结构及域名解析原理，详细描述域名解析过程。

4. WINS 服务和 DNS 服务都有哪些相同点和不同点？WINS 服务和 NetBIOS 相比有哪些优点？

5. 先打开客户机，隔五分钟后再打开 DHCP 服务器，在客户机上一直使用 ipconfig 指令查看其 IP 地址的变化，想一想为什么会有这些变化。

第 8 章　接入 Internet

内容提要

- Internet 连接共享
- 了解代理的概念
- 一些常见代理软件的配置
- 集群技术
- 负载平衡

目前局域网接入 Internet 的常见方法有三种：Internet 连接共享、NAT（网络地址转换）和代理接入等。其中，Internet 连接共享配置十分简单，不过其能够提供的功能也很有限，其他两种方法则各有所长。本章将分别介绍这三种方法。

8.1　如何连接 Internet

目前，常见的 Internet 接入方式有 ADSL、Cable Modem 和小区宽带等。

- ADSL：利用电话线路上网，上网时可拨打或接听电话。优点是上网方便，只要有电话线即可上网。
- 小区宽带：如果用户所在的办公楼或小区已进行了综合布线，则可选择这种方式上网。
- Cable Modem：这是一种通过有线电视网络实现高速接入 Internet 的方式。与其他两种上网方式相比，Cable Modem 价格低，绝对上网速度快。但当同时上网的人比较多时，速度会有所下降。

下面以通过 ADSL 上网为例，介绍连接 Internet 的方法。

ADSL 上网的接入流程是：选择 ISP 并申请上网账号→安装网络设备→创建 Internet 连接→拨号上网。ISP 是指 Internet 服务供应商，用户必须通过它连入 Internet。要使用 ADSL 上网，可以选择电信、联通等 Internet 服务供应商。选择原则一是看其上网速度和费用标准，二是看 Internet 服务供应商离自己家的距离，距离越近，上网速度越稳定。

申请 ADSL 后，电信部门会派专人上门进行安装，安装的过程十分简单，各硬件连接情况如图 8-1 所示。

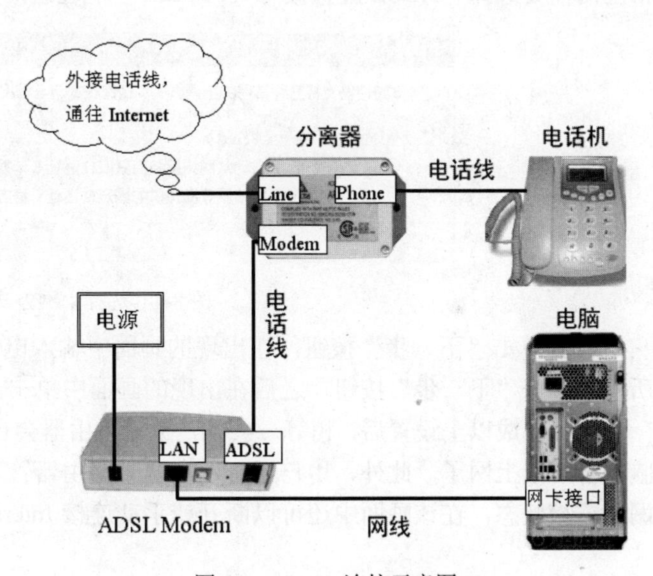

图 8-1　ADSL 连接示意图

8.2 通过路由器共享上网

要使局域网中的电脑能共享上网，还需要对宽带路由器进行设置，以将上网账号和密码“绑定”在宽带路由器中。

（1）在任意一台电脑中打开 IE 浏览器，在地址栏中输入宽带路由器后台管理地址，本例为：192.168.1.1（具体数值请参照产品使用手册），按回车键。

（2）在弹出的登录对话框中设置用户名为 admin，密码为 admin（具体值请参照产品使用手册），然后单击“确定”按钮，如图 8-2 所示。

（3）进入宽带路由器设置画面后，单击“设置向导”或“快速安装”等相似选项，启动路由器设置向导，然后单击“下一步”按钮，如图 8-3 所示。

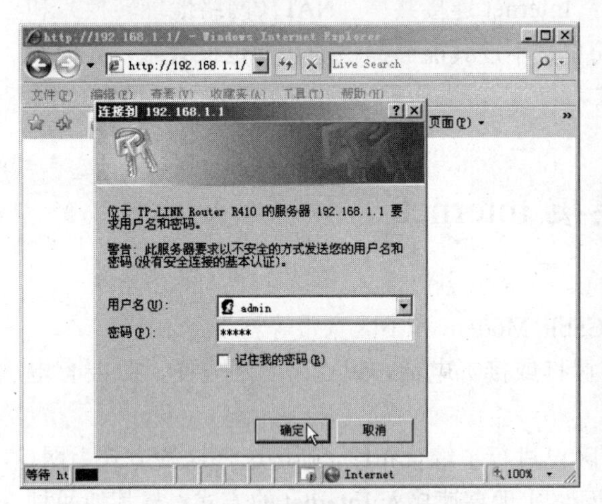

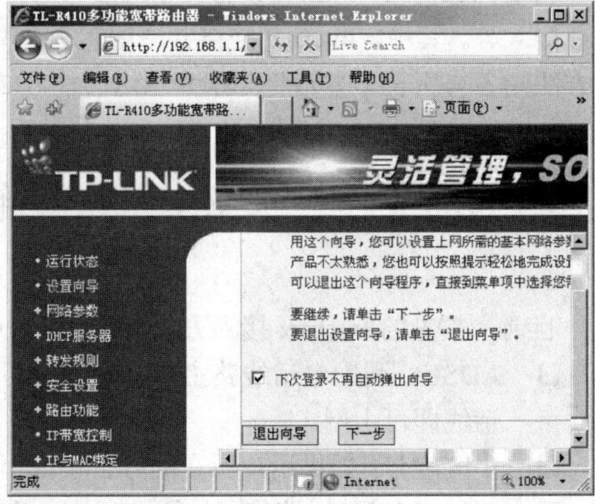

图 8-2　登录宽带路由器管理画面　　　　图 8-3　启动设置向导

（4）在出现的画面中根据实际情况选择上网方式，使用 ADSL 和 PPPoE 拨号认证的小区宽带上网需要选择“ADSL 虚拟拨号（PPPoE）”单选钮，如图 8-4 所示。

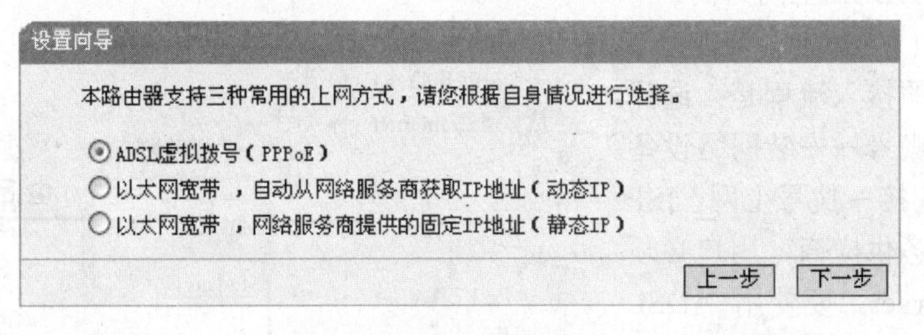

图 8-4　选择上网方式

（5）单击“下一步”按钮，在出现的画面中输入电信局提供的上网账号及口令，如图 8-5 所示。单击“下一步”按钮，之后在出现的画面中单击“保存”或“完成”按钮，完成设置。

（6）完成以上设置后，稍等一会儿，宽带路由器会自动连接上 Internet，此时局域网中的电脑便都可以上网了。此外，用户还可以在宽带路由器管理画面中单击“运行状态”选项，查看网络连接状态，在该画面中还可以断开或手动连接 Internet。

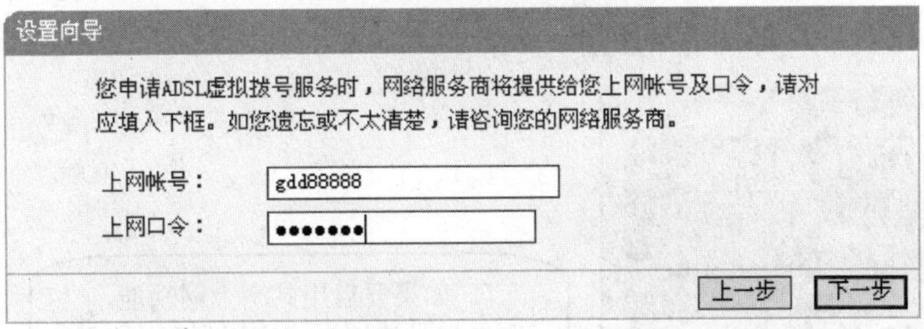

设置向导

您申请ADSL虚拟拨号服务时，网络服务商将提供给您上网帐号及口令，请对应填入下框。如您遗忘或不太清楚，请咨询您的网络服务商。

上网帐号：gdd88888

上网口令：●●●●●●●

上一步 下一步

图 8-5 输入上网账号和密码

默认情况下，宽带路由器会自动连接上 Internet。用户可以依次单击“网络设置”→“WAN 口设置”选项，在打开的画面中设置自动连接选项；在该画面中还可以重设上网账号和密码。设置完成后，别忘记单击“保存”按钮保存设置。

8.3 NAT 接入

NAT 是 Network Address Translation（网络地址转换）的缩写，它的工作原理是将局域网的所有内部 IP 地址转换为公网 IP 地址，以达到访问 Internet 的目的。

NAT 接入要求服务器上安装有 Modem（用来接入 Internet）和至少一块网卡（用来连接局域网）。Internet 连接共享启用时，系统不允许配置 NAT，因此我们需要先禁用 Internet 连接共享，方法如下。

（1）在“控制面板”中，打开“网络连接”对话框，如图 8-6 所示，网卡和 Modem 都已安装完成。

（2）右键单击 Modem，在弹出菜单中选择“属性”命令，然后单击“高级”选项卡，如图 8-7 所示。

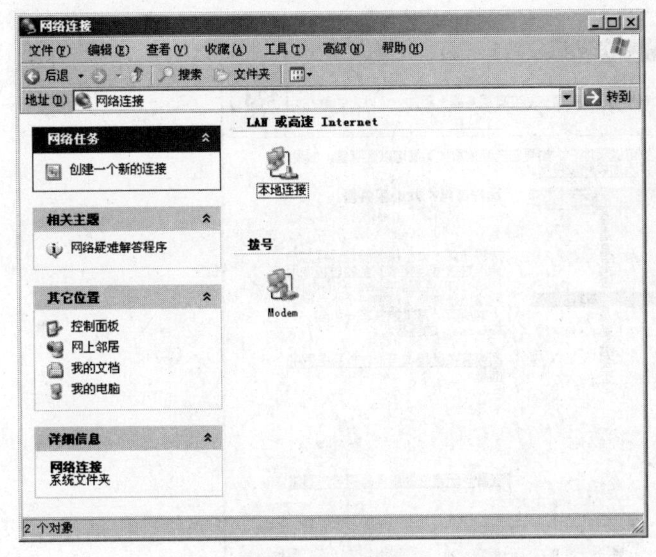

图 8-6 网络连接

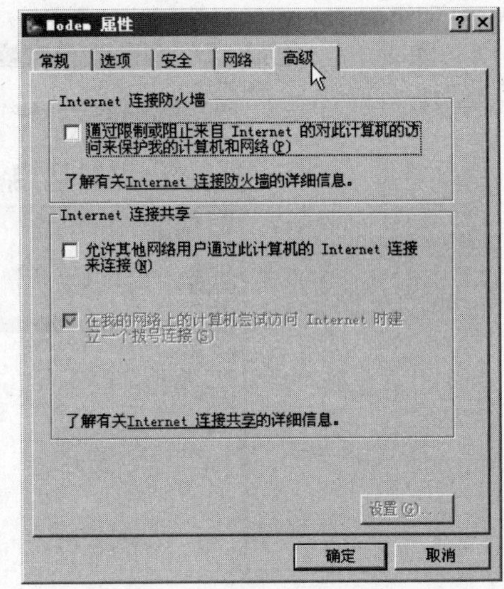

图 8-7 设置 Internet 连接共享

(3)选择“允许其他网络用户通过此计算机的 Internet 连接来连接”复选框，在“连接 Modem”对话框中，选中“只是我”单选钮，如图 8-8 所示，单击“拨号”按钮，然后在弹出的对话框中单击“确定”按钮即可，如图 8-9 所示。

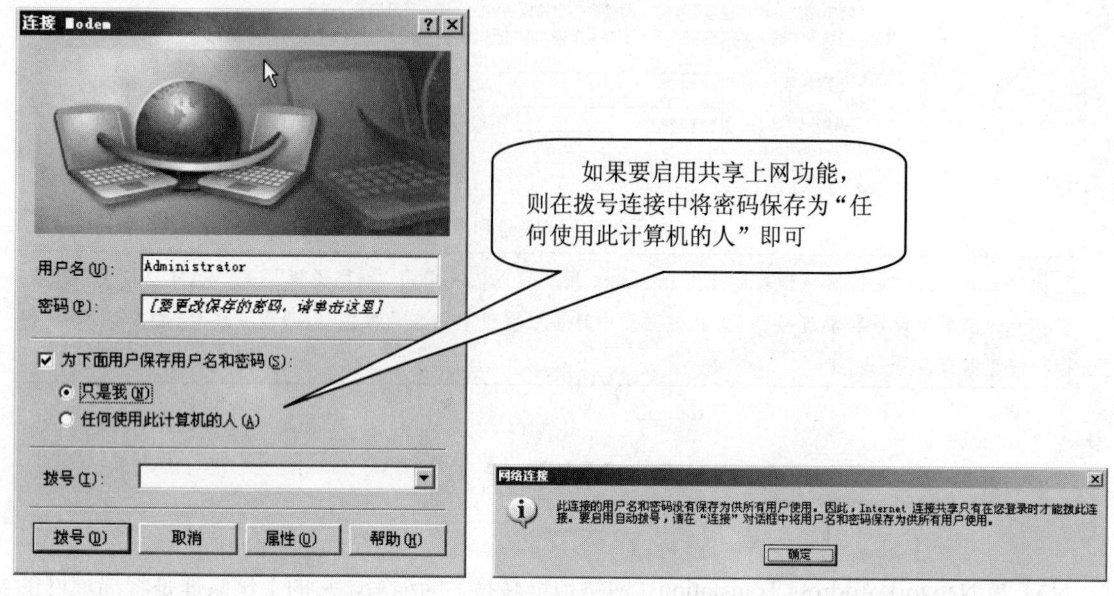

图 8-8　允许 Internet 连接共享　　　　图 8-9　允许 Internet 连接共享提示对话框

8.3.1 NAT 的安装

NAT 要求服务器上至少安装有两块网卡（一块拥有内网 IP 地址，用来连接局域网；一块拥有公网 IP 地址，用来连接 Internet），它的配置方法如下。

（1）打开“管理您的服务器”管理控制台。

（2）单击“添加或删除角色”，打开“配置您的服务器向导”对话框。

（3）单击“下一步”按钮，选择服务器角色，如图 8-10 所示，在列表框中选择“远程访问/VPN 服务器”。

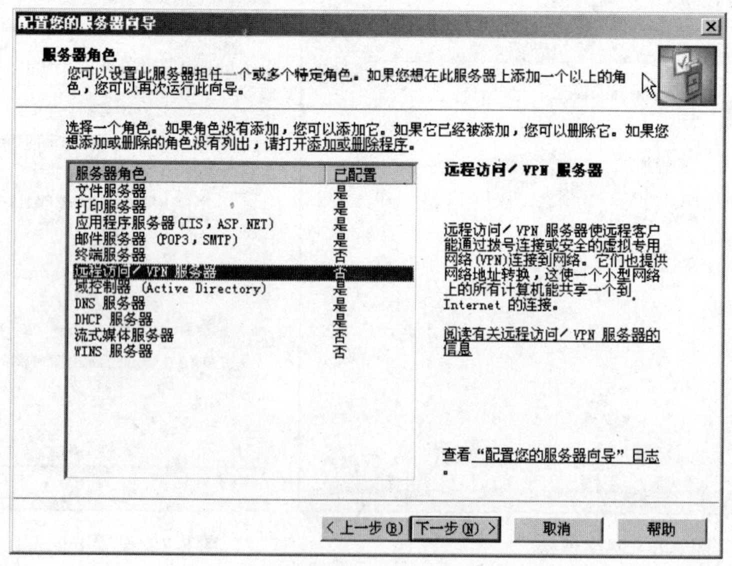

图 8-10　选择安装远程访问/DNS 服务器

（4）单击“下一步”按钮，系统会弹出确认对话框，如图 8-11 所示。

（5）单击“下一步”按钮，打开“路由和远程访问服务器安装向导”对话框，如图 8-12 所示。

图 8-11　确认安装　　　　图 8-12　配置安装向导

（6）单击“下一步”按钮，选择服务，如图 8-13 所示。在这里我们可以选择“网络地址转换（NAT）”单选钮，不过为了以后的学习，我们不妨选择安装所有服务，因此选择“自定义配置”单选钮。

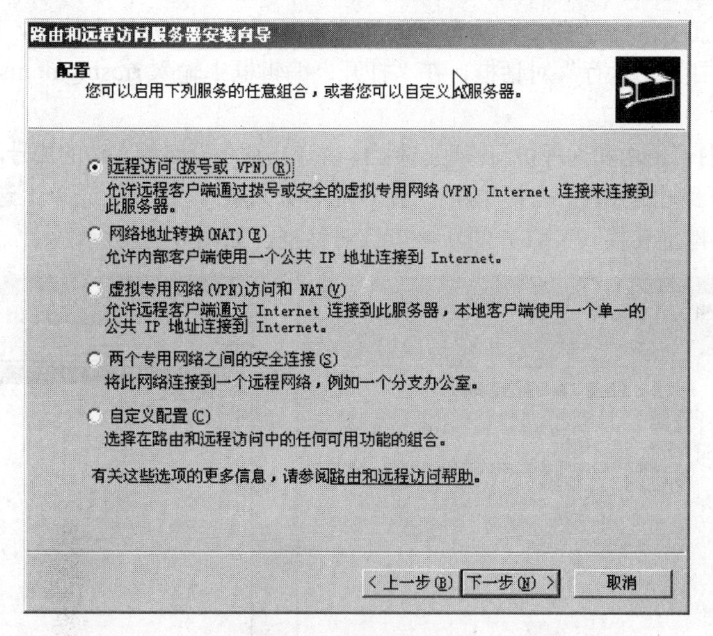

图 8-13　选择服务组合

（7）单击“下一步”按钮，选择自定义配置，如图 8-14 所示。选中所有的复选框，然后单击“下一步”按钮，单击“完成”按钮，完成配置。

（8）系统会弹出提示“路由和远程访问服务现在已被安装，要开始服务吗？”，如图 8-15 所示。单击“是”按钮，启动路由和远程访问服务。然后在“配置您的服务器向导”中单击“完成”按钮。

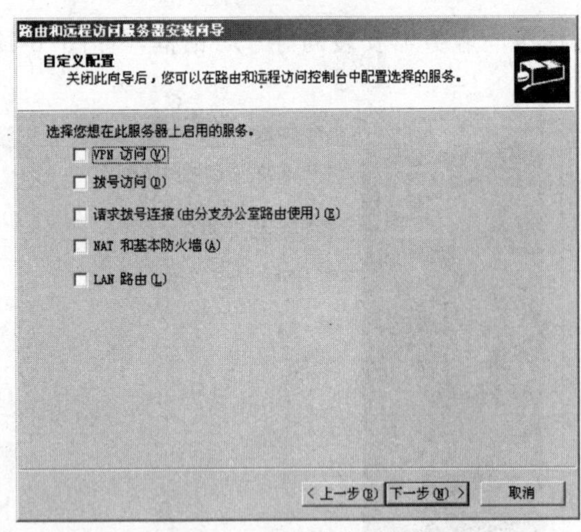

图 8-14 自定义配置

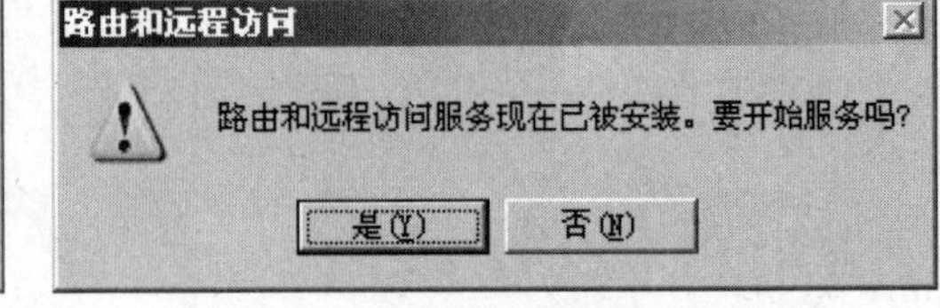

图 8-15 启动服务

8.3.2 NAT 的配置

（1）首先打开路由和远程访问管理控制台，有三种打开方法：在“管理您的服务器”对话框中选择“管理此远程访问/VPN 服务器”；或单击“开始”按钮，在弹出菜单中依次选择“所有程序”→“管理工具”→“路由和远程访问”命令；或单击“开始”按钮，在弹出菜单中选择“运行”命令，打开“运行”对话框，在“打开”编辑框中输入 rrasmgmt.msc，单击“确定”按钮。

任选一种方法打开路由和远程访问管理控制台，并单击服务器名称左边的加号，如图 8-16 所示。

（2）双击“IP 路由选择”，右键单击“NAT/基本防火墙”，在弹出菜单上选择“新增接口”命令，弹出“网络地址转换（NAT）的新接口”对话框，如图 8-17 所示。

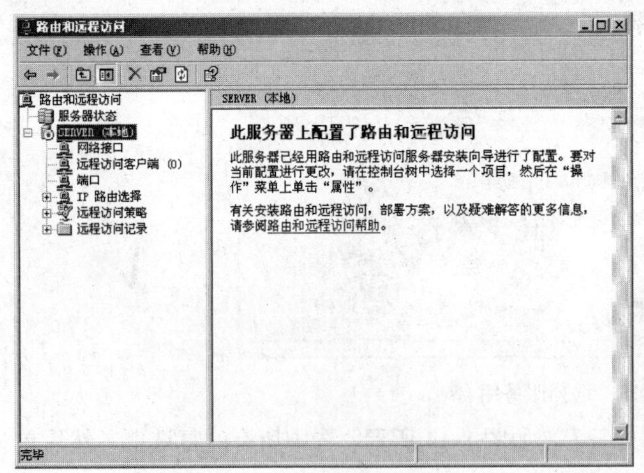

图 8-16 路由和远程访问管理控制台

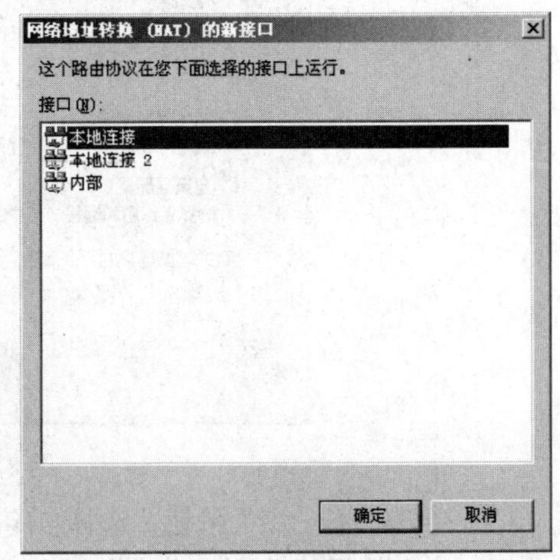

图 8-17 新增接口

（3）选择希望实现地址转换的接口，然后单击“确定”按钮，在这里我们选择“本地连接 2”，打开“网络地址转换-本地连接 2 属性”对话框，如图 8-18 所示。

（4）选择“公用接口连接到 Internet”单选钮，会发现多了几个选项卡，然后选择“在此接口上启用 NAT”复选框。

（5）单击“地址池”选项卡，如图 8-19 所示。单击“添加”按钮，可以添加由 Internet 接入服务提供商提供的公网 IP 地址，也即是内网 IP 地址将要转换成的公网 IP 地址。

（6）单击“确定”按钮，完成 NAT 的配置。

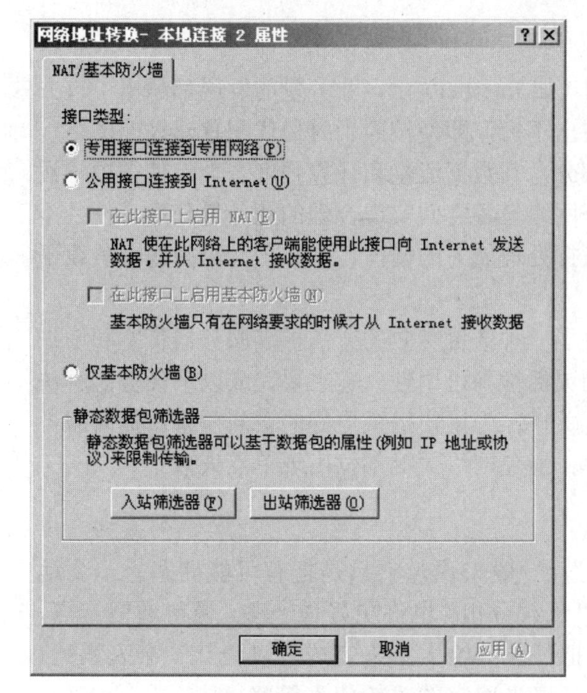

图 8-18　设置地址转换接口

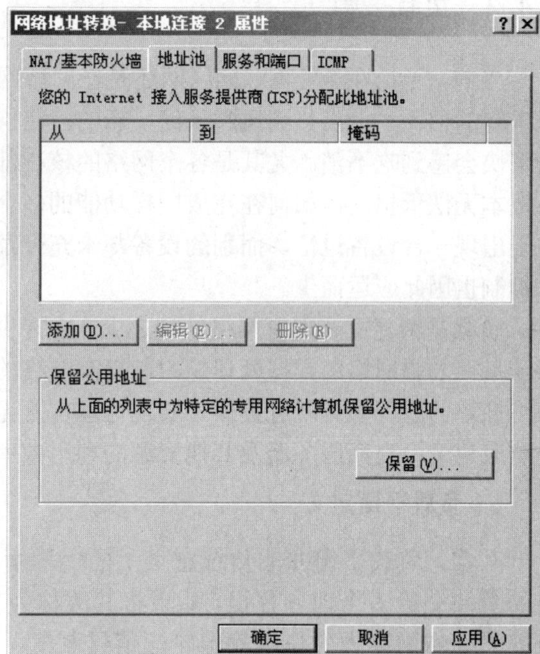

图 8-19　添加地址池

8.4　集群和负载平衡技术

8.4.1　集群技术

集群技术可以如下定义：一组相互独立的服务器在网络中表现为单一的系统，并以单一系统的模式加以管理。此单一系统为客户工作站提供高可靠性的服务。大多数模式下，集群中所有的计算机拥有一个共同的名称，集群内任一系统上运行的服务可被所有的网络客户所使用。集群必须可以协调管理各分离的组件的错误和失败，并可透明地向集群中加入组件。一个集群包含多台（至少二台）拥有共享数据存储空间的服务器。任何一台服务器运行一个应用时，应用数据被存储在共享的数据空间内。每台服务器的操作系统和应用程序文件存储在其各自的本地储存空间上。集群内的各节点服务器通过内部局域网相互通讯。当一台节点服务器发生故障时，这台服务器上所运行的应用程序将在另一节点服务器上被自动接管。当一个应用服务发生故障时，应用服务将被重新启动或被另一台服务器接管。当以上的任一故障发生时，客户都将能很快地连接到新的应用服务上。

通俗一点说，集群是这样一种技术：它至少将两个系统连接到一起，使两个服务器能够像一台机器那样工作，或者看起来好像一台机器。例如，一个有 2 台服务器生成的 Web 服务器集群系统，它对每个终端用户是透明的，而且看起来完全就像一个 Web 服务器。采用集群系统通常是为了提高系统的稳定性和网络中心的数据处理能力及服务能力，自 80 年代初以来，各种形式的集群技术纷纷涌现，这些技术均源于 Digital 的 VAX 平台之上。因为集群能够提供高可用性和可伸缩性，所以，它迅速成为企业和ISP计算的支柱。

8.4.2 负载平衡

当前，无论在企业网、园区网还是在广域网（如Internet）上，业务量的发展都超出了过去最乐观的估计，上网热潮风起云涌，新的应用层出不穷，即使按照当时最优配置建设的网络，也很快会感到吃不消。尤其是各个网络的核心部分，其数据流量和计算强度之大，使得单一设备根本无法承担，而如何在完成同样功能的多个网络设备之间实现合理的业务量分配，使之不致于出现一台设备过忙、而别的设备却未充分发挥处理能力的情况，就成了一个问题，负载平衡机制也因此应运而生。

负载平衡建立在现有网络结构之上，它提供了一种廉价有效的方法扩展服务器带宽和增加吞吐量，加强网络的数据处理能力，提高网络的灵活性和可用性。它主要完成以下任务：解决网络拥塞问题，服务就近提供，实现地理位置无关性；为用户提供更好的访问质量；提高服务器响应速度；提高服务器及其他资源的利用效率；避免网络关键部位出现单点失效。

1. 负载平衡定义

其实，负载平衡并非传统意义上的“均衡”，一般来说，它只是把有可能拥塞于一个地方的负载交给多个地方分担。如果将其改称为“负载分担”也许更好懂一些。说得通俗一点，负载平衡在网络中的作用就像轮流值日制度，把任务分给大家来完成，以免让一个人累死。不过，这种意义上的均衡一般是静态的，也就是事先确定的“轮值”策略。

与轮流值日制度不同的是，动态负载平衡通过一些工具实时地分析数据包，掌握网络中的数据流量状况，把任务合理分配出去。结构上分为本地负载平衡和地域负载平衡（全局负载平衡），前一种是指对本地的服务器集群做负载平衡，后一种是指对分别放置在不同的地理位置、在不同的网络及服务器群集之间作负载平衡。

服务器群集中每个服务结点运行一个所需服务器程序的独立拷贝，诸如 Web、FTP、Telnet 或 E-mail 服务器程序。对于某些服务（如运行在 Web 服务器上的那些服务）而言，程序的一个拷贝运行在群集内所有的主机上，而网络负载平衡则将工作负载在这些主机间进行分配。对于其他服务（例如 E-mail），只有一台主机处理工作负载，针对这些服务，网络负载平衡允许网络通讯量流到一个主机上，并在该主机发生故障时将通讯量移至其他主机上。

2. 负载平衡的功能

在现有的网络结构之上，负载平衡提供了一种廉价有效的方法扩展服务器带宽和增加吞吐量，加强网络数据处理能力，提高网络的灵活性和可用性。它主要完成以下任务。

- ❑ 解决网络拥塞问题，服务就近提供，实现地理位置无关性；
- ❑ 为用户提供更好的访问质量；
- ❑ 提高服务器的响应速度；
- ❑ 提高服务器及其他资源的利用效率；
- ❑ 避免了网络关键部位出现单点失效。

广义上的负载平衡既可以设置专门的网关、负载平衡器，也可以通过一些专用软件与协议来实现。对一个网络的负载平衡应用，从网络的不同层次入手，根据网络瓶颈所在进行具体分析。从客户端应用为起点纵向分析，参考OSI的分层模型，我们把负载平衡技术的实现分为客户端负载平衡技术、应用服务器技术、高层协议交换和网络接入协议交换等几种方式。

3. 负载平衡的分类

（1）基于客户端的负载平衡

这种模式指的是在网络的客户端运行特定的程序，该程序通过定期或不定期地收集服务器群的运行参数：CPU 占用情况、磁盘 IO、内存等动态信息，再根据某种选择策略，找到可以提供服务的最佳服务器，将本地的应用请求发向它。如果负载信息采集程序发现服务器失效，则找到其他可替代的服务器作为服务选择。整个过程对于应用程序来说是完全透明的，所有的工作都在运行时处理。因此这也是一种动态的负载平衡技术。

但这种技术存在通用性的问题。因为每一个客户端都要安装这个特殊的采集程序；并且，为了保证应用层的透明运行，需要针对每一个应用程序加以修改，通过动态链接库或者嵌入的方法，将客户端的访问请求先经过采集程序再发往服务器。对于每一个应用几乎都要对代码进行重新开发，工作量比较大。

所以，这种技术仅在特殊的应用场合才使用得到，比如在执行某些专有任务的时候，比较需要分布式的计算能力，对应用的开发没有太多要求。另外，在采用 JAVA 构架模型中，常常使用这种模式实现分布式的负载平衡，因为 java 应用都基于虚拟机进行，可以在应用层和虚拟机之间设计一个中间层，处理负载平衡的工作。

（2）应用服务器的负载平衡技术

如果将客户端的负载平衡层移植到某一个中间平台上，形成三层结构，则客户端应用可以不需要做特殊的修改，透明地通过中间层，应用服务器将请求均衡到相应的服务结点上。比较常见的实现手段就是反向代理技术。使用反向代理服务器，可以将请求均匀地转发给多台服务器，或者直接将缓存的数据返回客户端，这样的加速模式在一定程度上可以提升静态网页的访问速度，从而达到负载平衡的目的。

使用反向代理的好处是，可以将负载平衡和代理服务器的高速缓存技术结合在一起，提供有益的性能。然而它本身也存在一些问题，首先就是必须为每一种服务都专门开发一个反向代理服务器，这就不是一个轻松的任务。

反向代理服务器本身虽然可以达到很高的效率，但是针对每一次代理，代理服务器就必须维护两个连接，一个对外的连接，一个对内的连接，因此对于特别高的连接请求，代理服务器的负载也就非常之大。反向代理能够执行针对应用协议而优化的负载平衡策略，每次仅访问最空闲的内部服务器来提供服务。但是随着并发连接数量的增加，代理服务器本身的负载也变得非常大，最后反向代理服务器本身会成为服务的瓶颈。

（3）基于域名系统的负载平衡

NCSA 的可扩展 Web 是最早使用动态 DNS 轮询技术的 Web 系统。在 DNS 中为多个地址配置同一个名字，因而查询这个名字的客户机将得到其中一个地址，从而使得不同的客户访问不同的服务器，达到负载平衡的目的。在很多知名的 Web 站点都使用了这个技术：包括早期的 yahoo 站点、163 等。动态 DNS 轮询实现起来很简单，无需复杂的配置和管理，一般支持 bind8.2 以上的类 Unix 系统都能够运行，因此被广为使用。

DNS 负载平衡是一种简单而有效的方法，但是它也存在不少问题。

首先，域名服务器无法知道服务结点是否有效，如果服务结点失效，域名系统依然会将域名解析到该节点上，造成用户访问失效。

其次，由于 DNS 的数据刷新时间 TTL（Time to LIVE）标志，一旦超过这个 TTL，其他 DNS 服务器就需要和这个服务器交互，以重新获得地址数据，就有可能获得不同的 IP 地址。

因此为了使地址能够随机分配，就应使 TTL 尽量短，不同地方的 DNS 服务器能更新对应的地址，达到随机获得地址的目的。然而将 TTL 设置得过短，将使 DNS 流量大增，而造成额外的网络问题。

最后，它不能区分服务器的差异，也不能反映服务器的当前运行状态。当使用 DNS 负载平衡的时候，必须尽量保证不同的客户计算机能均匀地获得不同的地址。例如，用户 A 可能只是浏览几个网页，而用户 B 可能进行着大量的下载，由于域名系统没有合适的负载策略，仅仅是简单的轮流均衡，很容易将用户 A 的请求发往负载轻的站点，而将 B 的请求发往负载已经很重的站点。因此，在动态平衡特性上，动态 DNS 轮询的效果并不理想。

（4）高层协议内容交换技术

除了上述的几种负载平衡方式之外，还有一种在协议内部支持负载平衡能力的技术，即 URL 交换或七层交换，它提供了一种对访问流量的高层控制方式。Web 内容交换技术检查所有的 HTTP 报头，根据报头内的信息来执行负载平衡的决策。例如可以根据这些信息来确定如何为个人主页和图像数据等内容提供服务，常见的有 HTTP 协议中的重定向能力等。

HTTP 运行于 TCP 连接的最高层。客户端通过恒定的端口号 80 的 TCP 服务直接连接到服务器，然后通过 TCP 连接向服务器端发送一个 HTTP 请求。协议交换根据内容策略来控制负载，而不是根据 TCP 端口号，所以不会造成访问流量的滞留。

由于负载平衡设备要把进入的请求分配给多个服务器，因此，它只能在 TCP 连接时建立，且 HTTP 请求通过后才能确定如何进行负载的平衡。当一个网站的点击率达到每秒上百甚至上千次时，TCP 连接、HTTP 报头信息的分析以及进程的时延已经变得很重要了，要尽一切可能提高这几各部分的性能。

在 HTTP 请求和报头中，有很多对负载平衡有用的信息。我们可以从这些信息中获知客户端所请求的 URL 和网页，利用这个信息，负载平衡设备就可以将所有的图像请求引导到一个图像服务器，或者根据 URL 的数据库查询内容调用 CGI 程序，将请求引导到一个专用的高性能数据库服务器。

如果网络管理员熟悉内容交换技术，他可以根据 HTTP 报头的 cookie 字段来使用 Web 内容交换技术改善对特定客户的服务，如果能从 HTTP 请求中找到一些规律，还可以充分利用它作出各种决策。除了 TCP 连接表的问题外，如何查找合适的 HTTP 报头信息以及作出负载平衡决策的过程，是影响 Web 内容交换技术性能的重要问题。如果 Web 服务器已经为图像服务、SSL 对话、数据库事务服务之类的特殊功能进行了优化，那么，采用这个层次的流量控制将提高网络的性能。

（5）网络接入协议交换

大型网络一般都是由大量专用技术设备组成的，如包括防火墙、路由器、第 3、4 层交换机、负载平衡设备、缓冲服务器和 Web 服务器等。如何将这些技术设备有机地组合在一起，是一个直接影响到网络性能的关键性问题。现在许多交换机提供第四层交换功能，对外提供一个一致的 IP 地址，并映射为多个内部 IP 地址，对每次 TCP 和 UDP 连接请求，根据其端口号，按照既定的策略动态地选择一个内部地址，将数据包转发到该地址上，达到负载平衡的目的。很多硬件厂商将这种技术集成在他们的交换机中，作为他们第四层交换的一种功能来实现，一般采用随机选择、根据服务器的连接数量或者响应时间进行选择的负载平衡策略来分配负载。由于地址转换相对来讲比较接近网络的低层，因此就有可能将它集成在硬件设备中，通常这样的硬件设备是局域网交换机。

当前局域网交换机所谓的第四层交换技术，就是按照 IP 地址和 TCP 端口进行虚拟连接的交换，直接将数据包发送到目的计算机的相应端口上。通过交换机将来自外部的初始连接请求，分别与内部的多个地址相联系，此后就能对这些已经建立的虚拟连接进行交换。因此，一些具备第四层交换能力的局域网交换机，就能作为一个硬件负载平衡器来完成服务器的负载平衡。

由于第四层交换基于硬件芯片，因此其性能非常优秀，尤其是对于网络传输速度和交换速度远远超过普通的数据包转发。然而，正因为它是使用硬件实现的，因此也不够灵活，仅仅能够处理几种最标准的应用协议的负载平衡，如 HTTP。当前负载平衡主要用于解决服务器的处理能力不足的问题，因此并不能充分发挥交换机带来的高网络带宽的优点。

使用基于操作系统的第四层交换技术应运而生。通过开放源码的 Linux，将第四层交换的核心功能做在系统的核心层中，使系统能够在相对高效稳定的核心空间中进行 IP 包的数据处理工作，其效率不比采用专有 OS 的硬件交换机差多少。同时，这样的系统又可以在核心层或者用户层增加基于交换核心的负载平衡策略支持，因此在灵活性上远远高于硬件系统，而且造价方面有更好的优势。

（6）传输链路聚合

为了支持与日俱增的高带宽应用，越来越多的 PC 机使用更加快速的链路连入网络。而网络中的业务量分布是不平衡的，核心高、边缘低，关键部门高、一般部门低。伴随计算机处理能力的大幅度提高，人们对多工作组局域网的处理能力有了更高的要求。当企业内部对高带宽应用需求不断增大时（例如 Web 访问、文档传输及内部网连接），局域网核心部位的数据接口将产生瓶颈问题，瓶颈延长了客户应用请求的响应时间。并且局域网具有分散特性，网络本身并没有针对服务器的保护措施，一个无意的动作（像一脚踢掉网线的插头）就会让服务器与网络断开。

通常，解决瓶颈问题采用的对策是提高服务器链路的容量，使其超出目前的需求。例如将快速以太网升级到千兆以太网。对于大型企业来说，采用升级技术是一种长远的、有前景的解决方案。然而对于许多企业来说，当需求还没有大到非得花费大量的金钱和时间进行升级时，使用升级技术就显得大材小用了。在这种情况下，链路聚合技术为消除传输链路上的瓶颈与不安全因素提供了成本低廉的解决方案。

链路聚合技术是将多个线路的传输容量融合成一个单一的逻辑连接。当原有的线路满足不了需求，而单一线路的升级又太昂贵或难以实现时，就要采用多线路的解决方案了。目前有 5 种链路聚合技术可以将多条线路“捆绑”起来。

- 同步 IMUX 系统工作在 T1/E1 的比特层，利用多个同步的 DS1 信道传输数据，来实现负载平衡。
- IMA 是另外一种多线路的反向多路复用技术，它工作在信元级，能够运行在使用 ATM 路由器的平台上。
- 使用路由器来实现多线路是一种流行的链路聚合技术，路由器可以根据已知的目的地址的缓冲（cache）大小，将分组分配给各个平行的链路，也可以采用循环分配的方法来向线路分发分组。
- 多重链路 PPP，又称 MP 或 MLP，是应用于使用 PPP 封装数据链路的路由器负载平衡技术。MP 可以将大的 PPP 数据包分解成小的数据段，再将其分发给平行的多个线路，还可以根据当前的链路利用率来动态地分配拨号线路。这样做尽管速度很慢，因为数据包分段和附加的缓冲都要增加时延，但可以在低速的线路上运行得很好。
- 还有一种链路聚合发生在服务器或者网桥的接口卡上，它通过同一块接口卡的多个端口映射到相同的 IP 地址，来均衡本地的以太网流量，以适应在服务器上经过的流量成倍增加。目前市面上的产品有 intel 和 dlink 的多端口网卡，一般在一块网卡上绑定了 4 个 100Mbit/s 以太端口，大大提高了服务器的网络吞吐量。不过这项技术由于需要操作系统驱动层的支持，因此只能在 Windows 2000 和 Linux 下实现。

链路聚合系统增加了网络的复杂性，但也提高了网络的可靠性，使人们可以在服务器等关键 LAN 段的线路上采用冗余路由。对于 IP 系统，可以考虑采用 VRRP（虚拟路由冗余协议）。VRRP 可以生成一个虚拟缺省的网关地址，当主路由器无法接通时，备用路由器就会采用这个地址，使 LAN 通信得以继续。总之，当主要线路的性能必需提高，而单条线路的升级又不可行时，可以采用链路聚合技术。

（7）带均衡策略的服务器群集

如今，服务器必须具备提供大量并发访问服务的能力，其处理能力和 I/O 能力已经成为提供服务的瓶颈。如果客户的增多导致通信量超出了服务器能承受的范围，那么其结果必然是——宕机。显然，单台服务器有限的性能不可能解决这个问题，一台普通服务器的处理能力只能达到每秒几万个到几十万个请求，无法在一秒钟内处理上百万个甚至更多的请求。但若能将 10 台这样的服务器组成一个系统，并通过软件技术将所有请求平均地分配给所有服务器，那么这个系统就完全拥有了每秒钟处理几百万个甚至更多请求的能力。这就是利用服务器群集实现负载平衡的最初的基本设计思想。

早期的服务器群集通常以光纤镜像卡进行主从方式备份。令服务运营商头疼的是，关键性服务器或应用较多、数据流量较大的服务器一般档次不会太低，而服务运营商花了两台服务器的钱却常常只得到一台服务器的性能。通过地址转换将多台服务器网卡的不同 IP 地址翻译成一个 VIP（Virtual IP）地址，使得每台服务器均时时处于工作状态。原来需要用小型机来完成的工作改由多台 PC 服务器完成，这种弹性解决方案对投资保护的作用是相当明显的——既避免了小型机刚性升级所带来的巨大设备投资，又避免了人员培训的重复投资。同时，服务运营商可以依据业务的需要随时调整服务器的数量。

网络负载平衡提高了诸如 Web 服务器、FTP 服务器和其他关键任务服务器上的因特网服务器程序的可用性和可伸缩性。单一计算机可以提供有限级别的服务器可靠性和可伸缩性。但是，通过将两个或两个以上的高级服务器的主机连成群集，网络负载平衡就能够提供关键任务服务器所需的可靠性和性能。

为了建立一个高负载的 Web 站点，必须使用多服务器的分布式结构。上面提到的使用代理服务器和 Web 服务器相结合，或者两台 Web 服务器相互协作的方式也属于多服务器的结构，但在这些多服务器的结构中，每台服务器所起到的作用是不同的，属于非对称的体系结构。非对称服务器结构中的每个服务器起到的作用是不同的，例如，一台服务器用于提供静态网页，而另一台服务器用于提供动态网页等。这样就使得在进行网页设计时要考虑不同服务器之间的关系，一旦要改变服务器之间的关系，就会使得某些网页出现连接错误，不利于维护，因此，这种结构的可扩展性也较差。

能进行负载平衡的网络设计结构为对称结构。在对称结构中，每台服务器都具备等价的地位，都可以单独地对外提供服务，而无须其他服务器的辅助。然后，可以通过某种技术，将外部发送来的请求均匀地分配到对称结构中的每台服务器上，接收到连接请求的服务器都独立回应客户的请求。在这种结构中，由于建立内容完全一致的 Web 服务器并不困难，因此负载平衡技术就成为建立一个高负载 Web 站点的关键性技术。

总之，负载平衡是一种策略，它能让多台服务器或多条链路共同承担一些繁重的计算或 I/O

任务，从而以较低的成本消除网络瓶颈，提高网络的灵活性和可靠性。

8.4.3　启用网络负载平衡

（1）首先打开网络负载平衡管理器，有以下两种打开方法。

- 单击“开始”按钮，然后依次选择“所有程序”→“管理工具”→“网络负载平衡管理器”命令。
- 单击“开始”按钮，然后单击“运行”，打开“运行”对话框，在“打开”编辑框中输入 nlbmgr 并单击“确定”按钮。

任选一种方法打开网络负载平衡管理器，如图 8-20 所示。

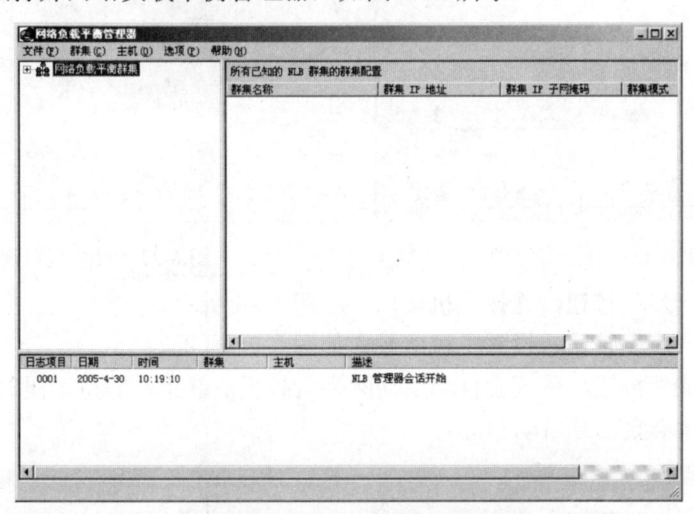

图 8-20　网络负载平衡管理器

（2）右键单击“网络负载平衡群集”，在弹出菜单中选择“新建群集”，打开“群集参数”对话框，如图 8-21 所示。

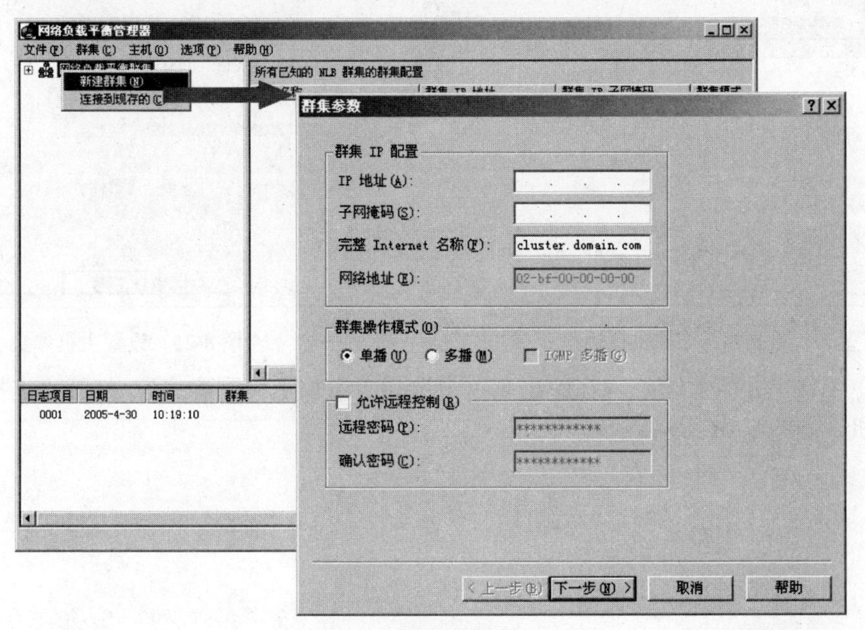

图 8-21　新建群集

（3）单击“下一步”按钮，设置群集IP地址，如图8-22所示。

（4）单击“下一步”按钮，设置群集端口规则，如图8-23所示。

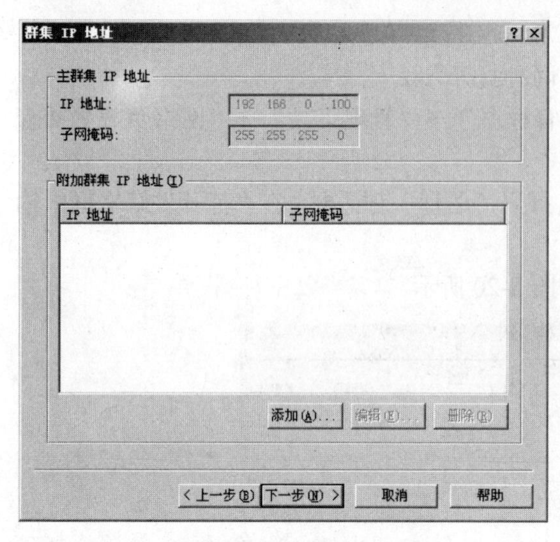

图8-22　设置群集IP地址

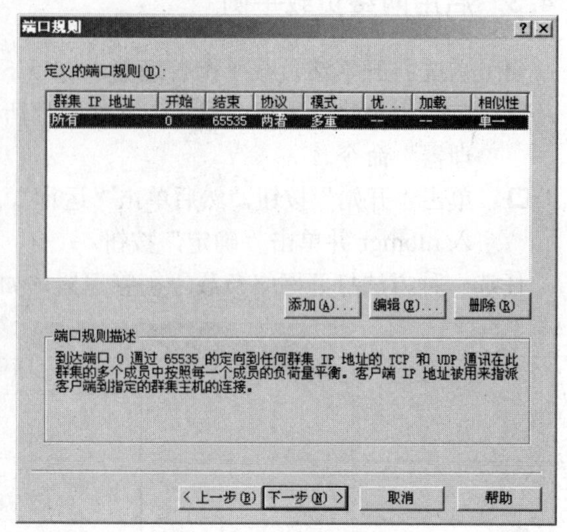

图8-23　设置端口规则

（5）单击“下一步”按钮，连接主机接口，如图8-24所示。

（6）单击“下一步”按钮，设置主机参数，如图8-25所示。

（7）单击“完成”按钮，系统会自动启动网络负载平衡群集，等待一段时间后，主机前的标志成为绿色，表示群集已经启动。

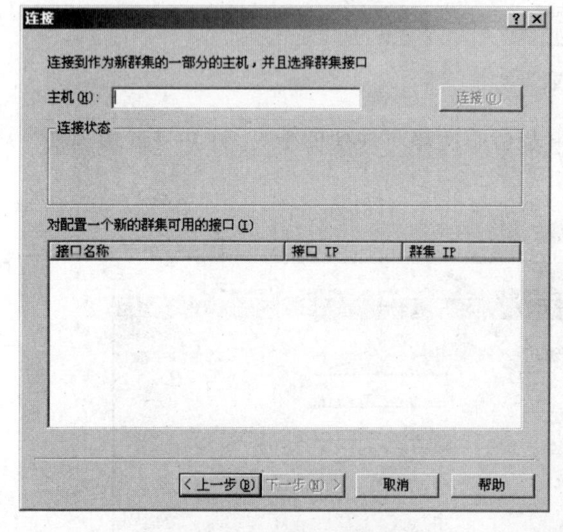

图8-24　连接主机接口

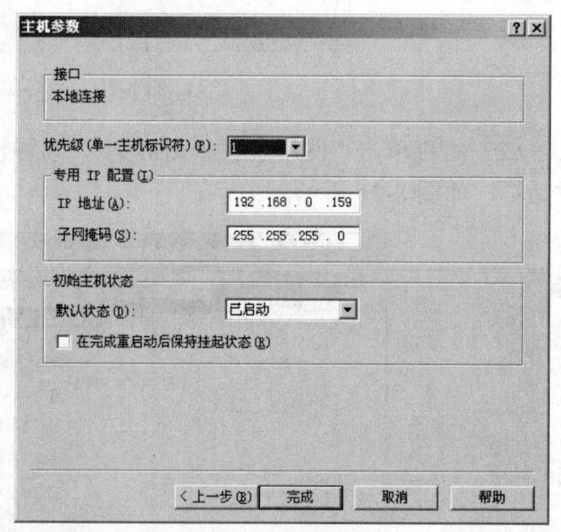

图8-25　设置主机参数

（8）右键单击群集节点，在弹出菜单中选择“添加主机到群集”，打开“连接”对话框，添加主机，如图8-26所示。

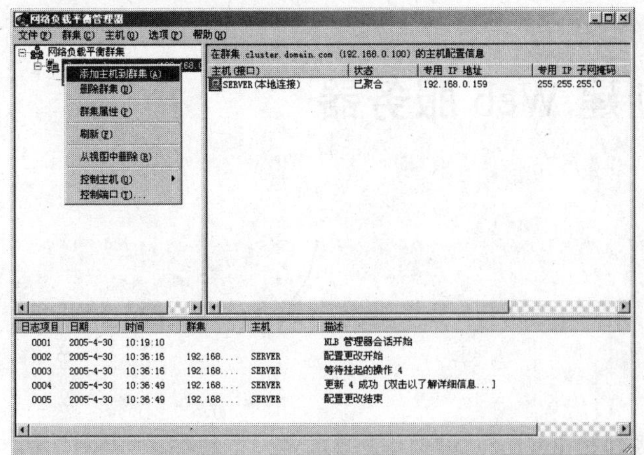

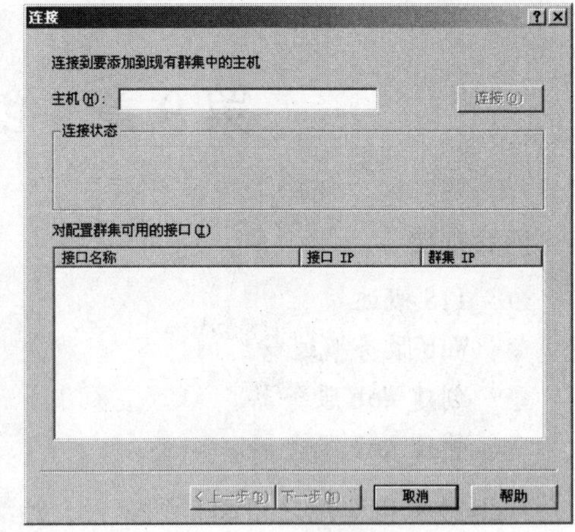

图 8-26　添加主机

本章小结

本章主要介绍了将局域网接入 Internet 的相关知识，本章的重点和难点是代理软件的用法和 NAT 的配置。目前大多数的局域网都会有访问 Internet 资源的需求，因此本章的知识对于网络管理员来说十分重要。

思考与练习

1．将局域网接入 Internet 的方法都有哪些？它们各有什么优点和缺点？
2．通过本章的学习，讨论 CCProxy 和 SyGate 两款软件有何相同点和不同点。
3．什么是代理，代理在工作时起到什么作用？
4．什么是集群技术？有什么功能？
5．负载平衡的作用是什么？

第9章　创建 Web 服务器

内容提要

- IIS 概述
- Web 服务概述
- 创建 Web 服务器
- 管理 Web 服务器

Web 技术自诞生之日起直到今天，始终都是 Internet 最热门的技术之一，现在，“上网”和“访问网站”几乎成了同一个词。利用 Windows Server 2003 中的 IIS 组件，我们可以很轻松地搭建出属于我们自己的网站，本章将着重介绍如何通过 IIS 新建一个网站，并对其加以管理。

9.1　IIS

IIS 是 Internet Information Server（Internet 信息服务器）的缩写，是 Microsoft 开发的最强大的信息发布软件。IIS 家族包括 Windows 98 操作系统中的 PWS（Personal Web Server，个人网页服务器）、Windows NT 中的 IIS 4.0、Windows 2000 系列中的 IIS 5.0 以及 Windows Server 2003 中的 IIS 6.0。发展到 6.0 版本以后，IIS 已经不再是一个单独的 Windows 组件，而是和 COM+、ASP.NET、Microsoft .NET Framework 等众多软件一起被集成到了 Windows Server 2003 的应用程序服务器中。

利用 IIS，我们可以搭建 Web 服务器和 FTP（文件下载）服务器。

ASP 是 Active Server Pages（动态服务器页面）的缩写，被用来创建和运行动态的网页服务器应用程序，它和 IIS 的组合，是目前比较流行的小型网站组建方案。这种方案的优点是简单易用，缺点是安全性比较低。

9.1.1　IIS 的安装

（1）将 Windows Server 2003 安装光盘放入光驱中，打开“管理您的服务器”管理控制台，然后单击“添加或删除角色”，打开“配置您的服务器向导”对话框。

（2）单击“下一步”按钮，设置“应用程序服务器选项”，如图 9-1 所示。在对话框中可以看到两个复选框。

- ❑ FrontPage Server Extension：允许多个用户在其他计算机上访问和管理网站。
- ❑ 启用 ASP.NET：系统会自动启用 ASP.NET 技术，ASP.NET 是 ASP 的最新技术，增添了许多新的功能，因此推荐选择此复选框。

（3）单击“下一步”按钮，确认前面所做的设置，如图 9-2 所示。单击“下一步”按钮开始安装 IIS，等待一段时间后，单击“完成”按钮，完成 IIS 的安装。

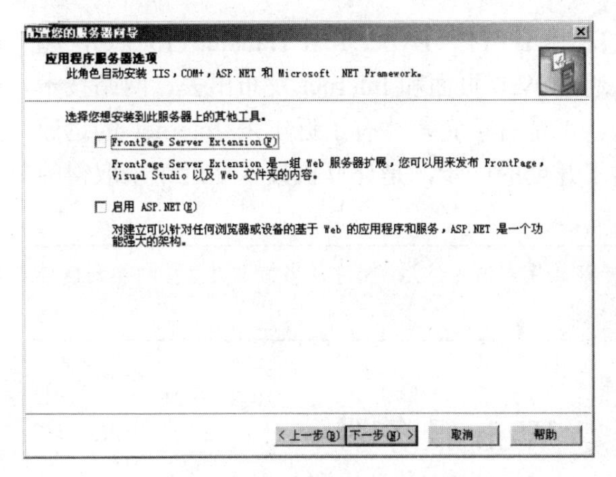

图 9-1　设置应用程序服务器选项

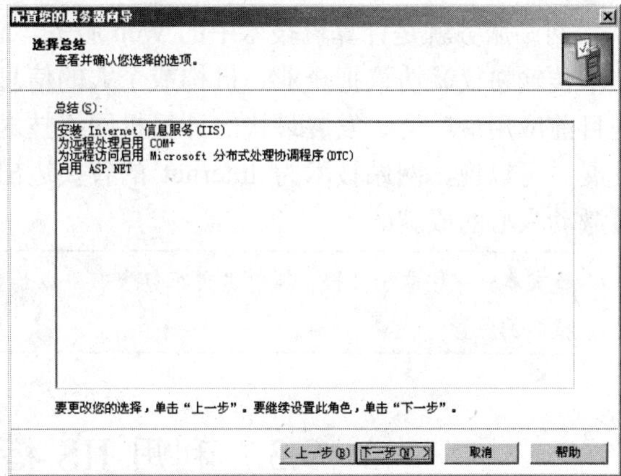

图 9-2　确认 IIS 安装设置

9.1.2　IIS 的启动

启动 IIS 有三种方法。

- 在“管理您的服务器”对话框中选择“管理此应用程序服务器”，右键单击“Internet 信息服务（IIS）管理器”并选择“从这里创建窗口”。
- 单击“开始”按钮，然后依次选择“所有程序”→“管理工具”→“Internet 信息服务（IIS）管理器”命令。
- 单击“开始”按钮，在弹出菜单中选择“运行”命令，打开“运行”对话框，在“打开”编辑框中输入 inetmgr 并单击“确定”按钮。

IIS 启动后如图 9-3 所示。

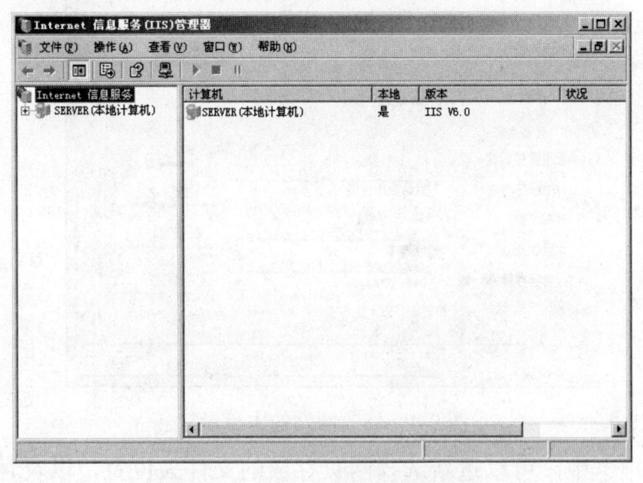

图 9-3　Internet 信息服务管理器

9.2　Web 服务

网站又叫 WWW（World Wide Web，环球信息网）站点，是用来在互联网上发布信息的载体，人们通过网站来了解互联网中的信息。

网站服务就是计算机技术中的 Web 服务，它利用 HTTP（Hyper Text Transfer Protocol，超文本传输协议）协议把企业、机构或个人的信息通过 Web 页面和 Internet 发布出去。网站技术是目前应用最广泛、发展最快的计算机网络技术，正是有了它，才有了近年来 Internet 的迅速发展。可以说，网站技术为 Internet 的普及迈出了开创的一步，是计算机技术在近年来取得的最激动人心的成就。

超文本：一种电子文档，其中的文字包含有可以连接到其他文档的链接，允许从当前位置直接切换到链接指向的位置。

9.3 利用 IIS 搭建 Web 服务器

9.3.1 设置默认 Web 站点

首先任选一种方法打开 Internet 信息服务管理器，启动 IIS。

1. 修改主目录

对于已经创建好的网站，可以根据需要更改其主目录。右键单击需要更改的网站，在弹出菜单中选择“属性”命令，打开“属性”对话框，选择“主目录”选项卡，如图 9-4 所示。

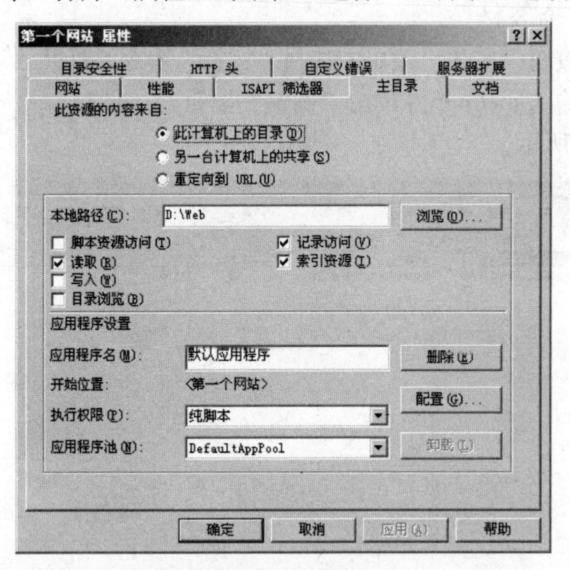

图 9-4 修改网站的主目录

在“主目录”选项卡中，可以重新选择网页存放的文件夹位置，以及客户端对网站的访问权限。

主目录的位置有三种选择：本地目录、共享目录和 Internet 连接。如果选择“此计算机上的目录”单选钮，则表示将网站主目录设置为本地文件夹，然后可以在“本地路径”编辑框中输入目标路径，也可以单击“浏览”按钮查找目标文件夹；如果选择“另一台计算机上的共享”单选钮，则表示将网站主目录设置为已经和本地计算机连接好的其他计算机上的共享文件夹，然后可以在“网络目录”编辑框中输入目标路径（格式为\\计算机名\共享文件夹名），也可以单击“连接为”按钮查找目标文件夹；如果选择“重定向到 URL”单选钮，则表示将网站主目录设置为 Internet 上的一个地址，可以在“重定向到”编辑框中输入目标地址的路径。

> 当主目录路径为 Internet 地址时，本地计算机无权设置用户的访问权限，此时本地计算机只是起到了一个中转站的作用。

选择“脚本资源访问”复选框，允许用户访问网站的源码；选择“记录访问”复选框可以记录用户对网站的访问信息；选择“读取”复选框允许用户浏览网页；选择“索引资源”复选框允许在 Microsoft 快速全文检索功能中搜索此目录；选择“写入”复选框允许用户更改网页的内容；选择“目录浏览”复选框允许用户直接以访问文件而不是网页浏览的方式访问此目录。

如果没有特别需要，建议采用默认选项，选择“脚本资源访问”、“写入”和“目录浏览”复选框会使用户在访问网站的时候得到更多的权限。

2. 设置默认文档

在“文档”选项卡中可以设置网站的默认文档，如图 9-5 所示。默认文档即当用户并没有指明要访问哪个网页而只是在浏览器中输入网站的域名或 IP 地址时显示的网页。

在“启用默认内容文档”列表框中系统默认了 4 个文档，当用户访问网站时，系统会在网站目录中按照从上到下的顺序依次寻找这 4 个页面是否存在，若存在则显示其内容，若不存在则返回错误信息。

前面我们看到的例子中，index.htm 就是系统默认的 4 个文档之一，如果在列表框中选择 index.htm，并单击旁边的“删除”按钮将其删除，那么当我们在浏览器的地址栏中输入网站的 IP 地址时，就会返回一个错误信息，如图 9-6 所示。单击“添加”按钮并输入希望作为主页的文件名和扩展名，就能够自定义网站的默认文档。

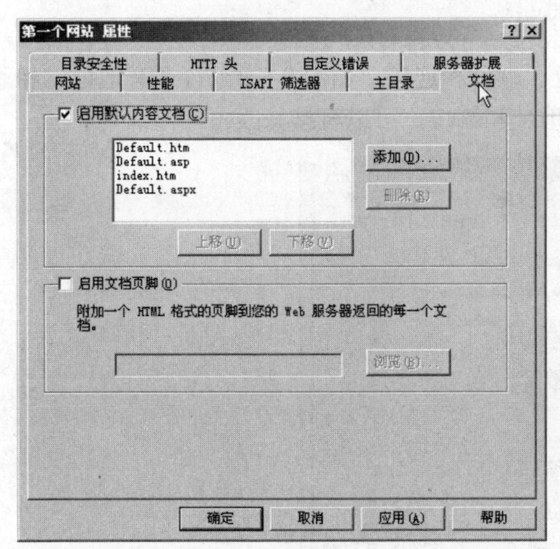

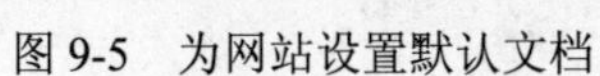
图 9-5 为网站设置默认文档

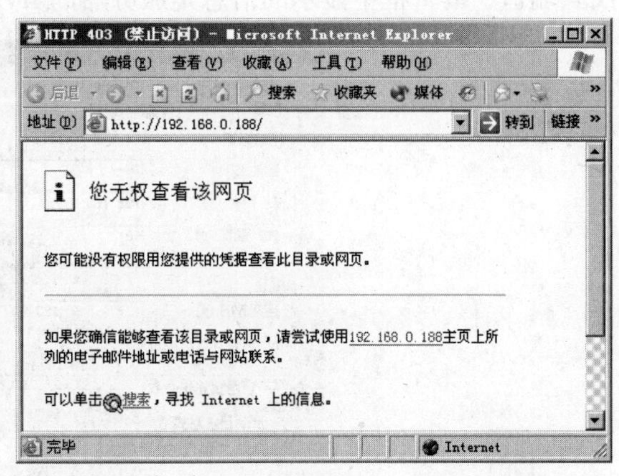

图 9-6 系统找不到默认文档时返回的信息

选择“启用文档页脚”复选框，并选择一个 html 格式的文件，表示在网站的每个网页的底部都添加该 html 文件中的内容，这个功能与 Word 中的页眉页脚功能类似。

3. 设置主机性能和连接数量

在“性能”选项卡中，可以设置允许同时访问的最大连接数和每个连接的最大网络带宽，如图 9-7 所示。这个功能主要是为了降低服务器的负荷，保证服务器能够稳定运行，防止服务器在提供网页服务时占用过多的网络带宽，避免影响到其他的服务。

“性能”选项卡包括两个部分，上面部分是“带宽限制”，下面部分是“网站连接”，默认状态下系统没有任何限制。选择“限制网站可以使用的网络带宽”复选框并输入数字（单位为KB/s）可以限制每个连接能够使用的最大网络带宽，默认选择是 1024Kbit/s（即 1Mbit/s）；选择“连接限制为”单选钮并输入数字可以限制同时访问的连接数量，默认选择是 1000，也就是说，默认选择可以允许最多 1000 个连接同时使用服务器提供的网页服务。

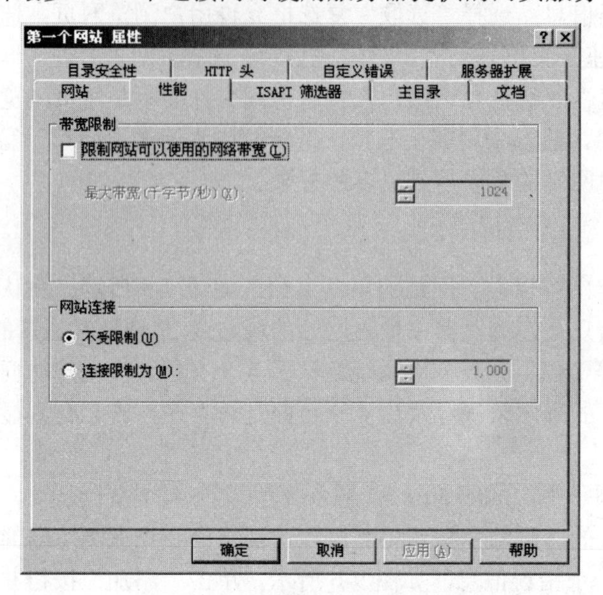

图 9-7　设置主机性能和连接数量

4. 设置网站 IP 地址

在“网站”选项卡中可以更改网站的 IP 地址、端口和连接，如图 9-8 所示。“IP 地址”和“TCP 端口”编辑框中显示的信息是服务器的 IP 地址和端口，可以直接修改。

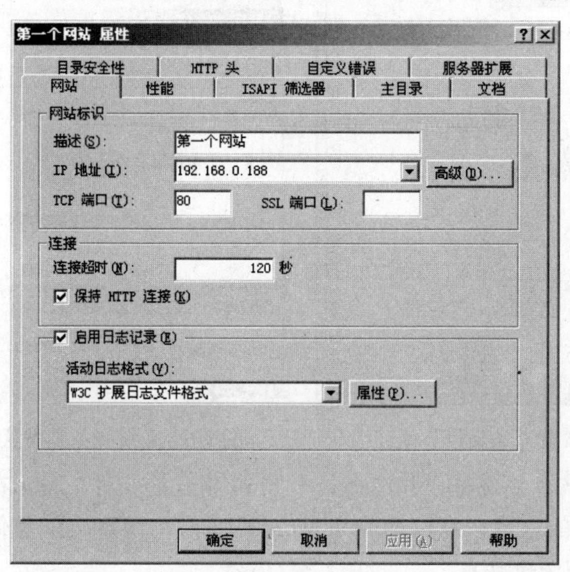

图 9-8　设置网站的 IP 地址和端口

单击“高级”按钮，可以对“网站标识”进行高级设置，如图 9-9 所示。单击“添加”按钮并输入 IP 地址和端口，即可使网站拥有多个 IP 地址和端口，客户端可以通过其中的任何一个 IP 地址和其对应端口来访问。

> 网站的 IP 地址必须是服务器已有的 IP 地址，否则会造成无法访问。
>
> http 协议的默认端口是 80，如果需要设置为其他端口，则用户在访问时必须输入端口号，完整的输入格式是:http://域名或 IP 地址:端口。比如我们刚才为网站添加了一个 IP 地址 192.168.0.100,对应端口为 8080，则在访问的时候，必须输入“http://192.168.0.100:8080”才能打开默认主页。

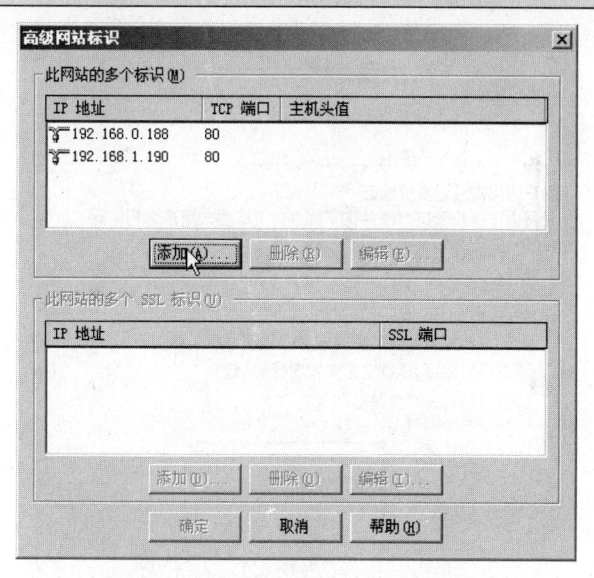

图 9-9　为网站设置多个 IP 地址和端口

5. 设置用户验证

在“目录安全性”选项卡中，可以对网站进行安全方面的设置，如图 9-10 所示。如果仅仅想将网页发布给特定的用户，可以在“身份验证和访问控制”标签中进行设置，指定允许访问的用户；如果希望或不希望某些区域或 IP 地址的计算机访问，可以在“IP 地址和域名限制”标签中进行设置；如果希望客户机和服务器之间的通信更加安全，可以在“安全通信”标签中进行设置。

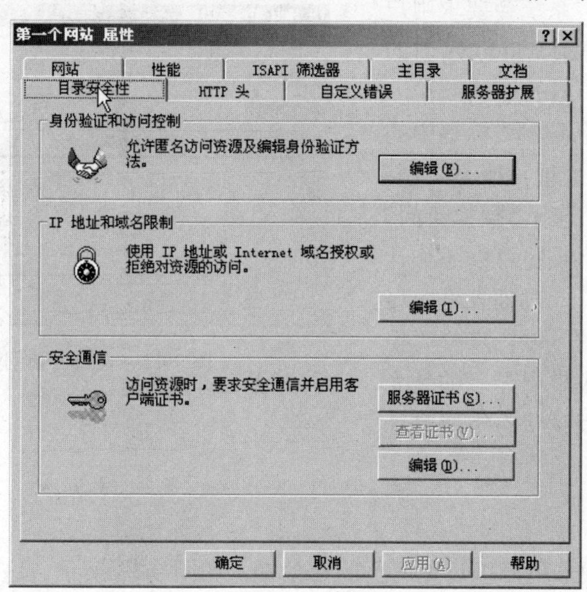

图 9-10　对网站进行安全设置

单击“身份验证和访问控制”标签中的“编辑”按钮，可以看到“身份验证方法”对话框，如图 9-11 所示。选择“启用匿名访问”复选框表示允许所有人访问，访问者的账户就是标签中的用户名，拥有 Guests 权限。也可以通过选择“浏览”按钮指定访问者使用其他账户。

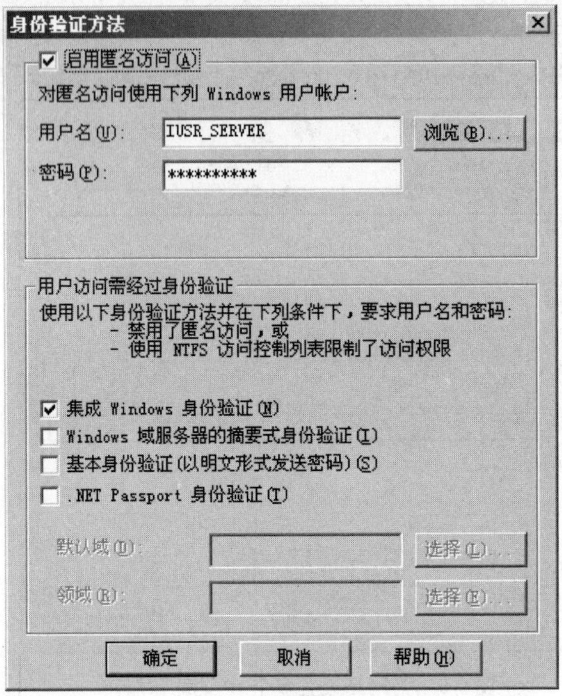

图 9-11　限制允许访问的用户

如果取消“启用匿名访问”复选框，则客户端在访问网站时必须经过身份确认，确认方法有 4 种，分别是“用户访问需经过身份验证”标签中的 4 个复选框。通常情况下会选择“集成 Windows 身份验证”，这时，用户至少要知道服务器的一个合法账号才能访问该网站。当用户在 Internet Explorer 地址栏中输入域名或 IP 地址提出访问请求时，系统会要求用户输入用户名和密码，与进入 Windows 时的身份验证程序相似。

单击“IP 地址和域名控制”标签中的“编辑”按钮，打开“IP 地址和域名限制”对话框，如图 9-12 所示。选择“授权访问”单选钮后，单击“添加”按钮可以添加计算机、计算机组和域名，此时列表框中显示的是拒绝访问本网站的区域。选择“拒绝访问”单选钮后，列表框中显示的是允许访问本网站的区域。默认状态下所有计算机都被允许访问。

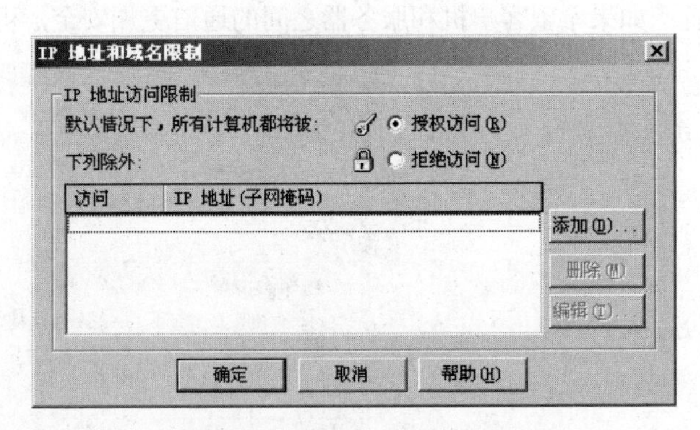

图 9-12　设置可访问网站的区域

6. **设置内容失效**

在“HTTP 头”选项卡中可以设置网页的有效期，如图 9-13 所示，这个功能比较适用于对时间敏感的网页，如新闻通告等。

选择“启用内容过期”复选框，标签中有3个单选钮。选择“立即过期”单选钮表示客户端需要时时向服务器发送请求，以保证网页永远保持在最新状态；选择“此时间段后过期”单选钮并输入时间限制表示经过一段时间后客户端需要向服务器发送更新请求，时间段以服务器时间为准；选择“过期时间”并输入时间点表示过了这一时刻客户端需要向服务器发送更新请求，以服务器时间为准。

图 9-13　为网站设置网页有效期

在默认状态下，“启用内容过期”复选框是不被选中的，表示客户端计算机不会自动向服务器发送更新请求，必须由用户执行操作来更新网页。

9.3.2　新建 Web 站点

（1）首先任选一种方法打开 Internet 信息服务管理器，单击“本地计算机”前的加号，右键单击“网站”，在弹出菜单中依次选择“新建”→“网站”命令，如图 9-14 所示，打开“网站创建向导”对话框，如图 9-15 所示。

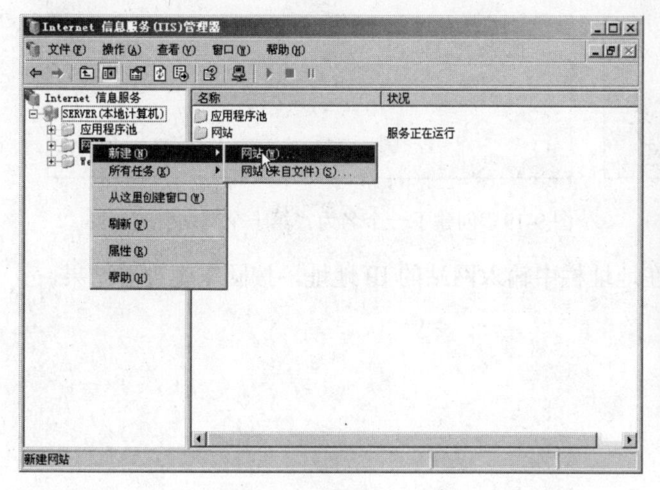

图 9-14　新建一个网站

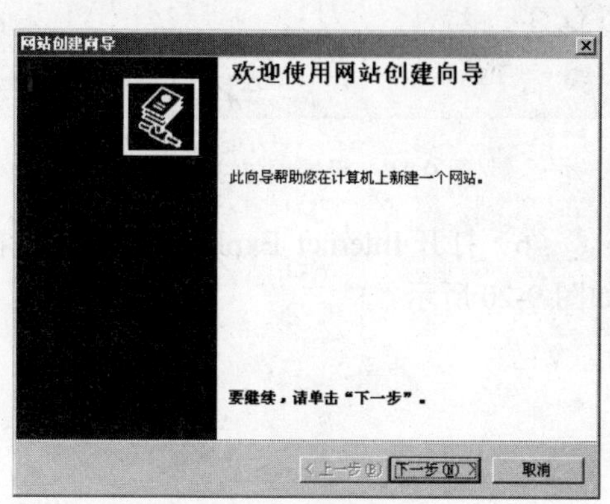

图 9-15　网站创建向导

（2）单击“下一步”按钮，在“描述”编辑框中输入网站的描述，以帮助理解记忆，比如可以输入“第一个网站”，如图 9-16 所示。

（3）单击“下一步”按钮，输入网页服务器的 IP 地址和端口，在这里我们输入本机 IP 地址和 HTTP 协议的默认端口 80，如图 9-17 所示。

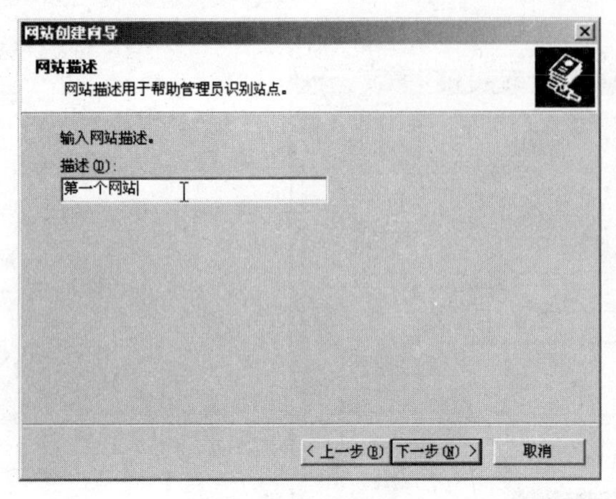

图 9-16 描述网站

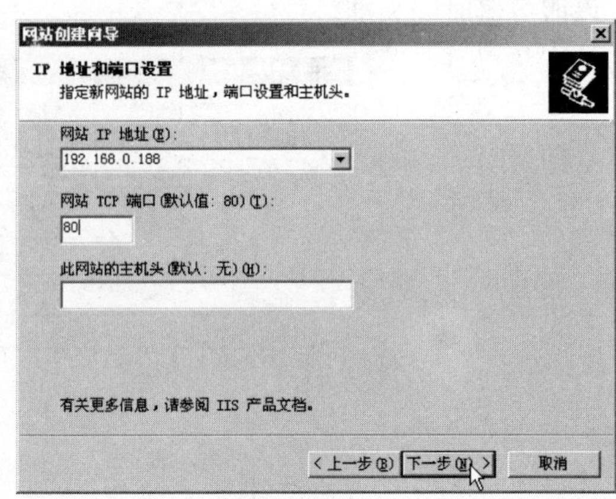

图 9-17 为网站设置 IP 地址和端口

（4）单击“下一步”按钮，在“网站主目录”对话框中选择网页所在的目录。可以单击“浏览”按钮然后选择目录位置，也可以在“路径”编辑框中直接输入目的文件夹的路径，如图 9-18 所示。选择“允许匿名访问网站”复选框允许所有人访问这个网站，如果取消这个复选框则可以指定用户访问。

（5）单击“下一步”按钮，设置网站的访问权限，推荐使用默认设置。单击“下一步”按钮后单击“完成”按钮，完成网站的创建，如图 9-19 所示。

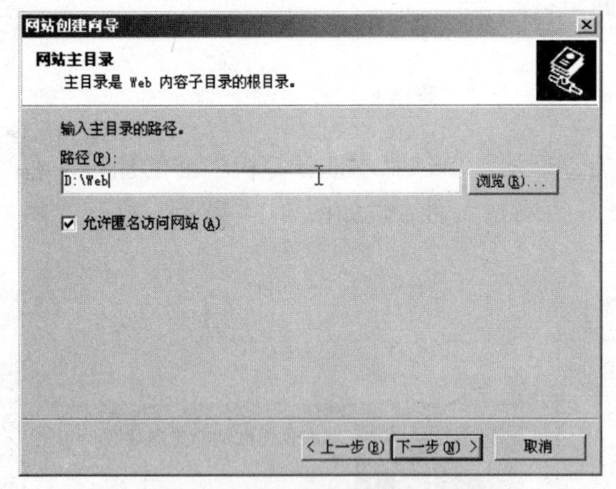

图 9-18 设置网站主目录

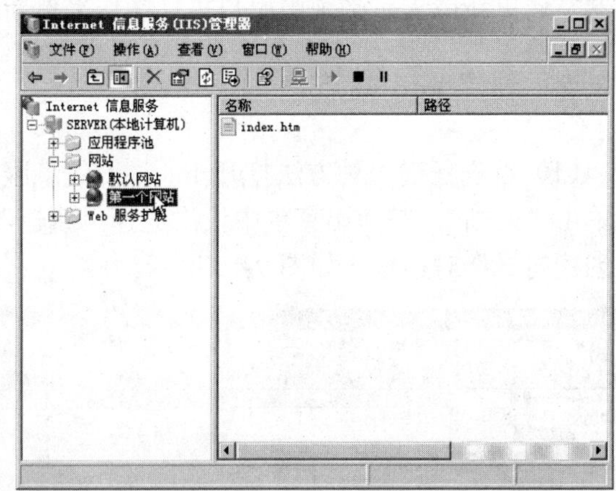

图 9-19 创建了一个名为“第一个网站”的网站

（6）打开 Internet Explorer 浏览器，在地址栏中输入网站的 IP 地址，按回车键查看结果，如图 9-20 所示。

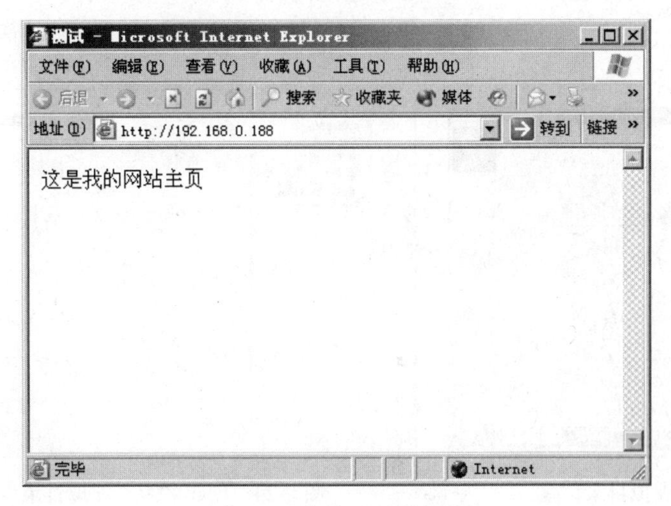

图 9-20 完成网站的创建

9.3.3 创建网站的虚拟目录

虚拟目录是指本来位置并不在网站主目录中，而用户访问网站时却认为它在主目录中的目录。当需要增加网站内容而分区空间不够时，或当有一个目录需要通过网站发布信息而又不在主目录文件夹内时，可以采用虚拟目录技术来解决。

（1）打开 Internet 信息服务管理器，依次单击“本地计算机”→“网站”前的加号，右键单击需要增加虚拟目录的网站，在弹出菜单中依次选择“新建”→“虚拟目录”命令，如图 9-21 所示，打开“虚拟目录创建向导”对话框。

（2）单击“下一步”按钮，输入虚拟目录的别名，这个名称会出现在 Internet 信息服务管理器中，比如可以输入“虚拟目录”，如图 9-22 所示。

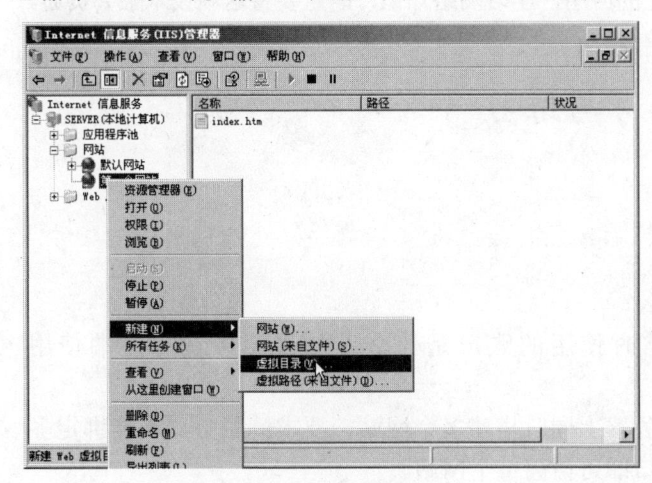

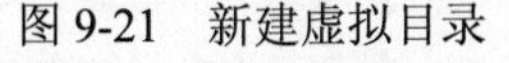
图 9-21 新建虚拟目录

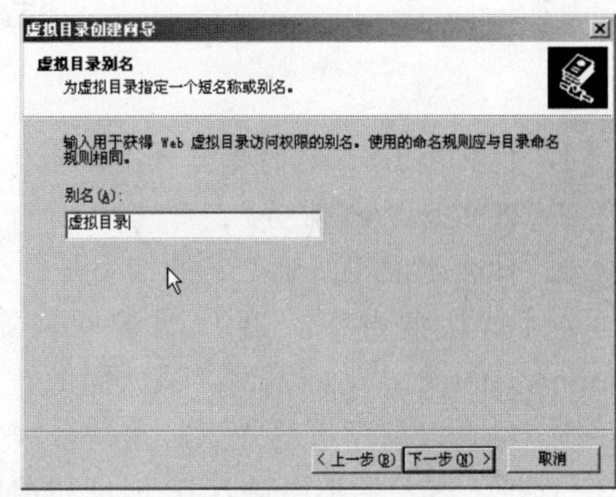

图 9-22 输入虚拟目录别名

（3）单击“下一步”按钮，在“网站内容目录”对话框中选择虚拟目录所在的位置，也可以单击“浏览”按钮进行查找，或直接在“路径”编辑框中输入目的文件夹的路径，如图 9-23 所示。

（4）单击“下一步”按钮，设置虚拟目录的访问权限，推荐使用默认设置。单击“下一步”按钮，确认前面所做的设置，单击“完成”按钮，完成虚拟目录的创建，如图 9-24 所示。

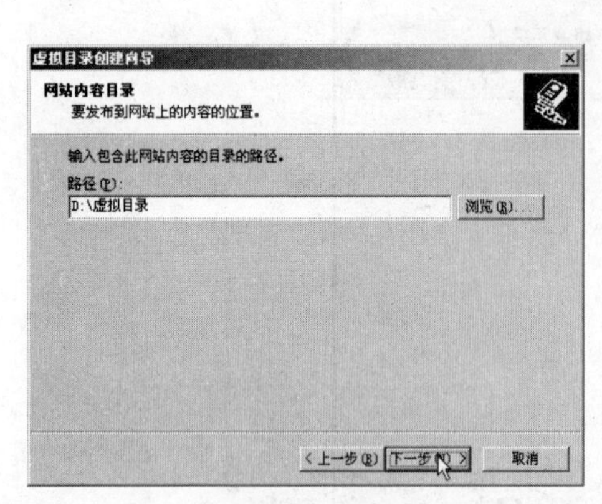

图 9-23　选择虚拟目录位置

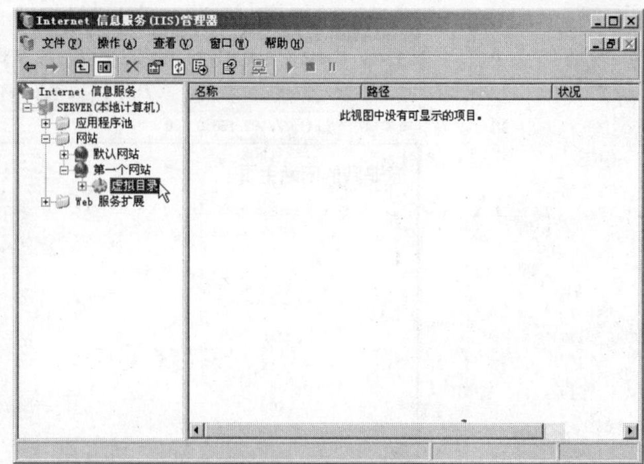

图 9-24　创建名为“虚拟目录”的虚拟目录

虚拟目录会继承网站的各项设置，如果想对虚拟目录中的内容进行设置，可以右键单击需要设置的虚拟目录，在弹出菜单中选择“属性”命令，然后进行各种设置，方法及操作步骤与设置网站属性相同。

本章小结

本章主要介绍了 IIS 的概念和 Web 服务器的搭建及管理，通过本章的学习，读者应该了解 IIS，能够独立搭建 Web 服务器，并能够进行日常的管理和维护。关于虚拟网站等服务，也要求读者了解和掌握。

在网络中，网站技术是最基本、最广泛的应用，学习网络知识，一定要将这项技术融会贯通。

思考与练习

1．什么是 IIS？它有哪些功能？

2．什么是 Web 服务？

3．什么是虚拟目录？它的作用是什么？

4．默认情况下，客户端访问网站时使用的账户是什么？如果希望在客户端使用 Administrator 账户访问网站，该如何做？

5．结合以前学过的知识，在一台服务器上同时搭建多个网站，要求：服务器不能绑定多个 IP 地址，客户端不用输入 IP 地址和端口即可访问每个网站。

第 10 章　创建 FTP 服务器

内容提要

- ◆ FTP 的概念
- ◆ 利用 IIS 创建 FTP 服务器
- ◆ 利用 Server-U 创建 FTP 服务器

目前最流行的 FTP 服务器软件是 Server-U，它拥有友好的操作界面、复杂的操作方法和强大的服务功能，是专业 FTP 服务器的首选软件。

不过对于普通用户而言，Windows Server 2003 集成的 IIS 提供的 FTP 功能已经足够满足日常需求，而且其配置简单、操作方便，且与系统结合紧密，在对 FTP 服务器要求不是很高的情况下，IIS 是一个十分不错的选择。

10.1　FTP 服务

FTP 是 File Transfer Protocol（文件传输协议）的缩写，它是 Internet 上最早出现的服务之一，到目前为止，它仍然是 Internet 上非常常用和重要的服务。文件传输是指将文件从一台计算机发送到另一台计算机上，传输的文件可以是电子报表、声音图像、应用程序及文档文件等。FTP 的主要功能是使用户连接上一个提供 FTP 服务的服务器，查看服务器的文件，然后从服务器上下载需要的文件或将本机文件上传到服务器上。FTP 只负责文件的传输，与计算机所处的位置、联系方式以及使用的操作系统无关。

FTP 是专门的文件传输协议，因此对于文件的上传下载而言，FTP 比 HTTP 或者共享拷贝的效率高得多，所以即使目前有很多其他协议也可以提供文件的上传下载，FTP 依然是各专业下载站点提供服务的最主要方式。

FTP 是 IIS 6.0 的组件之一，不过安装 IIS 6.0 的时候，默认情况下不会安装 FTP 组件，因此需要我们手动安装。

（1）将 Windows Server 2003 安装光盘放入光驱中，然后在“开始”菜单中依次选择“控制面板”→“添加或删除程序”命令，打开“添加或删除程序”对话框，如图 10-1 所示。然后在左侧中间的位置单击“添加/删除 Windows 组件”，打开“Windows 组件向导”对话框，如图 10-2 所示。

（2）在“组件”列表框中选择“应用程序服务器”，然后单击“详细信息”按钮，打开“应用程序服务器”对话框，如图 10-3 所示。在“应用程序服务器的子组件”列表框中选择“Internet 信息服务（IIS）”，然后单击“详细信息”按钮，弹出“Internet 信息服务（IIS）”对话框，如图 10-4 所示。

（3）在“Internet 信息服务（IIS）的子组件”列表框中选择“文件传输协议（FTP）服务”复选框，然后依次单击“确定”、“确定”、“下一步”和“完成”按钮，完成 FTP 服务的安装。

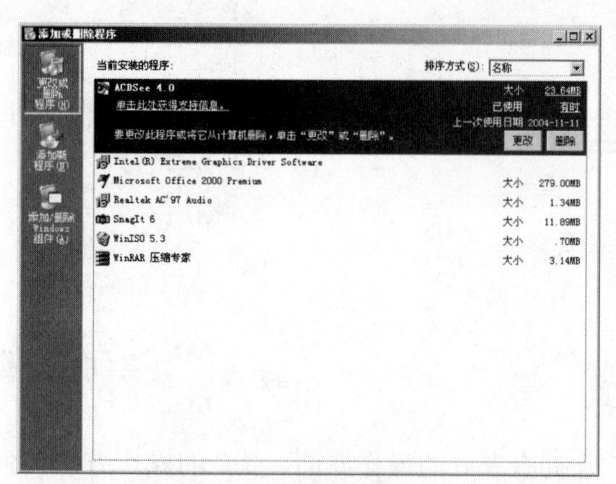

图 10-1 添加或删除程序

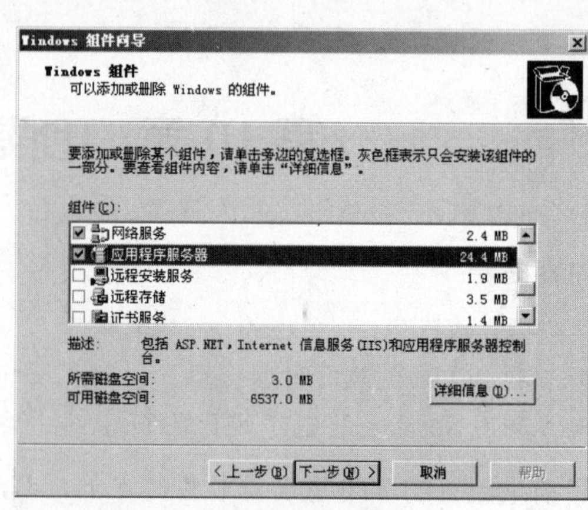

图 10-2 Windows 组件向导

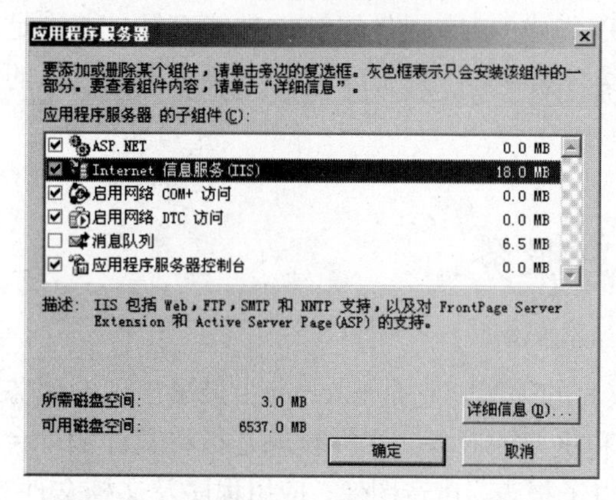

图 10-3 应用程序管理器子组件

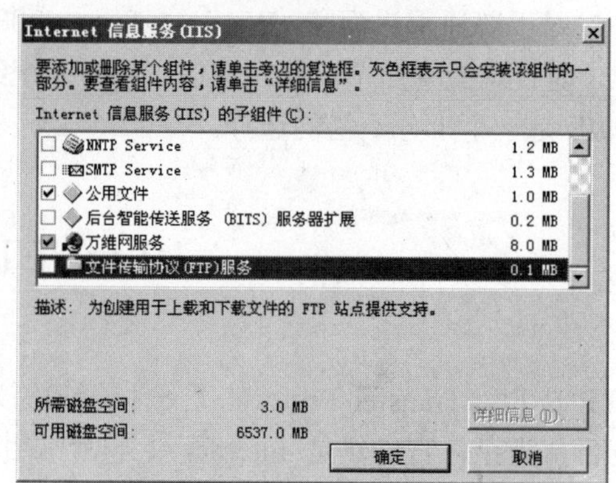

图 10-4 Internet 信息服务子组件

10.2 利用 IIS 搭建 FTP 服务器

10.2.1 设置默认 FTP 站点

新建 FTP 站点之后，我们可以进行各种设置，下面我们按照选项卡的顺序来学习 FTP 站点的管理。

1. FTP 站点

在 Internet 信息服务管理器中，右键单击希望设置的 FTP 站点，在弹出菜单中选择"属性"命令，打开"属性"对话框，如图 10-5 所示。

在"FTP 站点"选项卡中有 3 个标签："FTP 站点标识"、"FTP 站点连接"和"启用日志记录"。在"FTP 站点标识"标签中可以设置 FTP 站点的描述、IP 地址和端口，这些项目都是可以直接编辑的。

> FTP 站点的 IP 地址必须是服务器上已有的 IP 地址，否则会造成无法访问。
>
> FTP 协议的默认端口是 21，如果需要设置为其他端口，则用户在访问时必须输入端口号，完整的输入格式是 ftp://域名或 IP 地址:端口。比如要访问的 FTP 站点的 IP 地址是 192.168.0.100，对应的端口为 2121，则在访问时必须输入 ftp://192.168.0.100:2121 才能正常访问。

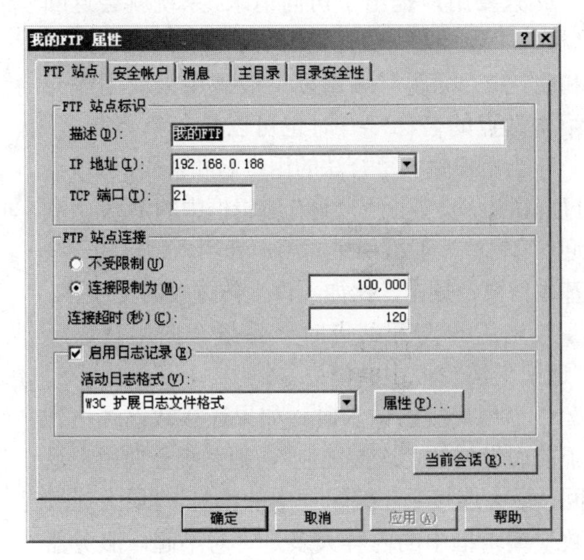

图 10-5　设置“FTP 站点”选项卡

由于 FTP 提供的主要服务就是文件的上传下载，所以每个连接占用的网络带宽都比较多，因此对于 FTP 站点来说，控制网络的数据流量非常重要。如果对自己的网络带宽没有一个清楚的认识，而过于放任用户的上传和下载，将很容易导致网络堵塞，而这对于一个 FTP 站点是非常致命的，因此我们需要在“FTP 站点连接”标签中设置连接限制。默认状态下的连接限制数是 100000，这个数字显然太庞大了，通常我们会根据实际情况将它调整为 100 或更小，这表示 FTP 服务器最多只接受 100 个用户同时访问，这样做能够有效地保障网络的通畅。另外，我们还可以在“连接超时”编辑框中输入超时时间，单位为秒，默认状态下是 120 秒，表示用户如果经过 120 秒还没有成功建立连接，服务器将返回一个失败信息，通知用户连接超时。

选择“启用日志记录”复选框可以记录用户的访问情况，并按照所选的格式自动创建日志，建议采用默认设置。

2. 安全账户

在 Internet 信息服务管理器中，右键单击希望设置的 FTP 站点，在弹出菜单中选择“属性”命令，打开“属性”对话框，单击“安全帐户”选项卡，如图 10-6 所示。

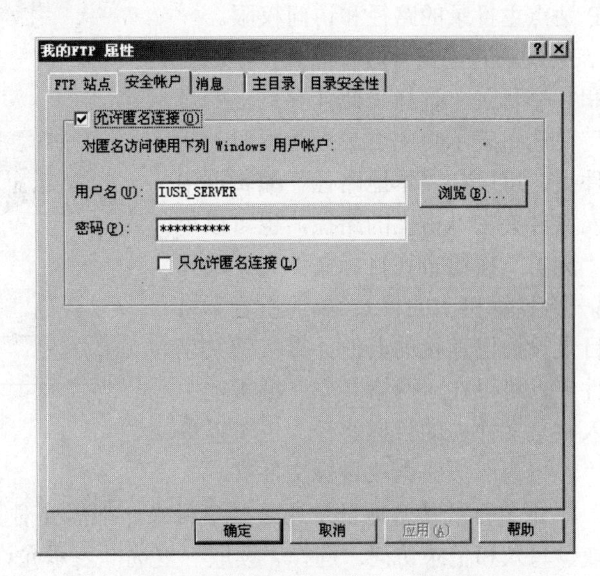

图 10-6　设置“安全账户”选项卡

选择“允许匿名连接”复选框并输入用户名和密码，表示允许任何人访问 FTP 站点，并且访问时使用的就是“用户名”编辑框中的账户。如果取消“允许匿名连接”复选框，则用户在访问时必须经过身份确认，当用户提出访问请求时，系统会要求用户输入用户名和密码，与进入 Windows 时的身份验证程序相似。

3. 消息

在 Internet 信息服务管理器中，右键单击希望设置的 FTP 站点，在弹出菜单中选择“属性”命令，打开“属性”对话框，选择“消息”选项卡，在这里可以输入指定的消息，以便网络用户在访问时得到相应的介绍信息，如图 10-7 所示。

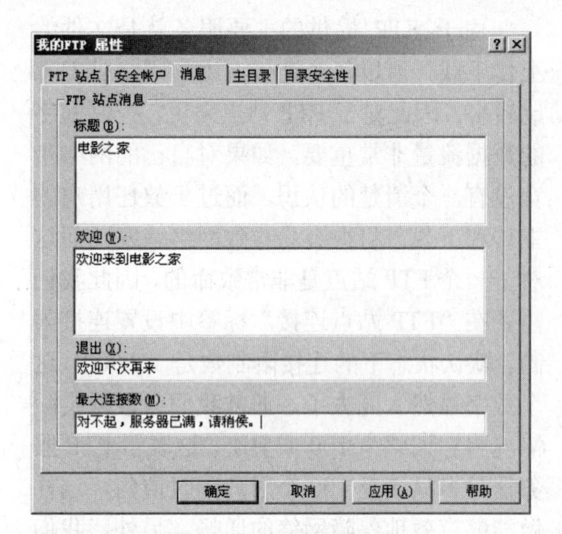

图 10-7　设置“消息”选项卡

只要用户提出了访问请求，系统就会返回“标题”编辑框中的消息，而无须输入用户名和密码。“标题”编辑框一般被用来向用户介绍本站点的名称，有时也可以是一个警告。

当用户输入了合法的用户名和密码，系统经过确认后，会返回“欢迎”编辑框中的消息。“欢迎”编辑框一般被用来向用户介绍本站点的一些基本信息及规定，比如不许上传过大的文件等。

当用户离开站点时，系统会向用户显示“退出”编辑框中的消息。

当用户提出请求时，如果连接数已经达到了前面设置的“连接限制”，则系统会向用户返回“最大连接数”编辑框中的消息。“最大连接数”编辑框中的内容大多是“对不起，服务器已满，请稍候。”等。

4. 主目录

在 Internet 信息服务管理器中，右键单击希望设置的 FTP 站点，在弹出菜单中选择“属性”命令，打开“属性”对话框，选择“主目录”选项卡，如图 10-8 所示。在这里可以根据需要修改 FTP 站点主目录的路径和访问权限。

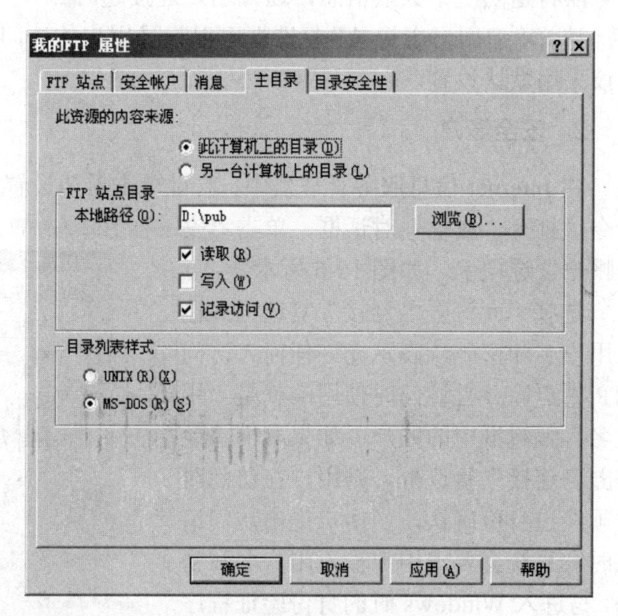

图 10-8　设置“主目录”选项卡

主目录的位置有两种选择：本地目录和共享目录。选择“此计算机上的目录”单选钮表示将主目录设为本机上的文件夹，可以在“本地路径”编辑框中输入文件夹在本机上的路径，也可以单击“浏览”按钮查找目标文件夹；选择“另一台计算机上的目录”单选钮表示将主目录设为已连接的其他计算机的共享文件夹，可以在“网络共享”编辑框中输入共享文件夹的目标路径，也可以单击“连接为”按钮查找目标文件夹。

不论主目录是本地目录还是共享目录，都需要对其设置权限。权限的设置共有 3 个选项：读取、写入和记录访问。选择“读取”复选框表示允许用户在访问 FTP 站点时下载文件，但是不允许上传，也不允许对文件进行任何更改。选择“写入”复选框表示允许用户上传文件或者修改、删除已有的文件，这个选项比较危险，因为任何人都可以随意改动文件夹，因此一般情况下会设置一个专门的目录来接受用户的上传。选择“记录访问”复选框表示在服务器上自动记录用户的访问情况，以便进行更好地管理。

5. 目录安全性

在 Internet 信息服务管理器中，右键单击希望设置的 FTP 站点，在弹出菜单中选择“属性”命令，打开“属性”对话框，选择“目录安全性”选项卡，如图 10-9 所示。这个选项卡的功能与管理网站时的“IP 地址和域名限制”功能类似，可以设置允许或拒绝某些区域或 IP 地址的计算机访问。

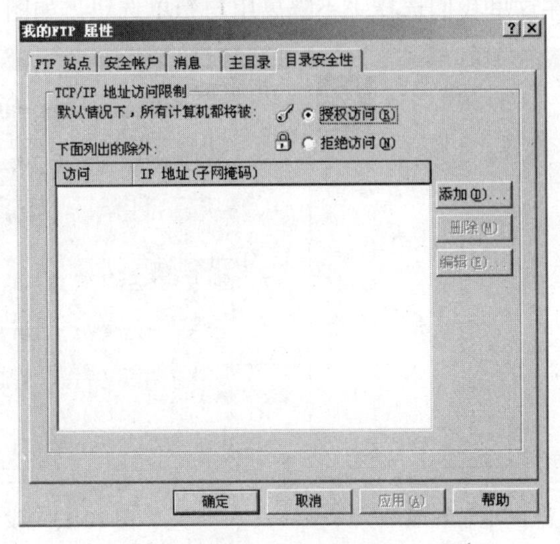

图 10-9　设置“目录安全性”选项卡

选择“授权访问”单选钮后，单击“添加”按钮可以添加计算机、计算机组和域名，此时列表框中显示的是拒绝访问本网站的区域。选择“拒绝访问”单选钮后，列表框中显示的是允许访问本网站的区域。默认状态下所有计算机都允许被访问。

10. 2. 2　新建 FTP 站点

（1）首先打开 Internet 信息服务管理器，单击“本地计算机”前的加号，右键单击“FTP 站点”，在弹出菜单中依次选择“新建”→“FTP 站点”命令，如图 10-10 所示，打开“FTP 站点创建向导”对话框。

（2）单击“下一步”按钮，输入 FTP 站点的描述，以帮助理解记忆，比如可以输入“我的 FTP”，如图 10-11 所示。

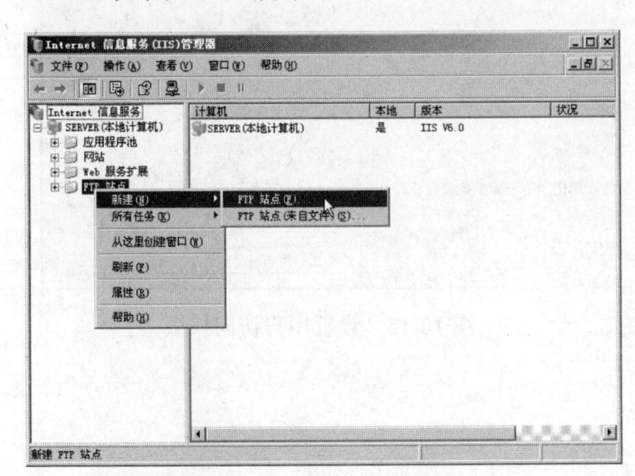

图 10-10　新建一个 FTP 站点

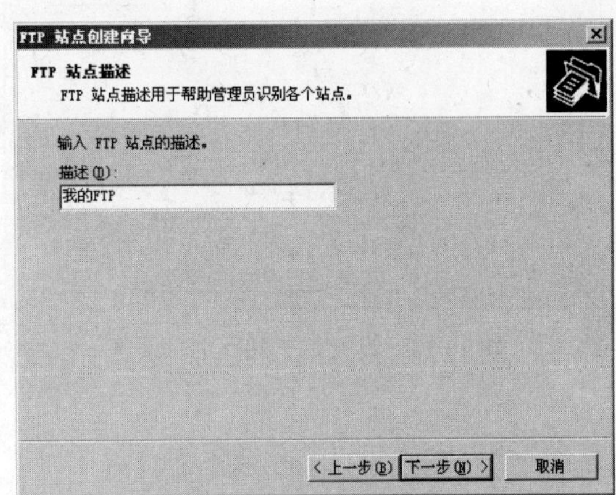

图 10-11　描述 FTP 站点

（3）单击“下一步”按钮，输入 FTP 服务器的 IP 地址和端口，在这里我们输入本机 IP 地址和 FTP 协议的默认端口 21，如图 10-12 所示。

（4）单击“下一步”按钮，设置 FTP 站点的用户隔离，如果选择“不隔离用户”单选钮，那么合法用户将可以上传或下载所有 FTP 站点目录中的内容，如果选择“隔离用户”单选钮，那么可以指定哪些目录这一类用户可以访问，哪些目录那一类用户可以访问。这项功能读者可以根据实际需要来选择，在这里我们选择“不隔离用户”单选钮，如图 10-13 所示。

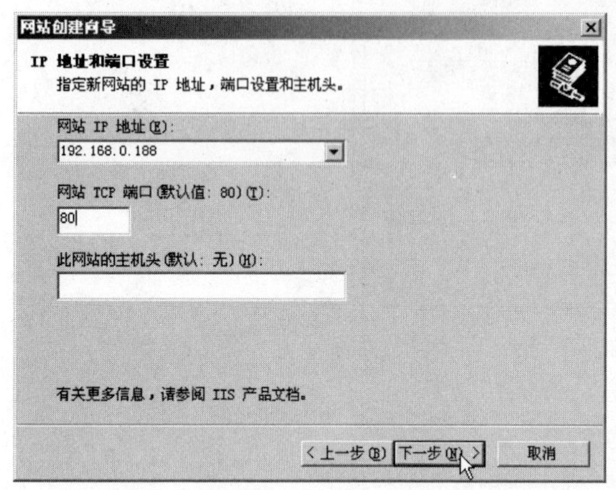

图 10-12　为 FTP 站点设置 IP 地址和端口

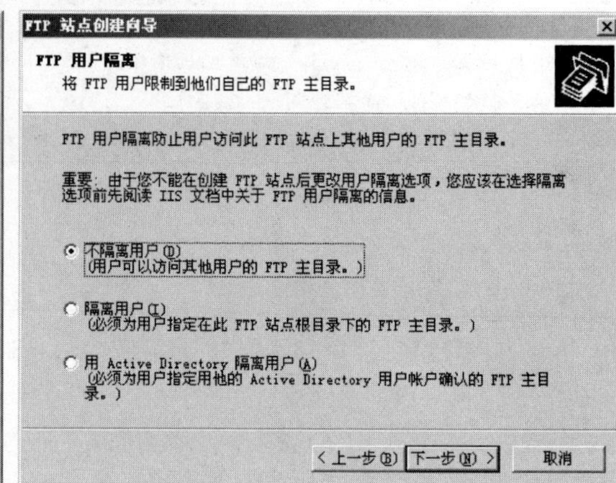

图 10-13　设置用户隔离

需要提醒的是，无论在此做出了什么选择，FTP 站点创建完之后将不可更改。

（5）单击“下一步”按钮，在“FTP 站点主目录”对话框中指定允许用户访问的目录。可以单击“浏览”按钮然后选择目录位置，也可以直接在“路径”编辑框中输入目的文件夹的路径，如图 10-14 所示。

（6）单击“下一步”按钮，设置 FTP 站点的访问权限，如图 10-15 所示。选择“读取”复选框表示允许用户下载文件，选择“写入”复选框表示允许用户上传文件。单击“下一步”按钮，确认前面所做的设置，单击“完成”按钮，完成 FTP 站点的创建，如图 10-16 所示。

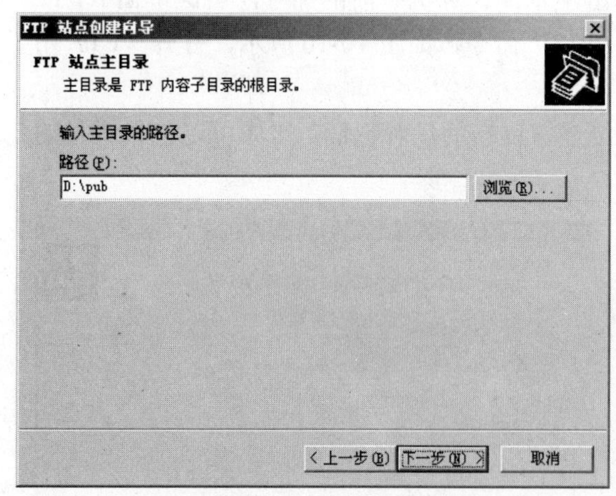

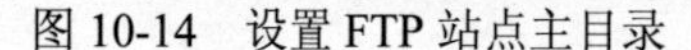
图 10-14　设置 FTP 站点主目录

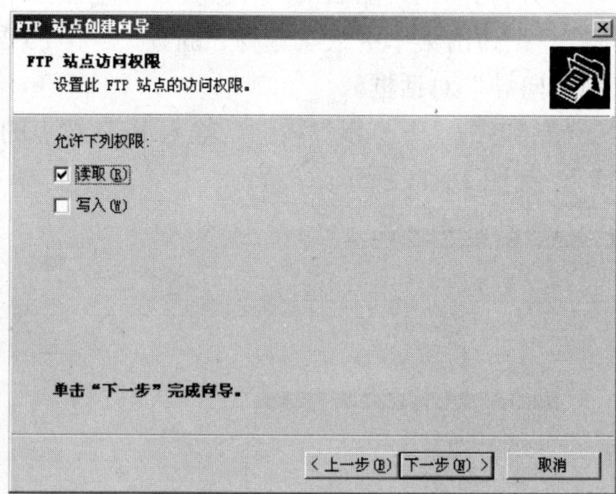

图 10-15　设置用户访问权限

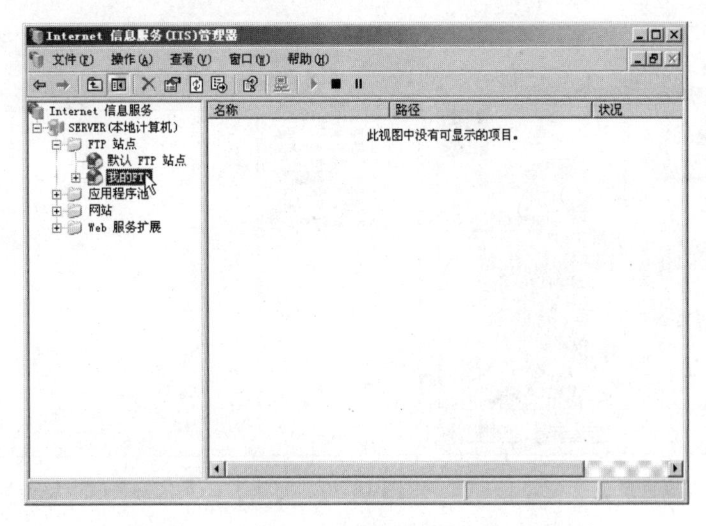

图 10-16 创建名为“我的 FTP”的 FTP 站点

10.2.3 创建 FTP 虚拟目录

虚拟目录是指本来位置并不在主目录中，而用户访问 FTP 站点时却认为它在主目录中的目录。当需要增加站点内容而分区空间不够时，或当有一个目录需要通过 FTP 站点发布信息而又不在主目录文件夹内时，可以采用虚拟目录技术来解决。

（1）打开 Internet 信息服务管理器，打开“本地计算机”→“FTP 站点”，右键单击需要增加虚拟目录的站点，在弹出菜单中选择“新建”→“虚拟目录”命令，如图 10-17 所示，打开“虚拟目录创建向导”对话框。

（2）单击“下一步”按钮，在“别名”编辑框中输入虚拟目录的别名，这个名称会出现在 Internet 信息服务管理器中，比如可以输入“虚拟目录”，如图 10-18 所示。

（3）单击“下一步”按钮，在“FTP 站点内容目录”对话框中选择虚拟目录所在的位置，也可单击“浏览”按钮选择路径，或直接在“路径”编辑框中输入目的文件夹的路径，如图 10-19 所示。

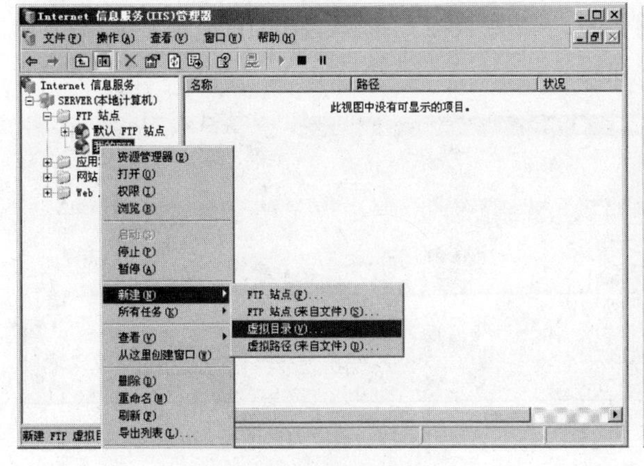

图 10-17 新建虚拟目录

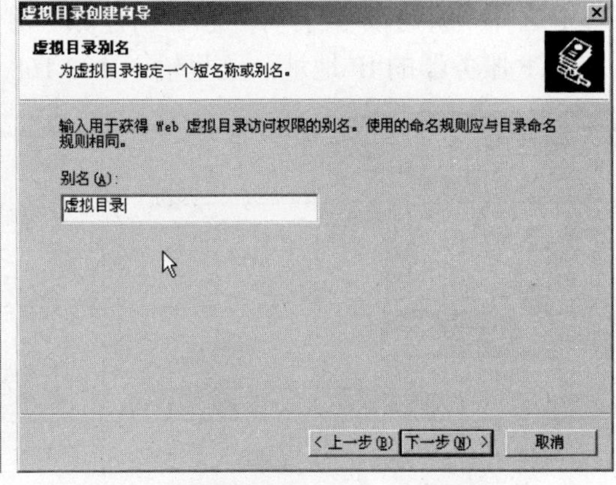

图 10-18 为虚拟目录取一个别名

（4）单击“下一步”按钮，设置虚拟目录的访问权限，推荐使用默认设置。单击“下一步”按钮，确认前面所做的设置，单击“完成”按钮，完成虚拟目录的创建，如图 10-20 所示。

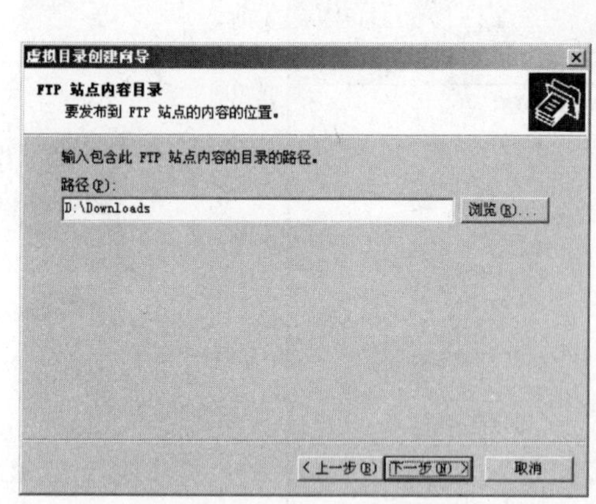

图 10-19　选择虚拟目录位置

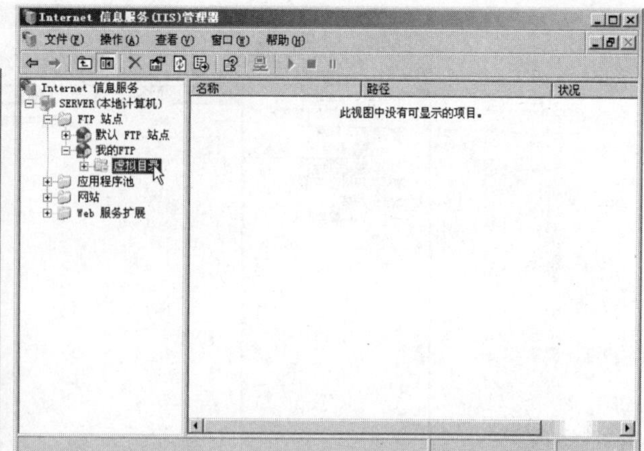

图 10-20　创建了一个名为“虚拟目录”的虚拟目录

虚拟目录会继承 FTP 站点的各项设置，如果想对虚拟目录中的内容进行设置，请右键单击需要设置的虚拟目录，并在弹出菜单中选择“属性”命令，然后进行各种设置，方法及操作与设置 FTP 站点属性相同。

10.3　利用 Server-U 搭建 FTP 服务器

Server-U 是一款被广泛运用的 FTP 服务器端软件，支持 Windows 全系列操作系统。可以设定多个 FTP 服务器、限定登录用户的权限、登录主目录及空间大小等，功能非常完备。

Server-U 的安装十分简单，运行其安装程序，开始安装，全部选默认选项即可。

10.3.1　创建 FTP 服务器

本机 IP 地址为 192.168.0.1，已建立好域名 ftp.jqe.com 的相关 DNS 记录。

（1）运行 Scrv-U 管理器，打开左侧的导航栏，如图 10-21 所示。右键单击“域”，在弹出菜单中选择“新建域”，打开“添加新建域”对话框，如图 10-22 所示。在“IP 地址”编辑框中输入 FTP 服务器的 IP 地址，这里输入 192.168.0.1。

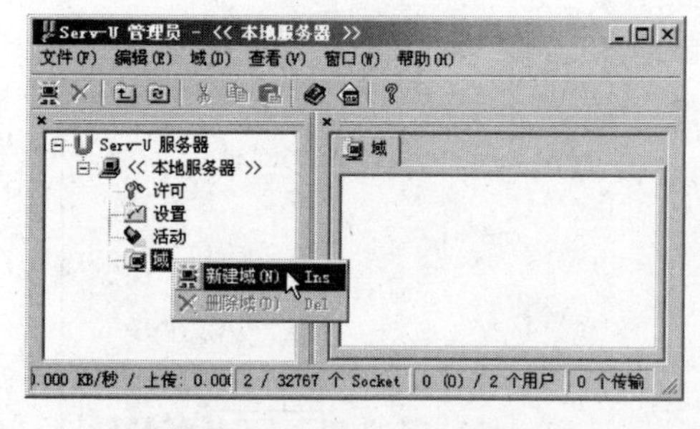

图 10-21　Serv-U 管理器

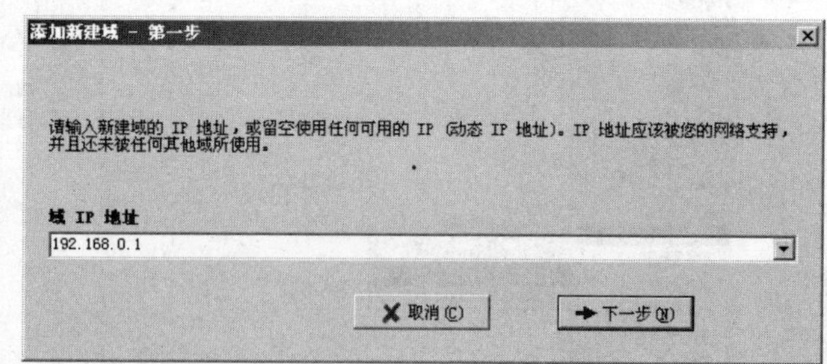

图 10-22　输入 IP 地址

（2）单击“下一步”按钮，输入域名，在这里输入 ftp.jqe.com，如图 10-23 所示。

（3）单击“下一步”按钮，输入端口号，默认情况下端口号为 21，在这里我们选择默认，如图 10-24 所示。

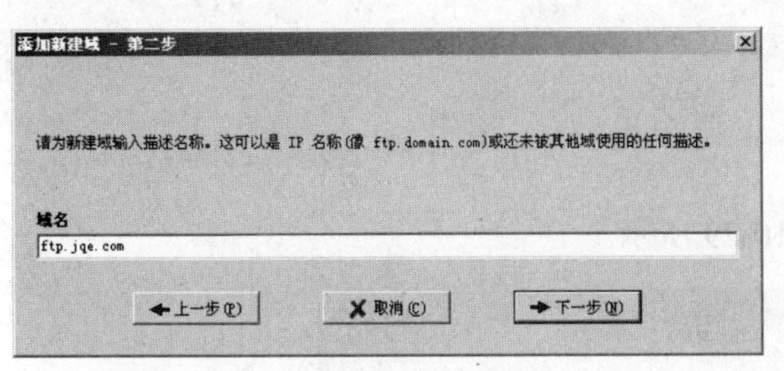

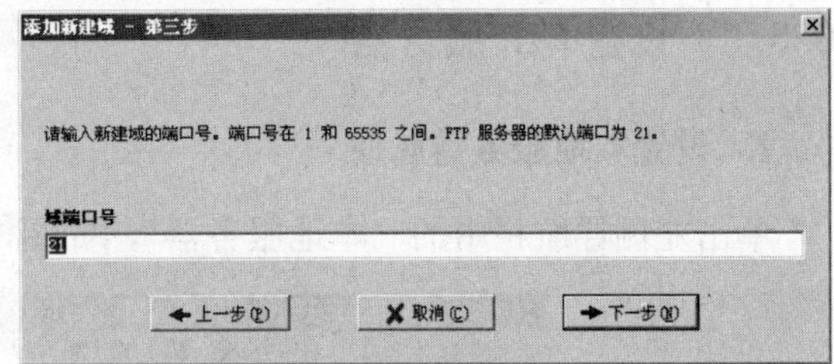

图 10-23　输入端口号　　　　图 10-24　输入域名

（4）单击“下一步”按钮，选择域的类型，在这里我们选择默认，如图 10-25 所示。

（5）单击“下一步”按钮，完成服务器的创建，如图 10-26 所示。

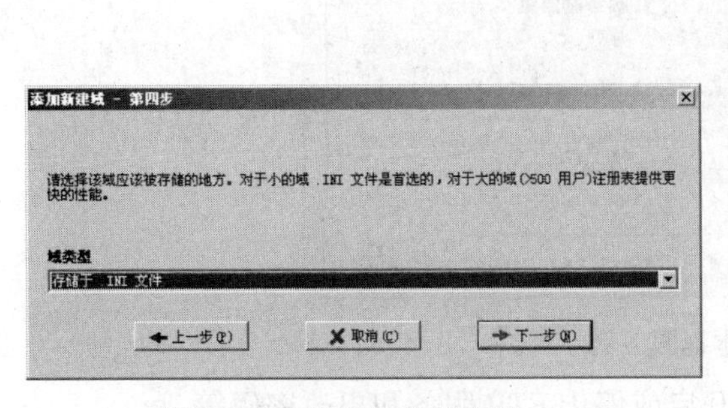

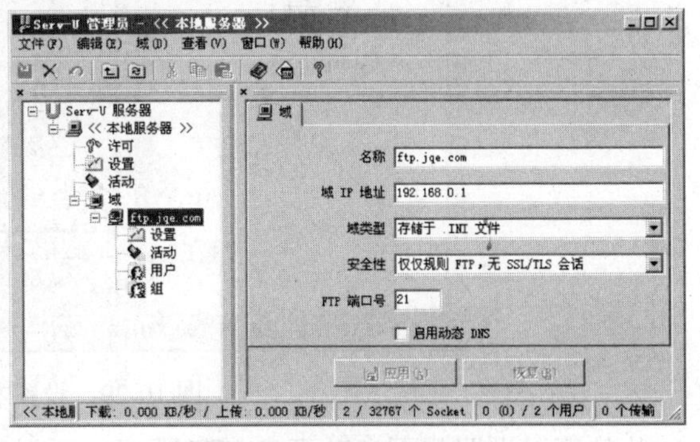

图 10-25　输入用户名称图　　　　10-26　完成服务器的创建

10.3.2　创建用户

（1）右键单击“用户”容器，在弹出菜单中选择“新建用户”，打开“添加新建用户”对话框。在“用户名称”编辑框中输入用户名。

（2）单击“下一步”按钮，设置用户密码。

（3）单击“下一步”按钮，选择用户主目录。

（4）单击“下一步”按钮，选择是否将用户锁定于此目录，如图 10-27 所示。如果选择“是”单选钮，则此用户将只能访问自己主目录中的资源。在这里我们选择“否”单选钮。

（5）单击“完成”按钮，完成新用户的创建，如图 10-28 所示。

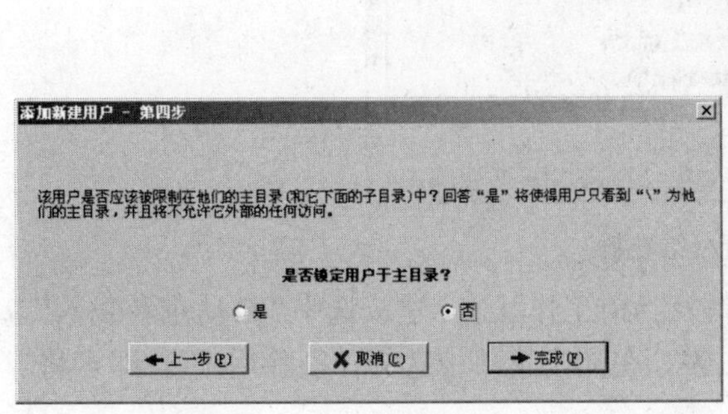

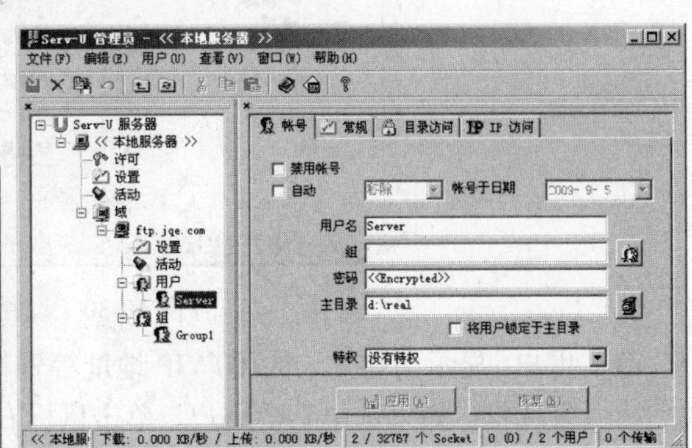

图 10-27　选择锁定用户　　　　图 10-28　完成新用户的创建

10.3.3 设置FTP服务器

1. 设置本地服务器属性

单击左侧导航栏中的“本地服务器”，如图10-29所示。

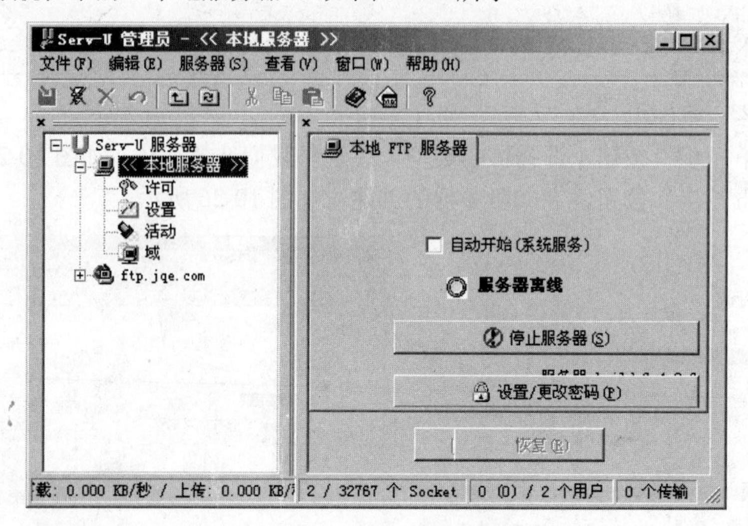

图10-29　设置本地服务器

此处可以设置是否自动开启FTP服务、手动开启或停止FTP服务和更改密码等。

(1) 设置网络参数

单击左侧导航栏中的“设置”，如图10-30所示，可编辑最大上传传输速率，最大下载传输速率及连接到本服务器的最大用户数量。

(2) 设置活动选项

单击左侧导航栏中的“活动”，有以下可编辑项。

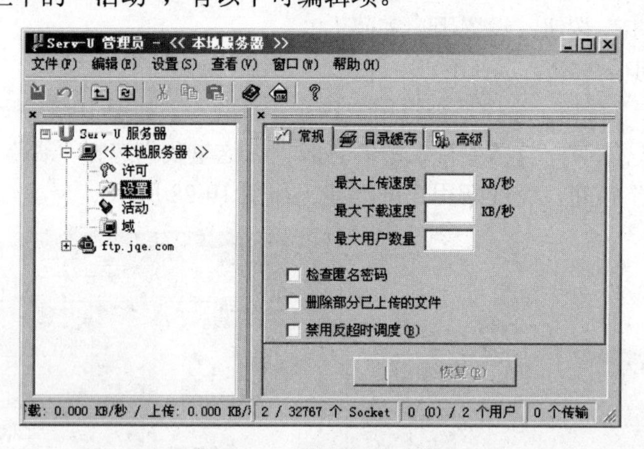

图10-30　设置网络参数

- 用户：显示当前登录的用户IP地址等资料及当前工作状态。建议选中“自动重新载入”复选框。如果选中某个用户，单击鼠标右键，在弹出菜单中选择“剔除用户”，即可将其从服务器中踢出去。
- 已封锁的IP：此处用来暂时禁止某些IP访问本系统。单击工具栏中的“+”符号或直接在列表框中的空白处单击鼠标右键，在弹出菜单中选择“添加 IP”，即可增加被暂时禁止的IP地址，并设置禁止登录的总时间（从增加之后开始计算）。在列表中可以看见被禁止的 IP 地址及其对应计算机的完整域名和离解禁尚有多少时间（以秒为单位）等。在列表中单击鼠标右键即可选择删除已禁止的 IP 地址。

- 会话日志：记录所有登录（或试图登录）到本机的操作痕迹及错误信息等。

2. **设置域属性**

单击左侧导航栏中的 ftp.jqe.com，如图 10-26 所示，此处可以修改相应的域名、IP 地址及端口号等。

（1）设置域参数

单击左侧导航栏中 ftp.jqe.com 目录中的“设置”，如图 10-31 所示，有以下可编辑项。

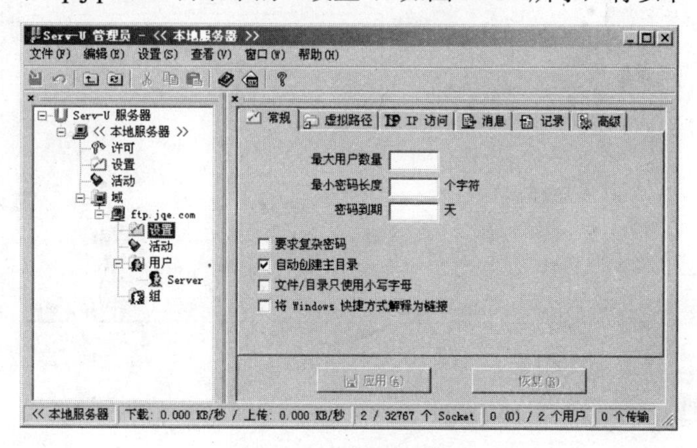

图 10-31 设置域参数

- 常规/最大用户数量：允许同时登录到本 FTP 服务器的最大用户数。
- IP 访问/拒绝访问：仅仅拒绝登录到本 FTP 服务器的计算机的 IP 地址列表。
- IP 访问/允许访问：仅仅允许登录到本 FTP 服务器的计算机的 IP 地址列表。
- IP 访问/规则：输入指定的 IP 地址或 IP 地址范围。接受如 192.168.0.88 之类的单个 IP 地址；接受如 192.168.0.4-192.168.0.11 之类的 IP 地址范围；接受如 192.168.0.*之类的通配符；接受如 192.168.0.1?之类的单个字符的限制等多种格式。
- 消息：改变一些提示性显示信息，如 Signon message file（开始广播）、Server offline（服务器未工作）、No anonymos access（不接受匿名登录）等。

（2）设置活动

单击左侧导航栏中 ftp.jqe.com 目录中的“活动”，有以下可编辑项。

用户：显示登录到本服务器的用户及其状态；建议选中“自动重新载入”复选框。

域日志：记录所有登录（或试图登录）到本服务器的操作痕迹及错误信息等。

（3）设置组

利用组可以预先建立好一个或多个确定了属性（读写等）和控制权限（授予或禁止某些 IP 地址访问）的目录，以后当我们建立新的用户需要用到这些目录时，直接添加进去就行了，不用再进行重复设置，组的建立可以大大减轻设置工作量。建立一个新组很简单。先右键单击“组”，在弹出菜单中选择“新建组”命令，打开“添加新建组”对话框，在“组名称”编辑框中输入组的名字并单击“完成”按钮即可，如图 10-32 所示。有以下可编辑项。

- 目录访问：单击“添加”按钮可增加目标目录（可以增加多个），然后再为它们逐个设置存取权限。

- ❑ 组的复制：可以像复制文件一样复制所建立的组。右键单击要复制的组名，在弹出菜单中选择“复制组”即可复制此组。
- ❑ 将用户加入组：在“用户”中选中要使用组的用户名，再单击右侧面板中“组”后的图标，选择所需要的组名（可用 Ctrl 键或 Shift 键来同时选中多个组；多个组名会自动以逗号进行分隔）。

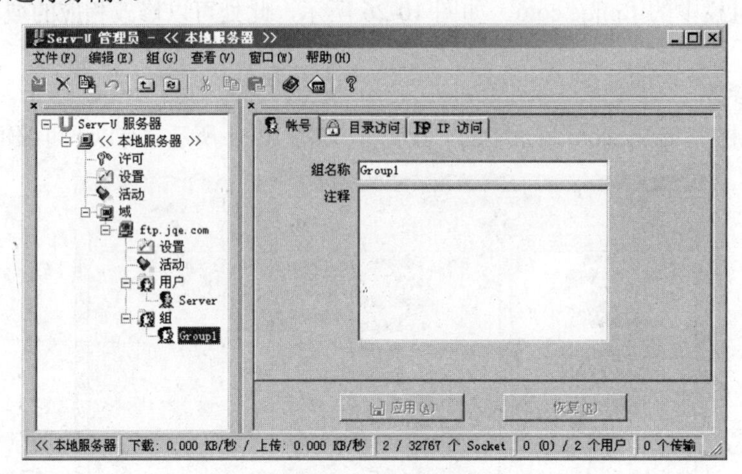

图 10-32　创建组

3. 设置用户属性

（1）设置账户

在左侧的导航栏中单击需要设置的用户，如图 10-28 所示。有以下可编辑项。

- ❑ 禁用帐号：如果选中它，则此账号将无法使用。
- ❑ 自动：如果选中它，则可以设置在指定时间内自动移除或禁用此账号。
- ❑ 用户名：此处显示并可改变该用户的登录名；修改后，左边面板中的用户名也会自动作相应的变更。
- ❑ 组：如果已有建立好的组，则此处可通过选择组来设置更多的目录。
- ❑ 密码：此项如果为<<Encrypted>>（加密），则表示有密码，为保密，因此内容不予显示。如果为空白，则表示无密码。
- ❑ 主目录：用户登录后的主目录。
- ❑ 特权：用于设置此账户的权限。

（2）设置常规选项

在左侧导航栏中单击需要设置的用户，在右侧的面板中选择 General 选项卡，如图 10-33 所示。有以下可编辑项。

- ❑ 需要安全连接：如果选中此复选框则只允许用户访问其主目录以下的文件和目录（主目录即为根目录）；如果不选中此复选框，则用户可一直访问到主目录所在盘的实际根目录——不过可能并没有读其下的其他文件目录或写等的权限，但仍建议选中此项。
- ❑ 隐藏“隐藏”文件：在列表时不显示属性为“隐藏”的文件。
- ❑ 总是允许登录：本账户永远有效。
- ❑ 同一 IP 地址只允许 N 个登录：只接受同一个 IP 地址的 N 个用户登录，对于限制外部局域网接入的机器数量非常有用。

- 允许用户更改密码：接受用户改变密码，有些 FTP 客户端有允许用户改变自己 FTP 密码的功能，此处就是为它们准备的。
- 最大上传速度：限制客户端上传文件的最大速率。
- 最大下载速度：限制客户端下载文件的最大速率。
- 空闲超时：在指定时间内没有数据传输就丢弃已建立的连接。
- 会话超时：会话超过指定时间后就丢弃已建立的连接。
- 最大用户数量：允许同时连接到本服务器的最多的用户数目。
- 登录消息文件：在这里可以输入（或选择）一个事先建立好的文本文件的完整路径和文件名，登录成功之后就会出现相关的提示信息。
- 密码类型：设置密码类型，一般选择默认的规则密码。

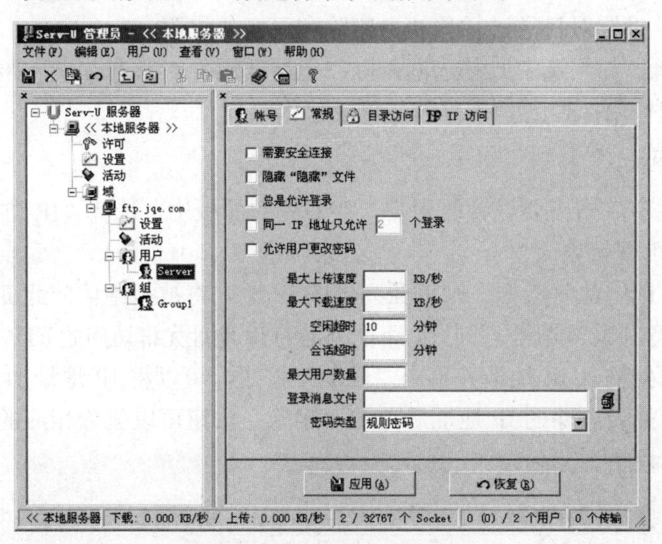

图 10-33 设置常规选项

（3）设置目录访问

在左侧的导航栏中单击需要设置的用户，在右侧的面板中选择“目录访问”选项卡，如图 10-34 所示。有以下可编辑项。

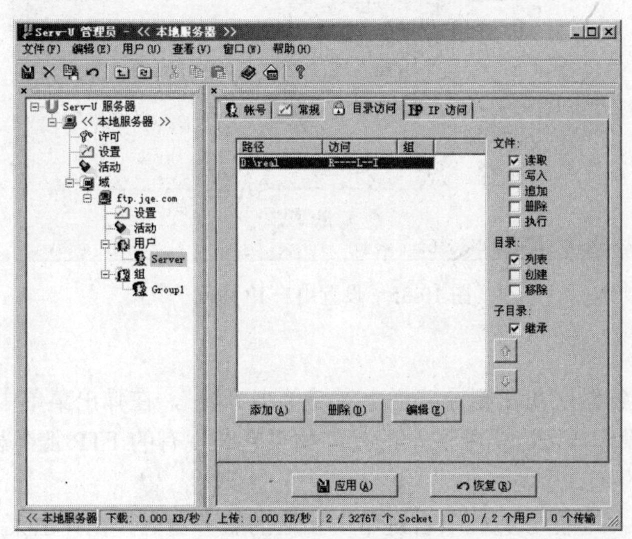

图 10-34 设置目录访问

- ❑ 路径：目录所在的实际路径。
- ❑ 访问：存取属性。
- ❑ 组：所属组。
- ❑ 文件/读取：设置对文件进行“读”操作（复制、下载；不含查看）的权限。
- ❑ 文件/写入：设置对文件进行“写”操作（上传）的权限。
- ❑ 文件/追加：设置对文件进行“写”操作和“附加”操作的权限。
- ❑ 文件/删除：设置对文件进行删除（上传、更名、删除、移动）操作的权限。
- ❑ 文件/执行：设置直接运行可执行文件的权限。
- ❑ 目录/列表：设置查看文件和目录的权限。
- ❑ 目录/创建：设置建立目录的权限。
- ❑ 目录/移除：设置对目录进行移动、删除和更名的权限。
- ❑ 子目录/继承：如果选中此复选框，则以上所选属性对所选 Path 中指定目录以下的整个目录树起作用；否则就只对当前目录起作用。

（4）设置 IP 访问选项

在左侧的导航栏中单击需要设置的用户，在右侧的面板中，选择“IP 访问”选项卡，如图 10-35 所示。有以下可编辑项。

- ❑ 拒绝访问：选中此复选框，则下面列出的 IP 地址将被拒绝访问此 FTP 服务器。
- ❑ 允许访问：选中此复选框，则只有下面列出的 IP 地址允许访问此 FTP 服务器。
- ❑ 规则：在此处输入 IP 地址并单击“添加”按钮，可以将 IP 地址加入地址列表；在地址列表中选择要删除的 IP 地址后单击“删除”按钮可以删除相应的 IP 地址。

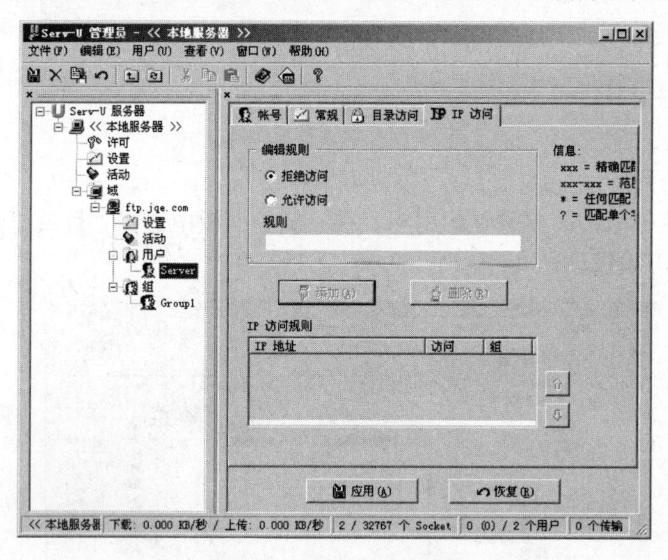

图 10-35　设置用户 IP 访问

4. 其他常用操作

增加新的 FTP 服务器：在左侧导航栏中右键单击“域”，在弹出菜单中选择“新建域”命令，再按照提示进行操作即可。需要注意的是，如果它与现有的 FTP 服务器使用同一个 IP 地址，则必须使用不同的端口号。

删除 FTP 服务器：在左侧导航栏中右键单击相应的服务器名，在弹出菜单中选择“删除域”命令。

建立新用户：在左侧导航栏中右键单击“用户”，在弹出菜单中选择“新建用户”命令。

删除用户：在左侧导航栏中右键单击相应用户名，在弹出菜单中选择“删除用户”命令。

复制用户：在左侧导航栏中右键单击相应用户名，在弹出菜单中选择“复制用户”命令。

本章小结

FTP 是专门的文件传输协议，是各专业下载站点提供服务的最主要方式。

本章主要介绍了 FTP 服务器的搭建及管理，通过本章的学习，读者应该能够独立搭建 FTP 服务器并对其进行日常的管理和维护。Server-U 是一个功能十分强大的软件，希望读者能够熟练掌握其用法。

思考与练习

1．什么是 FTP？

2．比较搭建网站和搭建 FTP 站点时的相同点和不同点，分析原因。

3．默认情况下，客户端访问 FTP 站点时使用的账户是什么？如果希望在客户端使用 Administrator 账户访问 FTP 站点，该如何做？

4．Server-U 与 Windows Server 2003 自带的 FTP 服务器（IIS）相比，有哪些相同点和不同点？

第 11 章　创建邮件服务器

内容提要

- ◆ 邮件服务概述
- ◆ Windows Server 2003 搭建邮件服务器
- ◆ IMail 搭建邮件服务器
- ◆ Exchange 搭建邮件服务器

邮件服务作为当前应用最广泛的网络服务之一，早已为大众所熟知。本章将主要介绍邮件服务的相关知识，包括邮件协议、Windows Server 2003 邮件服务器、IMail 邮件服务器、Exchange Server 2003 企业级邮件服务器、创建和管理邮箱和收发邮件等。

11.1　邮件服务

同文件传输服务一样，电子邮件（Electronic Mail，简称 E-mail）也是最早出现在 Internet 的服务之一。它的功能主要是把一些非实物的东西如文字、图形、声音、电影或软件等从一方传递到另一方，实现人与人之间的通信。

与人工邮件相比，电子邮件最大的优点就是速度极快，在 Internet 中几秒钟就可以完成从中国到美国的传递，在人工邮件中，即使最快的航空邮件也无法与之相比。

与电话相比，电子邮件在速度上没有什么优势，但它并不要求通信的双方同时在场，发信方可以随时随地发送邮件，接收方可以选择在自己方便的时候读取。

正是由于电子邮件具有价格低、速度快、使用方便等许多优点，因此一经推出，就深受广大网络用户的欢迎，其发展速度之快远超当初设计者的预料，以致于推出不久电子邮件的通信量就超过了其他所有网络服务数据流量的总和，成为 Internet 上最繁忙的业务。

电子邮件的传输是通过 SMTP（Simple Mail Transfer Protocol，简单邮件传输协议）协议和 POP3（Post Office Protocal Version 3，邮局协议第三版）协议共同实现的。

- ❑ SMTP 协议：SMTP 称为简单邮件传输协议，目标是向用户提供高效、可靠的邮件传输，默认情况下使用计算机的端口 25。SMTP 的一个重要特点是它能够在传送中接力邮件，即邮件可以在不同的服务器之间接力式地传送，直到到达目的计算机。SMTP 协议工作在两种情况下：一种是将邮件从客户机传送到服务器，一种是将邮件由一个服务器传送到另一个服务器。SMTP 服务器在接到用户的邮件发送请求后，判断此邮件是否是本地邮件，如果是则直接投递到用户邮箱，如果不是则向 DNS 服务器查询目标服务器的记录，然后根据 DNS 服务器提供的网络路径发送邮件，将邮件传送到收件人邮箱所在的服务器，最后由该服务器将邮件投递到用户邮箱中。
- ❑ POP3 协议：POP 称为邮局协议，POP3 是 POP 协议的第三版，用于电子邮件的接收，默认情况下使用计算机的 110 端口。POP3 采用的是客户机/服务器工作模式。当客户端需要服务时，客户端软件会与 POP3 服务器建立连接，此后要经过 POP3 协议的三步工作状态，首先是认证过程，确认客户端提供的用户名和密码正确，然后进入处理状态，在此状态下用户可以对属于自己的邮件进行修改或删除等操作，在完成操作之后，客户端会发出退出命令，此后进入更新状态，将做了删除标记的邮件从服务器的存储设备上删除。

11.2 利用 Windows 搭建简单的邮件服务器

Windows Server 2003 自带了 POP3 服务和 SMTP 服务，但其功能非常薄弱，不过，对于对邮件服务器要求不是很高的企业还是十分方便的。本节将介绍如何安装和设置 Windows Server 2003 自带的 POP3 服务和 SMTP 服务。

11.2.1 安装邮件服务器

（1）将 Windows Server 2003 安装光盘放入光驱中，打开“管理您的服务器”管理控制台，然后单击“添加或删除角色”，打开“配置您的服务器向导”对话框，在列表框中选择“邮件服务器（POP3，SMTP）”，如图 11-1 所示。

（2）单击“下一步”按钮，配置 POP3 服务，如图 11-2 所示，有以下可编辑项。

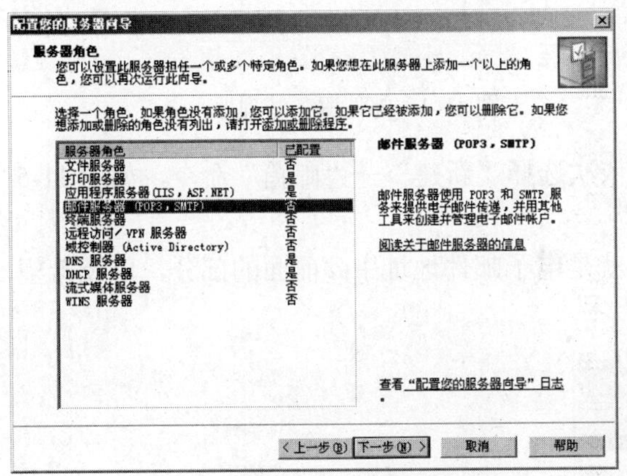

图 11-1 安装邮件服务器

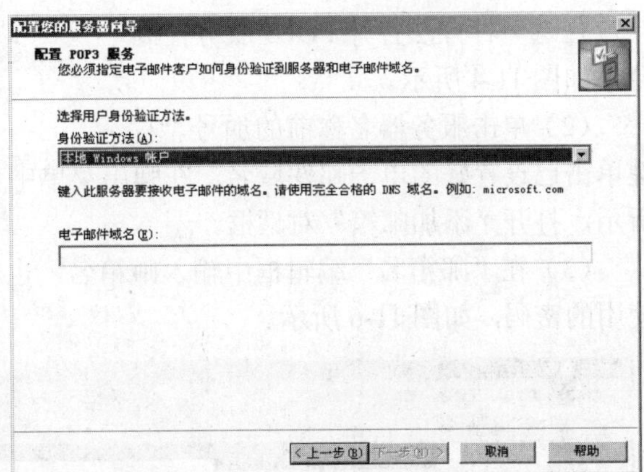

图 11-2 配置 POP3 服务

- ❑ 身份验证方法：选择“本地 Windows 账户”表示每创建一个邮箱账户，系统会自动为其创建一个 Windows 用户；选择“加密的密码文件”表示创建的邮箱账户是独立的，不会与 Windows 账户发生关联。
- ❑ 电子邮件域名：希望使用的域名，也就是电子邮箱地址中@后面的部分。

（3）单击“下一步”按钮，确认前面所做的配置，如图 11-3 所示。

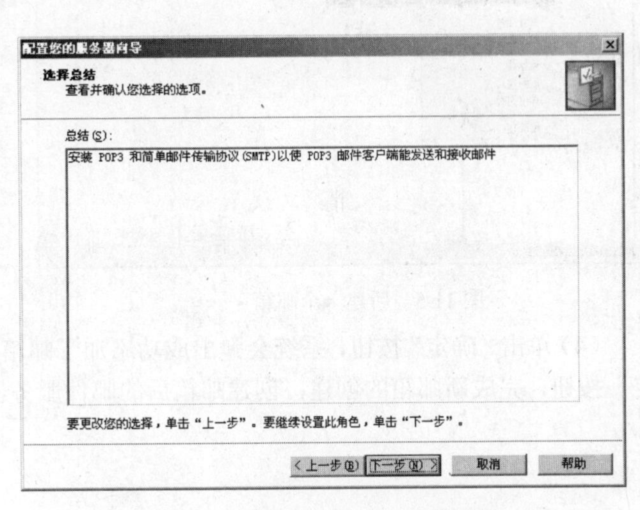

图 11-3 确认邮件服务器安装设置

（4）单击“下一步”按钮，系统会自动安装邮件服务的各个组件，等待一段时间后，单击“完成”按钮，完成邮件服务器的安装。

11.2.2 创建邮箱

（1）首先打开 POP3 服务控制台，有三种打开方法：

- 在“管理您的服务器”对话框中选择“管理此邮件服务器”。
- 单击“开始”按钮，在弹出菜单中依次选择“所有程序”→“管理工具”→“POP3 服务”命令。
- 单击“开始”按钮，在弹出菜单中选择“运行”命令，打开“运行”对话框，在“打开”编辑框中输入 p3server.msc 并单击“确定”按钮。

任选一种方法打开 POP3 服务控制台，如图 11-4 所示。

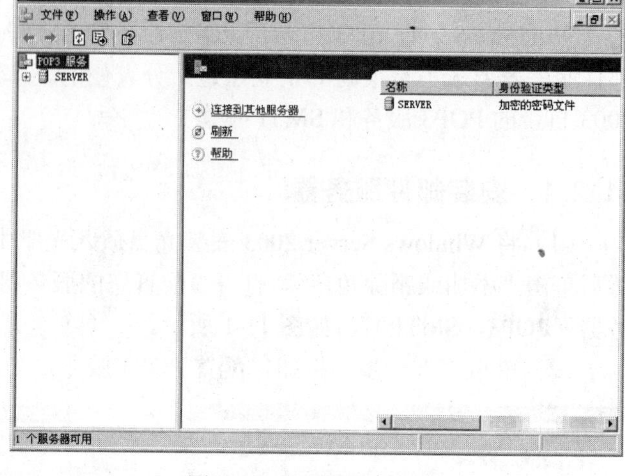

图 11-4 邮件服务管理器

（2）单击服务器名称前的加号，右键单击已设置好的电子邮件域名，在弹出菜单中依次选择“新建”→“邮箱”命令，如图 11-5 所示，打开“添加邮箱”对话框。

（3）在“邮箱名”编辑框中输入邮箱名，也就是电子邮件地址中@前面的部分，以及希望使用的密码，如图 11-6 所示。

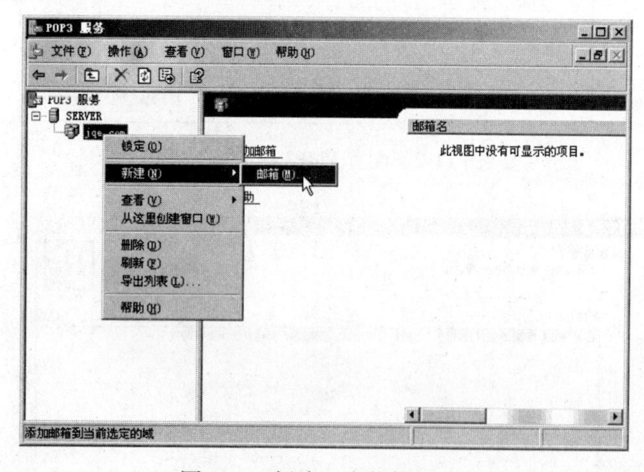

图 11-5 新建一个邮箱

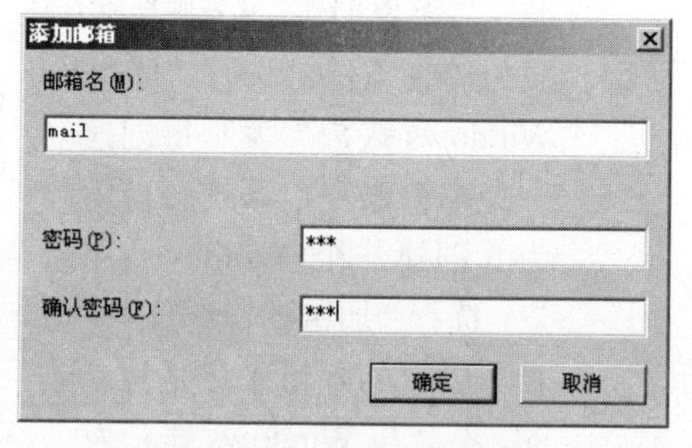

图 11-6 输入邮箱地址和密码

（4）单击“确定”按钮，系统会弹出成功添加了邮箱的确认信息，如图 11-7 所示，单击“确定”按钮，完成新邮箱的创建，创建邮箱后的邮件服务器如图 11-8 所示。

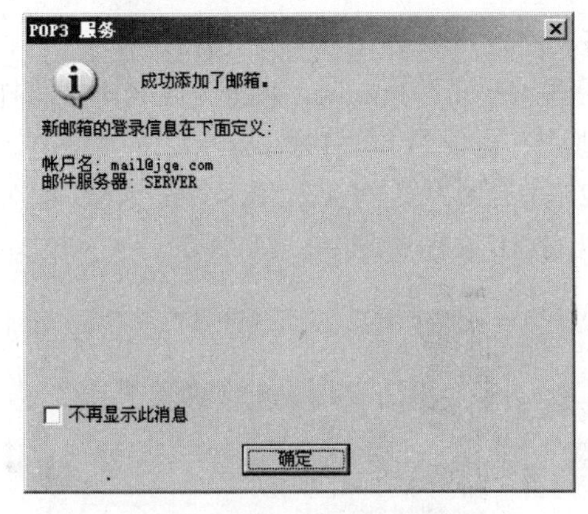

图 11-7　系统确认邮箱添加成功

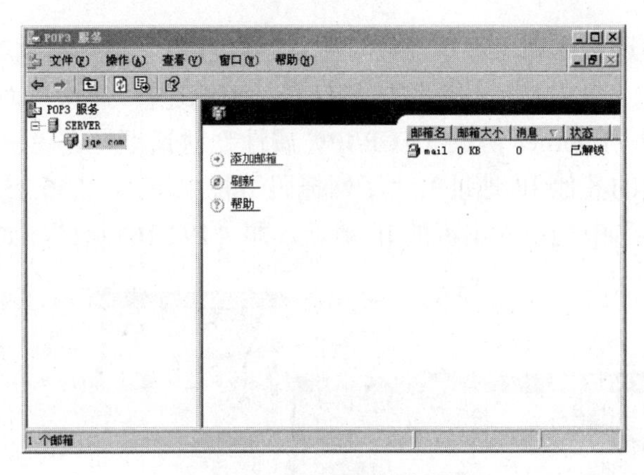

图 11-8　完成新邮箱的创建

11.2.3　管理邮箱

选择邮箱地址，可以看到，左侧是能够对信箱进行的操作，如图 11-9 所示。

- 添加邮箱：在服务器上添加一个邮箱地址。
- 锁定邮箱：将该邮箱锁定，暂时不允许用户使用。
- 删除邮箱：将该邮箱彻底删除。

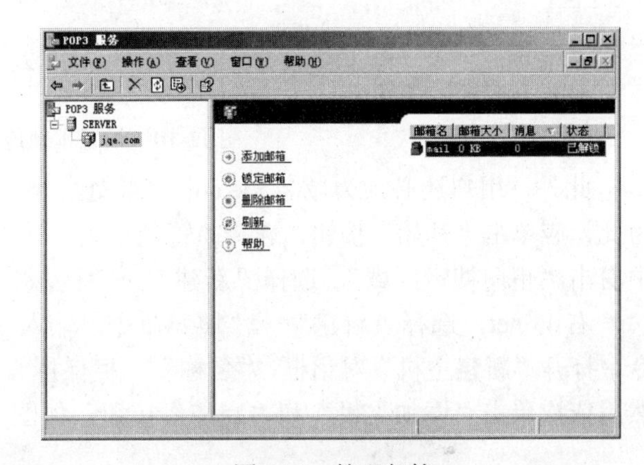

图 11-9　管理邮箱

Windows Server 2003 的邮件系统功能比较单一，在图形界面下只可以进行上述操作，除此之外，Windows Server 2003 还提供了更改邮箱密码的方法，不过只能在命令行界面下操作：单击“开始”按钮，然后单击“运行”，在弹出的“运行”对话框中输入更改邮箱密码的指令“winpop changepwd 邮箱地址 密码”，比如希望把邮箱 mail@jqe.com 的密码改为 passwd，就应输入 winpop changepwd mail@jqe.com passwd，然后单击“确定”按钮。

11.3　利用 IMail 搭建邮件服务器

IMail 是一个高性能的，基于 SMTP/POP3/IMAP4/LDAP 标准的邮件服务器。其使用界面简单直观，非常易于管理，主要特色包括：支持 Outlook Express、FoxMail 等多种支持 SMTP/POP3/IMAP4 协议的客户端，支持多域名和远程管理，可利用浏览器收发邮件，可创建邮递清单（mailing lists），支持反垃圾邮件等。本节将以 Imail 8.01 无限用户中文版为例，简要介绍其使用方法。

11.3.1　设置 IP 地址和 DNS

如果本机 IP 地址尚未设定，可以首先单击“开始”按钮，选择“控制面板”，依次双击“网络连接”和“本地连接”图标，打开“本地连接 状态”对话框，如图 11-10 左图所示。

单击“属性”按钮，打开“本地连接 属性”对话框，双击“Internet 协议（TCP/IP）”，打开“Internet 协议（TCP/IP）属性”对话框，在“IP 地址”栏中填入“192.168.0.1”（或自己选定的其他 IP 地址）；“子网掩码”栏中填入“255.255.255.0”；“默认网关”和“首选 DNS 服务器”中均填入本机的 IP 地址，即“192.168.0.1”，如图 11-10 右图所示。

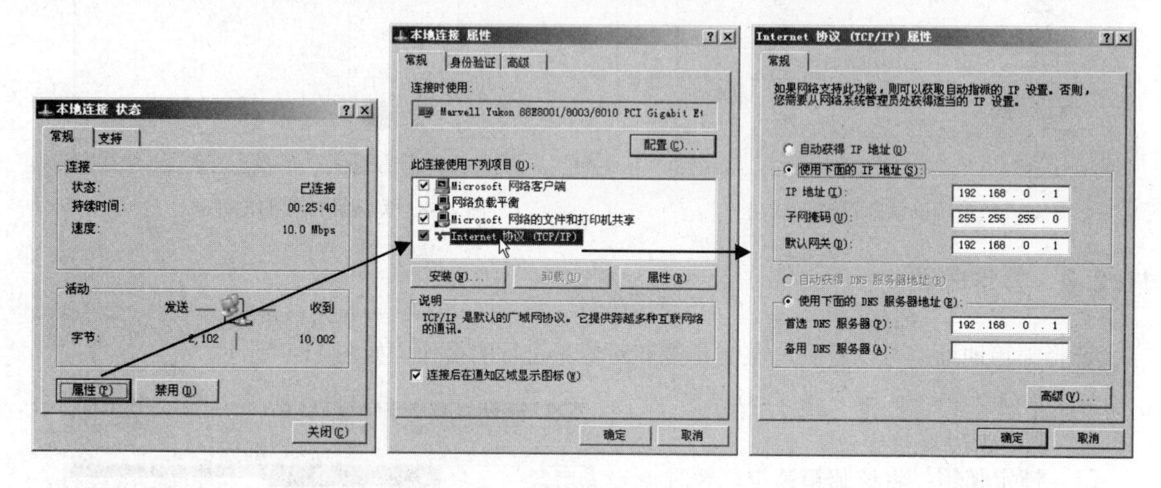

图 11-10　设置本地连接的 IP 地址

此外，用户还必须为域名 jqe.com（此处应填写公司申请的域名）建立相关的 DNS 记录。为此，应单击“开始”按钮，选择“管理工具”→“DNS”命令，打开 DNS 管理器。在左窗格中右击“正向搜索区域”，选择“新建”→“区域”命令，输入 com。

右击 net，选择“新建”→“域”命令，输入 jqe；右击 jqe，选择“新建”→“主机”命令，打开“新建主机”对话框，“名称”一栏保持为空，在“IP 地址”栏中输入“192.168.0.1”，然后依次单击“添加主机”和“完成”按钮，如图 11-11 所示。

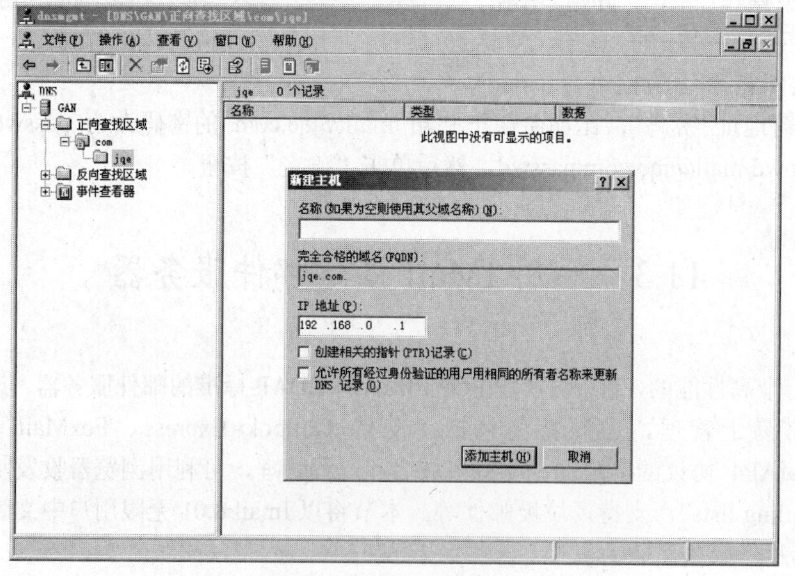

图 11-11　新建域名和主机

要测试 DNS 记录是否建立成功，可以单击“开始”按钮，选择“运行”命令，输入 cmd，单击“确定”按钮，打开一个 MS-DOS 窗口，输入 ping 163.net 指令。如果有图 11-12 所示的响应，即说明已经成功地建立好了 DNS 记录！

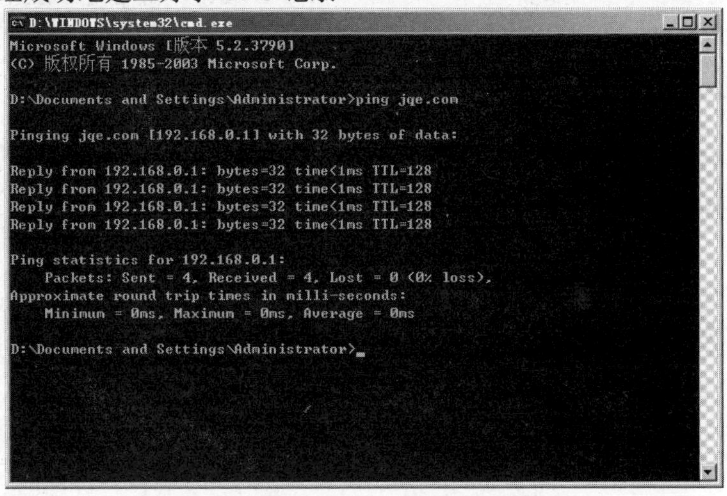

图 11-12　测试 DNS 记录是否建立成功

11.3.2　安装 IMail

双击运行 IMail 的安装文件即可进行安装，其简要步骤如下。

（1）启动安装程序，单击 Next 按钮，输入域名，如图 11-13 所示。

（2）单击 Next 按钮，设置数据库类型为默认的 IMail User Database。

（3）继续单击 Next 按钮，设置 IMail 安装目录（默认为 C:\IMail）。

（4）继续单击多次 Next 按钮，直至出现如图 11-14 所示画面，在该画面中可以设置默认情况下启动哪些服务。通常情况下，应选中 IMail POP3 Server（用于临时存放邮件，以便客户端在方便时“取走”邮件）和 IMail IMAP4 Server 服务（以便让用户远程访问邮件或用不同的计算机中访问邮件）。

（5）单击 Next 按钮，系统将显示如图 11-15 所示的对话框，询问是否增加用户。如果单击 Yes 按钮，则要求输入用户名、用户全名和密码。假定我们此处增加一个用户名为 mywolf 的用户，并为其设置合适的全名和密码。

所设用户的邮箱地址为 mywolf@jqewh.com，POP3 和 SMTP 服务器地址均为 jqe.com。

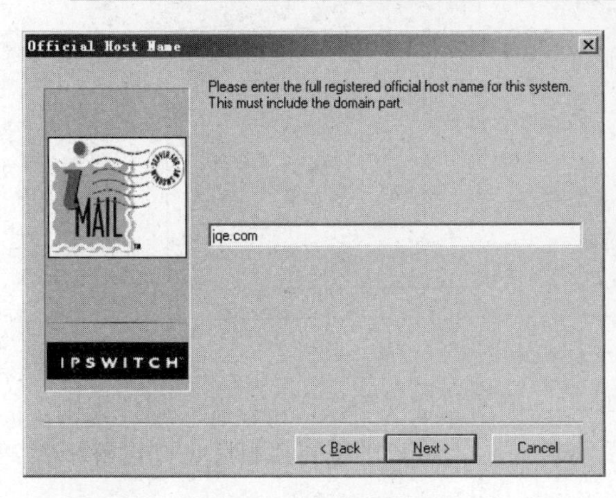

图 11-13　设置域名

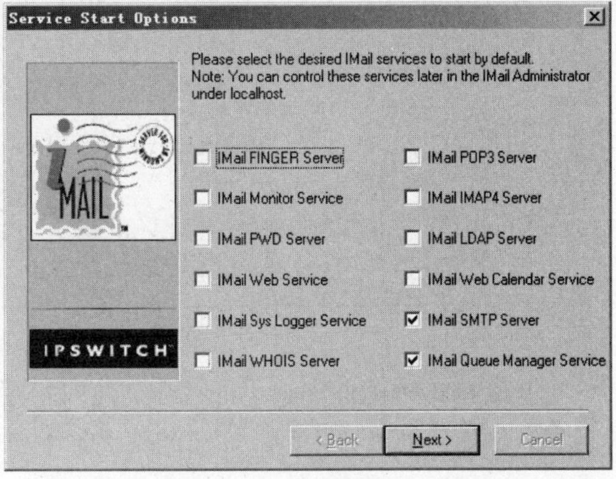

图 11-14　添加服务

（6）利用上述方法可以增加多个用户。如果单击 No 按钮，再单击 Finish 按钮，软件安装结束，系统将在“开始”菜单的“所有程序”中增加一个 IMail 程序组，如图 11-16 所示。

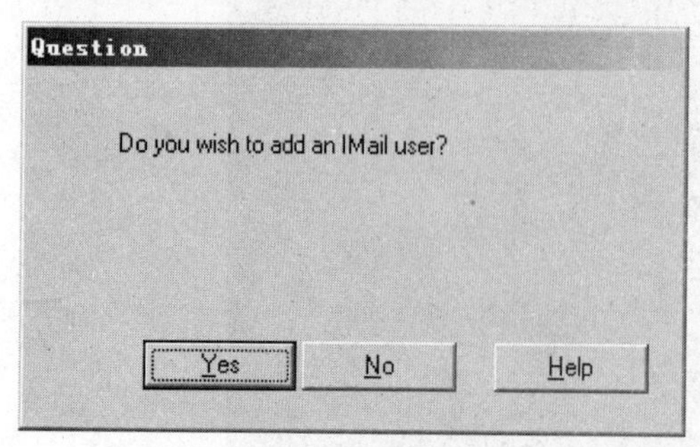

图 11-15　询问是否增加用户

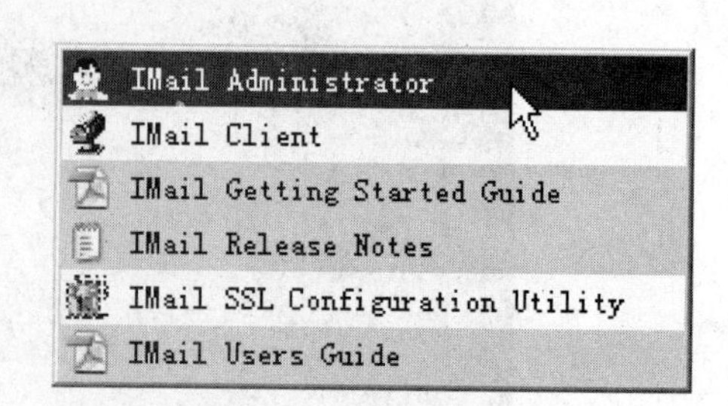

图 11-16　IMail 程序组

11.3.3　管理邮件服务器

邮件服务器的管理主要涉及服务器属性设置、服务器的添加和删除、用户属性设置和用户的添加和删除等。

要打开邮件服务器管理器，可以单击“开始”按钮，然后依次选择“所有程序”→IMail→IMail Administrator 命令，打开 IMail Administrator 窗口，如图 11-17 所示。在这里可以设置默认信箱最大容量、单个信件最大容量、默认最多信件数等信息。默认情况下，这些数字都为 0，表示不加任何限制。

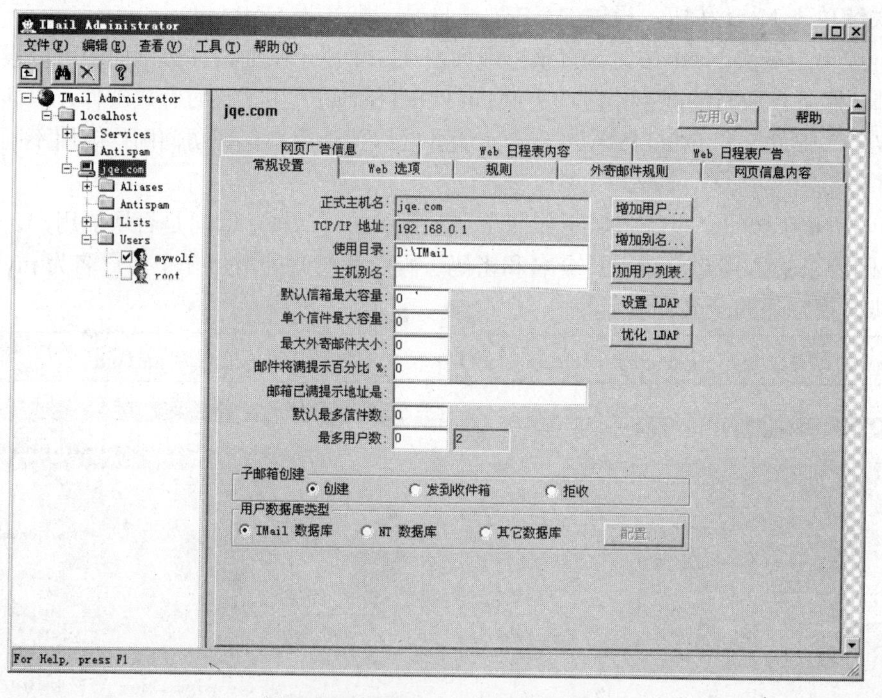

图 11-17　IMail Administrator 窗口

如果希望设置邮件规则，可打开“规则”选项卡，单击“增加”按钮，打开“邮件规则”对话框。例如，要设置规则：如果邮件地址中包含 sex 字样，将该邮件直接删除，则设置步骤如下。

（1）打开“选择规则”下拉列表，选择 If the From Address，在“搜索文本”编辑框中输入 sex。

（2）单击“增加条件”按钮，然后单击 OK 按钮，如图 11-18 所示。

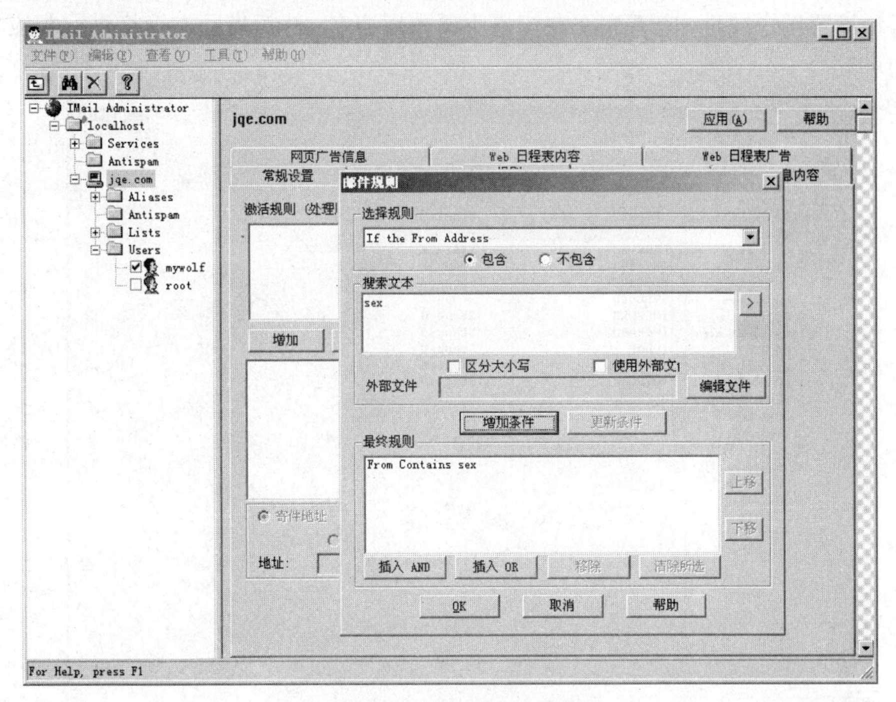

图 11-18　设置邮件规则

（3）在“规则”选项卡下方选中“删除”单选钮，如图 11-19 所示。

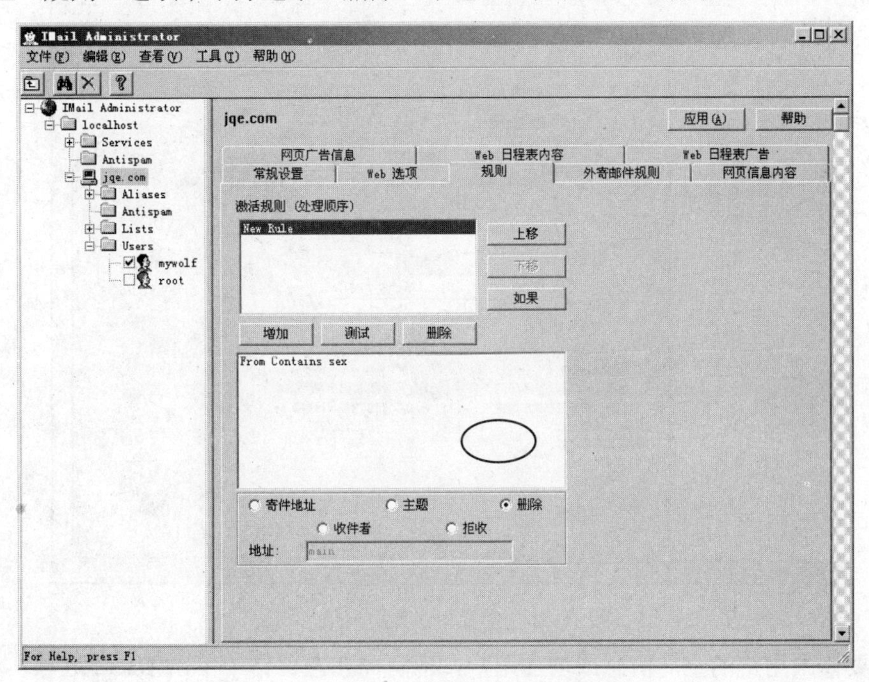

图 11-19　继续设置邮件规则

要启动服务器的某项服务，应首先在左窗格中单击 Services，然后在右窗格中选择服务，随后单击 Start（如该项服务目前状态为停止，则按钮标签为 Start）或 Stop（如该项服务已运行，则按钮标签为 Stop），如图 11-20 所示。

要查看和设置用户属性，应首先在左窗格中单击用户名，然后借助右窗格进行相应的操作，如图 11-21 所示。

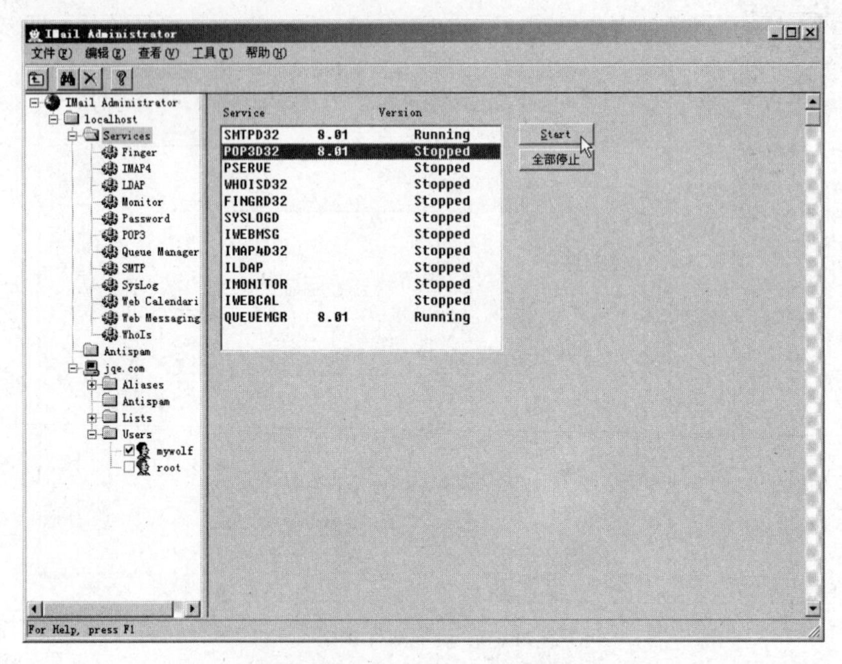

图 11-20　启动和停止某项服务

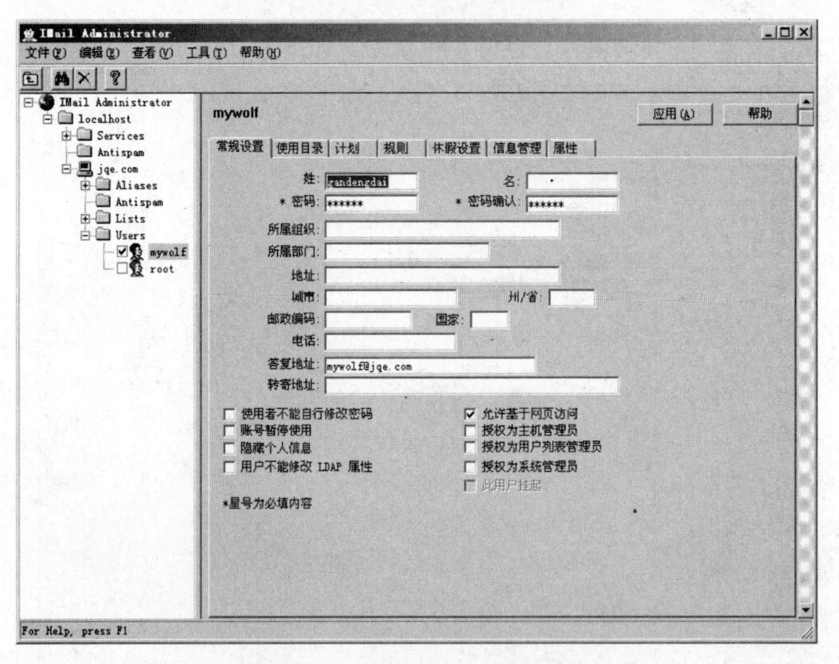

图 11-21　查看和修改用户信息

此外，要修改用户的全局信息或增加用户，应首先在左窗格中单击 Users 选项，然后在右窗格中进行设置，如图 11-22 所示。

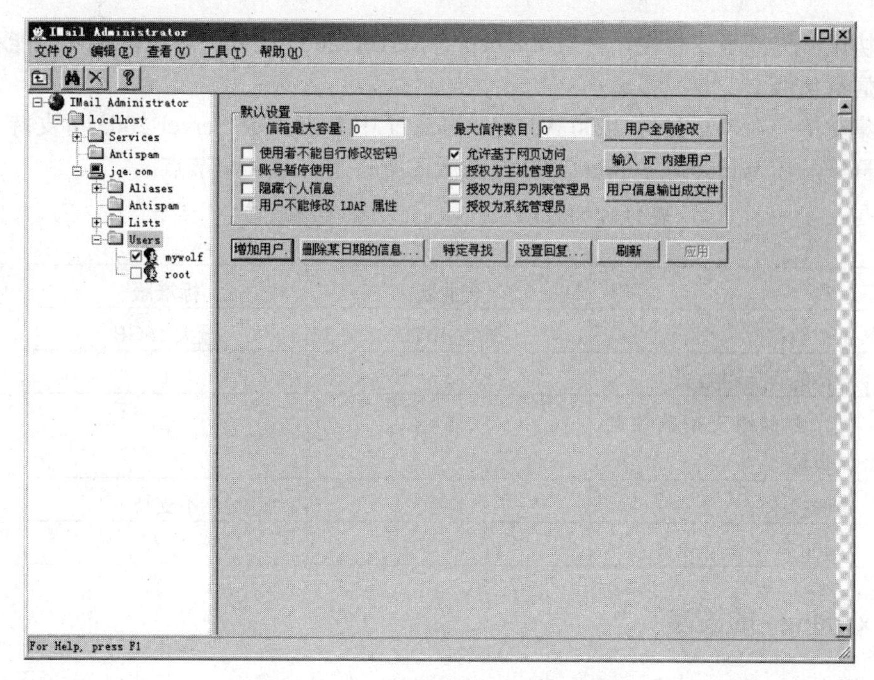

图 11-22　查看和修改用户全局信息

11.3.4　邮件服务器的测试

利用IMail搭建好邮件服务器后，即可利用FoxMail、Outlook Express以及IMail自带的IMail Client 等软件对其进行测试了。例如，使用 FoxMail 测试服务器时，可以将用户的邮件地址设置为 mywolf@jqe.com，将 SMTP 和 POP3 服务器的域名都设置为 jqe.com。同时，SMTP 和 POP3 服务器都要求进行身份验证。

请注意，此时创建的邮件服务器只能用于局域网的内部通信。如果希望该邮件服务器能用于外部网络，则应申请固定的域名和 IP 地址。当然，相应的设置也会有所不同。

11.4　利用 Exchange 搭建邮件服务器

Exchange Server 2003 有两个版本：标准版和企业版。Exchange Server 2003 标准版是 Microsoft 为小型企业、工作组或部门开发的企业级邮件服务器，适用于规模比较小的网络环境。Exchange Server 2003 企业版更适用于大规模的网络。

Exchange Server 2003 企业版拥有 Exchange Server 2003 标准版的所有功能，而 Exchange Server 2003 标准版在很多方面都受到了限制，它们之间的区别如表 11-1 所示。

- 活动目录集成：Exchange Server 2003 是和活动目录紧密结合在一起的，如果网络中没有安装活动目录，Exchange Server 2003 将拒绝安装。活动目录的强大功能上一章我们已经详细介绍过了，Exchange Server 2003 继承了活动目录很多地方的功能。
- 可扩展的数据库结构：企业版的数据库最大可达 16TB，并且最多可以支持 4×5=20 个数据库，标准版的数据库也可达 16GB，可支持 1×2=2 个数据库。
- 安全性：默认状态下，Exchange Server 2003 会关闭服务器的 SMTP、POP3 和 IMAP

等协议，提高了安全性，并且 Exchange Server 2003 还具有防垃圾邮件功能和一定的防病毒功能。

- 群集支持：在 Windows 2000 Advance Server 中 Exchange Server 2003 可支持 4 个节点的群集，在 Windows Server 2003 企业版的支持下可达 8 个节点。

表 11-1 Exchange Server 2003 版本比较

功能	企业版	标准版
每个数据库大小	最大 16TB	最大 16GB
支持的存储组数量	4	1
每个存储组支持的数据库数量	5	2
集群技术	支持	不支持
X.400 连接器	有	没有

11.4.1 Exchange 的安装

1. 准备安装

在 Exchange Server 2003 安装之前，需要做以下准备工作。

- 操作系统：Exchange Server 2003 只能安装在 Windows 2000 Server+SP3 和 Windows Server 2003 及更新版本的操作系统上，并且要求安装活动目录。
- 服务：确认服务器上已安装并启动了.NET Framework 和 IIS 等服务，它们都是应用程序服务器的组件。
- 账户：确认执行安装操作的账户是计算机管理员或域管理员组的成员。
- 分区格式：安装 Exchange 的分区必须是 NTFS 格式的分区，FAT32 格式的分区无法安装。
- 协议：Exchange 中的“消息与协作服务”组件要求卸载 POP3 协议，因此安装 Exchange 之前，需要先卸载上一节安装的邮件服务器。

卸载邮件服务器的方法是：单击“开始”按钮，在弹出菜单中选择“管理您的服务器”命令，在打开的对话框中选择“添加或删除角色”，单击“下一步”按钮，打开“配置您的服务器向导”对话框，在列表框中选择“邮件服务器（POP3，SMTP）”。

单击“下一步”按钮，确认删除，如图 11-23 所示。选择“删除邮件服务器角色”复选框。单击“下一步”按钮，等待一段时间后，系统提示成功删除，如图 11-24 所示。

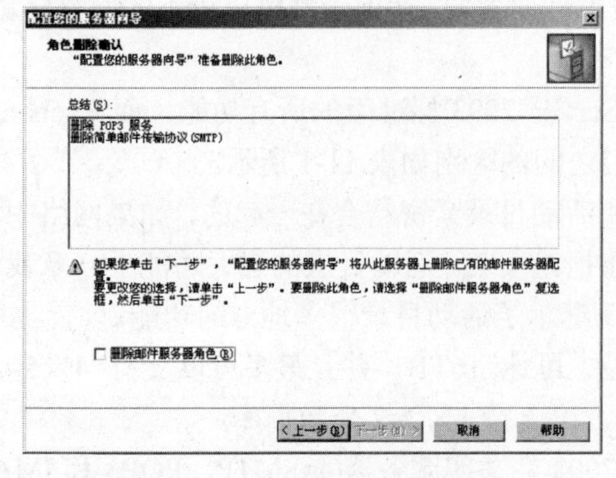

图 11-23 确认删除邮件服务器

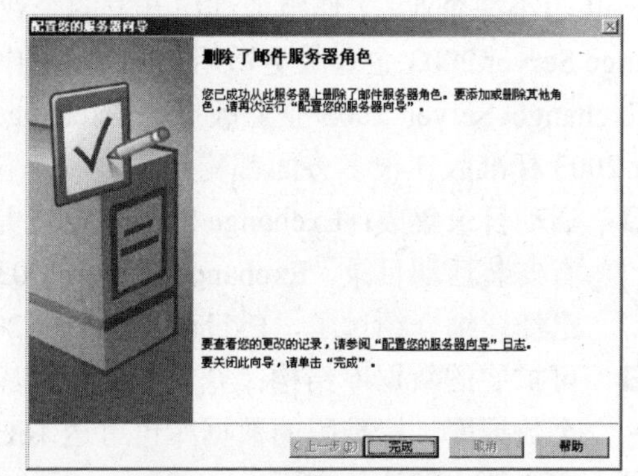

图 11-24 完成邮件服务器的删除

2. Exchange Server 2003 的安装

（1）将 Exchange Server 2003 安装光盘放入光驱，安装程序将自动运行，如果没有自动运行，也可以打开光盘运行 setup.exe 文件，如图 11-25 所示。

（2）单击“Exchange 部署工具”，弹出“Exchange Server 部署工具”对话框，如图 11-26 所示。

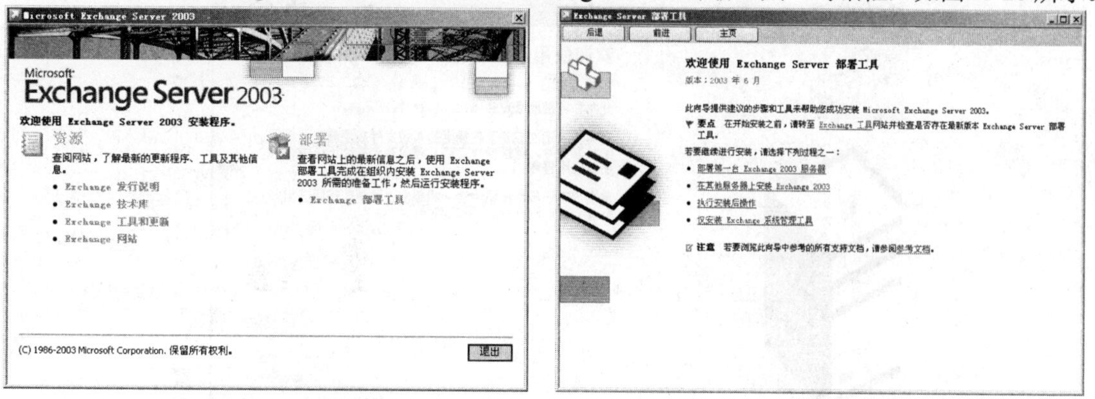

图 11-25　安装 Exchange　　　　图 11-26　Exchange Server 部署工具

（3）因为我们是第一次安装 Exchange，因此单击“部署第一台 Exchange 2003 服务器”，选择适当的部署过程，如图 11-27 所示。

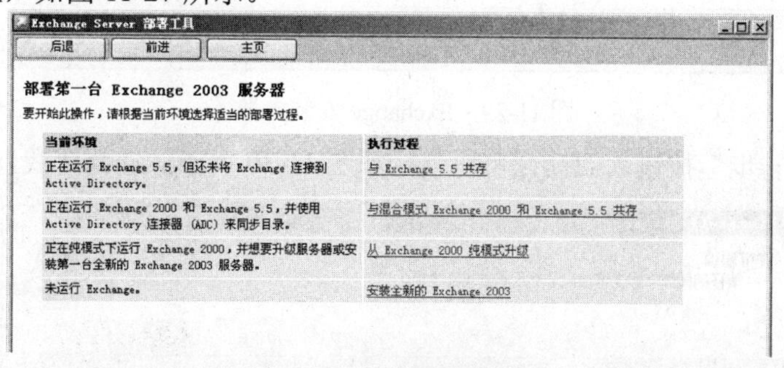

当前环境	执行过程
正在运行 Exchange 5.5，但还未将 Exchange 连接到 Active Directory。	与 Exchange 5.5 共存
正在运行 Exchange 2000 和 Exchange 5.5，并使用 Active Directory 连接器 (ADC) 来同步目录。	与混合模式 Exchange 2000 和 Exchange 5.5 共存
正在纯模式下运行 Exchange 2000，并想要升级服务器或安装第一台全新的 Exchange 2003 服务器。	从 Exchange 2000 纯模式升级
未运行 Exchange。	安装全新的 Exchange 2003

图 11-27　选择部署过程

（4）根据需要选择适合的执行过程，在这里我们单击“安装全新的 Exchange 2003”，按照步骤进行 Exchange Server 2003 的安装，如图 11-28 所示。

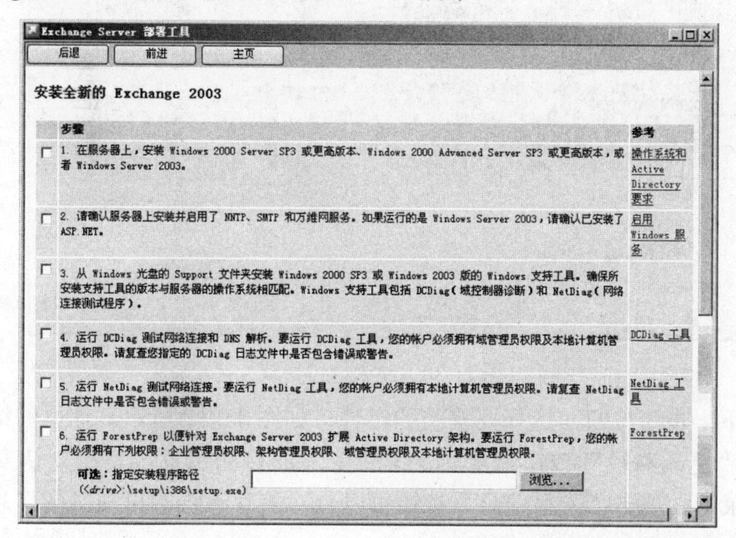

步骤	参考
1. 在服务器上，安装 Windows 2000 Server SP3 或更高版本、Windows 2000 Advanced Server SP3 或更高版本，或者 Windows Server 2003。	操作系统和 Active Directory 要求
2. 请确认服务器上安装并启用了 NNTP、SMTP 和万维网服务。如果运行的是 Windows Server 2003，请确认已安装了 ASP.NET。	启用 Windows 服务
3. 从 Windows 光盘的 Support 文件夹安装 Windows 2000 SP3 或 Windows 2003 版的 Windows 支持工具。确保所安装支持工具的版本与服务器的操作系统相匹配。Windows 支持工具包括 DCDiag（域控制器诊断）和 NetDiag（网络连接测试程序）。	
4. 运行 DCDiag 测试网络连接和 DNS 解析。要运行 DCDiag 工具，您的帐户必须拥有域管理员权限及本地计算机管理员权限。请复查您指定的 DCDiag 日志文件中是否包含错误或警告。	DCDiag 工具
5. 运行 NetDiag 测试网络连接。要运行 NetDiag 工具，您的帐户必须拥有本地计算机管理员权限。请复查 NetDiag 日志文件中是否包含错误或警告。	NetDiag 工具
6. 运行 ForestPrep 以便针对 Exchange Server 2003 扩展 Active Directory 架构。要运行 ForestPrep，您的帐户必须拥有下列权限：企业管理员权限、架构管理员权限、域管理员权限及本地计算机管理员权限。 可选：指定安装程序路径 (<drive>:\setup\i386\setup.exe) 浏览...	ForestPrep

图 11-28　Exchange 安装步骤

（5）向下拉动右侧的滚动条，单击第 6 步中的“运行 ForestPrep......”，等待一段时间后弹出“Microsoft Exchange 安装向导”对话框，如图 11-29 所示。这一步是安装 Exchange 中的 ForestPrep 选项，它的作用是扩展活动目录的架构，使活动目录中包含 Exchange 特有的类和属性，并为 Exchange 2003 创建容器对象。

图 11-29　Exchange 安装向导

（6）单击“下一步”按钮，阅读许可协议，如图 11-30 所示。选择“我同意”单选钮。

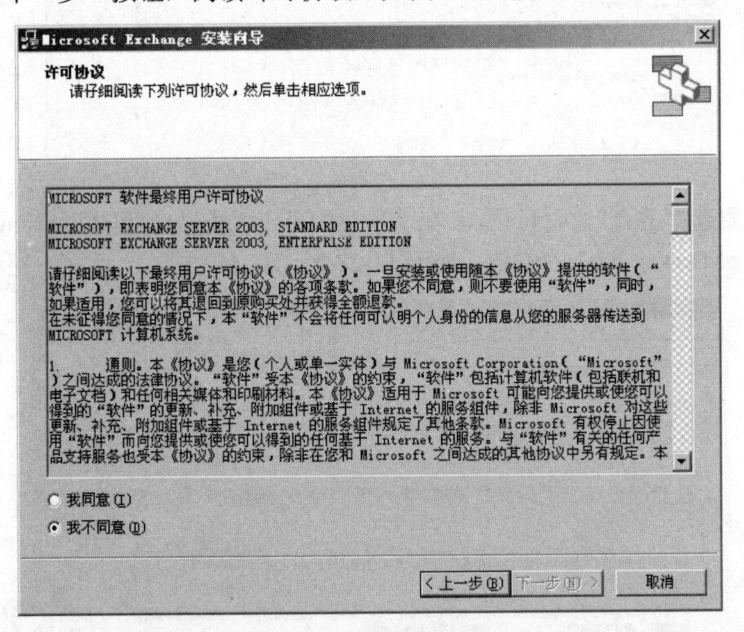

图 11-30　阅读许可协议

（7）单击“下一步”按钮，选择要安装的组件，如图 11-31 所示。这里的组件不可更改，只可以通过单击“更改路径”按钮来重新定义要安装的目的位置，系统默认安装在系统盘的 Program Files 目录中。单击“磁盘信息”按钮可以查看所有磁盘的可用空间信息。这里我们不做任何更改。

（8）单击“下一步”按钮，指定 Exchange 管理员的账户，如图 11-32 所示。Exchange 管理员账户对 Exchange 拥有完全控制权限，默认状态下会由计算机管理员来担任这一角色，也可以更改为其他账户。在这里我们采用默认设置。

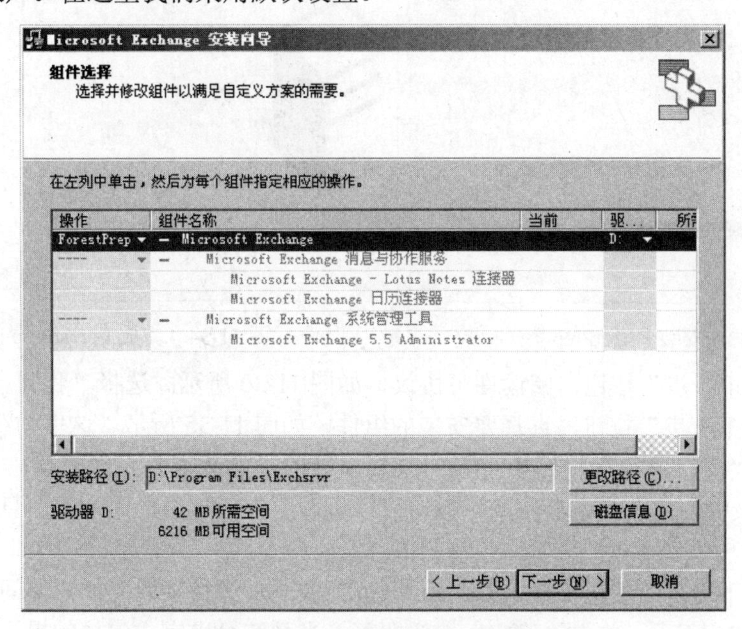

图 11-31　选择 ForestPrep 组件

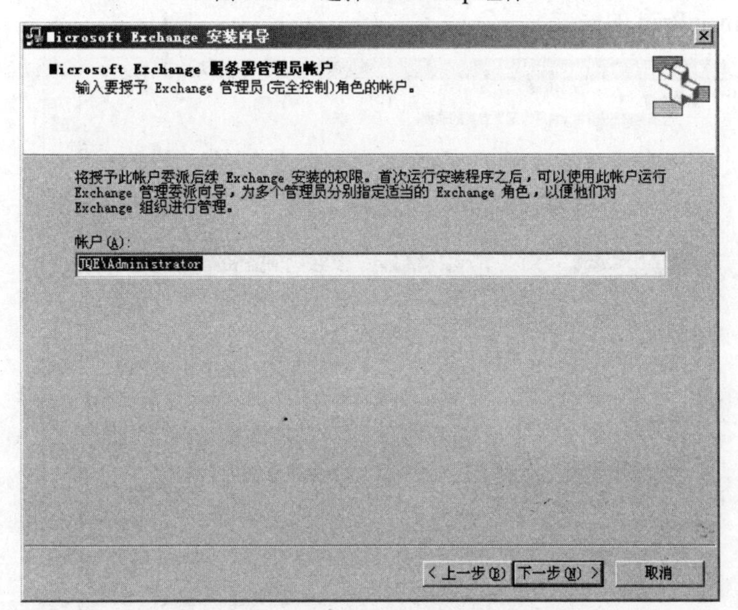

图 11-32　指定 Exchange 管理员账户

（9）单击“下一步”按钮，开始 ForestPrep 的安装，如图 11-33 所示，等待一段时间后系统会给出完成向导的提示，如图 11-34 所示。单击“完成”按钮完成 ForestPrep 的安装。

（10）回到第 5 步，单击第 7 步中的“立即运行 DomainPrep”，等待一段时间后弹出“Microsoft Exchange 安装向导”对话框，如图 11-29 所示。这一步是安装 Exchange 中的 DomainPrep 选项，它的作用是创建 Exchange 服务器读取和修改用户属性所必须的组和权限，它会新建两个域组：Exchange Domain Servers 和 Exchang Enterprise Servers。

图 11-33　安装 ForestPrep　　　　图 11-34　完成 ForestPrep 的安装

（11）单击“下一步”按钮，阅读许可协议，如图 11-30 所示。选择“我同意”单选钮。

（12）单击“下一步”按钮，选择要安装的组件，如图 11-35 所示。这里的组件不可更改，只可以通过单击“更改路径”按钮来重新定义要安装的目的位置，系统默认安装在系统盘的 Program Files 目录中。单击“磁盘信息”按钮可以查看所有磁盘的可用空间信息。这里我们不做任何更改。

（13）单击“下一步”按钮，开始 DomainPrep 的安装，等待一段时间，期间系统会给出安全警告，如图 11-36 所示，单击“确定”按钮即可。当系统给出完成向导的提示时，单击“完成”按钮完成 DomainPrep 的安装。

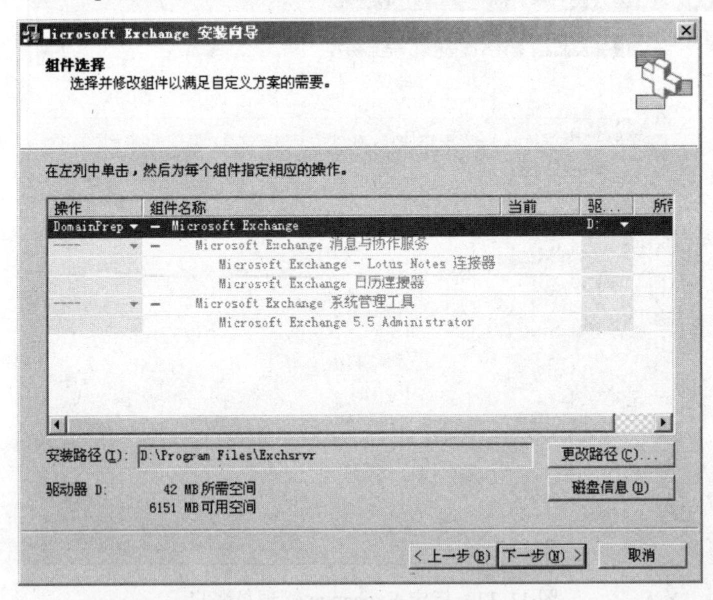

图 11-35　选择 DomainPrep 组件

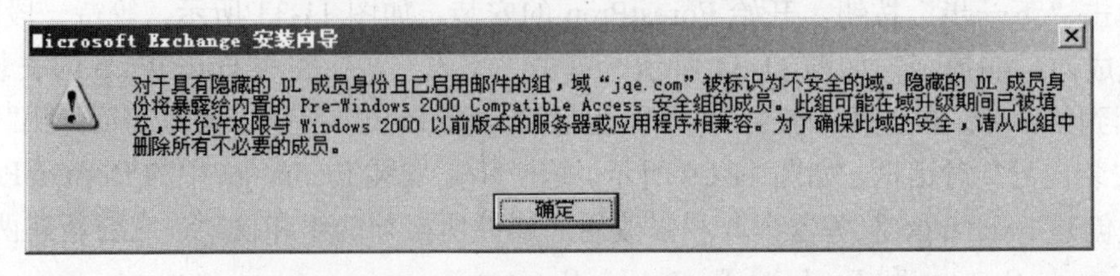

图 11-36　系统的安全警告

（14）回到第 5 步，单击第 8 步中的“立即运行安装程序”，等待一段时间后弹出“Microsoft Exchange 安装向导”对话框，如图 11-29 所示。这一步是安装 Exchange 主程序。

（15）单击“下一步”按钮，阅读许可协议，如图 11-30 所示。选择“我同意”单选钮。

（16）单击“下一步”按钮，选择要安装的组件，如图 11-37 所示。单击列表框左上角的下拉箭头，选择安装组件，如图 11-38 所示。

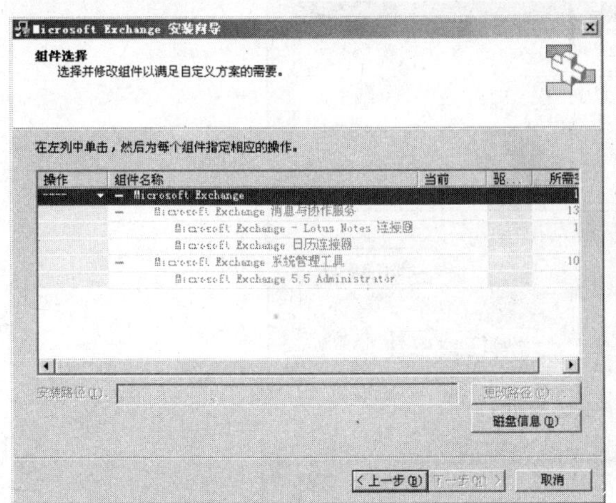

图 11-37　选择 Exchange 组件

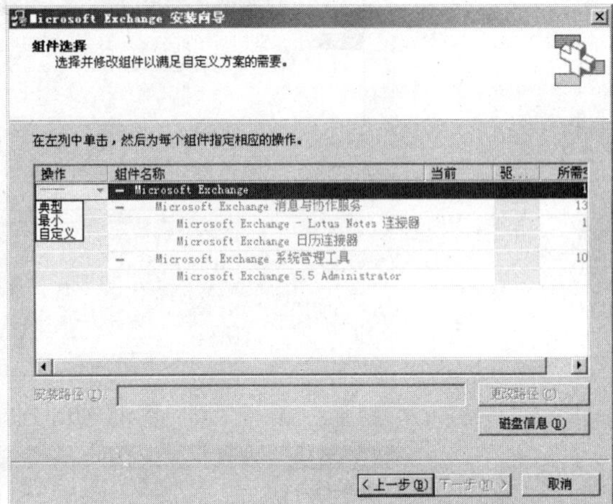

图 11-38　选择 Exchange 安装类型

一共有三个选项：典型、最小和自定义，典型安装是安装“Microsoft Exchange 消息与协作服务”组件和“Microsoft Exchange 系统管理工具”组件，但并不安装它们的子组件，最小安装是只安装“Microsoft Exchange 消息与协作服务”组件。用户可以根据需要进行选择，在这里我们进行完全安装，选择“自定义”，选择后“Microsoft Exchange 消息与协作服务”和“Microsoft Exchange 系统管理工具”组件前也出现了下拉箭头，如图 11-39 所示。

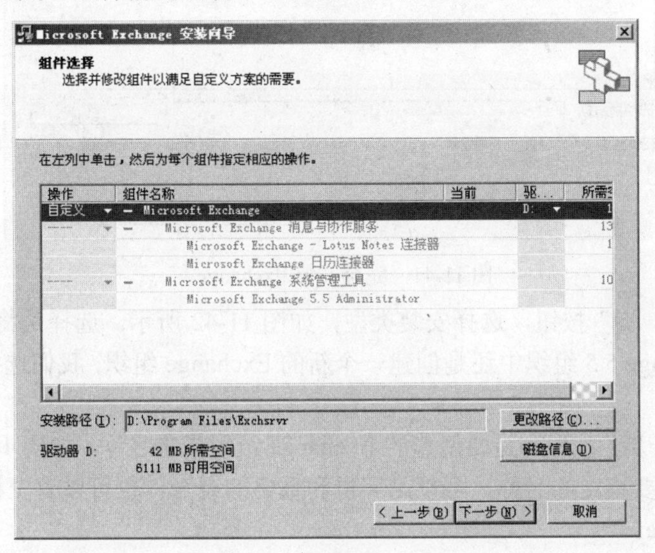

图 11-39　选择自定义安装

分别单击这两个下拉箭头并选择“安装”，如图 11-40 所示，这两项组件的子组件前也会出现下拉箭头，分别单击三个子组件前的下拉箭头并选择“安装”，进行 Exchang 的完全安装，如图 11-41 所示。

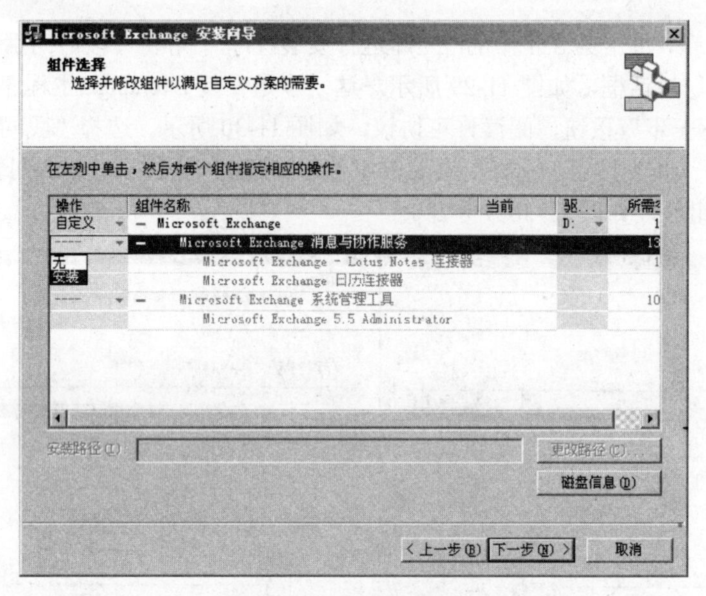

图 11-40 选择安装组件

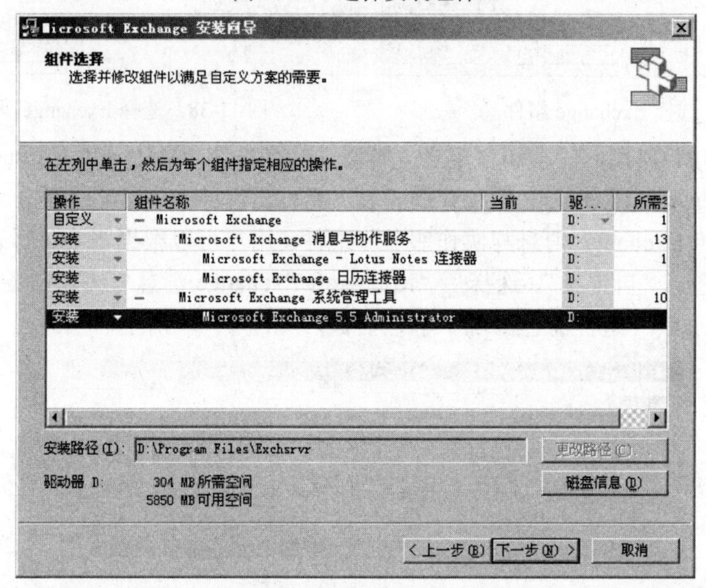

图 11-41 完全安装 Exchange

（17）单击“下一步”按钮，选择安装类型，如图 11-42 所示。选择是将 Exchange 服务器加入到已有的 Exchange 5.5 组织中还是创建一个新的 Exchange 组织，我们选择“新建 Exchange 组织”单选钮。

（18）单击“下一步”按钮，为要创建的 Exchange 组织指定名称，如图 11-43 所示。在“组织名”编辑框中输入要指定的名称，可以是字母和数字的组合，也可以有空格，但最好不要使用汉字，这里输入 jqe。

（19）单击“下一步”按钮，阅读许可协议，如图 11-44 所示。选择“我同意”单选钮。

（20）单击“下一步”按钮，为 Exchange 管理组指定名称，如图 11-45 所示。在“简单管理组名”编辑框中输入要指定的名称，可以是字母和数字的组合，也可以有空格，不允许使用汉字，比如这里输入 manage。

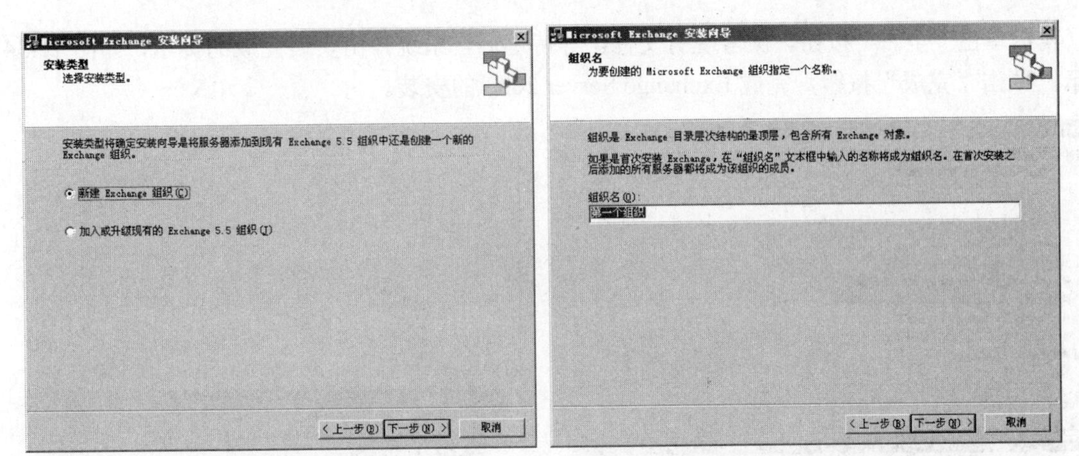

图 11-42　选择安装类型　　　　图 11-43　指定 Exchange 组织名称

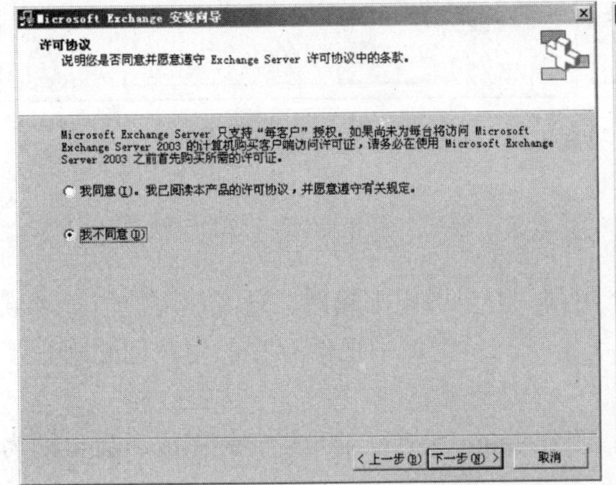

图 11-44　选择遵守许可协议　　　　图 11-45　指定 Exchange 管理组名称

（21）单击“下一步”按钮，确认前面所做的设置，如图 11-46 所示。

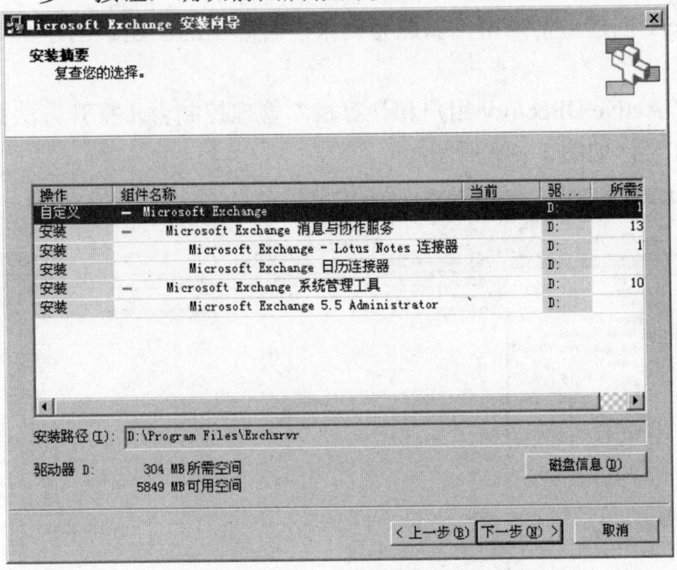

图 11-46　确认 Exchange 安装设置

（22）单击“下一步”按钮，开始安装 Exchange Server 2003，如图 11-47 所示。耐心等待一段时间，期间可能会出现确认文件替换对话框，如图 11-48 所示，询问是否替换已存在的文件。我们单击“全否”按钮，保留现有文件。等待过后，系统弹出安装完成的提示，如图 11-34 所示。单击“完成”按钮，完成 Exchange Server 2003 的安装。

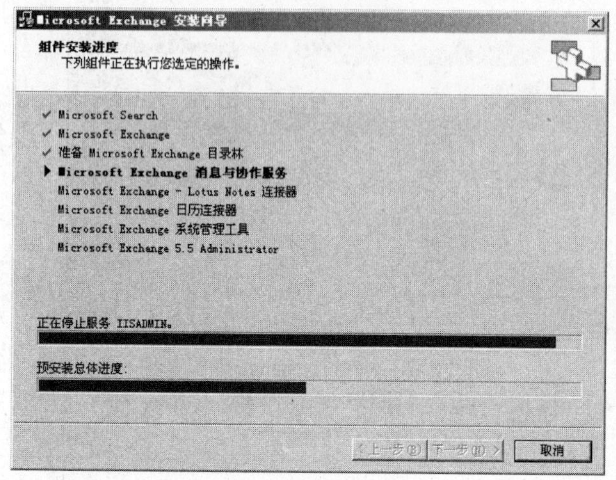

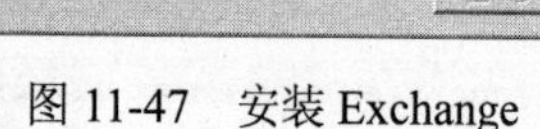

图 11-47　安装 Exchange

图 11-48　确认文件替换

11.4.2　创建和管理邮箱

Exchange 可以为域中的每一个账户创建一个邮箱，用户访问邮箱时，只需使用他们登录域时的用户名和密码即可。创建用户邮箱有两种情况：一种是为域中已经存在的用户创建邮箱，另一种是在创建一个新用户的同时为其创建邮箱。

每个用户账户只能拥有一个 Exchange 邮箱。Exchange Server 2003 安装完成后会自动为 Administrator 账户创建邮箱。

1. 为已有用户创建邮箱

下面为用户 User1 创建一个邮箱，以此为例来学习邮箱的创建。创建新用户的方法见上一章的内容。

（1）首先打开“Active Directory 用户和计算机”管理控制台，打开方法见上一章的内容，然后单击域名前的加号，如图 11-49 所示。

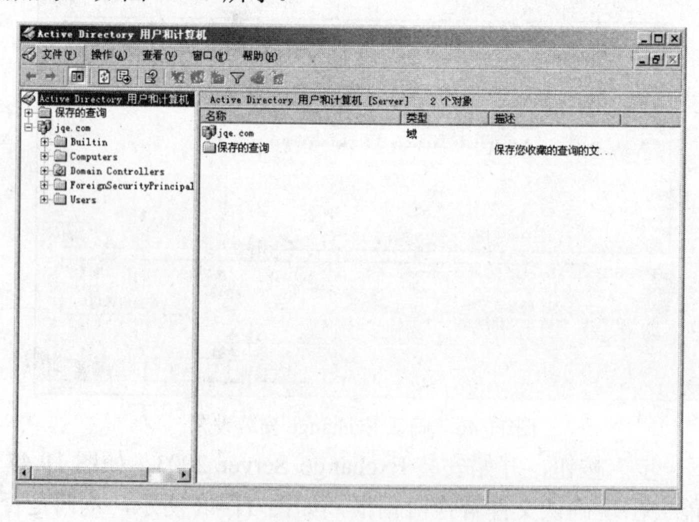

图 11-49　管理 Active Directory 用户和计算机

（2）单击 Users 容器，然后右键单击右侧窗口中的 User1，并在弹出菜单中选择“Exchange 任务”，打开“Exchange 任务向导”对话框，如图 11-50 所示。

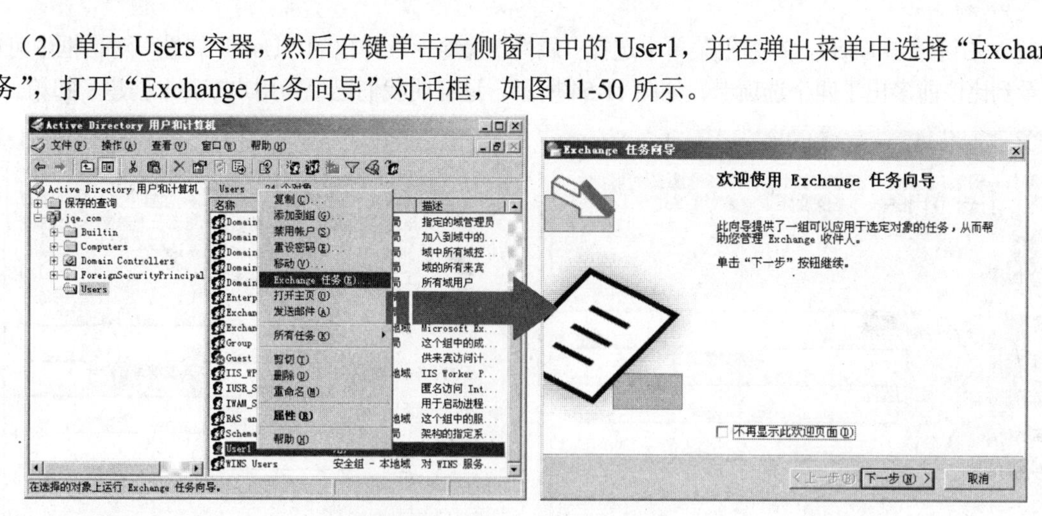

图 11-50　打开 Exchange 任务向导

（3）单击“下一步”按钮，选择要执行的任务，如图 11-51 所示。选择“创建邮箱”。

（4）单击“下一步”按钮，输入用户邮箱别名并选择邮箱的位置，如图 11-52 所示。这里采用默认设置。

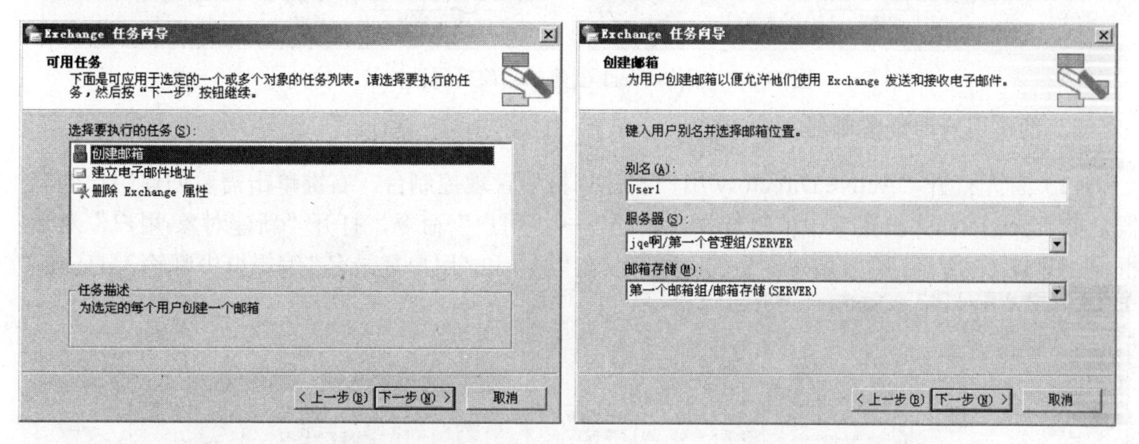

图 11-51　选择任务　　　　图 11-52　创建邮箱

（5）单击“下一步”按钮，系统很快就会为用户 User1 创建一个邮箱，并返回确认信息，如图 11-53 所示。单击“完成”按钮完成邮箱的创建。

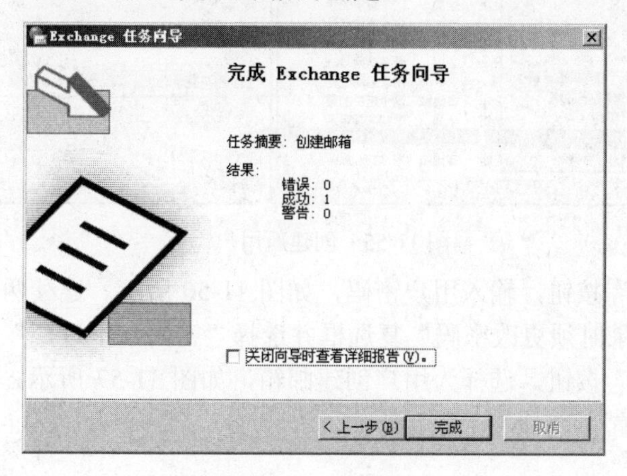

图 11-53　完成创建

（6）右键单击User1，在弹出菜单中选择“属性”命令，在弹出的“User1 属性”对话框中可以明显看到比以前多出了四个选项卡，如图11-54所示，这证明我们已经为用户User1创建了邮箱。

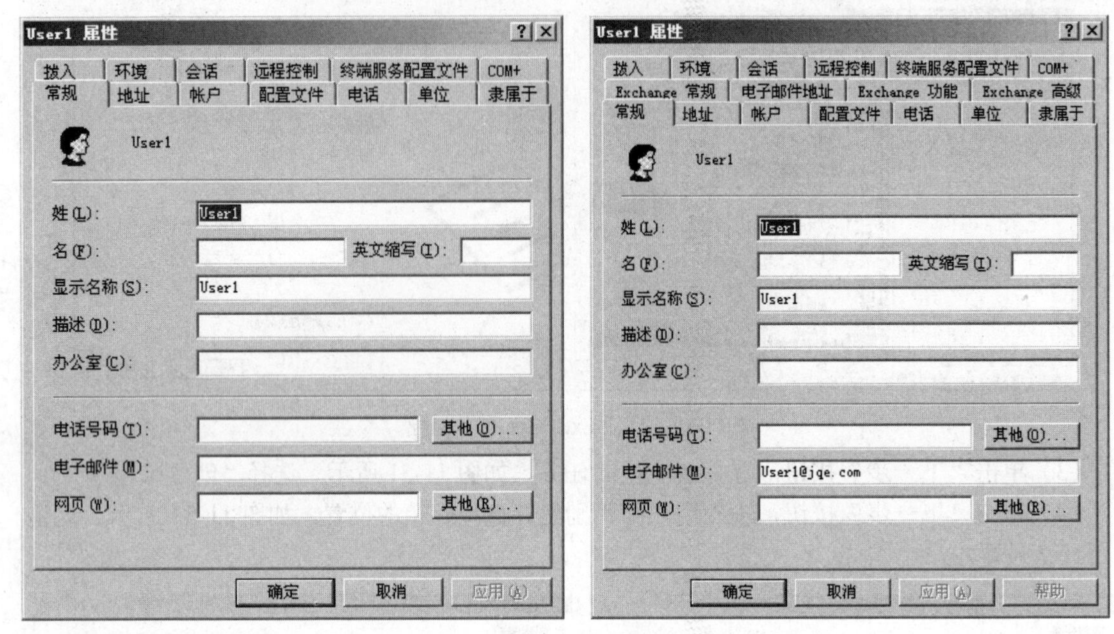

图11-54　用户User1创建邮箱前后属性比较

2. 创建用户时创建邮箱

（1）首先打开“Active Directory用户和计算机”管理控制台，右键单击需要创建用户的容器，如Users，在弹出菜单中依次选择“新建”→“用户”命令，打开“新建对象-用户”对话框，如图11-55所示。输入用户的资料，如可以在“姓”和“用户登录名”编辑框中都输入User2。

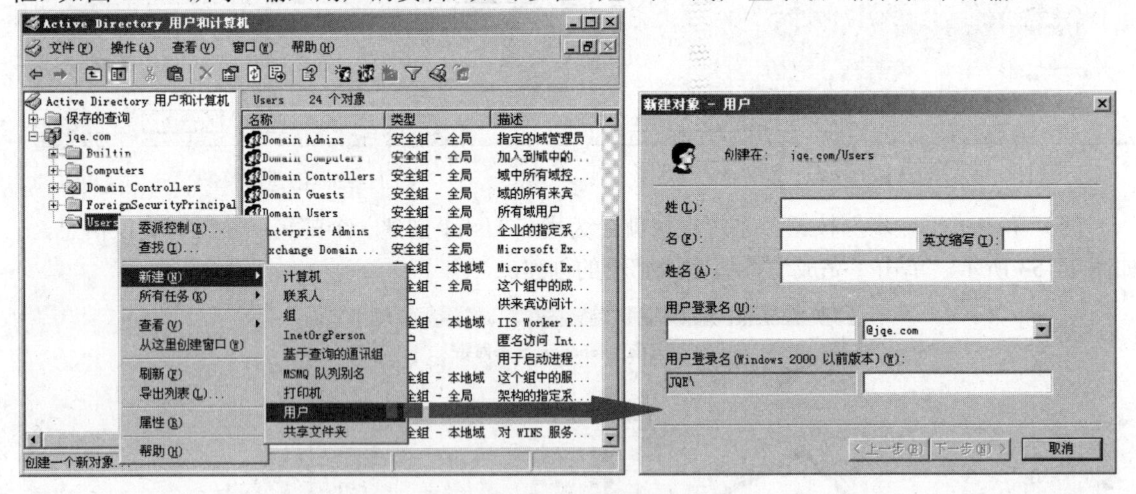

图11-55　创建新用户

（2）单击“下一步”按钮，输入用户密码，如图11-56所示。连续两次输入相同的密码，然后取消“用户下次登录时须更改密码”复选框并选择“密码永不过期”复选框。

（3）单击“下一步”按钮，选择为用户创建邮箱，如图11-57所示。这里和图11-53基本一样，我们采用默认设置。

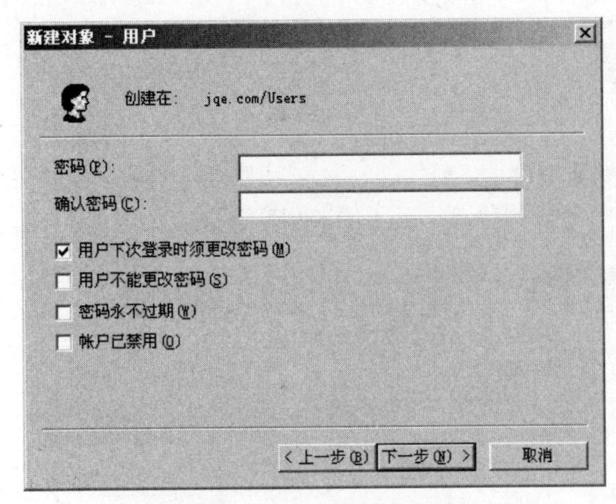

图 11-56 输入用户密码

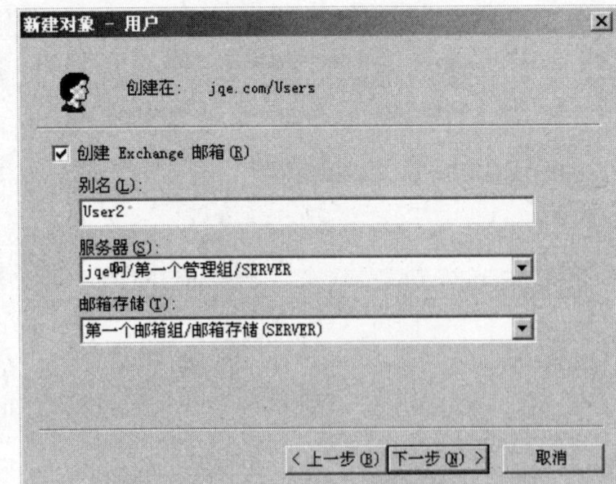

图 11-57 为用户创建邮箱

（4）单击“下一步”按钮，确认前面所做的设置，如图 11-58 所示。单击“完成”按钮，完成用户和邮箱的创建。

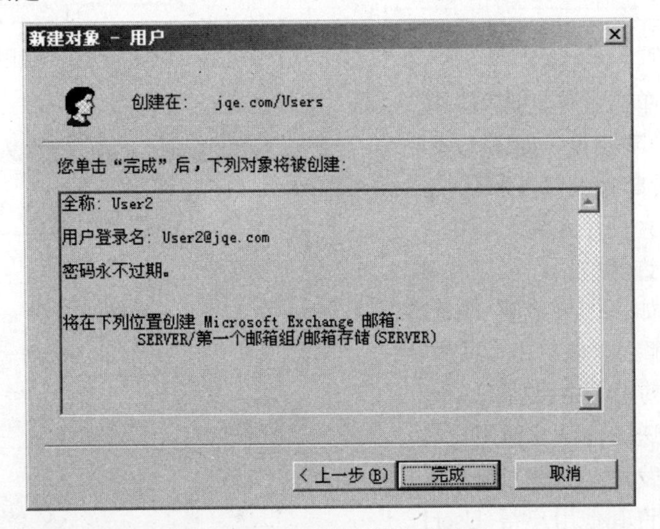

图 11-58 确认创建用户和邮箱

3. 管理 Exchange 常规选项

右键单击已创建邮箱且需要管理的用户，如 User1，在弹出菜单中选择“属性”命令，打开“User1 属性”对话框，如图 8-50 右图所示，单击“Exchange 常规”选项卡，如图 11-59 所示。在这里可以对用户的邮箱进行一些常规设置。

（1）传递限制：单击“传递限制”按钮，打开“传递限制”对话框，如图 11-60 所示。在这里可以限制发送和接收的邮件大小，并设置邮件限制。

选择“发送邮件大小”标签中的“最大值”单选钮，并在编辑框中输入数值（单位为 KB）即可限制 User1 发送的邮件大小，如果 User1 发送超过限制大小的邮件，系统会发出警告；选择“接收邮件大小”标签中的“最大值”单选钮，并在编辑框中输入数值（单位为 KB）即可限制 User1 接收的邮件大小，如果有超过限制大小的邮件发给 User1，系统会自动丢弃。

在“邮件限制”标签中，我们可以设置接收或拒绝某些用户的邮件，不过通常很少这样设置。

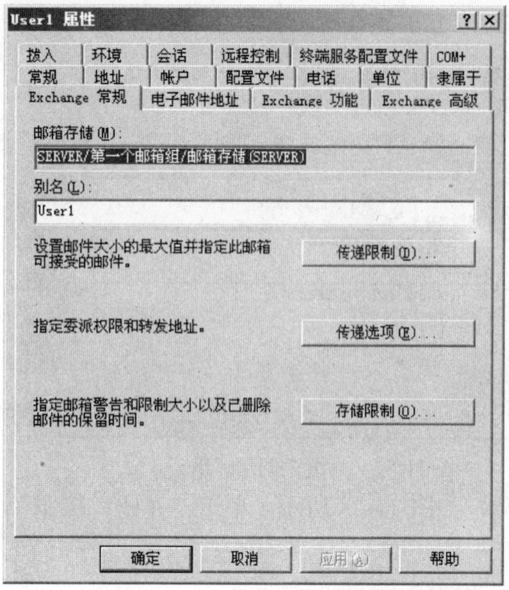

图 11-59　管理 Exchange 常规选项

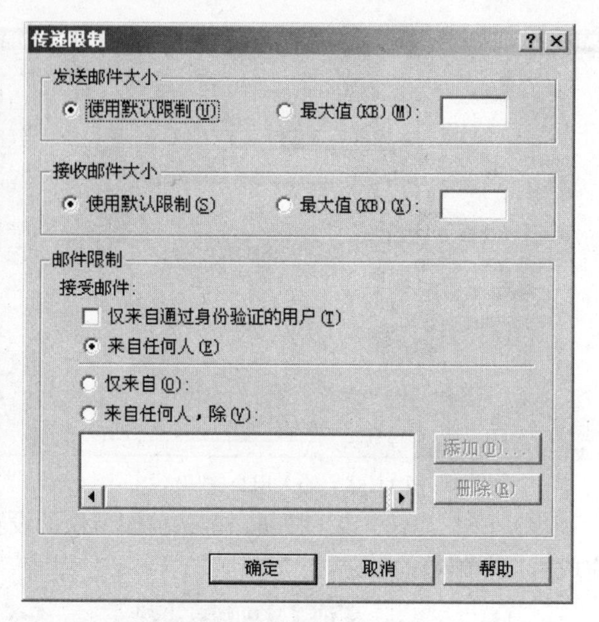

图 11-60　设置传递限制

（2）传递选项：单击“传递选项”按钮，打开“传递选项”对话框，如图 11-61 所示。在这里可以设置邮件的代发和代收，以及邮件群发时的最大收件人数。

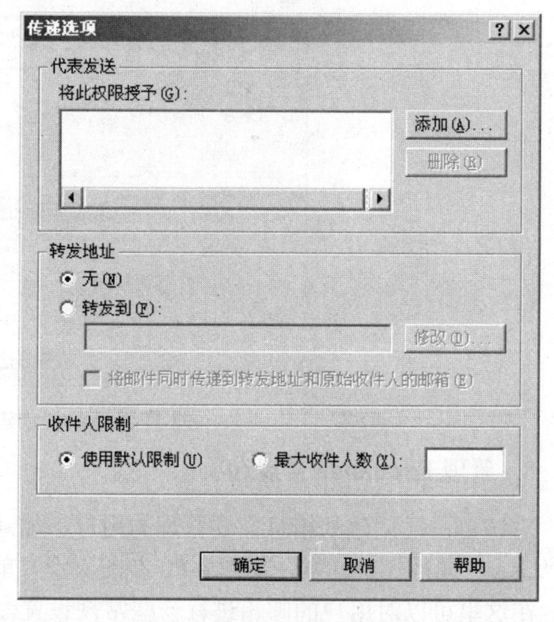

图 11-61　设置传递选项

邮件代发功能允许其他用户以 User1 的名义发送邮件，比如，如果希望 User2 为 User1 代发邮件，那么可以单击“添加”按钮将 User2 添加到列表框中，这样 User2 就可以代替 User1 发送邮件给其他用户，而接收方看到的邮件发件人仍是 User1。

邮件代收功能允许其他用户帮 User1 接收邮件，比如，如果希望 User2 为 User1 代收邮件，那么可以选择“转发到”单选钮，然后单击“修改”按钮将 User2 添加进来，这样，当有人给 User1 发送邮件时，邮件会自动被发送到 User2 的邮箱中。如果选择“将邮件同时传递到转发地址和原始收件人的邮箱”复选框，那么邮件会自动复制成两份，分别发送到 User1 和 User2 的邮箱，如果不选择此复选框，那么 User1 将接收不到邮件。

“收件人限制”标签可以限制 User1 群发邮件时的收件人数，默认状态下没有任何限制，如需限制，选择“最大收件人数”单选钮并在编辑框中输入人数即可。

（3）存储限制：单击“存储限制”按钮，打开“存储限制”对话框，如图 11-62 所示。在这里可以设置用户邮箱大小和用户执行删除邮件操作后邮件保留的时间。

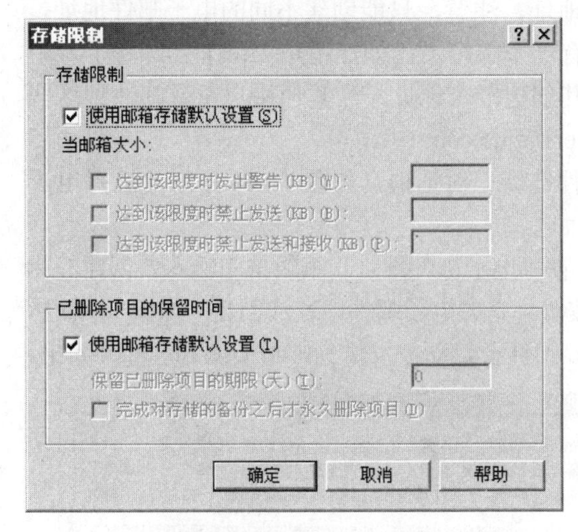

图 11-62　设置存储限制

默认状态下用户的邮箱大小只受硬件的限制，也就是说，只要磁盘空间未满，用户即可接收和发送邮件。取消“存储限制”标签中的“使用邮箱存储默认设置”复选框可以对用户的邮箱大小进行限制，选择“达到该限度时发出警告”复选框并在相应的编辑框中输入数值（单位为 KB）表示当邮箱内的邮件大小达到设置数值时系统会发出警告；选择“达到该限度时禁止发送”复选框并在相应的编辑框中输入数值（单位为 KB）表示当邮箱内的邮件大小达到设置数值时系统将禁止该用户发送邮件，不过此时他还可以接收邮件；选择“达到该限度时禁止发送和接收”复选框并在相应编辑框中输入数值（单位为 KB）表示当邮箱内的邮件大小达到设置数值时系统将禁止该用户发送和接收邮件，直到他清理邮箱后才可继续使用。

当用户在客户端执行了“删除邮件”操作后，默认情况下系统还会在服务器上将该邮件保留 7 天，7 天之后才会彻底删除，而取消“已删除项目的保留时间”标签中的“使用邮箱存储默认设置”复选框可以在这里设置为更长或更短的时间。

4. 管理电子邮件地址

右键单击已创建邮箱中需要管理的用户，如 User1，在弹出菜单中选择“属性”命令，打开“User1 属性”对话框，单击“电子邮件地址”选项卡，如图 11-63 所示。在这里可以设置用户在 Exchange Server 2003 中邮箱地址的基本信息。

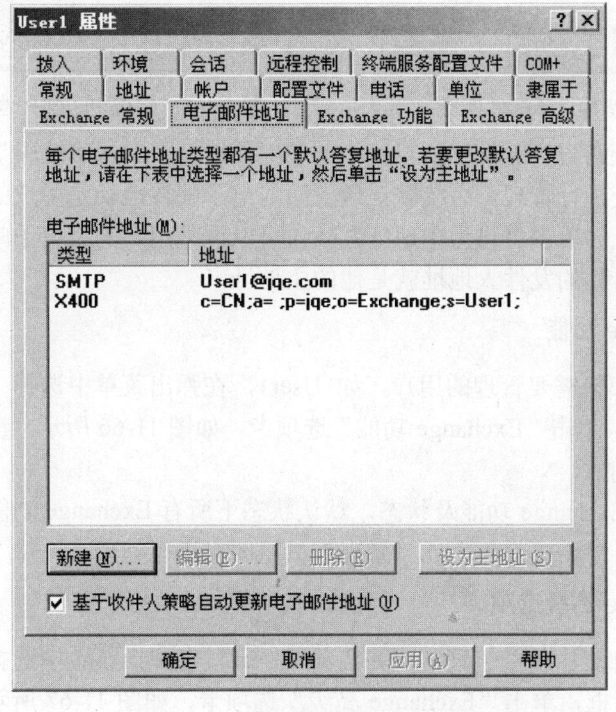

图 11-63　管理电子邮件地址选项

我们可以为同一个用户创建不同的电子邮件地址，注意，只能创建不同的电子邮件地址，而不能创建不同的邮箱，域中的每个用户只能拥有一个邮箱。比如，用户 User1 已经有了一个邮箱，邮箱地址是 User1@jqe.com，我们可以为其创建多个地址，当其他用户发送邮件到这些电子邮件地址时，邮件全部都会被发送到邮箱 User1@jqe.com 中。

（1）单击“新建”按钮，打开“新建电子邮件地址”对话框，如图 11-64 所示，选择电子邮件地址类型，在这里我们选择 SMTP 地址。

（2）单击“确定”按钮，输入电子邮件地址。在“电子邮件地址”编辑框中输入要创建的电子邮件地址，如 User1a@jqe.com，单击“确定”按钮，完成电子邮件地址的创建，如图 11-65 所示。此时如果有人发送邮件到邮箱 User1a@jqe.com，邮件会自动被发送到邮箱 User1@jqe.com 中。

图 11-64　新建电子邮件地址

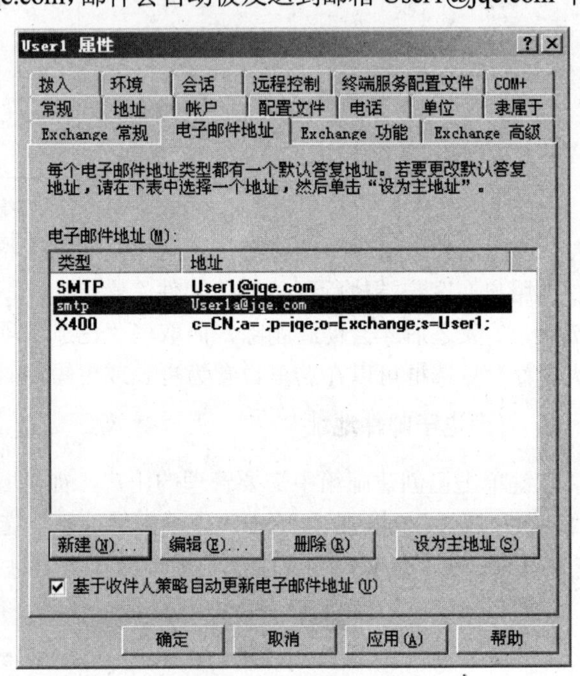

图 11-65　完成电子邮件地址的创建

重复以上步骤，还可以为 User1 创建多个电子邮件地址，单击“编辑”或“删除”按钮可对已有的电子邮件地址进行管理。系统默认最上面的电子邮件地址是用户的主电子邮件地址，选择其他电子邮件地址并单击“设为主地址”按钮可以调整用户的主电子邮件地址，当该用户发送邮件时，收件方看到的发件人地址就是他的主地址。

5. 管理 Exchange 功能

右键单击已创建邮箱需要管理的用户，如 User1，在弹出菜单中选择“属性”命令，打开“User1 属性”对话框，单击“Exchange 功能”选项卡，如图 11-66 所示。在这里可以为用户启用或禁用 Exchange 功能。

列表框中列出了 Exchange 功能及状态，默认状态下所有 Exchange 功能都是被启用的，选择需要管理的功能项，单击“启用”或“禁用”按钮即可进行管理。

6. 管理 Exchange 高级选项

右键单击已创建邮箱中需要管理的用户，如 User1，在弹出菜单中选择“属性”命令，打开“User1 属性”对话框，单击“Exchange 高级”选项卡，如图 11-67 所示。在这里可以进行一些高级设置，建议管理员不要随便更改这些设置，以避免用户邮箱无法正常访问。

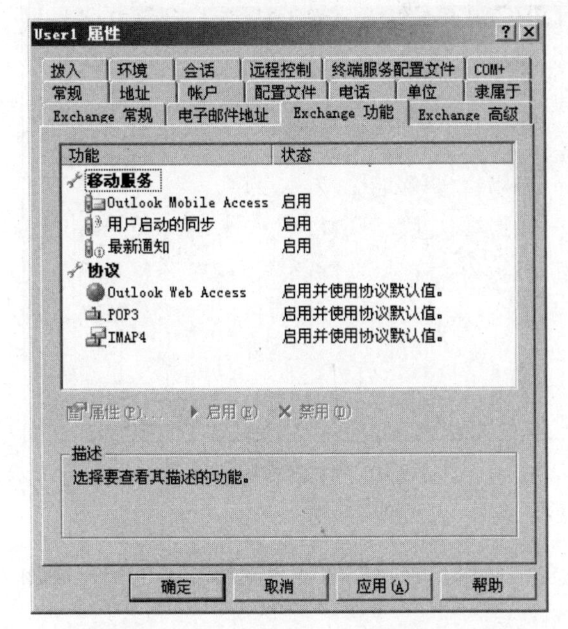

图 11-66　管理 Exchange 功能选项

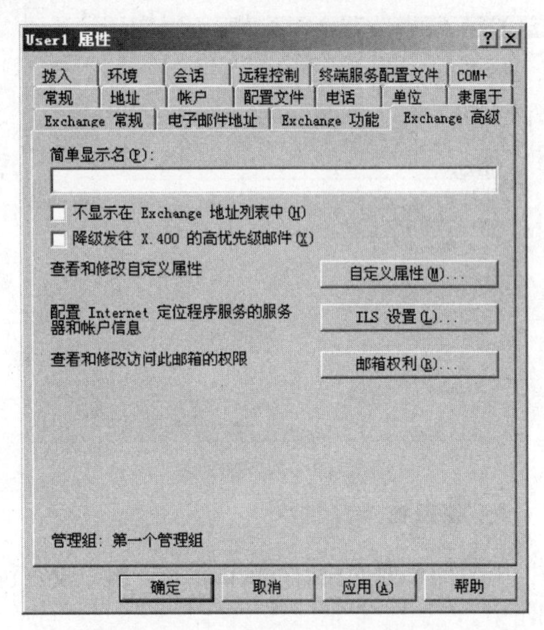

图 11-67　管理 Exchange 高级选项

“简单显示名”编辑框是为某些无法解释正常显示名的系统而设置的，如须设置，建议只使用字母和数字。

选择“不显示在 Exchange 地址列表中”复选框表示将已启用邮箱的用户隐藏起来。

选择“降级发往 X.400 的高优先级邮件”复选框表示如果有以高优先级传递到 X.400 类型电子邮件地址的邮件，系统会自动降低其优先级。X.400 是一个电子邮件协议，可以发挥和 SMTP 相同的功能，在欧洲和加拿大使用得比较多。X.400 协议提供了比 SMTP 更多的功能，但不常用到，而且这些多出来的功能使得 X.400 的地址很长且很麻烦，因此 X.400 协议的使用范围远不及 SMTP 协议。

11.4.3　创建和管理邮件组

Exchange Server 2003 支持邮件组，组中包含多个用户邮箱，当给邮件组发送电子邮件时，邮件会自动分发到组中所有用户的邮箱中。

1. 创建邮件组

（1）首先打开“Active Directory 用户和计算机”管理控制台，右键单击需要创建邮件组的容器，如 Users，在弹出菜单中依次选择“新建”→“组”命令，打开“新建对象-组”对话框，如图 11-68 所示。输入组名，如 Sales，分别选择“通用”和“安全组”单选钮。

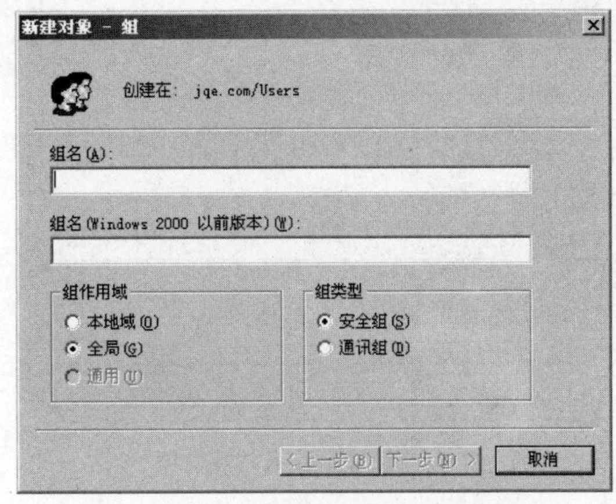

图 11-68　创建组

（2）单击“下一步”按钮，选择为组创建邮箱，如图 11-69 所示。这里采用默认设置。

（3）单击“下一步”按钮，确认前面所

做的设置，如图 11-70 所示。单击“完成”按钮，完成邮件组的创建。

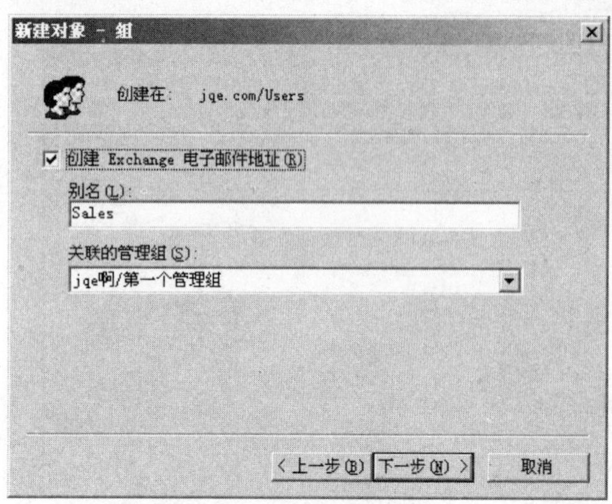

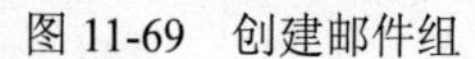
图 11-69　创建邮件组

图 11-70　确认创建邮件组

2. 管理邮件组

邮件组创建完成后，默认状态下组中没有包含任何用户，我们需要手动将需要的用户添加到组中。

（1）右键单击需要管理的邮件组，如前面我们创建好的 Sales，在弹出菜单中选择“属性”命令，打开“Sales 属性”对话框，如图 11-71 所示，在“常规”选项卡中，我们可以更改邮件组的名称、组作用域和组的类型。

（2）单击“成员”选项卡，如图 11-72 所示。单击“添加”按钮可以将需要的用户添加到 Sales 组中。“隶属于”和“管理者”选项卡在上一章中已详细介绍过，这里不再赘述。

邮件组的管理和用户邮箱的管理几乎完全一样，请读者参考前面的内容，对邮件组进行设置和管理。

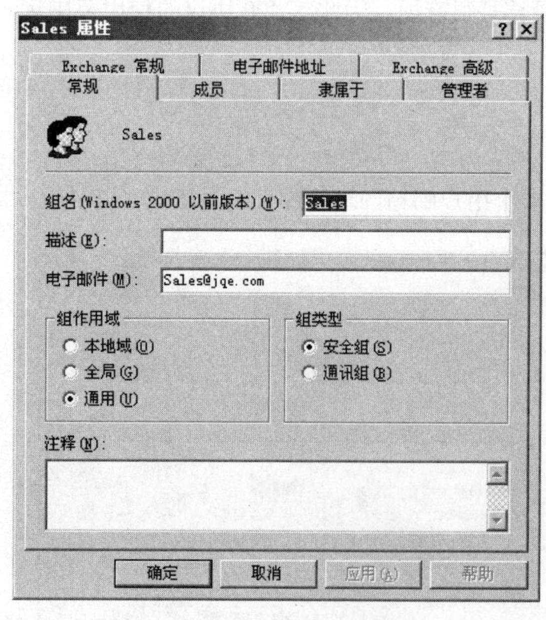

图 11-71　管理邮件组常规选项

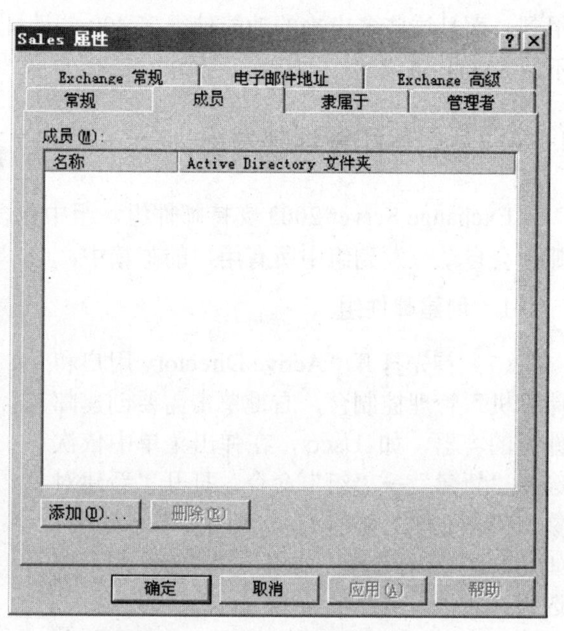

图 11-72　添加成员到邮件组

本章小结

本章主要介绍了邮件服务器的创建及管理方法，通过本章的学习，读者应该能够独立搭建一个邮件服务器。

IMail 软件和 Exchange 软件的使用是本章的重点。

邮件服务是 Internet 中最重要的服务之一，要求读者一定要熟练掌握，融会贯通。

思考与练习

1．什么是邮件服务器？Windows Server 2003 中的邮件服务器具有哪些功能？

2．Imail、Exchange Server 2003 和 Windows Server 2003 自带的邮件服务器相比有哪些不同？

3．Exchange Server 2003 系统的管理权限有哪几种，分别具有哪些操作权限？

4．如何限制用户一次性发出信件的数量？

5．如何限制用户，使其不能接收邮件或发送邮件？

第 12 章　创建流媒体服务器

内容提要

- ◆ 流媒体技术概述
- ◆ 流媒体文件的制作方法
- ◆ WMS 搭建流媒体服务器
- ◆ RealServer 搭建流媒体服务器

随着网络的高速发展，越来越多的人摆脱了拨号上网等上网方式，而开始选择宽带上网，这样就可以实现“在线看电影”、“远程教育”等网络服务，而这些功能的实现，需要流媒体技术的支持。本章将介绍流媒体技术的概念，以及如何实现这些技术。

12.1　流媒体技术

流媒体（Streaming Media）是一种新兴的网络传输技术，支持在网络上实时顺序地传输和播放视/音频等多媒体内容，流媒体技术包括流媒体数据采集、视/音频编解码、存储、传输、播放等方面。

一般来说，流包括两种含义，广义上的流是使音频和视频形成稳定连续的传输流和回放流的一系列技术、方法和协议的总称，我们习惯上称之为流媒体系统；而狭义上的流是相对于传统的“下载—回放”方式而言的一种媒体格式，它能从网络上获取音频和视频等连续的多媒体流，客户可以边接收边播放，使时延大大减少。

在流媒体技术出现之前，网络上传播多媒体信息主要由下载方式来实现，就是用户先下载多媒体文件至本地，然后使用播放软件进行播放。通常多媒体文件都比较大，依据目前的网络带宽条件，完全下载需要较长时间，并且对本地的存储容量也有一定的要求，而且有时花费很长时间下载完，播放之后才发现并不是自己需要的文件。

针对以上种种问题，人们发展了流媒体技术，采用这种方式时，用户不必等到整个文件全部下载完毕，而只需经过几秒或几十秒的启动时延即可播放，之后，客户端边下载数据边播放。

流媒体概述

1. 流媒体协议

常用的流媒体协议有 MMS、RSVP、RTSP、RTP 和 RTCP 等。

- ❑ RTP 和 RTCP：RTP 是 Realtime Transport Protocol（实时传输协议）的简称，RTCP 是 Realtime Transport Control Protocol（实时传输控制协议）的简称，它们被定义为在一对一或一对多传输的情况下工作，其目的是提供时间信息和实现流同步。RTP 通常使用 UDP 来传送数据，但 RTP 也可以在 TCP 或 ATM 等其他协议上工作。当应用程序开始一个 RTP 会话时，将使用两个端口：一个给 RTP，一个给 RTCP。RTP 本身并不能为按顺序传送数据包提供可靠的传送机制，也不提供流量控制或拥塞控制，它依靠

RTCP 提供这些服务。RTP 和 RTCP 配合使用，它们能以有效的反馈和最小的开销使传输效率最佳化，因而特别适合传送网上的实时数据。简单的说，RTP 协议提供了一条传输数据的通道，而 RTCP 协议来保障数据传输的正确和流畅。

- RTSP：RTSP 是 Real Time Streaming Protocol（实时流协议）的简称，该协议定义了一对多应用程序如何有效地通过 IP 网络传送多媒体数据。RTSP 在体系结构上位于 RTP 和 RTCP 之上，它使用 TCP 或 RTP 完成数据传输。HTTP 与 RTSP 相比，HTTP 传送的是 HTML 数据，而 RTP 传送的是多媒体数据。HTTP 请求由客户机发出，服务器作出响应，而在 RTSP 协议中，客户机和服务器都可以发出请求，即 RTSP 可以是双向的。
- RSVP：RSVP 是 Resource Reservation Protocol（资源预定协议）的简称，使用 RSVP 可以在数据传输时预留一部分网络带宽，以保障流媒体的传输质量。由于音频和视频数据流比传统数据对网络的延时更敏感，因此要在网络中传输高质量的音频/视频信息，除了带宽要求之外，还需要更多的条件。
- MMS：MMS 是 Microsoft Media Server Protocol（微软流媒体服务器协议）的简称，它是微软定义的一种流媒体传输协议，是连接 Windows Media 单播服务器的默认方法。

2. 流媒体格式

流媒体的技术特点决定了流媒体文件的格式，流媒体文件是经过特殊编码的文件格式，它不仅采用较高的压缩比，还加入了许多控制信息，使其适合在网络上边下载边播放。

目前，网络上常见的流媒体格式主要有美国 Realnetwork 公司的 RealMedia 格式、微软公司的 Windows Media 格式和多用于专业领域的美国苹果公司的 QuickTime 格式。下面详细介绍这几种格式的特点。

- RealMedia 格式：RealMedia 格式是美国 RealNetwork 公司的产品，是目前流行的流媒体格式。RealMedia 中包含 RealAudio（声音文件）、RealVideo（视频文件）和 RealFlash（矢量动画）这三类文件。Real 格式具有很高的压缩比和良好的压缩传输能力，特别适合网络播放或在线直播，在流媒体格式中，rm 格式质量最差，不过文件体积最小，低速网用户也可以在线欣赏视频节目。RealMedia 格式的文件通常会使用 RealPlayer 播放器播放，播放器的安装过程中就包含一个网络向导，让用户根据网络的实际情况选择自己的线路。RealPlayer 播放器的使用也非常方便，系统的资源占用在其他二者之间，是低配置用户的最好选择。凭着 RealNetworks 公司的优秀技术，它已占领了半数以上的流媒体点播市场。
- QuickTime 格式：QuickTime 格式现已成为数字媒体领域的工业标准。它定义了存储数字媒体内容的标准方法，使用这种文件格式不仅可以存储单个的媒体内容（如视频帧或音频采样），而且能保存对该媒体作品的完整描述。QuickTime 文件格式被设计用来适应数字化媒体工作需要存储的各种数据，因为这种文件格式能用来描述几乎所有的媒体结构，所以它是应用程序间交换数据的理想格式。QuickTime 文件格式的音像品质是最好的，但高清晰、高质量的画面往往就意味着更大尺寸的文件、更多的传输时间，因此 QuickTime 只能用在一些多媒体广告、产品演示、高清晰度影片等需要高清晰表现画面的视频节目上。QuickTime Movie 格式的文件通常使用 QuickTime Player 播放器播放，QuickTime Player 可以通过 Internet 提供实时的数字化信息流、工作流与文件回放功能。QuickTime Player 会占用较多的系统资源，对计算机配置要求较高。

- Windows Media 格式：Windows Media 为众多 Windows 使用者所熟悉，它的核心技术是 ASF（Advanced Streaming Format，高级流格式）。ASF 是一种数据格式，音频、视频、图像以及控制命令脚本等多媒体信息通过这种格式以网络数据包的形式传输，实现流式多媒体内容发布。ASF 格式支持任意的压缩/解压缩编码方式，并可以使用任何一种底层网络传输协议，具有很大的灵活性，比 MPEG 之类的压缩标准增加了控制命令脚本的功能。Windows Media 文件比 RealMedia 文件大，比 QuickTime 文件小，在线播放时可以获得比 QuickTime 文件更快、更流畅的效果。Windows Media 制作、发布和播放软件都已被集成到 Windows 中，因此 Windows Media 格式的文件使用 Windows 自带的 Windows Media Player 就可以播放了，另外，Windows Media Player 增加了版权保护功能，可以限制播放时间、播放次数甚至于可以限制某种操作系统等。

3. 流媒体技术的发布方式

目前应用于互联网上的流媒体发布方式主要有单播、广播、多播和点播 4 种技术。

- 单播（Singlecast）：在客户端与流媒体服务器之间建立一个单独的数据通道，从一台服务器送出的每个数据包只能传送给一个客户机，这种传送方式称为单播。每个用户必须对流媒体服务器发出单独的请求，而流媒体服务器必须向每个用户发送其申请的数据包。这种发布方式对服务器造成了沉重负担，单播一般用于广域网的流媒体传输。
- 广播（Broadcast）：广播指的是由流媒体服务器送出流媒体数据，用户被动接收。在广播过程中，客户端只能接收流媒体数据而不能控制，这有些类似于电视节目的播放。使用单播方式发送时，需要将数据包复制多次，以多个点对点的方式分别发送到需要它的用户；而使用广播方式发送时，每个数据包将发送给网络上的所有用户，而不管用户是否需要。单播和广播这两种传输方式都非常浪费网络带宽。
- 多播（Multicast）：利用 IP 多播技术能够构建一种具有多播能力的网络，在多播网络中，路由器会一次将数据包复制到多个数据通道上。采用多播方式，单台服务器能够对几十万台客户机同时发送连续数据流，而且没有时间延迟。流媒体服务器只需要发送一个数据包，而不是多个，所有发出请求的客户端共享同一个数据包。多播方式不会多次复制数据包，也不会将数据包发送给那些不需要它的客户，这样就大大提高了网络效率，降低了成本。多播在多媒体应用中占用的网络带宽最小。但它需要具有多播能力的网络，因此一般只能用于局域网或专用网段内传播。
- 点播（Unicast）：点播是客户端主动连接服务器，在点播连接中，用户通过选择内容项目来初始化客户端连接，用户可以开始、暂停、快进、后退或停止流媒体文件。点播方式提供了对流媒体文件的最大控制，但由于每个客户端都会各自连接服务器，所以这种方式占用的网络带宽很多。

4. 流媒体技术的主要应用

- 远程教育：将信息从教师端传递到远程的学生端，需要传递的信息包括各种类型的数据：如视频、音频、文本、图片等。由于当前网络带宽的限制，流媒体无疑是最佳的选择。除去实时教学以外，使用流媒体中的视频点播技术，更可以达到因材施教、交互式的教学目的。
- 现场点播：从互联网上直接收看体育赛事、重大庆典、商贸展览等。网络带宽问题一直困扰着互联网直播的发展，随着宽带网的不断普及和流媒体技术的不断改进，互联网直播已经从试验阶段走向了实用阶段，并能够提供较满意的音/视频效果。流媒体技术在互联网直播中充当着重要的角色，目前无论从技术还是市场上考虑，互联网直播是流媒体众多应用中最成熟的一个。

- 视频会议：市场上的视频会议系统很多，这些产品基本都支持 TCP/IP 网络协议，但采用流媒体技术作为核心技术的系统并不占多数。流媒体并不是视频会议必须的选择，但是流媒体技术的出现为视频会议的发展起了很重要的作用。

12.2 利用 WMS 搭建流媒体服务器

12.2.1 安装流媒体服务器

（1）将 Windows Server 2003 安装光盘放入光驱中，打开“管理您的服务器”管理控制台，然后单击“添加或删除角色”，打开“配置您的服务器向导”对话框，在列表框中选择“流式媒体服务器”。

（2）单击“下一步”按钮，查看并确认刚才的选择，如图 12-1 所示。

（3）单击“下一步”按钮，开始安装流媒体服务器，等待一段时间后系统提示安装完成，如图 12-2 所示，单击“完成”按钮完成流媒体服务器的安装。

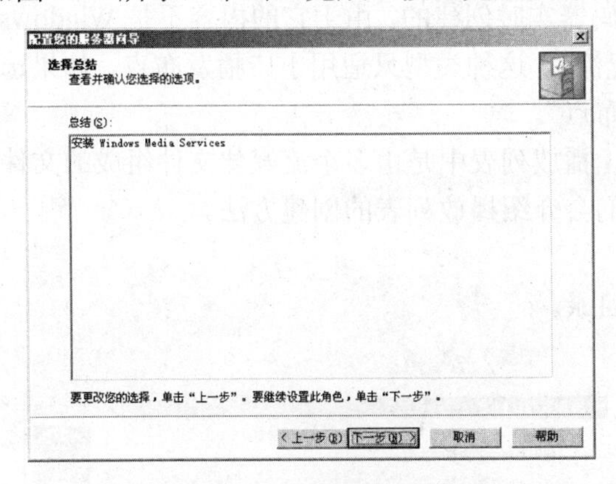

图 12-1 确认安装流媒体服务器

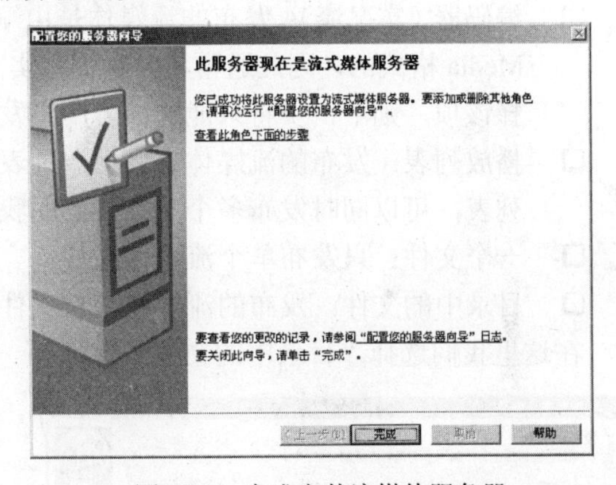

图 12-2 完成安装流媒体服务器

12.2.2 发布流媒体文件

Windows Server 2003 支持创建点播和广播流媒体服务器，如果希望客户端获得对流媒体文件最大的控制，如暂停、快进、倒退等，则应该创建一个点播发布点，如果希望得到类似于电视节目的效果，则可以创建一个广播发布点。

1. 创建点播发布点

（1）首先打开 Windows Media Services 管理控制台，有以下两种打开方法。

- 在“管理您的服务器”对话框中选择“管理此流媒体服务器”。
- 单击“开始”按钮，在弹出菜单中依次选择“所有程序”→“管理工具”→“Windows Media Services”命令。

任选一种方法打开 Windows Media Services 管理控制台，然后单击服务器名称左边的加号，如图 12-3 所示。

（2）右键单击“发布点”，在弹出菜单中选择“添加发布点（向导）”命令，打开“添加发布点向导”对话框，如图 12-4 所示。

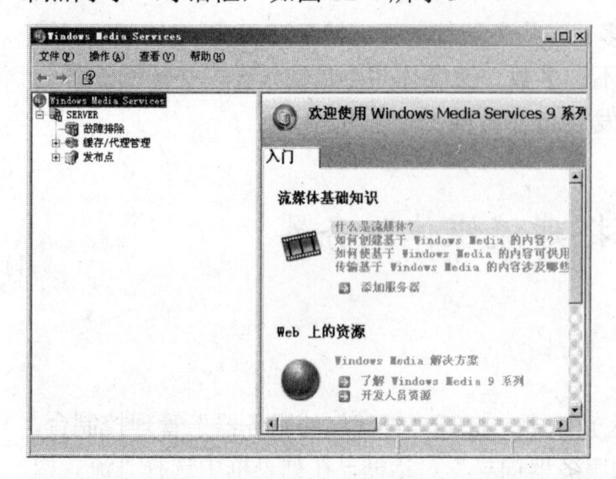

图 12-3　Windows Media Services 管理控制台

图 12-4　添加发布点向导

（3）单击“下一步”按钮，输入发布点名称，如图 12-5 所示。在“名称”编辑框中输入要创建的发布点名称，注意对话框中的“提示”标签，默认的发布点名称是 PublishingPoint1。

（4）单击“下一步”按钮，选择要传输的内容类型，如图 12-6 所示，有以下选项。

- 编码器（实况流）：发布的流媒体是由编码器实时创建的，由于它的内容不是 Windows Media 格式的，因此通常将它称为“实况流”，这种类型只适用于广播发布点，如果选择该项，则下一步将只能选择“广播发布点”。
- 播放列表：发布的流媒体来自播放列表，播放列表中是由多个流媒体文件组成的文件列表，可以同时发布多个文件，后面我们会介绍播放列表的创建方法。
- 一个文件：只发布单个流媒体文件。
- 目录中的文件：发布的流媒体来自文件目录。

在这里我们选择“目录中的文件”单选钮。

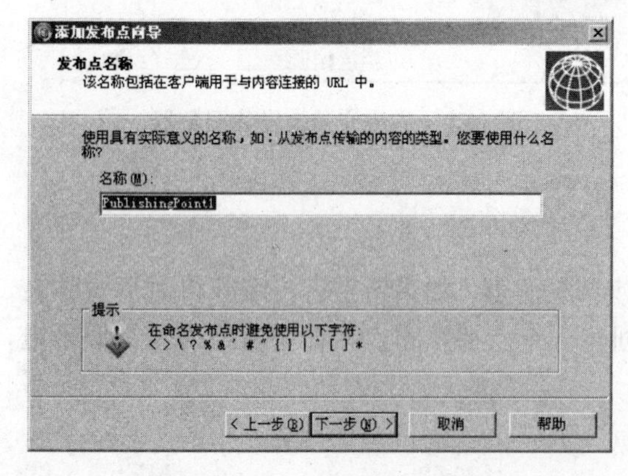

图 12-5　输入点播发布点名称

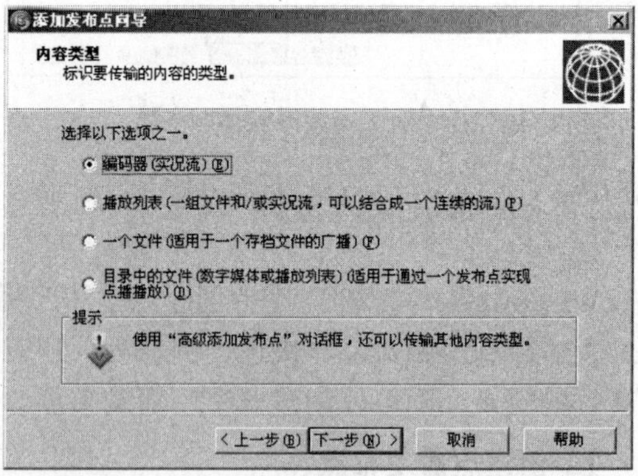

图 12-6　选择内容类型

（5）单击“下一步”按钮，选择发布点类型，如图 12-7 所示。我们选择“点播发布点”。

（6）单击“下一步”按钮，指定要发布的目录的位置，如图 12-8 所示。在“目录位置”编辑框中输入目的目录的路径，也可以单击“浏览”按钮进行查找。选择“允许使用通配符对目录内容进行访问”复选框表示允许客户端接收目录中的所有文件，用户在点播时，可以通过“*”

号来同时指定目录中的所有文件。

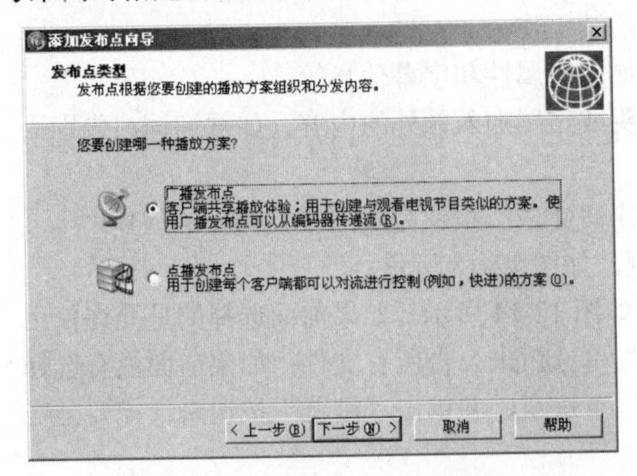

图 12-7　选择发布点类型

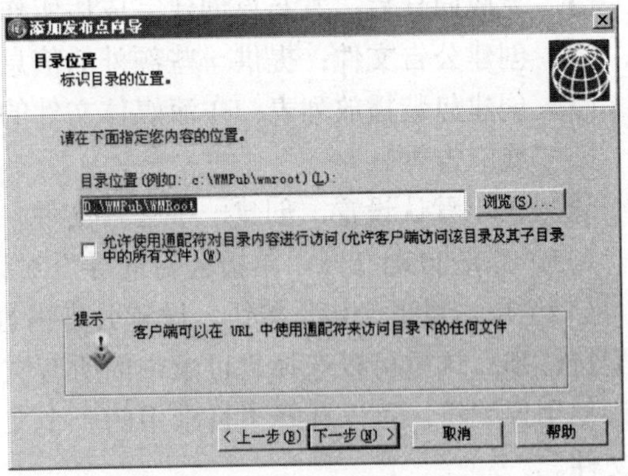

图 12-8　指定目录位置

(7) 单击“下一步”按钮，选择播放顺序，如图 12-9 所示，有两个选项。

- 循环播放：连续重复播放流媒体。
- 无序播放：随机播放目录或播放列表中的流媒体文件。

(8) 单击“下一步”按钮，选择是否进行单播日志记录，如图 12-10 所示。借助日志记录，管理员可以查看哪些节目最受欢迎，以及每天中哪段时间服务器最忙碌等信息，并据此对内容和服务进行相应的调整。因此我们选择“是，启用该发布点的日志记录”复选框。

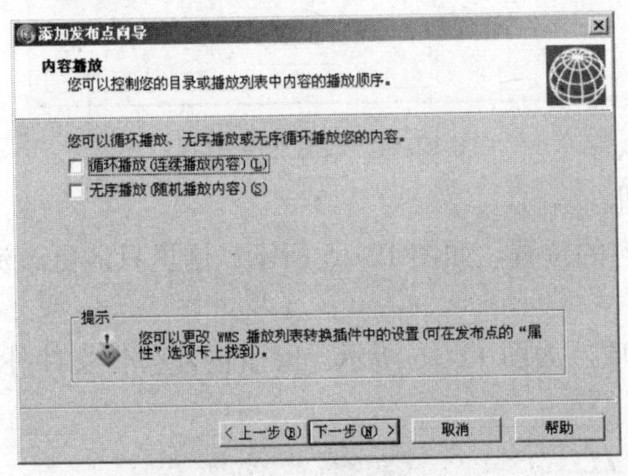

图 12-9　选择播放顺序

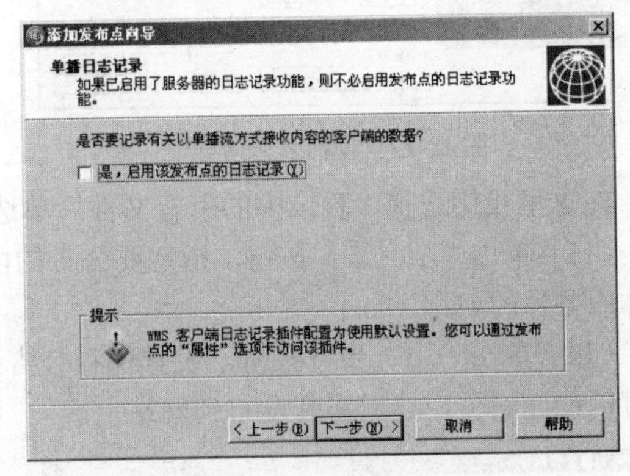

图 12-10　单播日志记录

(9) 单击“下一步”按钮，确认前面所做的设置，如图 12-11 所示。

(10) 单击“下一步”按钮，完成添加发布点向导，如图 12-12 所示。

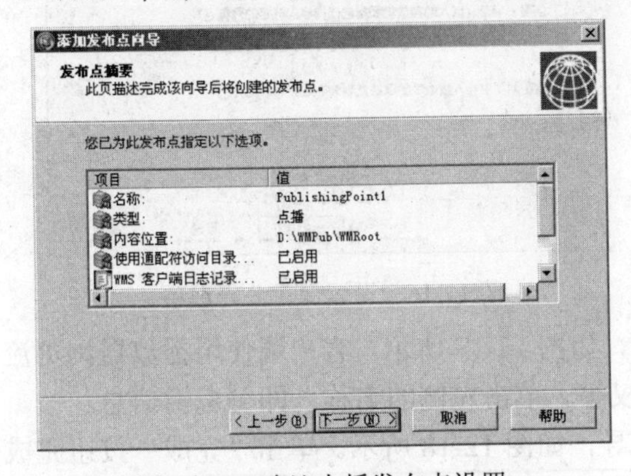

图 12-11　确认点播发布点设置

图 12-12　完成“添加发布点向导”

❑ 完成向导后：发布点创建完成后所作的后续工作。
❑ 创建公告文件：提供一些额外的信息，如文件属性和字幕信息等。
❑ 创建包装播放列表：在流媒体文件的开头或结尾加入额外的内容，如欢迎词、告别语或广告等。

这里采用默认设置，创建一个公告文件，单击“完成”按钮完成点播发布点的创建。

（11）系统自动打开“单播公告向导”对话框，如图 12-13 所示。

（12）单击“下一步”按钮，设置公告内容，如图 12-14 所示。如果前面选择的是允许使用通配符，那么这里可以选择“目录中的所有文件”单选钮来公告所有文件；如果前面没有选择允许使用通配符，可以选择“目录中的一个文件”单选钮，并单击“浏览”按钮来选择要公告的文件。

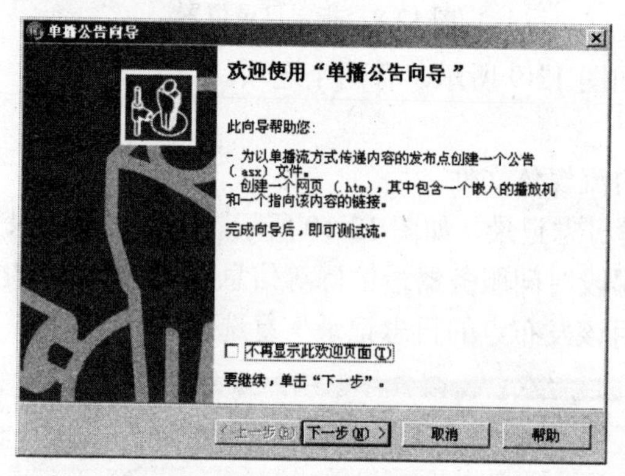

图 12-13　单播公告向导

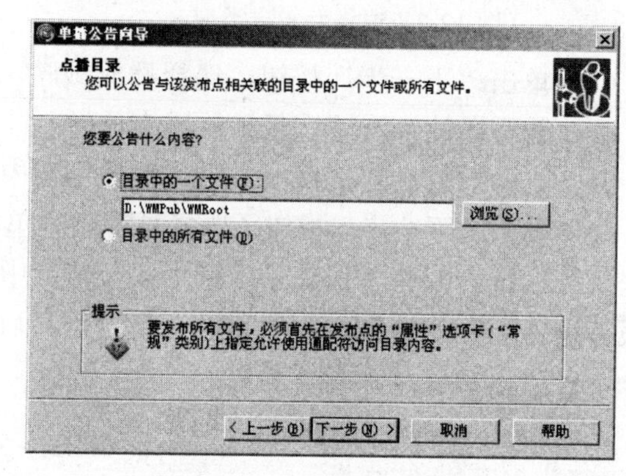

图 12-14　设置公告内容

在这里我们选择“目录中的所有文件”单选钮。

（13）单击“下一步”按钮，指定要公告的内容的位置，如图 12-15 所示。这里只能更改流媒体服务器的名称。

（14）单击“下一步”按钮，设置保存公告选项，如图 12-16 所示。除了创建公告文件外，还可以创建网页，然后将其发布到网站上。

图 12-15　指定公告内容位置

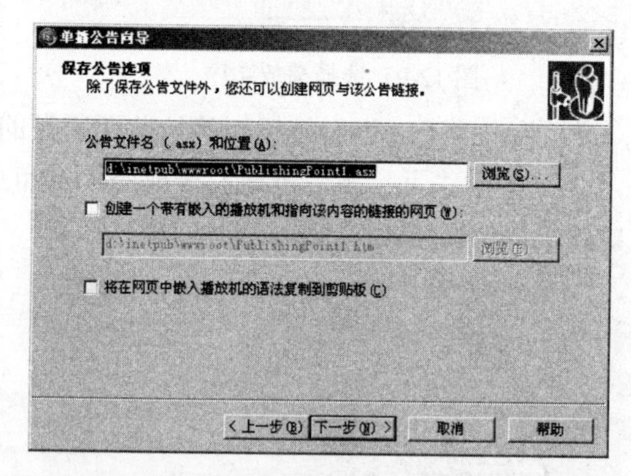

图 12-16　设置保存公告选项

（15）单击“下一步”按钮，编辑公告元数据，如图 12-17 所示。客户端使用播放器浏览流媒体时能够看到这些内容，包括标题、作者和版权等。单击左侧的名称，即可编辑信息。

（16）单击“下一步”按钮，完成单播公告向导，如图 12-18 所示。单击“完成”按钮完成设置。

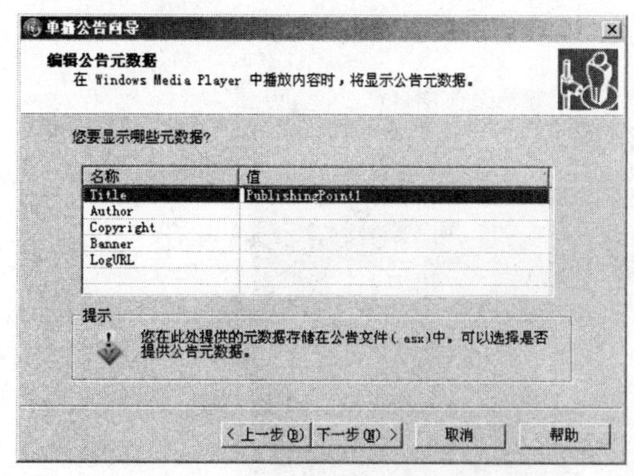

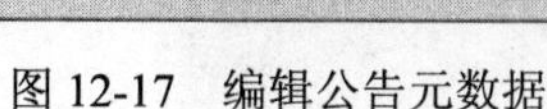

图 12-17　编辑公告元数据

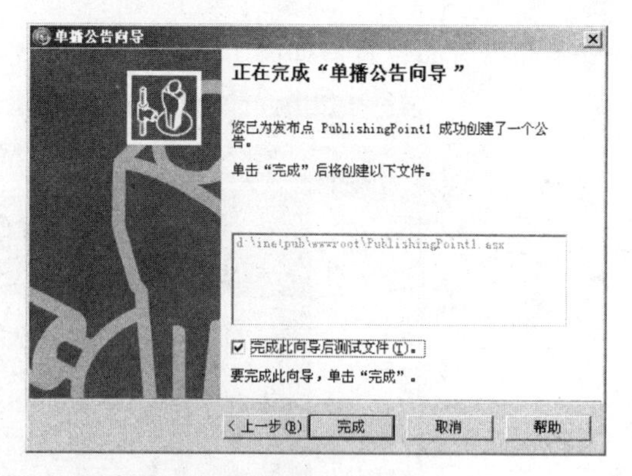

图 12-18　完成单播公告向导

（17）系统会自动打开“测试单播公告”对话框，测试之前所做的所有设置，如图 12-19 所示。首先确认计算机中已经安装了 Windows Media Player 播放器，Windows Server 2003 在安装时会自动安装此组件，然后单击“测试”按钮开始测试，系统会自动弹出 Windows Media Player 播放器，播放发布的流媒体内容，如图 12-20 所示。

如果是第一次启动 Windows Media Player 9.0，可能还会有一个设置向导，操作很简单，这里不再详细介绍。

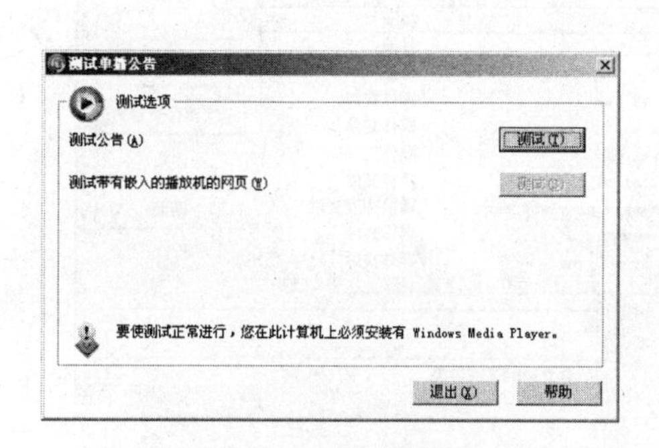

图 12-19　测试单播公告

图 12-20　播放点播发布的流媒体文件

2. 创建广播发布点

创建广播发布点和创建点播发布点的过程大同小异，只是在选择发布点类型时选择广播发布点即可。

在最后测试时，我们可以比较出这两种发布类型的不同之处：广播发布后，Windows Media Player 播放器的“上一个”和“下一个”控制按钮都是不可用的，只能选择“停止”和“播放”控制按钮，如图 12-21 所示。

3. 创建发布点（高级）

当管理员对添加发布点向导中的选项都比较熟悉以后，可以通过“添加发布点（高级）”方法来创建发布点。

右键单击“发布点”，在弹出菜单中选择“添加发布点（高级）”，打开“添加发布点”对话框，如图 12-22 所示。在这里可以选择发布点类型，输入发布点名称，单击“浏览”按钮，选择要发布内容的位置，如图 12-23 所示。

图 12-21　播放广播发布的流媒体文件

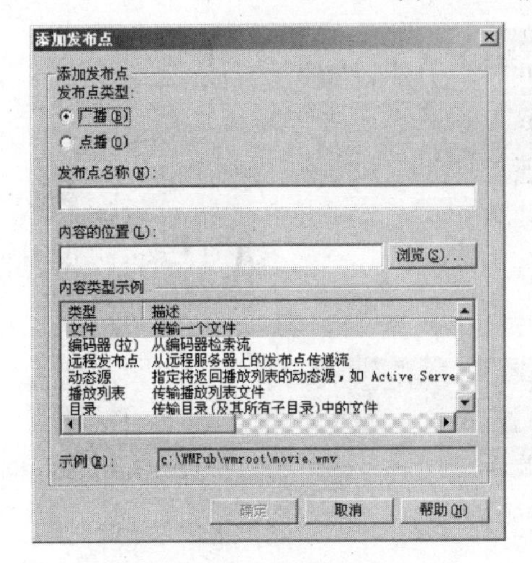

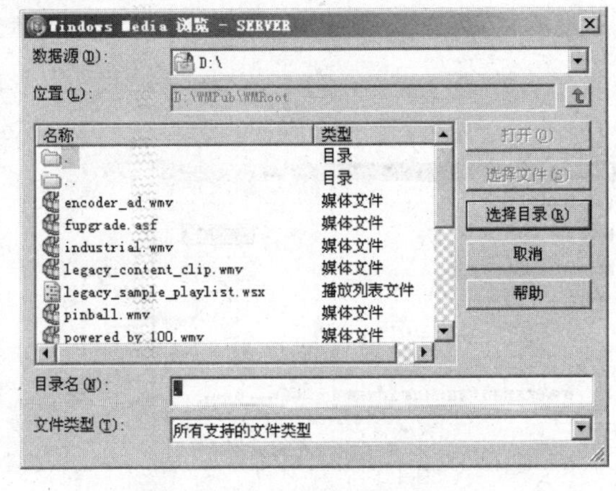

图 12-22　添加发布点　　　　图 12-23　选择内容的位置

- 数据源：指定磁盘分区。
- 打开：指定目录。
- 目录名/选择文件：选择目录名称，并将选中的该文件发布。
- 目录名/选择目录：选择目录名称，并将左侧的整个目录发布。

都设置完成后，在“添加发布点”对话框中单击“确定”按钮，完成发布点的创建。这种方法最大的好处就是方便快捷，不过由于系统没有任何相关提示，对管理员的水平要求较高。

12.2.3　管理流媒体服务器

1. 设置发布点监视选项

单击“发布点”左边的加号，然后单击已创建好的 PublishingPoint1，可以在右侧的窗口中设置 PublishingPoint1 的属性，如图 12-24 所示。

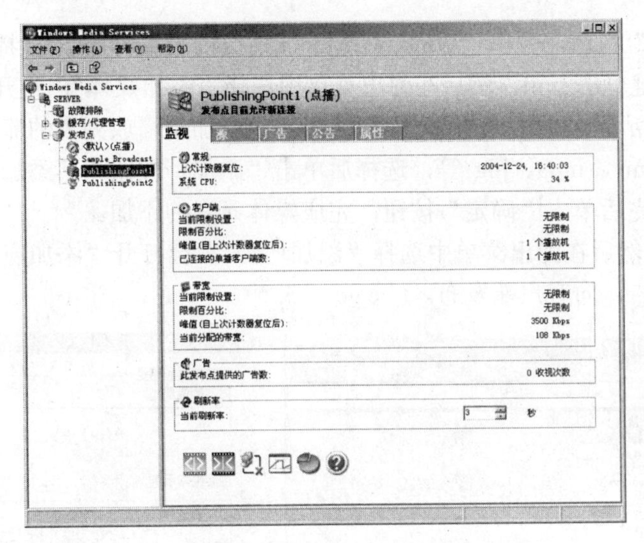

图 12-24　设置发布点监视选项

在“监视”选项卡中，可以查看有关发布点的信息，包括流媒体服务器上已使用的处理器的百分比、发布点的连接限制、发布点的带宽限制和“监视”选项卡显示信息的刷新频率等。

单击向上或向下箭头可以降低或提高选项卡的刷新频率。在选项卡最下方，分别单击“拒绝新的单播连接”、“断开所有客户端连接”、“重置所有计数器”和“查看性能监视器”按钮可以对发布点及“监视”选项卡做相应的设置。

2. 新建播放列表

Windows Media Services 的播放列表功能可以将多个流媒体文件加入到一个列表文件中，这样就可以同时发布多个文件，使用户在点播时更加方便。如果不采用这种功能，用户只能通过“上一个”和“下一个”控制按钮来依次选择，而采用播放列表播放后，就可以任意在播放列表列出的文件中切换了。

（1）选择“源”选项卡，如图 12-25 所示，单击“更改”按钮可以更改发布内容的路径。单击最下方的“查看播放列表编辑器”按钮，打开“播放列表”对话框，如图 12-26 所示。可以选择“打开现有播放列表”单选钮，然后单击“浏览”按钮查找已创建好的播放列表，在这里我们选择“新建一个新的播放列表”单选钮。

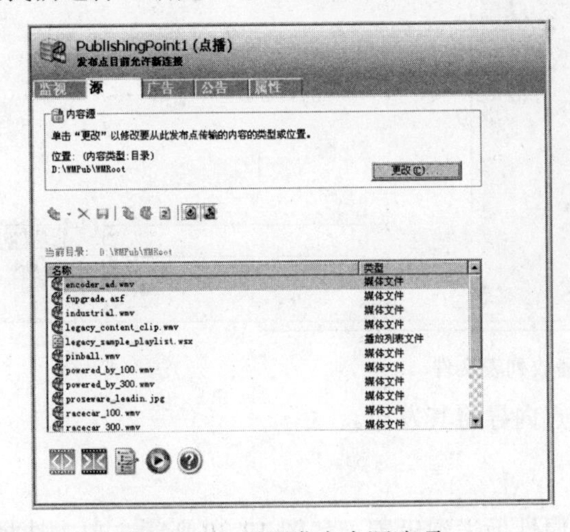

图 12-25　设置发布点源选项

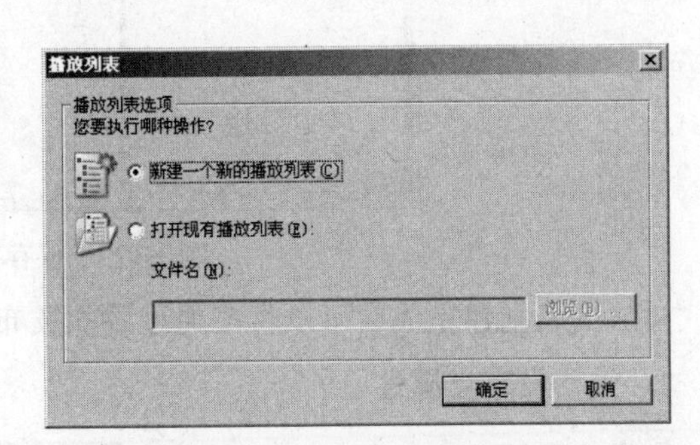

图 12-26　设置播放列表选项

（2）单击“确定”按钮，弹出“Windows Media 播放列表编辑器-新建播放列表”对话框，如图 12-27 所示。右键单击 smil，然后在弹出菜单中选择“添加媒体”，打开“添加媒体元素”对话框，如图 12-28 所示。单击“浏览”按钮选择希望添加到播放列表的流媒体文件，扩展名可以是 asf、wma、wmv、mp3、jpg 等，选择后单击“添加”按钮将其添加到播放列表中。重复此操作，全部添加完后单击“确定”按钮，完成媒体元素的添加。

右键单击 smil，然后在弹出菜单中选择“添加广告”，会打开“添加广告”对话框，可以在播放列表中加入广告，向客户端发布。

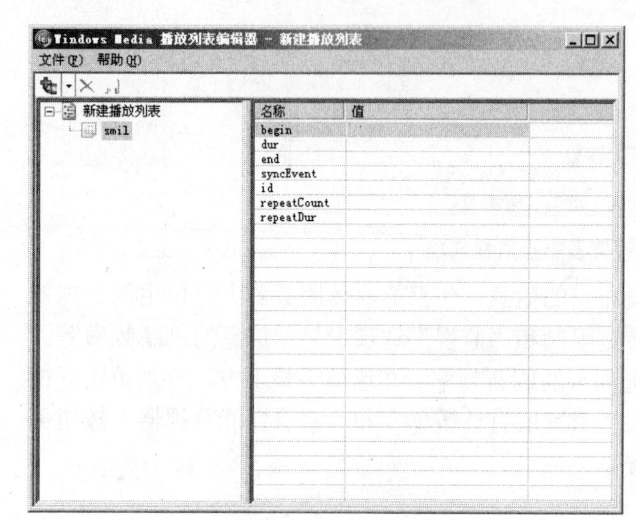

图 12-27　播放列表编辑器

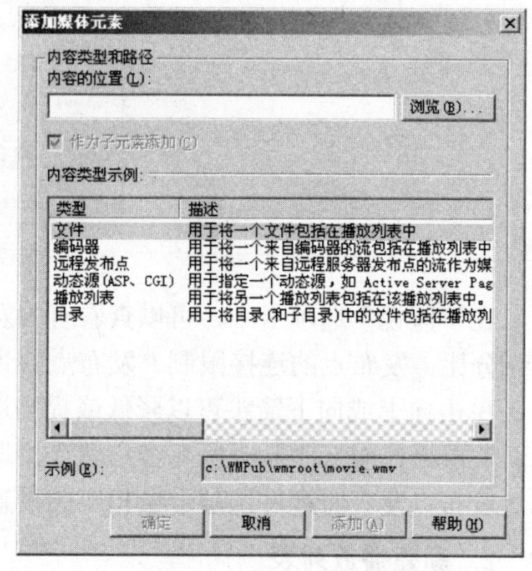

图 12-28　添加媒体元素

（3）单击“文件”，在弹出菜单中选择“保存”命令，打开“另存为”对话框，如图 12-29 所示。在“文件名”编辑框中输入播放列表文件名称后单击“保存”按钮，完成播放列表的创建。最后，关闭“Windows Media 播放列表编辑器”对话框。

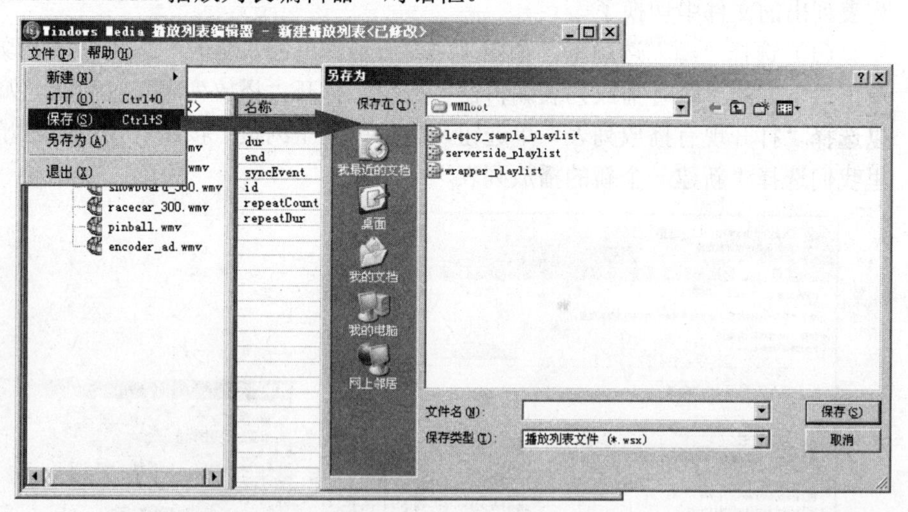

图 12-29　保存播放列表文件

播放列表创建完成后可以直接通过添加发布点向导将其发布。

3. 设置发布点属性

选择“属性”选项卡，可以对发布点的各项属性做详细设置，如图 12-30 所示。单击选择左侧窗口中的类别，然后单击选择右侧上方窗口中该类别的插件，可以在右侧下方的窗口中看到该插件的详细描述。单击最下方的“启用”、“禁用”、“删除插件”、“复制插件”和“查看属性”等按钮，即可对其做相应的设置。

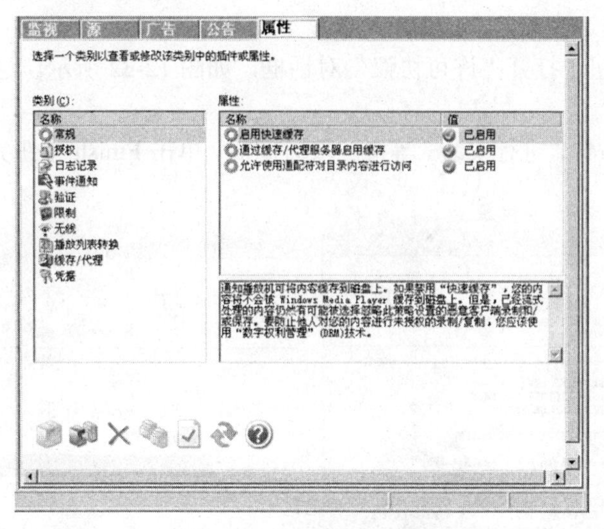

图 12-30　设置发布点属性

12.3　利用 RealServer 搭建流媒体服务器

关于 RealMedia 格式的流媒体技术我们前面已经做了介绍，实现这种流媒体技术需要以下组件。

- Realplayer：RealMedia 格式的流媒体文件播放器，客户端软件。
- RealServer：发布 RealMedia 格式的流媒体文件，服务器软件。
- Real Producer：制作 RealMedia 格式流媒体文件的软件。

12.3.1　安装 RealPlayer

（1）运行 RealPlayer 安装程序，打开安装向导对话框，如图 12-31 所示，有以下选项。

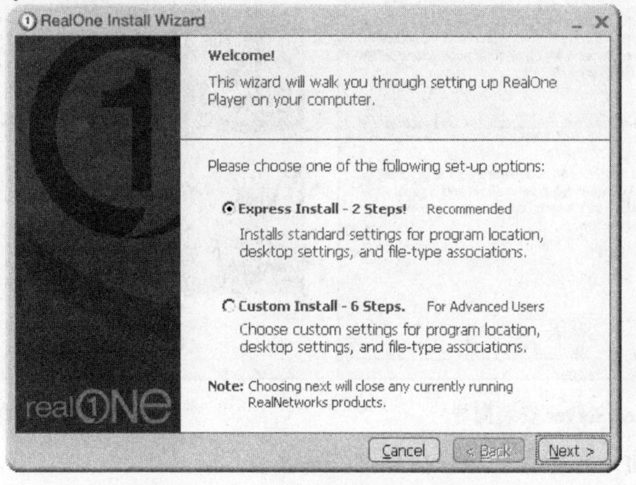

图 12-31　Real Player 安装向导

- ❑ Express Install-2Steps：快速安装（一共两步），也就是标准安装，按照默认设置进行安装。
- ❑ Custon Install-6Steps：自定义安装，对程序位置和桌面设置进行手动选择，一般适用于高级用户。

在这里我们选择快速安装。

（2）单击 Next 按钮，打开“许可协议”对话框，如图 12-32 所示。这里是关于 RealPlayer 的一些协议。

（3）单击 Accept 按钮，进行安装。等待一段时间后，单击 Finish 按钮完成安装，如图 12-33 所示。

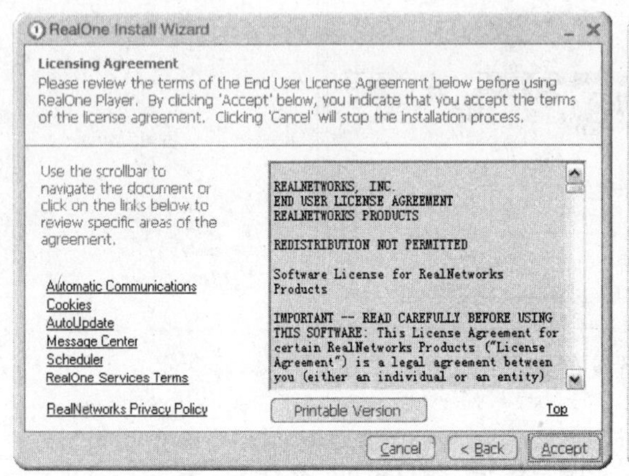

图 12-32　查看安装协议

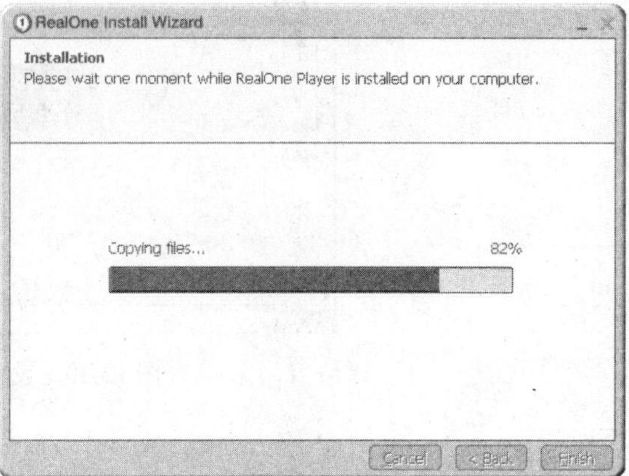

图 12-33　安装 Real Player

12.3.2　安装 RealServer

（1）运行 RealServer 安装程序，打开安装向导对话框，如图 12-34 所示。

（2）单击 Next 按钮，选择许可文件，如图 12-35 所示。此软件的安装方法与其他软件的安装有些不同，在这里需要一个 Real 公司的许可文件，我们这里用到的许可文件是 Real 公司许可的可以支持 60 个人同时在线观看影音的文件，也就是说，服务器最大只能支持 60 个人同时访问，这是根据我们得到的许可文件计算的。

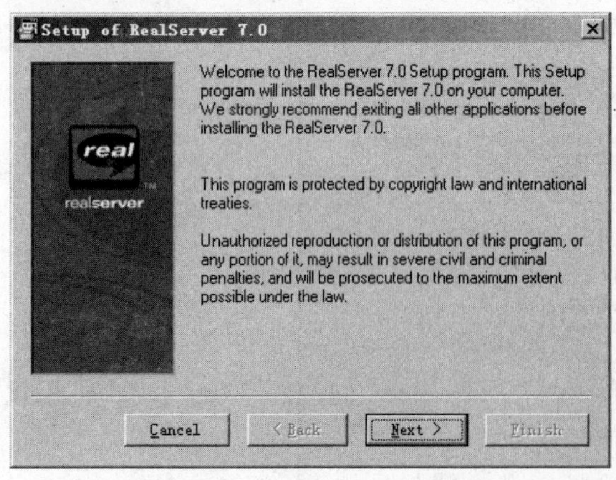

图 12-34　RealServer 安装向导

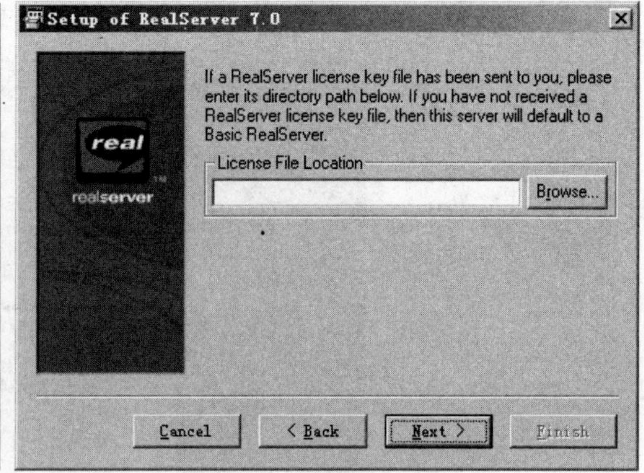

图 12-35　选择许可文件

单击 Browse 按钮，选择我们已经得到的许可文件。

（3）单击 Next 按钮，阅读本软件安装协议。

（4）单击 Accept 按钮，输入 E-Mail 地址并选择安装目录，如图 12-36 所示。

（5）单击 Next 按钮，输入用户名和密码，如图 12-37 所示。这个是我们打开 RealServer 时需要的密码，一定要牢牢记住。

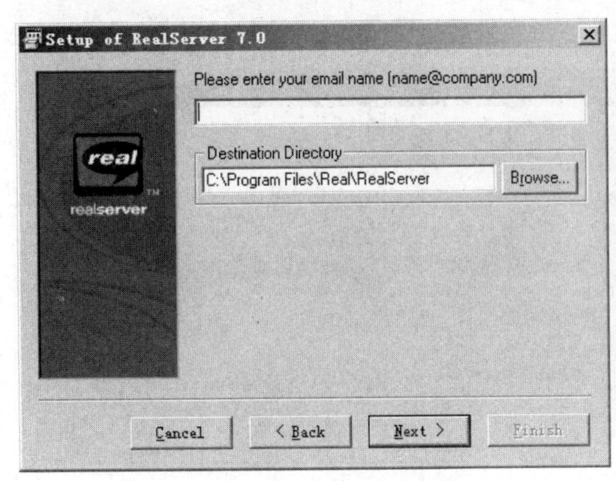

图 12-36　选择安装目录

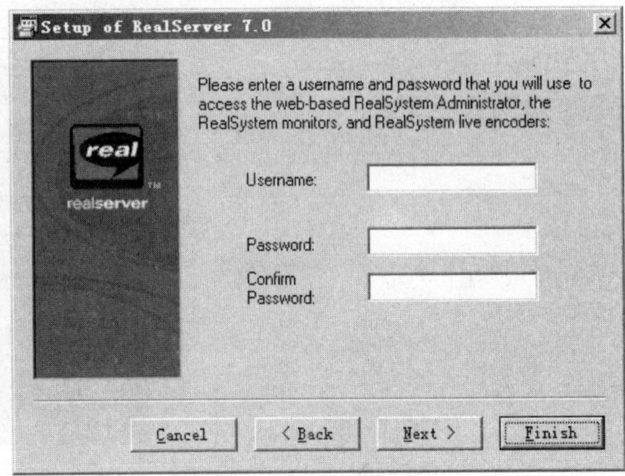

图 12-37　输入用户名和密码

（6）单击 Next 按钮，选择 PNM 协议使用的端口，如图 12-38 所示。在这里，我们使用默认端口即可。

（7）单击 Next 按钮，选择 RSTP 协议使用的端口。

（8）单击 Next 按钮，选择 HTTP 协议使用的端口。

（9）单击 Next 按钮，选择 RealServer 监听的管理员的端口，如图 12-39 所示。更改时注意不要与其他服务端口冲突，并记住此端口号。

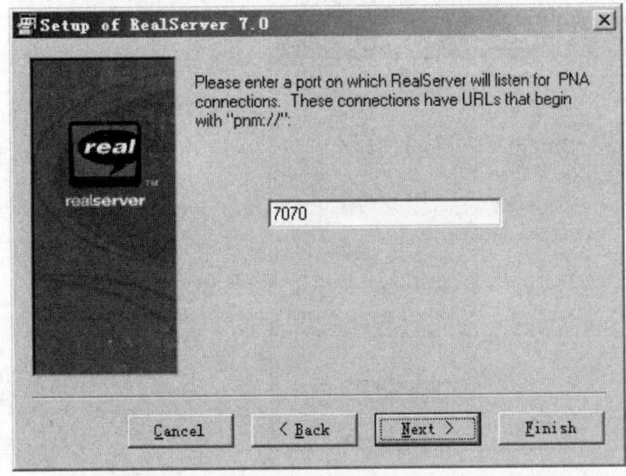

图 12-38　选择端口

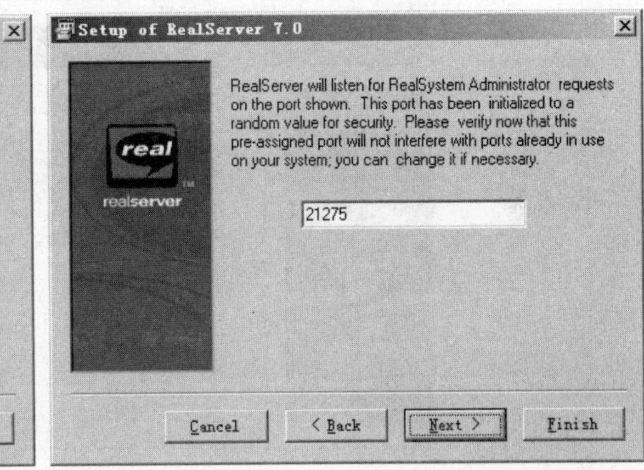

图 12-39　选择管理员端口

（10）单击 Next 按钮，选择是否安装 NT 服务。

（11）单击 Finish 按钮，开始安装 RealServer，等待一段时间后，系统提示安装完成。

12.3.3　发布流媒体文件

RealServer 安装完成后，系统会自动在后台运行其服务程序，因此我们可以直接打开管理界面。

（1）双击桌面上的 RealServer Administrator 快捷方式，系统会提示连接到服务器，要求输入用户名和密码，如图 12-40 所示。

（2）输入用户名和密码后，单击“确认”按钮，打开其管理界面，如图 12-41 所示，RealServer 的管理界面是基于 Web 方式的。

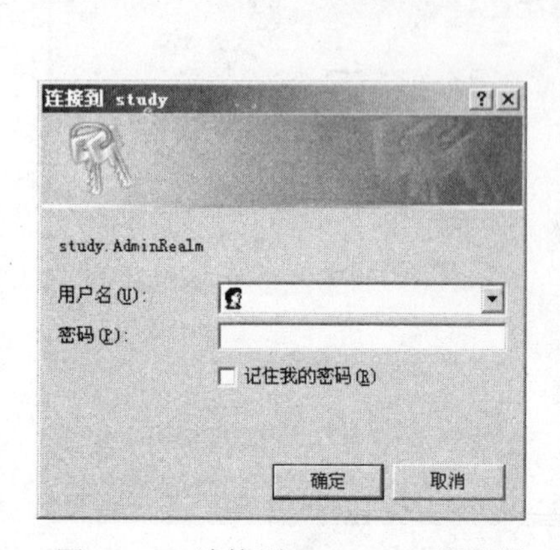

图 12-40　连接到 RealServer 服务器

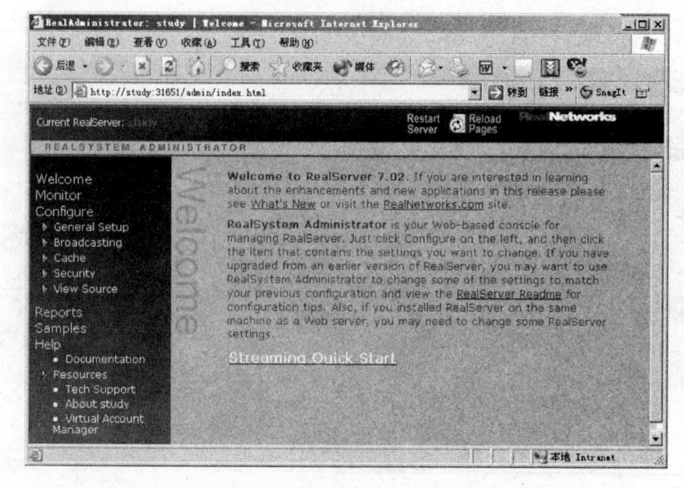

图 12-41　管理 RealServer 服务器

（3）依次选择打开左侧导航栏中的 Configure、General Setup 和 Mount Points 选项，如图 12-42 左图所示。这里是要发布的流媒体文件所在的目录，系统默认此目录为 C:\Programm Files\Real\RealServer\Content，我们可以更改为自己需要的路径，然后单击 Apply 按钮确认。系统提示需要重新启动服务才能生效，如图 12-42 右图所示，单击“确定”按钮。

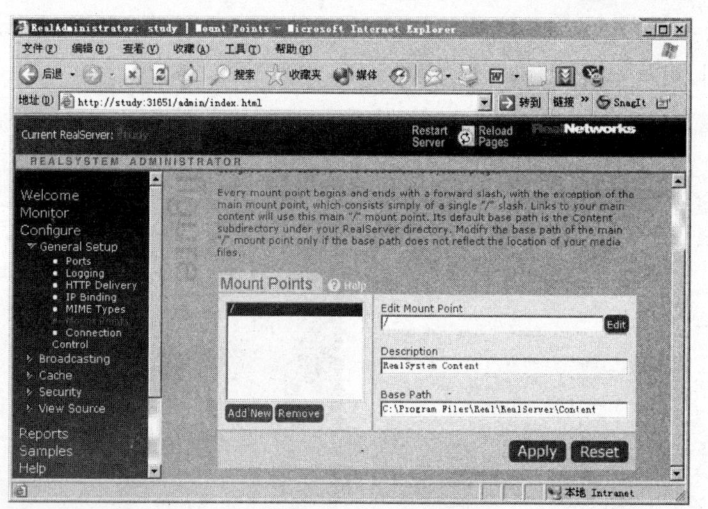

图 12-42　设置发布目录

可以通过单击 Add New 和 Remove 按钮来添加或移除目录，添加的目录可以链接到任何其他目录中，这个功能类似于前面介绍过的分布式文件系统。

（4）经过以上操作，RealServer 服务器端的基本配置就已经完成了。

本章小结

本章详细介绍了流媒体的概念，流媒体服务器的创建、管理和访问，通过本章的学习，读者应该对流媒体的相关知识有了一定的了解，如流媒体服务采用的协议、流媒体文件的格式、流媒体文件的发布方式和流媒体技术的应用范围等。

RealServer 是目前网络中最流行的流媒体服务器软件之一，rm 格式的流媒体文件更是风靡一时，使用 RealServer 搭建流媒体服务器的方法是作为一个网络管理员应该掌握的知识。

思考与练习

1. 流媒体服务的最主要特点是什么？与传统的多媒体传播方式相比都有哪些优点？

2. 比较流媒体的 4 种不同发布方式，指出它们各自的优缺点。它们的适用范围各是什么？为什么？

3. 比较流媒体文件的 3 种不同格式，指出它们各自的优缺点。它们的适用范围各是什么？为什么？

4. 什么是播放列表？发布播放列表与发布目录有什么不同？

5. 在 Internet 上搭建流媒体服务器时，为了宣传，常常需要将一些额外的信息伴随着流媒体文件一同发布，该如何实现？

第 13 章 创建远程访问服务器

内容提要

- ◆ 远程访问服务的概念
- ◆ 创建和访问拨号访问服务器
- ◆ VPN 的概念
- ◆ 创建和访问 VPN 服务器

计算机网络技术的发展，使办公的概念超出了传统的办公室。通过 Windows Server 2003 提供的远程访问服务器，我们可以实现不分时间、不分地点的办公，结合网络聊天和电话等方式，新型的办公方式更加自由、方便。

另外，出差在外的人员也可以通过远程访问，来获得企业内部局域网中的资源，快捷高效。

13.1 远程访问服务

所谓的远程访问是指客户端利用 WAN 技术，通过某种远程连接方式（如 Modem+电话线）登录到本地网络中。至于“远程”也未必千里之外，可能就在隔壁。显然，远程访问服务（Remote Access Service，RAS）就是允许计算机通过某种远程连接来访问本地的网络资源，为那些没有条件与本地网络直接相连的用户提供接入服务。

Windows Server 2003 的远程访问网络，一般包括以下几部分。

- ❑ 远程访问服务器：Windows Server 2003 远程访问服务器就是一台激活了路由和远程访问服务的计算机，提供远程客户访问整个网络的共享资源，或者限制只能到远程访问服务器的资源上访问。服务器必须有至少一个调制解调器或一个多端口适配器、模拟电话线或其他 WAN 连接。如果服务器提供对网络的访问，还必须安装网卡，并连入服务器提供访问的网络。对经 Internet 访问的虚拟专用网络，一般服务器应有到 Internet 的永久性连接。
- ❑ 远程访问客户：连接到远程访问服务器上的客户机可以是 Windows NT/2000/XP、Windows 9x、MS-DOS 以及任何 Microsoft 客户机，也可以是使用 TCP/IP、IPX、NetBEUI 或 AppleTalk 的非 Microsoft 客户机。客户机必须安装有调制解调器、模拟电话线或其他 WAN 连接、远程访问软件。
- ❑ 远程访问协议：远程访问协议是在 WAN 上传输信息的规范。支持 PPP、SLIP（Serial Line Internet Protocol，串行线路网际协议）和 Microsoft RAS（NetBEUI）等远程访问协议。
- ❑ LAN 协议：Windows Server 2003 远程访问支持 TCP/IP、IPX、AppleTalk 和 NetBEUI 局域网协议访问 Internet/UNIX、NetWare 服务器和 Apple Macintosh。
- ❑ 隧道协议：隧道协议是用来创建 VPN 客户机到 VPN 服务器上的安全连接。Windows Server 2003 远程服务器支持 PPTP 和 L2TP 两种隧道协议。
- ❑ 广域网：Windows Server 2003 远程访问允许远程客户由调制解调器或 Modem 池通过

标准的电话线拨入网络，也支持远程客户用ISDN、X.25、ATM实现较快的广域网连接，或串行端口连接、并行端口连接、红外连接等直接连接。

- Internet访问支持：Windows Server 2003远程访问服务器可以提供远程客户接入Internet服务。
- 安全性规则：Windows Server 2003具有登录和域的安全性检查、安全主机支持、数据加密、远程身份验证拨入用户服务（RADIUS）、智能卡、回叫复查、账户锁定等安全措施，为远程客户提供安全的网络访问，使得远程访问甚至比本地访问更安全。

13.2 创建拨号访问服务器

Windows Server 2003通过路由和远程访问中的拨号访问服务来实现远程访问局域网络。

13.2.1 配置拨号访问服务器

在前面我们已经安装了路由和远程访问服务器，其中就包括“拨号访问”服务组件，因此可以直接配置，拨号访问要求服务器上安装有Modem（用来响应用户呼叫）和至少一块网卡（用来连接局域网）。

（1）打开路由和远程访问管理控制台，右键单击“端口”，在弹出菜单中选择“属性”命令，打开“端口 属性”对话框，如图13-1所示。

（2）选择Modem，单击“配置”按钮，打开“配置设备”对话框，如图13-2所示。在“此设备的电话号码”编辑框中输入与Modem相连的电话线的电话号码，比如87654321，然后，选中“远程访问连接（仅入站）”复选框，单击“确定”按钮。

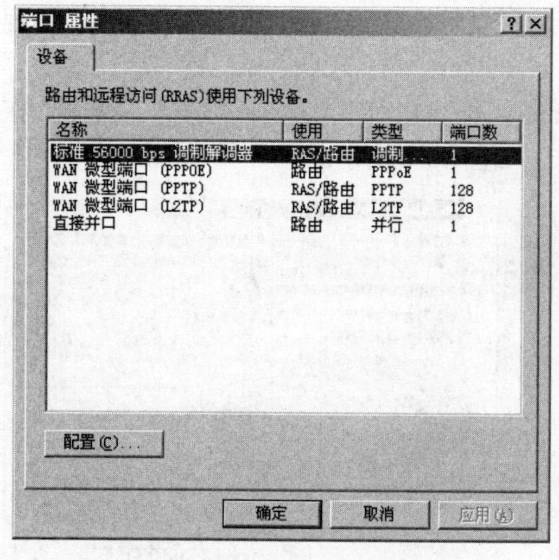

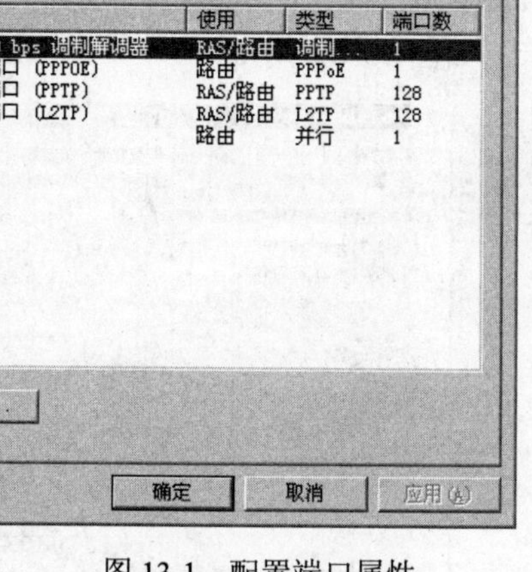

图13-1 配置端口属性

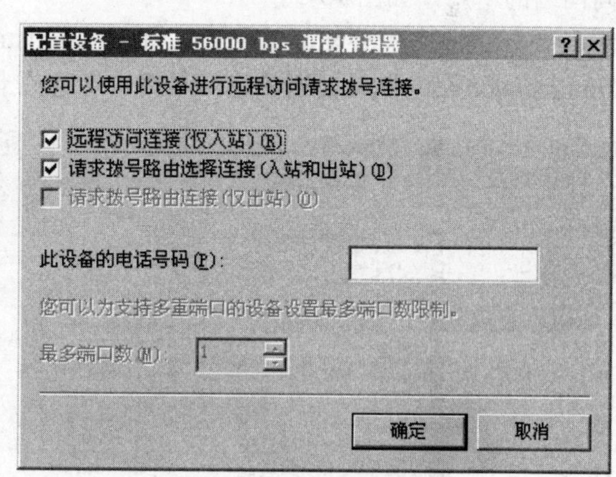

图13-2 配置Modem

（3）单击“端口 属性”对话框中的“确定”按钮，完成端口属性的配置。

（4）右键单击服务器名称，在弹出菜单中选择“属性”命令，打开“属性”对话框，单击IP选项卡，如图13-3所示。

（5）在“IP地址指派”标签中，选择“动态主机配置协议（DHCP）”单选钮，表示当用户拨号访问网络时，由网络中的 DHCP 服务器为其分配一个局域网 IP 地址，不过这里的 DHCP 服务器与远程访问服务器不能是同一台计算机。我们经常会选择“静态地址池”单选钮。

（6）单击“添加”按钮，弹出“新建地址范围”对话框，如图 13-4 所示。输入地址范围，要求这里设置的 IP 地址必须能与局域网通信，因为这里的 IP 地址就是用户拨号时为其分配的 IP 地址。

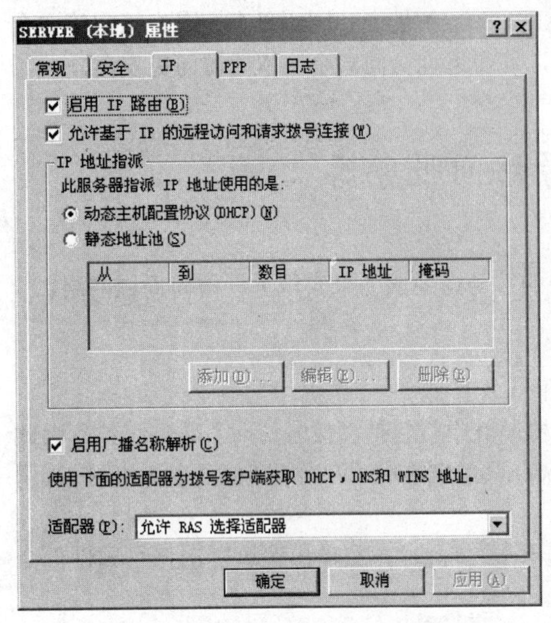

图 13-3　设置拨入用户 IP 地址

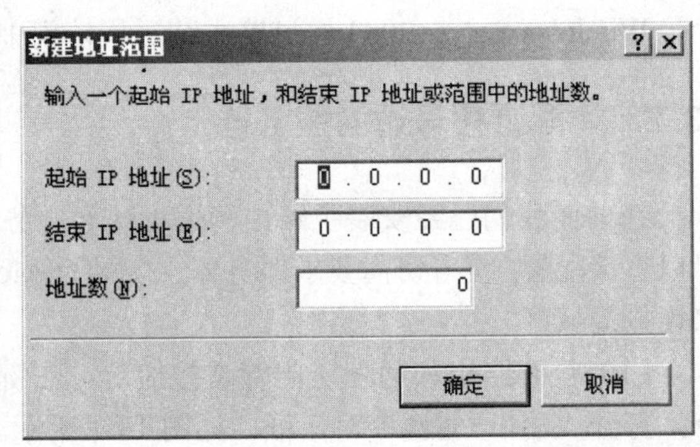

图 13-4　设置地址范围

（7）单击“确定”按钮，完成 IP 地址池的设置，然后单击“属性”对话框中的“确定”按钮，完成拨入用户 IP 地址的设置。

（8）打开“Active Directory 用户和计算机”管理控制台，打开 Users 容器，配置允许远程访问网络的用户，如图 13-5 所示。

（9）右键单击需要配置的用户，如 Administrator，在弹出菜单中选择“属性”命令，在“Administrator 属性”对话框中选择“拨入”选项卡，如图 13-6 所示。

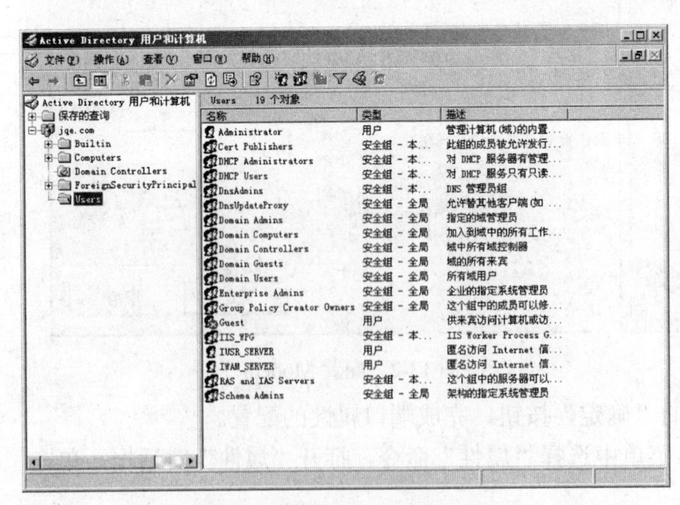

图 13-5　配置远程访问用户

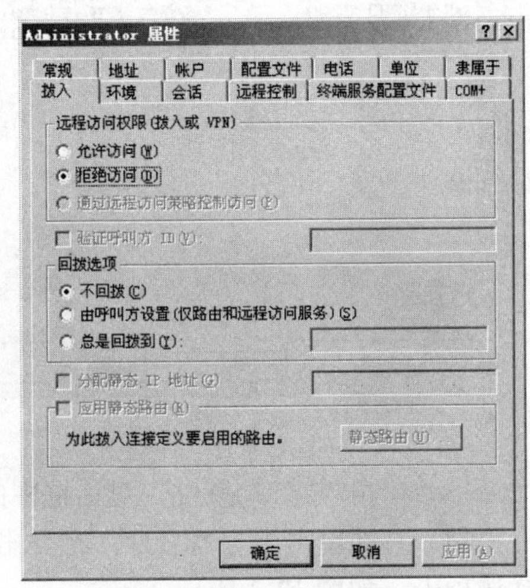

图 13-6　设置拨入权限

（10）在图中可以看到，默认状态是拒绝远程访问，单击“允许访问”单选钮，赋予该用户远程访问的权限，单击“确定”按钮，完成服务器端的配置。

13.2.2 拨号访问服务器

客户端通过拨号连接即可远程访问局域网，不过需要注意的是，采用这种方法只是让用户从远程通过电话网络连接到局域网，因此用户只能使用局域网资源，并不能访问 Internet。

（1）打开“控制面板”中的“网络连接”，单击左上方的“创建一个新的连接”，打开“新建连接向导”对话框，如图 13-7 所示。

（2）单击“下一步”按钮，选择网络连接类型，如图 13-8 所示，选择“连接到我的工作场所的网络”单选钮。

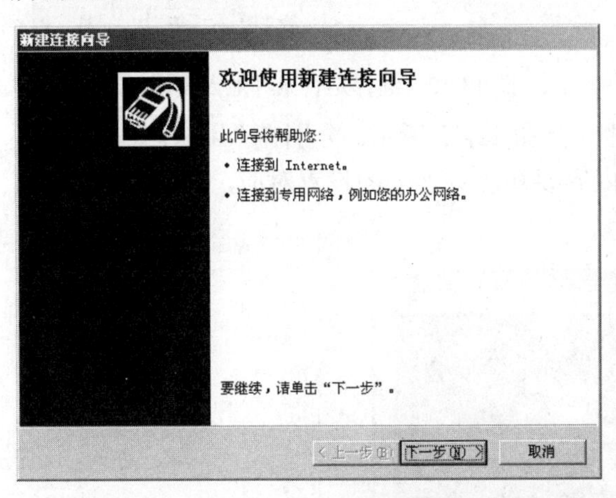

图 13-7　新建网络连接

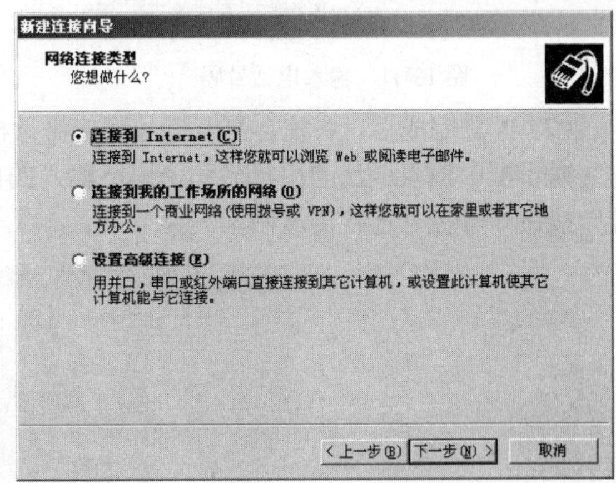

图 13-8　选择网络连接类型

（3）单击“下一步”按钮，选择网络连接方式，如图 13-9 所示，选择“拨号连接”单选钮。

（4）单击“下一步”按钮，输入网络连接名称，如图 13-10 所示，在“公司名”编辑框中输入网络连接的名称，比如输入“办公室”。

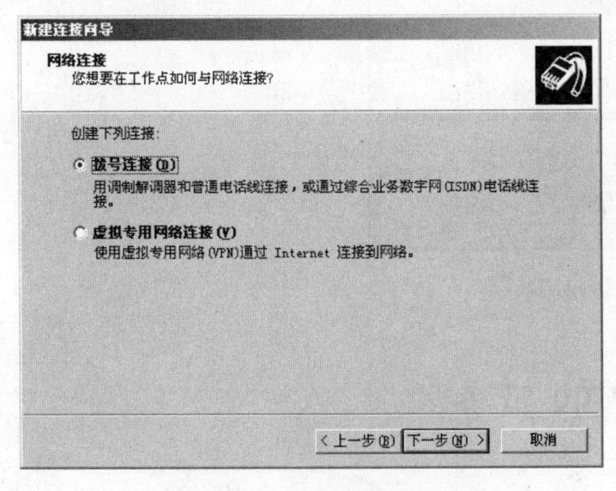

图 13-9　选择网络连接方式

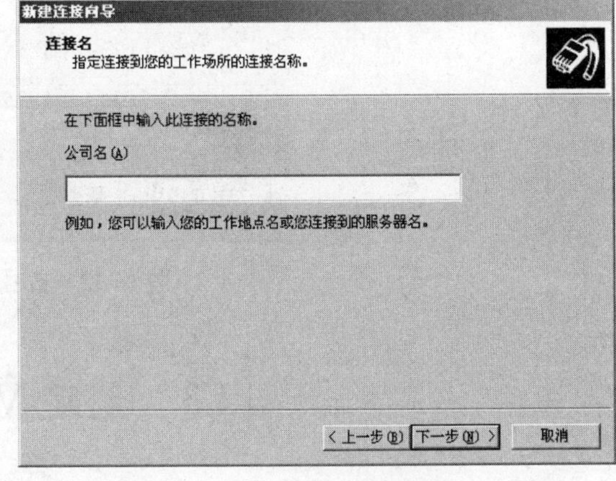

图 13-10　输入网络连接名称

（5）单击“下一步”按钮，输入服务器 Modem 所连接的电话线的电话号码，如图 13-11 所示，这里要和前面服务器端配置时输入的电话号码相同，如 87654321。

（6）单击“下一步”按钮，选择是否允许他人使用此连接，如图 13-12 所示，根据个人情况选择后单击“下一步”按钮，然后单击“完成”按钮，完成客户端的配置。

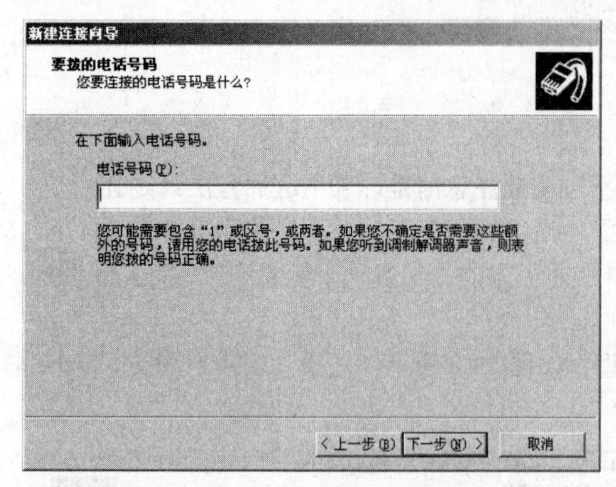

图 13-11　输入电话号码

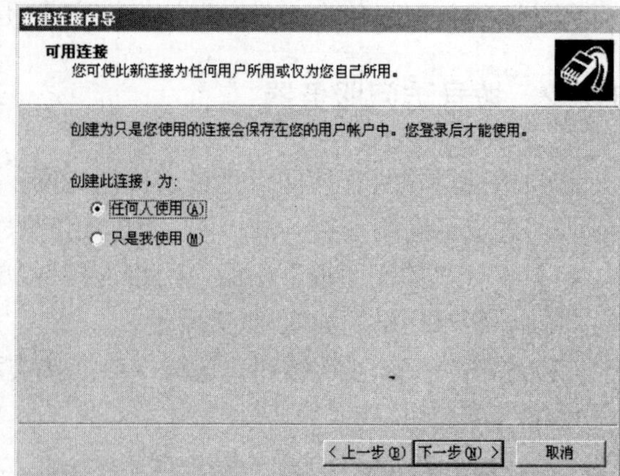

图 13-12　选择是否允许他人使用

（7）配置完成后，系统会弹出拨号连接对话框，如图 13-13 所示。分别在“用户名”和“密码”编辑框中输入合法的用户名和密码，输入的内容要和服务器端的设置对应，然后单击“拨号”按钮即可拨号连接局域网。

图 13-13　拨号访问局域网

13.3　创建 VPN 服务器

使用 Modem 拨号连接远程服务器时，对于每一个远程连接，Windows Server 2003 远程访问服务器都必须有一个独立的 Modem 和一条独立的电话线来响应用户的呼叫，如果用户是在外地访问，将会产生一笔相当可观的电话费，而且在使用 Modem 拨号时，每个链接最多只能提供 56KB 的带宽。

针对以上种种问题，VPN（Virtual Private Network，虚拟专用网络）提供了很好的解决方法。只要服务器有一个合法的公网地址，就无须在服务器上配置任何 Modem 和电话线路，并且使用 VPN 还可以提高访问速度，轻易就可以达到几百 KB 甚至几 MB 的带宽。

13.3.1 VPN 工作原理

VPN 是通过 Internet 来实现的，用户可以经 Internet 远程访问局域网的内部资源，当 VPN 连接建立起来后，就相当于在用户和局域网之间创建了一条物理线路，因此，使用 VPN 能够在很大程度上保障数据传输的安全。

当远程客户端需要借助 VPN 技术访问局域网时，首先必须拥有一个合法的公网 IP，因为只有公网 IP 才能访问 Internet 资源，才能通过 Internet 连接到局域网的外部接口。用户可以通过拨号或其他手段来获得这个条件。

用户拥有了合法的 IP 之后，向局域网的公网 IP 发出访问请求，此时，VPN 服务器会为该用户分配一个内网 IP 地址，建立起 VPN 连接。

当客户端发送数据包时，数据包的包头会有两层 IP 地址，外层的源地址是本机的公网 IP 地址，目的地址是 VPN 服务器的公网 IP 地址，内层的源地址是本机的内网 IP 地址，目的地址是 VPN 服务器的内网 IP 地址，数据包到达 VPN 服务器之后，服务器会分析该数据包，然后将该数据包外层的 IP 地址脱去，这时的数据包就和一个普通的局域网内部用户发出的数据包没有什么区别了。

服务器返回数据包时，会重复上述过程。

VPN 使用 PPTP（Point to Point Tunneling Protocol，点对点隧道协议）和 L2TP（Layer Two Tunneling Protocol，第二层隧道协议）来建立连接，当启用路由和远程访问服务时，会自动创建 VPN 端口并启用这些协议。

13.3.2 配置 VPN 服务器

VPN 服务要求服务器上至少安装有两块网卡（一块拥有内网 IP 地址，用来连接局域网；一块拥有公网 IP 地址，用来连接 Internet），它的配置方法如下。

（1）打开路由和远程访问管理控制台，右键单击“端口”，在弹出菜单中选择“属性”命令，打开“端口 属性”对话框，如图 13-1 所示。

（2）选择“WAN 微型端口（PPTP）”和“WAN 微型端口（L2TP）”并分别进行配置，可以直接双击打开配置窗口，也可以在列表框中选中后，单击“配置”按钮打开。我们以配置 PPTP 端口为例，选择“WAN 微型端口（PPTP）”，单击“配置”按钮，进入“配置设备”对话框，如图 13-14 所示。

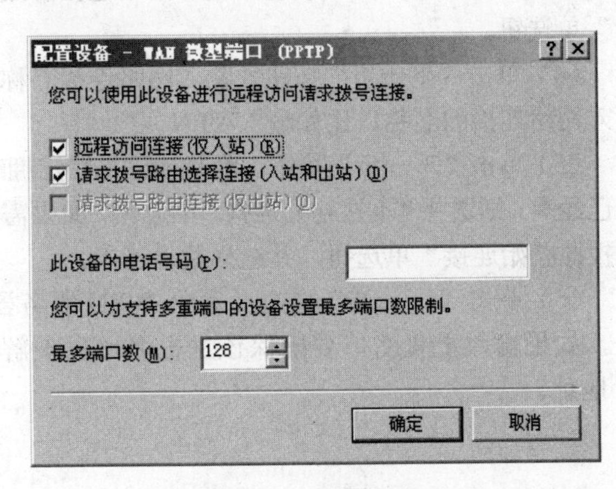

图 13-14　配置 PPTP

（3）选择“远程访问连接（仅入站）”复选框表示接受客户端的呼叫，选择“请求拨号路由选择连接（入站和出站）”复选框表示客户端可以通过本服务器呼叫其他服务器。

在“此设备的电话号码”编辑框中以点分十进制的格式输入服务器的公网 IP 地址，也可以不输入，直接使用网卡上绑定的 IP 地址。

根据本地的网络带宽调整“最多端口数”的大小。

(4) 单击“确定”按钮，按照同样的方法配置 L2TP，配置完成后，单击“确定”按钮，完成端口属性的设置。

(5) 右键单击服务器名称，在弹出菜单中选择“属性”命令，打开“属性”对话框，选择 IP 选项卡。

(6) 在“IP 地址指派”标签中，选择“动态主机配置协议（DHCP)”单选钮，表示当用户拨号访问网络时，由网络中的 DHCP 服务器为其分配一个局域网 IP 地址，不过这里的 DHCP 服务器与远程访问服务器不能是同一台计算机。我们经常会选择“静态地址池”单选钮。

(7) 单击“添加”按钮，弹出“新建地址范围”对话框，如图 13-4 所示。输入地址范围，要求这里设置的 IP 地址必须能与局域网通信，因为这里的 IP 地址就是用户拨号时为其分配的 IP 地址。

(8) 单击“确定”按钮，完成 IP 地址池的设置，然后单击“属性”对话框中的“确定”按钮，完成拨入用户 IP 地址的设置。

(9) 打开“Active Directory 用户和计算机”管理控制台，打开 Users 容器，配置允许远程访问网络的用户。

(10) 右键单击需要配置的用户，如 Administrator，在弹出菜单中选择“属性”命令，在“Administrator 属性”对话框中选择“拨入”选项卡。

(11) 在图中我们可以看到，默认状态是拒绝远程访问，单击“允许访问”单选钮，赋予该用户远程访问权限，单击“确定”按钮，完成服务器端的配置。

13.3.3 访问 VPN 服务器

(1) 打开“控制面板”中的“网络连接”，单击左上方的“创建一个新的连接”，打开“新建连接向导”对话框。

(2) 单击“下一步”按钮，选择网络连接类型，选择“连接到我的工作场所的网络”单选钮。

(3) 单击“下一步”按钮，选择网络连接方式，如图 13-15 所示，选择“虚拟专用网络连接”单选钮。

(4) 单击“下一步”按钮，输入网络连接名称，如图 13-16 所示，在“公司名”编辑框中输入网络连接的名称，比如输入 VPN。

(5) 单击“下一步”按钮，确认自己是否已拥有合法的公网 IP 地址，如图 13-17 所示。如果已经有，则选择“不拨初始连接”单选钮，如果需要通过拨号来获取公网 IP 地址，则选择“自动拨此初始连接”单选钮，并选择拨号连接。

(6) 单击“下一步”按钮，输入 VPN 服务器的主机名或公网 IP 地址，如图 13-18 所示。如果输入主机名，要确保该主机名可以被解析，在这里建议输入 VPN 服务器的公网 IP 地址。

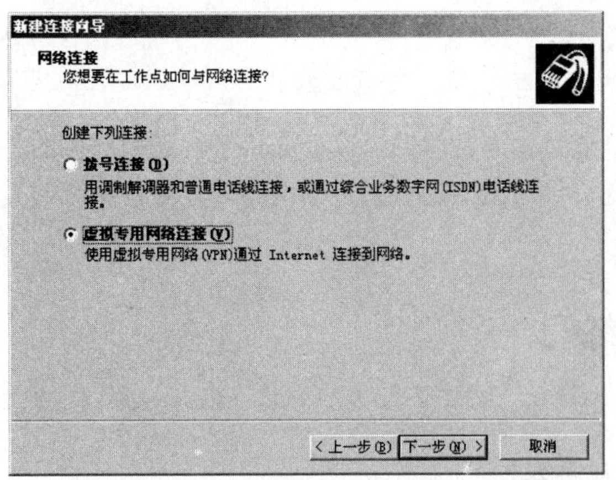

图 13-15　选择网络连接方式

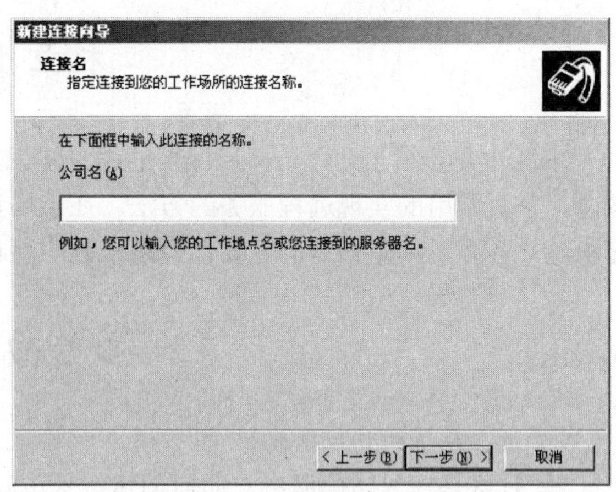

图 13-16　输入网络连接名称

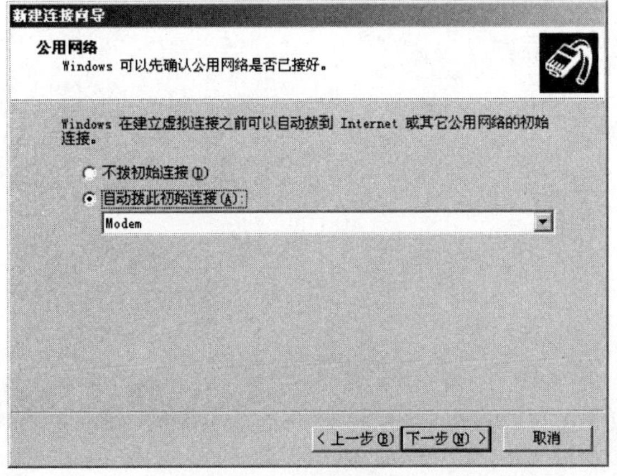

图 13-17　获取公网 IP 地址

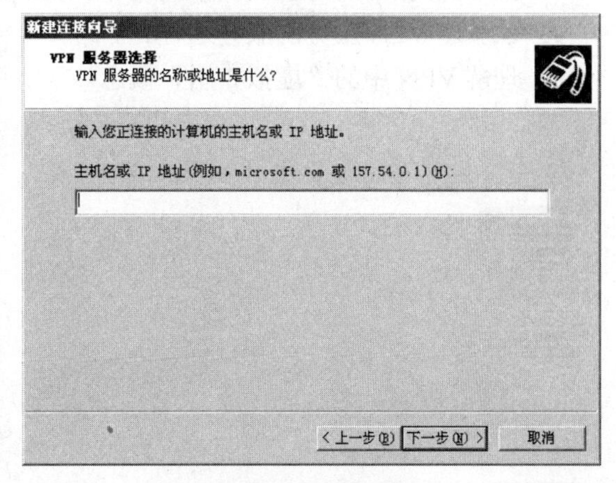

图 13-18　输入服务器地址

（7）单击“下一步”按钮，选择是否允许他人使用此连接，如图 13-19 所示，根据个人情况进行选择后单击“下一步”按钮，然后单击“完成”按钮，完成客户端的配置。

（8）配置完成后，系统会弹出询问是否拨号的对话框，单击“是”按钮，系统会弹出拨号连接对话框，如图 13-20 所示。分别在“用户名”和“密码”编辑框中输入合法的用户名和密码，输入的内容要和服务器端的设置对应，然后单击“拨号”按钮即可使用 VPN 连接局域网。

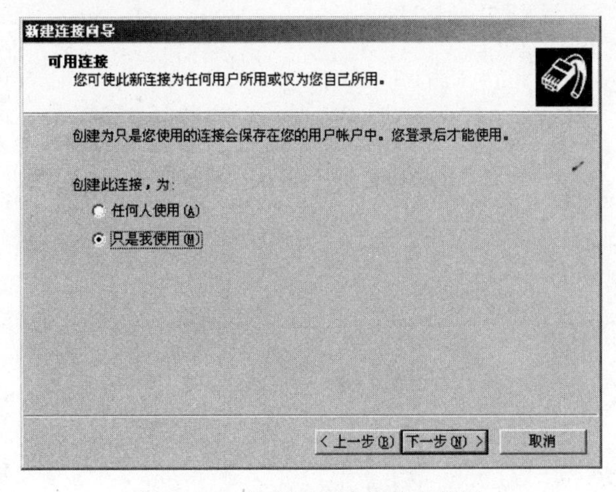

图 13-19　选择是否允许他人使用

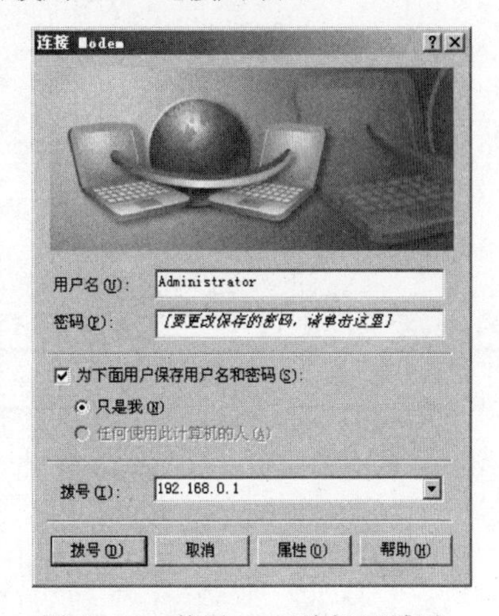

图 13-20　使用 VPN 访问局域网

本章小结

本章主要介绍了远程访问局域网的相关知识，通过本章的学习，读者应该了解远程服务的概念，掌握常用的实现远程服务的方法。在市场竞争日益激烈的今天，移动办公、远程交流的需求越来越多，本章知识的重要性也越来越明显。

思考与练习

1．什么是远程访问服务？
2．什么是拨号访问服务？如何创建拨号访问服务器？
3．拨号访问服务和我们以前经常使用的拨号上网有什么区别和联系？
4．试叙述 VPN 服务的服务过程。
5．理解 VPN 中的“虚拟专用”概念。

第 14 章 网络安全

内容提要

- ◆ 网络病毒
- ◆ 如何应对网络病毒
- ◆ 防火墙技术
- ◆ 信息加密技术

计算机网络安全：通过采用各种技术和管理措施，使网络系统正常运行，从而确保网络数据的可用性、完整性和保密性。建立网络安全保护措施的目的是确保经过网络传输和交换的数据不会发生增加、修改、丢失和泄露等。

本章我们就来了解一下网络安全的相关知识。

14.1 病毒的预防

目前所知已有数万种病毒存在，而且每天还有更多的病毒被制造出来。计算机病毒曾经普遍存在于 DOS 或 Windows 环境中，但今天的病毒可以通过发掘企业网络中、电子邮件系统中和 Web 站点中的漏洞而制造更大的灾难。

14.1.1 病毒概述

1994 年 2 月 18 日，我国正式颁布实施了《中华人民共和国计算机信息系统安全保护条例》，在《条例》第二十八条中明确指出："计算机病毒，是指编制或者在计算机程序中插入的破坏计算机功能或者毁坏数据，影响计算机使用，并能自我复制的一组计算机指令或者程序代码。"

从广义上讲，凡能够引起计算机故障，破坏计算机数据的程序都可以称为计算机病毒。

自从 1946 年第一台计算机问世以来，计算机已被应用到人类社会的各个领域。然而，1988 年发生在美国的"蠕虫病毒"事件，给计算机技术的发展罩上了一层阴影。蠕虫病毒是由美国 CORNELL 大学研究生莫里斯编写的。虽然并无恶意，但在当时，"蠕虫"在 Internet 上大肆传染，使得数千台联网的计算机停止运行，并造成巨额损失，成为一时的舆论焦点。在国内，最初引起人们注意的病毒是 80 年代末出现的"黑色星期五"、"米氏病毒"和"小球病毒"等。因当时软件种类不多，用户之间的软件交流较为频繁且反病毒软件并不普及，造成病毒的广泛流行。后来出现的 Word 宏病毒及 Windows 95 下的 CIH 病毒，使人们对病毒的认识更加深了一步。

那么，究竟病毒是如何产生的呢？

- ❑ 恶作剧：某些爱好计算机并对计算机技术精通的人士为了炫耀自己的高超技术和智慧，凭借对软硬件的深入了解，编制一些特殊的程序，这些程序通过载体传播出去后，在一定条件下被触发。如显示一些动画，播放一段音乐，或提一些智力问答题目等，其目的无非是自我表现一下。这类病毒一般都是良性的，不会有破坏操作。
- ❑ 报复：每个人都处于社会环境中，但总有人对社会不满或受到不公正的待遇。如果这种情况发生在一个编程高手身上，那么他有可能会编制一些危险的程序。在国外有这样的事例：某公司职员在职期间编制了一段代码隐藏在其公司的系统中，一旦检测到他的名字在工资报表中被删除，该程序立即发作，破坏整个系统。类似案例在国内亦出现过。

- 版权保护：计算机发展初期，由于在法律上对于软件版权保护还没有像今天这样完善。很多商业软件被非法复制，有些开发商为了保护自己的利益制作了一些特殊程序，附在产品中。如巴基斯坦病毒，其制作者是为了追踪那些非法拷贝他们产品的用户。用于这种目的的病毒目前已不多见。

14.1.2 病毒的特征

一般来说，病毒具有以下特征中的一点或几点。

- 未经授权而执行：一般正常的程序是由用户调用，再由系统分配资源，完成用户交给的任务，其目的对用户是可见的。而病毒具有正常程序的一切特性，但它隐藏在正常程序中，当用户调用正常程序时窃取到系统的控制权，先于正常程序执行，病毒的动作、目的对用户是未知的，是未经用户允许的。
- 传染性：正常的计算机程序一般是不会将自身的代码强行连接到其他程序之上的。而病毒却能使自身的代码强行传染到一切符合其传染条件的未受到传染的程序之上。计算机病毒可通过各种可能的渠道，如软盘、计算机网络去传染其他的计算机。当你在一台机器上发现了病毒时，往往曾在这台计算机上用过的软盘已感染上了病毒，而与这台机器相联网的其他计算机也许也被该病毒侵染上了。是否具有传染性是判别一个程序是否为计算机病毒的最重要的条件。
- 隐蔽性：病毒一般是具有很高编程技巧、短小精悍的程序，通常附在正常程序中，磁盘代码分析时，病毒程序与正常程序是不容易区别开来的。一般在没有防护措施的情况下，计算机病毒程序取得系统控制权后，可以在很短的时间里传染大量程序。而且受到传染后，计算机系统通常仍能正常运行，使用户不会感到任何异常。试想，如果病毒在传染到计算机上之后，机器马上无法正常运行，那么它本身便无法继续进行传染了。正是由于隐蔽性，计算机病毒得以在用户没有察觉的情况下扩散到上百万台计算机中。大部分的病毒代码之所以设计得非常短小，也是为了隐藏。病毒一般只有几百字节或 1k 字节，而 PC 机对 DOS 文件的存取速度可达每秒几百 KB 以上。所以，病毒转瞬之间便可将这短短的几百字节附着到正常程序之中，使人非常难以察觉。
- 潜伏性：大部分的病毒感染系统之后一般不会马上发作，它可以长期隐藏在系统中，只有在满足其特定条件时才启动其表现（破坏）模块。只有这样它才可进行广泛地传播。如 PETER-2 在每年 2 月 27 日会提三个问题，答错后会将硬盘加密。著名的“黑色星期五”在逢 13 号的星期五发作。国内的“上海一号”会在每年三、六、九月的 13 日发作。当然，最令人难忘的便是 26 日发作的 CIH。这些病毒在平时会隐藏得很好，只有在发作日才会露出本来面目。
- 破坏性：任何病毒只要侵入系统，都会对系统及应用程序产生程度不同的影响。良性病毒可能只显示些画面或出点音乐、无聊的语句，或者根本没有任何破坏动作，但会占用系统资源。这类病毒较多，如 GENP、小球、W-BOOT 等。恶性病毒则有明确的目的，或破坏数据、删除文件或加密磁盘、格式化磁盘，有的对数据造成不可挽回的破坏。

- 不可预见性：从对病毒的检测方面来看，病毒还有不可预见性。不同种类的病毒，它们的代码千差万别，但有些操作是共有的（如驻内存，改中断）。有些人利用病毒的这种共性，制作了声称可查所有病毒的程序。这种程序的确可查出一些新病毒，但由于目前的软件种类极其丰富，且某些正常程序也使用了类似病毒的操作，甚至借鉴了某些病毒的技术。使用这种方法对病毒进行检测势必会造成较多的误报情况。而且病毒的制作技术也在不断的提高，病毒对反病毒软件来说永远是超前的。

14.1.3 病毒的分类

从第一个病毒问世以来，究竟世界上有多少种病毒，说法不一。据国外统计，计算机病毒以10种/周的速度递增，而据我国公安部统计，国内以4种/月的速度递增。如此多的种类，做一下分类可更好地了解它们。

按破坏性可分为：良性病毒和恶性病毒。前面已介绍过。

- 良性病毒：仅仅显示信息、奏乐、发出声响，可自我复制。
- 恶性病毒：封锁、干扰、中断输入输出、使用户无法进行打印等正常工作，甚至使计算机停止运行。
- 极恶性病毒：死机、系统崩溃、删除普通程序或系统文件，破坏系统配置导致系统死机、崩溃、无法重启。
- 灾难性病毒：破坏分区表信息、主引导信息、FAT，删除数据文件，甚至格式化硬盘等。

按传染方式可分为引导型病毒、文件型病毒和混合型病毒。

- 引导型病毒是一种在ROM BIOS之后，系统引导时出现的病毒，它先于操作系统，依托的环境是BIOS中断服务程序。引导型病毒是利用操作系统的引导模块放在某个固定的位置，并且控制权的转交方式是以物理位置为依据，而不是以操作系统引导区的内容为依据，因而病毒占据该物理位置即可获得控制权，而将真正的引导区内容搬家转移或替换，待病毒程序执行后，再将控制权转交给真正的引导区内容，使得这个带病毒的系统看似正常运转，而病毒已隐藏在系统中并伺机传染、发作。
- 文件型病毒：一般只传染磁盘上的可执行文件（COM，EXE）。在用户调用染毒的可执行文件时，病毒首先被运行，然后病毒驻留内存伺机传染其他文件或直接传染其他文件。其特点是附着于正常程序文件中，成为程序文件的一个外壳或部件。这是较为常见的传染方式。
- 混合型病毒：兼有以上两种病毒的特点，既感染引导区又感染文件，因此扩大了这种病毒的传染途径。

按连接方式可分为：源码型病毒、入侵型病毒、操作系统型病毒、外壳型病毒。

- 源码型病毒：较为少见，亦难以编写。因为它主要攻击高级语言编写的源程序，在源程序编译之前插入其中，并随源程序一起编译、连接成可执行文件。此时刚刚生成的可执行文件便已经带毒了。
- 入侵型病毒：可用自身代替正常程序中的部分模块或堆栈区。因此这类病毒只攻击某些特定程序，针对性强。一般情况下也难以被发现，清除起来也较困难。
- 操作系统型病毒：可用其自身部分加入或替代操作系统的部分功能。因其直接感染操作系统，这类病毒的危害性较大。

- 外壳型病毒：将自身附在正常程序的开头或结尾，相当于给正常程序加了一个外壳。大部分的文件型病毒都属于这一类。

14.1.4 病毒的表现

当用户在运行外来软件或从 Internet 下载文件时，很可能无意中使计算机感染病毒，但绝大多数的用户不能马上发现自己的计算机被感染上了病毒，这时我们就只能根据种种现象去判断自己的计算机是否感染了病毒。

病毒发作前的表现有以下几点：

- 计算机经常无故死机。
- 计算机无法启动。
- Windows 运行不正常。
- Windows 无法正常启动。
- 计算机运行速度明显变慢。
- 曾正常运行的软件常报内存不足。
- 计算机打印和通讯发生异常。
- 曾正常运行的应用程序经常没有响应或者发生非法错误。
- 系统文件的时间、日期、长度发生变化。
- 运行 Word，打开文档后，该文件另存时只能以模板方式保存。
- 系统经常自动要求对软盘进行写操作。
- 磁盘空间迅速减少。
- 网络数据卷无法调用。
- 基本内存发生变化。

如果在使用计算机的过程中出现上述情况中的一点或几点，我们就可以初步判断自己的计算机和网络已经感染了病毒。

病毒的发作有的只按时间来确定，有的按重复感染的次数来确定，但更多的病毒是随机发生的。发作时的表现为：

- 提示一段莫名其妙的话。
- 自动播放音乐。
- 自动产生特定的图像。
- 硬盘灯不断闪烁。
- Windows 桌面图标发生变化。

病毒发作后可能会导致下列情况：

- 硬盘无法启动，数据丢失。
- 系统文件丢失。
- 文件目录发生混乱。
- 部分文档丢失。
- 部分文档自动加密码。
- 丢失被病毒加密的有关数据。
- 修改 Autoexec.bat 文件，在其中增加了 Format 一项，导致计算机重新启动时格式化硬盘上的所有数据。
- 使部分可升级主板的 BIOS 程序混乱，主板被破坏。引导型病毒一般侵占硬盘的引导区（即 BOOT 区），感染病毒后，引导记录会发生变化。

14.1.5 病毒的预防

病毒的危害如此巨大，那么我们该如何应对呢？
- 备份重要数据：病毒出现是很难预测的，而且杀毒软件也不能保证杀掉所有的病毒，所以，将重要的数据进行备份十分必要。并且在备份前一定要确定资料是完好而且无病毒的。
- 安装杀毒软件及防火墙：安装杀毒软件和防火墙对于预防病毒十分重要。杀毒软件不宜安装多个，多个杀毒软件易出现冲突，而且占用系统资源，对于系统来说反而有弊而无利。防火墙要设置好，有些防火墙防止不明数据进入计算机的确很有效，但是如果设置不当，有时会造成一些正常的程序不能访问网络，如不能网络视频，不能传输文件，不能游戏，甚至不能访问某些网址等。杀毒软件和防火墙一定要记得经常升级更新，那样才能应付大部分新病毒。
- 为系统安装补丁：系统漏洞让病毒更容易入侵，因此，系统软件官方提供了很多漏洞补丁，在安装操作系统后应该马上安装系统补丁，否则，访问网络将会很容易染上病毒。
- 及时关注流行病毒以及下载专杀工具：因为很多流行病毒和特殊病毒的存在，为了网络安全以及及时防止病毒的扩展，很多杀毒软件的官方网站都免费提供了专杀工具。有些病毒使用普通杀毒软件无法查杀，只有使用专杀工具，因此我们必须经常留意官方所公布的新种类病毒以及下载相应的专杀工具。做到先防为好。
- 注意使用计算机时出现的异状：如果计算机突然内存占用很高，或者 CPU 使用率很高，或者资源使用情况忽高忽低，那么就很可能感染了病毒。
- 注意局域网共享安全：共享文件时最好设置密码并将共享文件夹设为只读，否则网络病毒进入计算机将变得十分容易，密码也可以有效保护资料不会轻易被他人窃取。
- 注意网页邮件病毒：安装了杀毒软件，也要注意网页上的病毒，毕竟没有一种杀毒软件是万能的。不要随意打开一些不明来历的网站。
- 注意定期扫描系统：杀毒软件即时监控没有发现病毒，只是意味着当前运行程序中没有病毒，也就是病毒没有发作，但是并不是说计算机中就没有病毒。所以，为了保证系统安全，最好定期扫描系统。

14.2 防火墙技术

防火墙是一套独立的设备，被安装在 Internet 与局域网之间，将两个网络隔离开来，以保护内部网络。

14.2.1 网络攻击类型

随着互联网黑客技术的飞速发展，网络世界的安全性不断受到挑战。对于黑客来说，要闯入大部分人的计算机实在是太容易了。那么黑客们有哪些常用攻击手段呢？

- 获取口令：这种方式有三种方法。一是缺省的登录界面（ShellScripts）攻击法。在被攻击主机上启动一个可执行程序，该程序显示一个伪造的登录界面。当用户在这个伪装的界面上键入登录信息（用户名、密码等）后，程序将用户输入的信息传送到攻击者主机，然后关闭界面给出提示信息“系统故障”，要求用户重新登录，此后，才会出现真正的登录界面；二是通过网络监听非法得到用户口令，这类方法有一定的局限性，但危害性极大，监听者往往能够获得其所在网段的所有用户账号和口令，对局域网安全威胁巨大；三是在知道用户的账号后（如电子邮件“@”前面的部分）利用一些专门软件强行破解用户口令，这种方法不受网段限制，但黑客要有足够的耐心和时间，尤其对那些口令安全系数极低的用户，只要短短的一两分钟，甚至几十秒内就可以将其破解。
- 电子邮件攻击：这种方式一般是采用电子邮件炸弹（E-mail Bomb），是黑客常用的一种攻击手段。指的是用伪造的 IP 地址和电子邮件地址向同一信箱发送数以千计、万计甚至无穷多次的内容相同的恶意邮件，也可称之为大容量的垃圾邮件。由于每个人的邮件信箱是有限的，当庞大的邮件垃圾到达信箱的时候，就会挤满信箱，把正常的邮件给冲掉。同时，因为它占用了大量的网络资源，常常导致网络塞车，使用户不能正常地工作，严重者可能会给电子邮件服务器操作系统带来危险，甚至瘫痪。
- 特洛伊木马：“特洛伊木马程序”技术是黑客常用的攻击手段，它会在被攻击方计算机系统内隐藏一个在 Windows 启动时自动运行的程序，采用服务器/客户机的运行方式，从而达到在上网时远程控制的目的。黑客利用它窃取口令、浏览驱动器、修改文件、登录注册表等，如流传极广的冰河木马，现在流行的很多病毒也都带有黑客性质，如影响面极广的 Nimda、“求职信”和“红色代码”及“红色代码 II”等。
- 欺骗法：黑客编写一些看起来“合法”的程序，上传到一些 FTP 站点或是提供给某些个人主页，诱导用户下载。当一个用户下载软件时，黑客的软件也会一起下载到用户的机器上。该软件会跟踪用户的操作，它静静地记录着用户输入的每个口令，然后把它们发送给黑客指定的 Internet 信箱。例如，有人发送给用户电子邮件，声称为“确定我们的用户需要”而进行调查。作为对填写表格的回报，允许用户免费使用多少小时。但是，该程序实际上却是搜集用户的口令，并把它们发送给某个远方的“黑客”。
- 系统漏洞：许多系统都有这样或那样的安全漏洞（Bugs），其中某些是操作系统或应用软件本身具有的，如 Sendmail 漏洞，Windows 98 中的共享目录密码验证漏洞和 IE5 漏洞等，这些漏洞在补丁未被开发出来之前一般很难防御黑客的破坏，除非不上网。还有一些程序员设计一些功能复杂的程序时，一般采用模块化的程序设计思想，将整个项目分割为多个功能模块，分别进行设计、调试，这时的后门就是一个模块的秘密入口。在程序开发阶段，后门便于测试、更改和增强模块功能。正常情况下，完成设计之后需要去掉各个模块的后门，不过有时由于疏忽或者其他原因（如将其留在程序中，便于日后访问、测试或维护）后门没有去掉，一些别有用心的人会利用专门的扫描工具发现并利用这些后门，然后进入系统并发动攻击。

14.2.2 防火墙技术概述

互联网技术飞速发展的同时，带来了网络安全方面的诸多隐患，安全已经成为整个互联网世界最热门的主题之一。在众多的网络安全防护解决方案中，防火墙技术脱颖而出，它能够防止 Internet 上的危险信息进入内部局域网，所有来自 Internet 的和来自网络内部的数据都需要经过它的允许才能顺利传输，这在很大程度上确保了内部局域网的安全。

防火墙是一种网络安全保护设备，被用来保障内部网络的安全，它可以在日志中记录所有的网络连接情况以备后用，也可以监测网络并在受到攻击时发出警告，使网络管理人员能够及时采取有效措施。

14.2.3 ISA Server

ISA Server（Microsoft Internet Security and Acceleration Server）是 Microsoft 公司开发的企业级防火墙软件，与 Windows 配合得十分密切，我们就以它为例，来详细介绍一下防火墙的配置。

ISA Server 有两个版本：标准版和企业版。ISA Server 标准版是 Microsoft 为小型企业、工作组或部门开发的企业级防火墙，适用于规模比较小的网络环境。ISA Server 企业版更适用于大规模的网络。

ISA Server 标准版和企业版在安全、缓存、管理、性能和扩展能力等方面是相同的，不过标准版在其他方面比企业版弱化了很多。比如，ISA Server 标准版只能在一台服务器上单独运行，而企业版可以组成多台的阵列；ISA Server 标准版只支持最多 4 个 CPU，而企业版没有限制。

ISA Server 是一个具有多种功能的防火墙，能够满足各种企业用户的需要。ISA Server 将多种数据包的过滤技术集成到了一起，包括数据包过滤、动态数据包过滤和应用程序过滤等，从而达到保护网络内部数据安全的目的。

数据包过滤：ISA Server 的数据包过滤功能可以控制进出网络的 IP 数据包，当启动数据包过滤功能时，所有不符合规则的外部数据包都将被拒绝。

动态数据包过滤：ISA Server 支持动态数据包过滤功能，通过使用动态数据包进行过滤，ISA Server 只有在收到合法连接请求时才自动开放端口，通信结束后会立即将端口关闭。这项功能可以使暴露在 Internet 上的端口数量达到最少，从而为网络提供更好的安全性。ISA Server 支持向内和向外的双向 IP 数据包过滤。

应用程序过滤：防火墙流量检查中最成熟的是应用层的安全性，ISA Server 的应用程序过滤器可以支持管理员分析特定应用程序的数据，提供特定的应用程序处理，包括检测、拒绝、重定向和在数据通过防火墙时修改数据。

集成的入侵检测：ISA Server 提供了集成的入侵检测机制，可以识别出试图入侵网络的恶意攻击。管理员可以对其进行设置，使之在检查到入侵信息时触发报警信息，还可以指定当检测到攻击时系统需要执行的操作。

1. 安装 ISA Server

（1）将 ISA Server 安装光盘放入光驱，ISA Server 的安装程序将会自动运行，如果没有的话，也可以打开光盘运行 ISAAutorun.exe 文件，如图 14-1 所示。

（2）单击“安装 ISA Server 2004”，弹出安装向导，如图 14-2 所示。

（3）单击“下一步”按钮，阅读许可协议，如图 14-3 所示。选择“我接受许可协议中的条款”单选钮。

（4）单击“下一步”按钮，输入客户信息，如图 14-4 所示。分别输入用户名、单位和产品序列号。

图 14-1　安装 ISA Server 2004

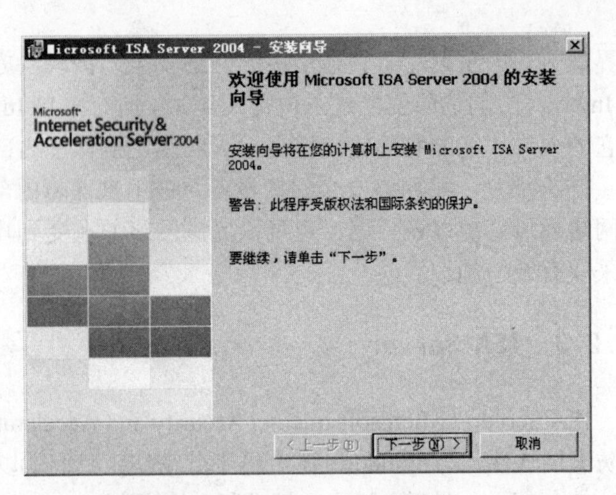

图 14-2　ISA Server 安装向导

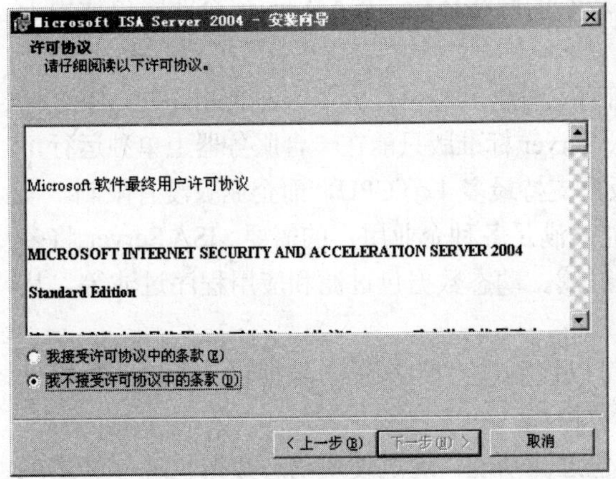

图 14-3　许可协议

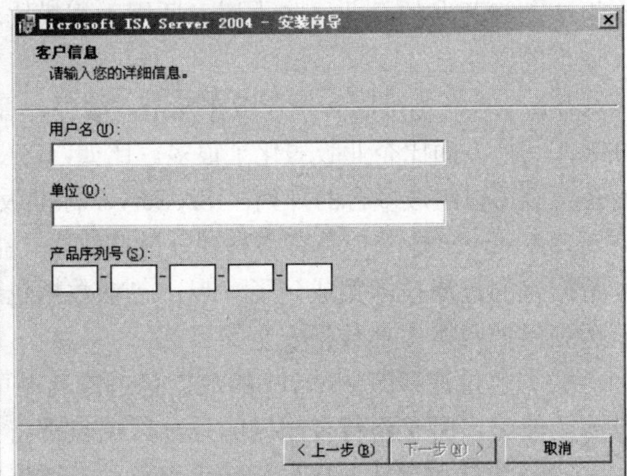

图 14-4　输入客户信息

（5）单击“下一步”按钮，选择安装类型，如图 14-5 所示。一共有 3 个单选钮，选择“典型”单选钮安装主要的功能，选择“完全”单选钮安装所有的功能，选择“自定义”单选钮会弹出选择组件对话框，由用户指定安装哪些功能。在这里我们选择“完全”单选钮。另外，单击“更改”按钮可以更改安装路径，默认情况下会自动安装在系统盘的 Program Files 文件夹下。

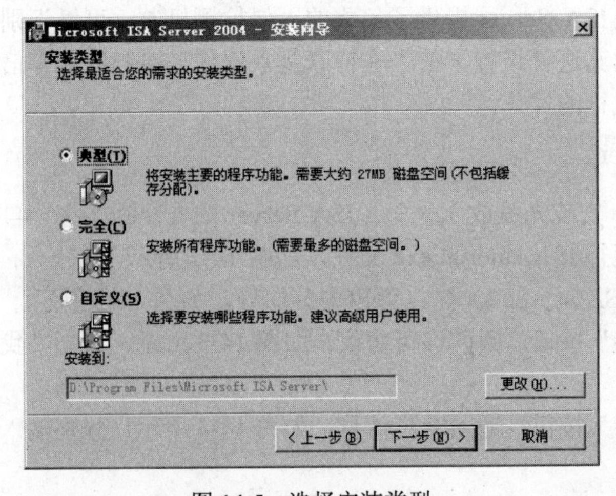

图 14-5　选择安装类型

（6）单击“下一步”按钮，指定局域网的 IP 地址范围，如图 14-6 所示。单击“添加”按钮，弹出地址范围对话框，如图 14-7 所示。在左侧的“地址范围”标签中输入 IP 地址的起止范围，然后单击中间的“添加”按钮，将该范围添加到右侧的“内部网络地址范围”列表框中。也可以单击“选择网卡”按钮来选择与本机网卡相关联的 IP 地址。

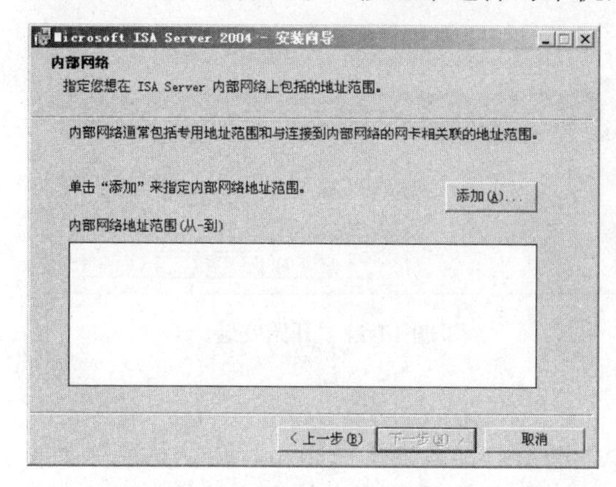

图 14-6　指定局域网的 IP 地址范围

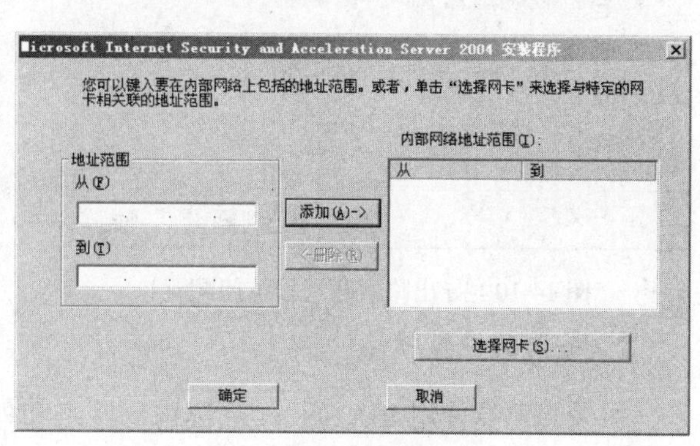

图 14-7　输入 IP 地址

（7）单击“确定”按钮后单击“下一步”按钮，设置防火墙的客户端连接，如图 14-8 所示。如果客户机上有使用 ISA Server 2000 客户端的，则可以选择“允许运行早期版本的防火墙客户端软件的计算机连接”复选框。

（8）单击“下一步”按钮，系统会确认安装，并提醒用户某些服务可能会重新启动或被禁用，如图 14-9 所示。

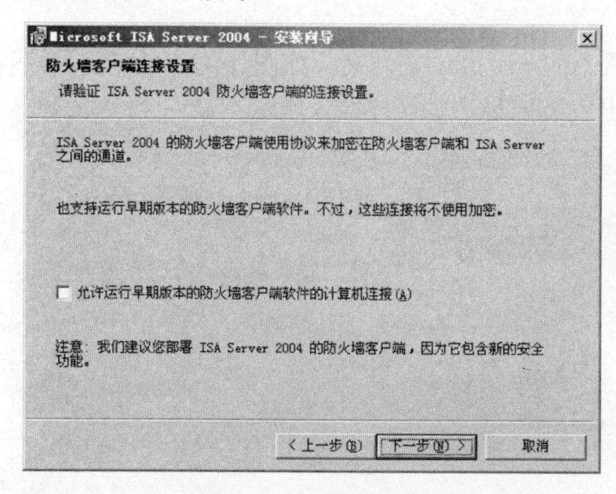

图 14-8　设置客户端连接

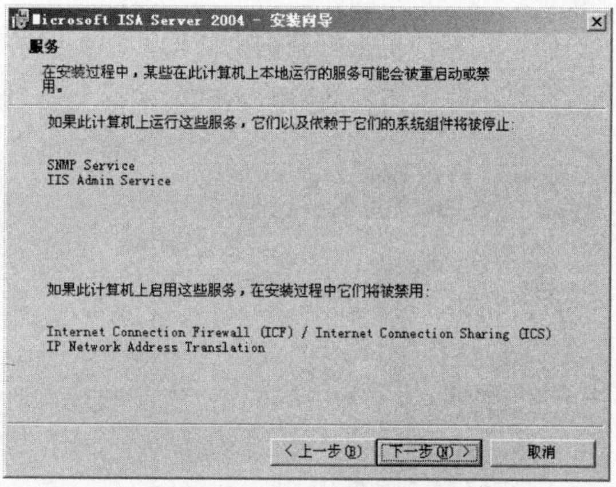

图 14-9　确认安装

（9）单击“下一步”按钮，如果服务器曾经进行过“路由和远程访问”的设置，那么系统会询问用户是否要导出配置，如图 14-10 所示，单击“导出”按钮可以启动迁移工具。在这里我们不再导出配置。

（10）单击“下一步”按钮，系统提示可以安装程序了，如图 14-11 所示。单击“安装”按钮，开始 ISA Server 的安装。最后单击“完成”按钮，安装程序会提示必须重新启动计算机才能对 ISA Server 进行配置，选择“是”按钮，重新启动计算机，完成 ISA Server 的安装。

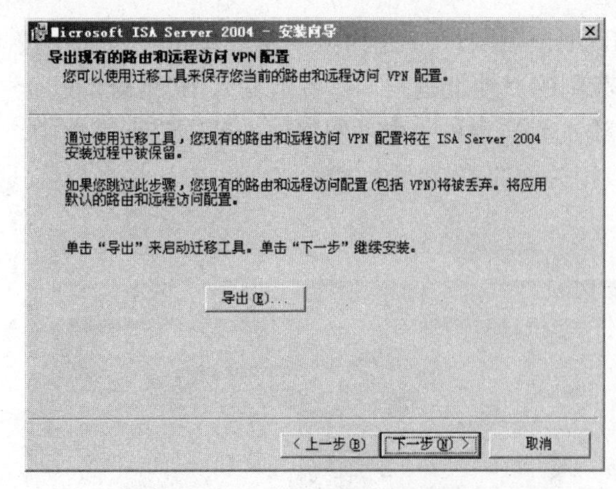

图 14-10　导出路由和远程访问配置

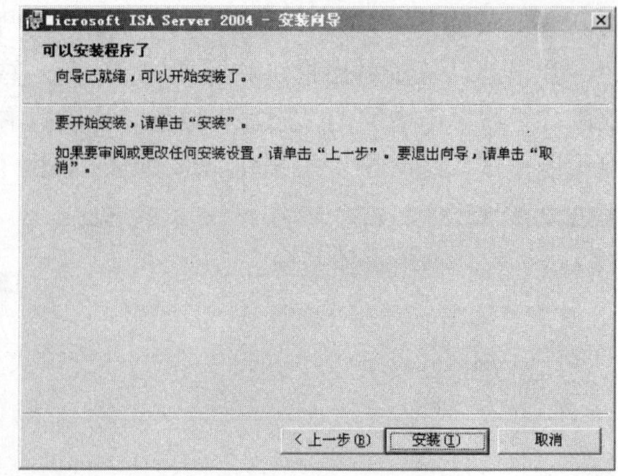

图 14-11　开始安装

2. 安装客户端软件

如果管理员使用 ISA Server 隔离内部网络和外部网络，那么内部网络用户在默认情况下将不能通过 ISA Server 访问外部网络，管理员需要在内部网络中设置所有的用户计算机成为 ISA Server 的客户端。

通常，管理员会在每台客户机上都安装 ISA Server 的客户端软件 Firewall Client，该软件提供了 msi 安装程序，因此可以通过组策略的软件分发功能为客户机安装。如果不希望使用此功能，也可进行手动安装，默认情况下，ISA Server 安装完成后会自动创建一个共享文件夹 mspclnt，网络用户可以通过“网上邻居”找到服务器上的这个文件夹，然后运行其中的 setup.exe 文件进行安装。

（1）在客户机上打开网上邻居，找到服务器上的 mspclnt 文件夹，如图 14-12 所示。打开该文件夹，双击运行其中的 setup.exe 文件，弹出安装向导，如图 14-13 所示。

图 14-12　服务器上的 mspclnt 文件夹

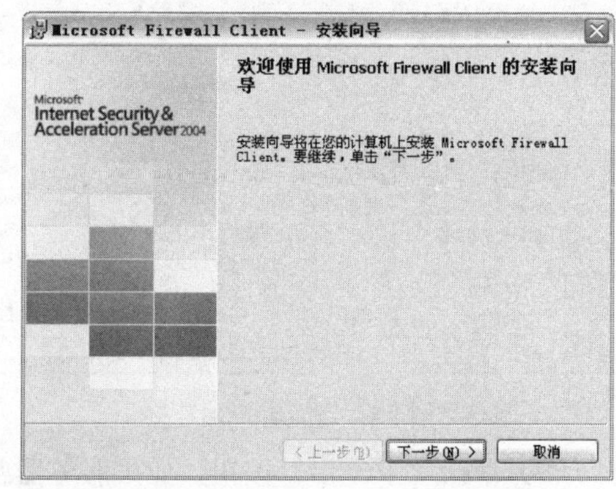

图 14-13　Firewall Client 安装向导

（2）单击“下一步”按钮，指定目标文件夹，如图 14-14 所示。单击“更改”按钮可以将程序安装在别的文件夹中，默认情况下会安装在系统盘的 Program Files 文件夹中，与 ISA Server 一样。

（3）单击“下一步”按钮，选择 ISA 服务器，如图 14-15 所示。可以选择“连接到此 ISA 服务器 计算机”单选钮，并在编辑框中输入 ISA 服务器的计算机名称或 IP 地址以指定 ISA 服务器的位置，也可以选择“自动检测合适的 ISA 服务器 计算机”单选钮在网络中自动搜索。

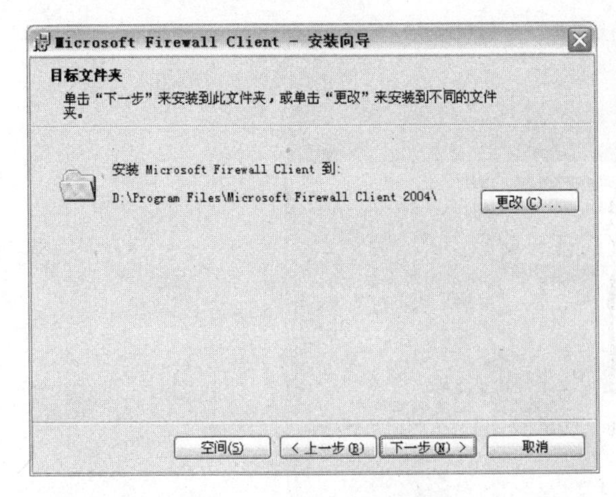

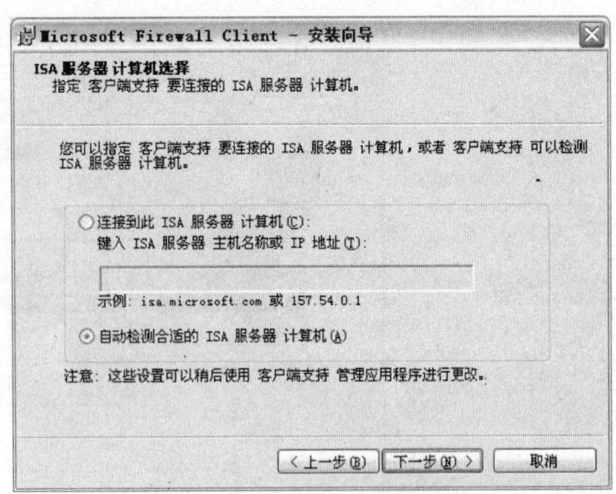

图 14-14　选择安装文件夹

图 14-15　指定 ISA 服务器

（4）单击“下一步”按钮，系统提示可以开始安装了，然后单击“安装”按钮开始安装，最后单击“完成”按钮完成 Firewall Client 的安装。

ISA Server 基本上都是在服务器端进行配置，客户端的设置非常简单，在这里不再介绍，读者可以采用默认设置或根据提示自行设置。

3. 配置防火墙策略

首先打开 ISA 服务器管理控制台，方法是在“开始”菜单中依次选择“所有程序”→Microsoft ISA Server→“ISA 服务器管理”命令，如图 14-16 所示。打开后的 ISA 服务器管理台如图 14-17 所示。

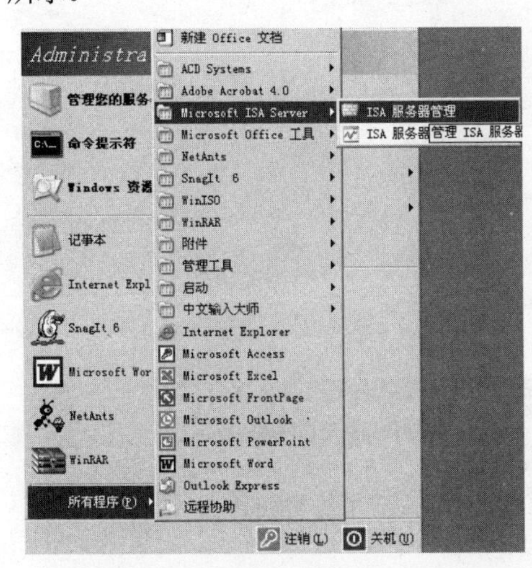

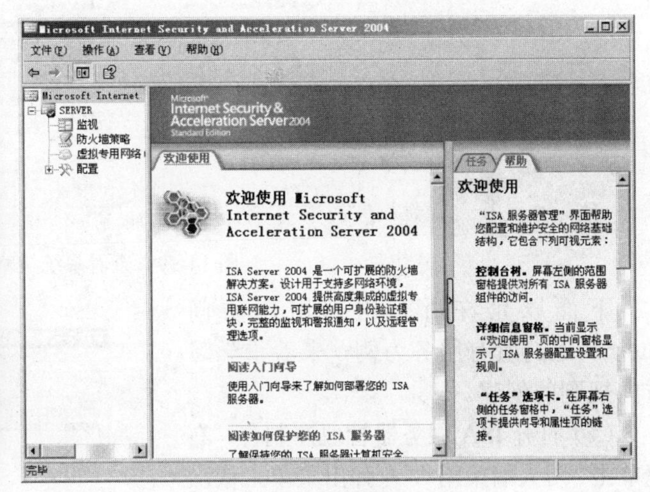

图 14-16　打开 ISA 服务器管理控制台

图 14-17　ISA 服务器管理控制台

ISA Server 2004 安装后会自动创建默认的系统策略，系统策略允许 ISA Server 2004 服务器访问它连接到的网络的特定服务，右键单击“防火墙策略”，在弹出菜单上依次选择“查看”→“显示系统策略规则”命令，如图 14-18 所示，即可看到这些系统策略，如图 14-19 所示。

一共有三十条系统策略，各自规范着一种或几种协议，有些已经被默认启用，有些还没有，没有被启用的策略都带有红色的向下箭头图标，如图中的第十二、十三、十四条策略。系统策略大多只与服务器有关，与管理客户端没有多大关系，用户可以根据自己的需要，启用或禁用这些策略，这里不再详细介绍。

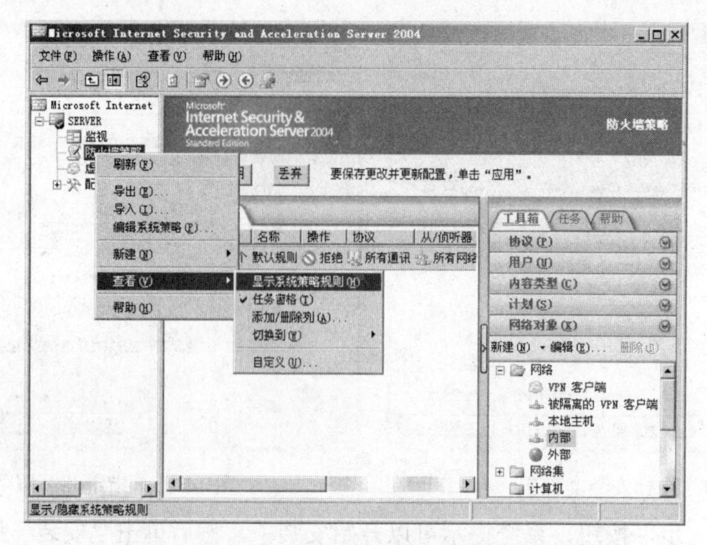

图 14-18　选择“显示系统策略规则”

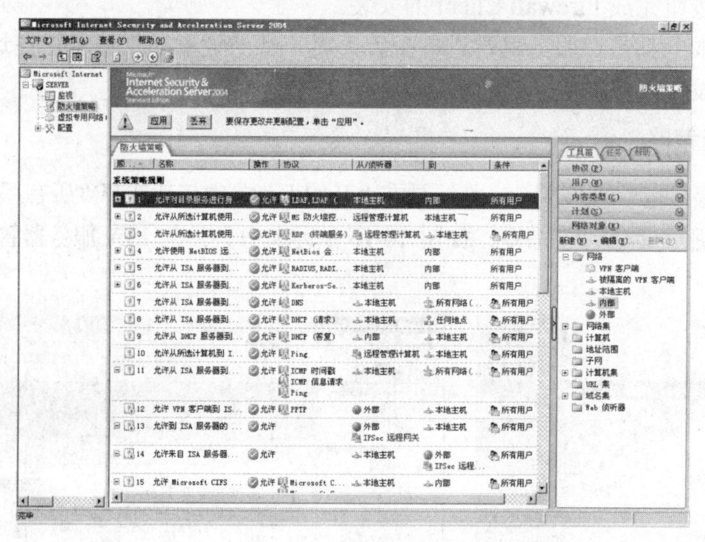

图 14-19　查看系统策略

下面以允许所有内部用户访问Internet上的所有服务为例，来着重学习访问规则的创建。

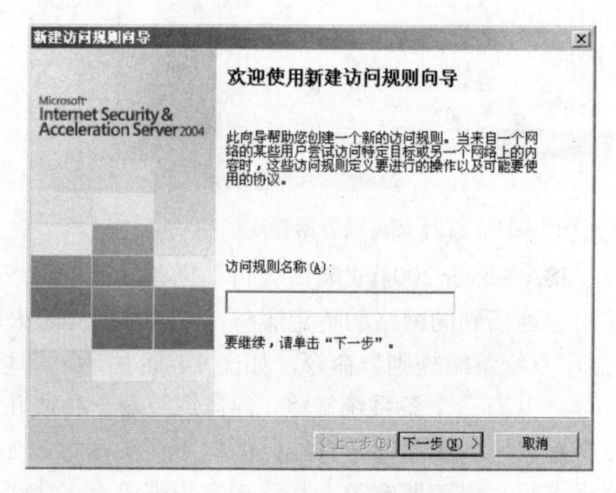

图 14-20　新建访问规则向导

（1）打开ISA服务器管理控制台，右键单击“防火墙策略”，在弹出菜单上依次选择“新建”→“防火墙规则”命令，打开“新建访问规则向导”对话框，如图14-20所示。在“访问规则名称”编辑框中输入要创建的规则的名称，通常会以规则的功能来命名。

（2）单击“下一步”按钮，选择当符合规则条件时采取的操作，如图14-21所示。因为我们要创建的是允许所有用户访问 Internet，所以选择“允许”单选钮。

（3）单击“下一步”按钮，选择该规则需要用到的协议，如图 14-22 所示。在“此规则应用到”下拉菜单中有 3 个选项：“所有出站通讯”、“所选的协议”和“除选择以外的所有出站通讯”。我们可以选择“所选的协议”，然后单击右侧的“添加”按钮，并在弹出的“添加协议”对话框中选择需要的协议，也可以选择“除选择以外的所有出站通讯”，然后单击右侧的“添加”按钮，并在弹出的“添加协议”对话框中排除不需要的协议。在这里，我们选择“所有出站通讯”。

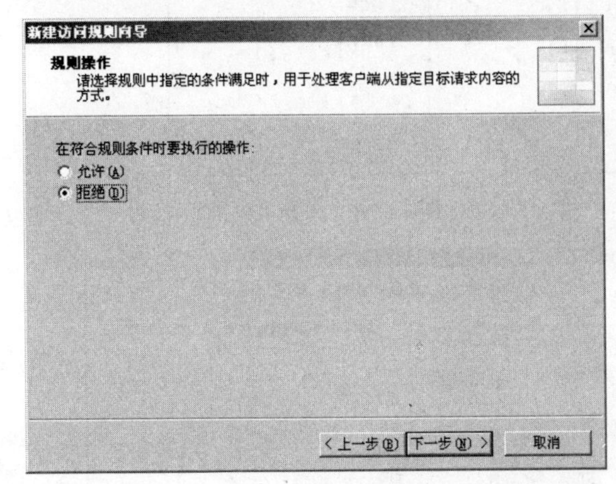

图 14-21　选择规则操作

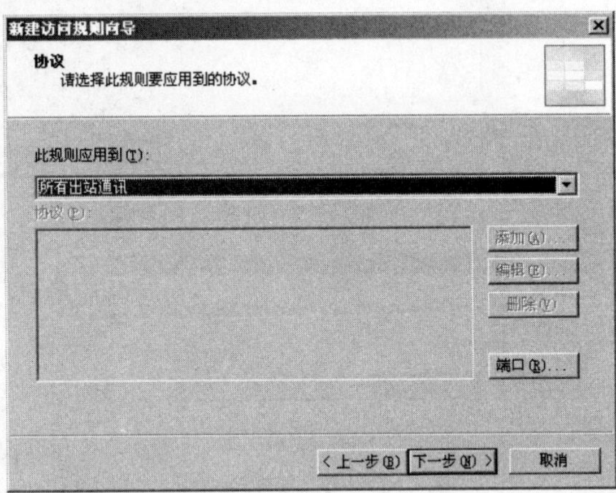

图 14-22　选择协议

（4）单击“下一步”按钮，选择访问源，如图 14-23 所示。访问源也就是访问方，单击“添加”按钮，在弹出的“添加网络实体”对话框中双击“网络”，并选择“内部”，如图 14-24 所示，单击“添加”按钮，然后单击“关闭”按钮。

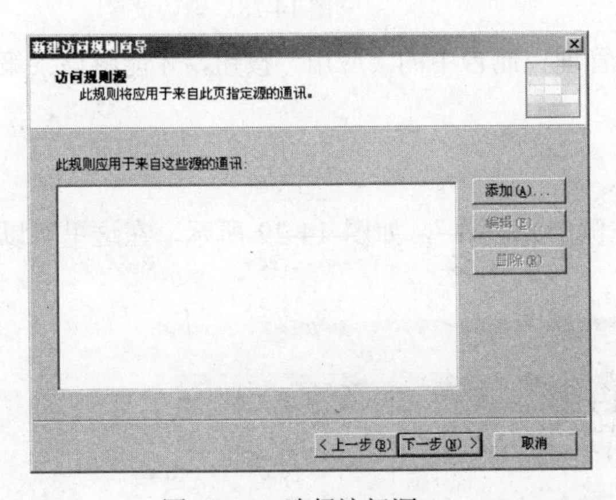

图 14-23　选择访问源

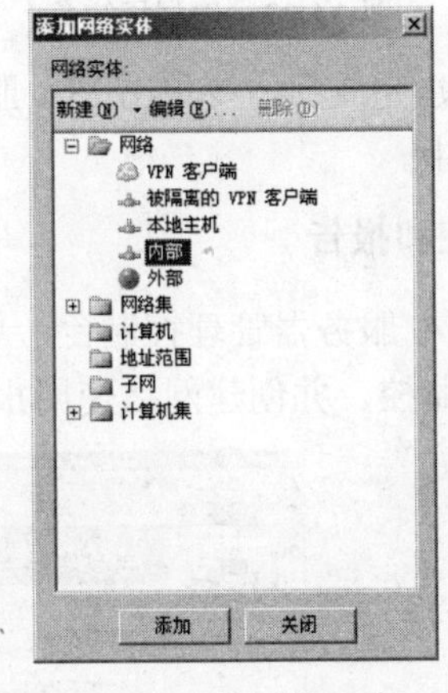

图 14-24　“添加网络实体”对话框

（5）单击“下一步”按钮，选择访问目标，如图 14-25 所示。访问目标也就是被访问方，单击“添加”按钮，在弹出的“添加网络实体”对话框中，双击“网络”并选择“外部”，如图 14-26 所示，单击“添加”按钮，然后单击“关闭”按钮。

（6）单击“下一步”按钮，选择用户集，如图 14-27 所示。用户集是此规则适用的用户群，可以单击“添加”按钮，在这里我们采用默认用户集“所有用户”。

（7）单击“下一步”按钮，确认规则设置，如图 14-28 所示。单击“完成”按钮，完成访问规则的创建。

用同样的方法可以制定不同访问源、不同访问目标、不同协议和不同用户集的防火墙策略。

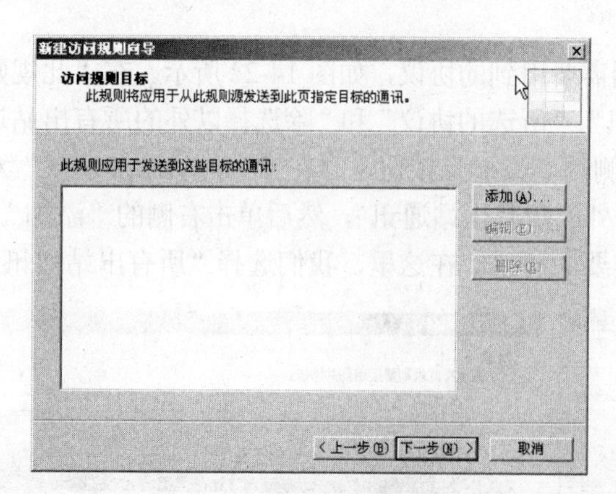

图 14-25　选择访问目标

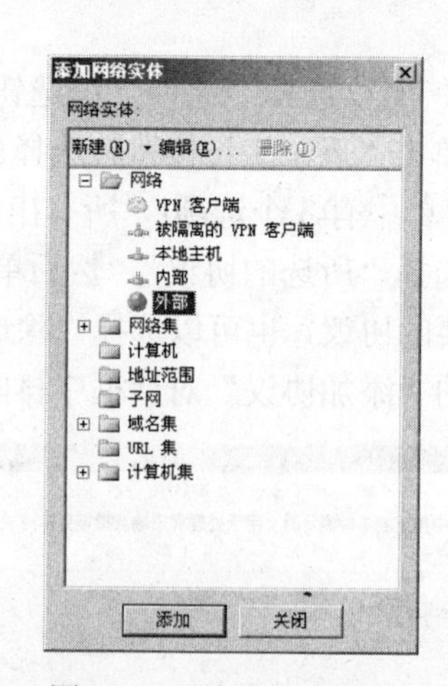

图 14-26　选择“外部”

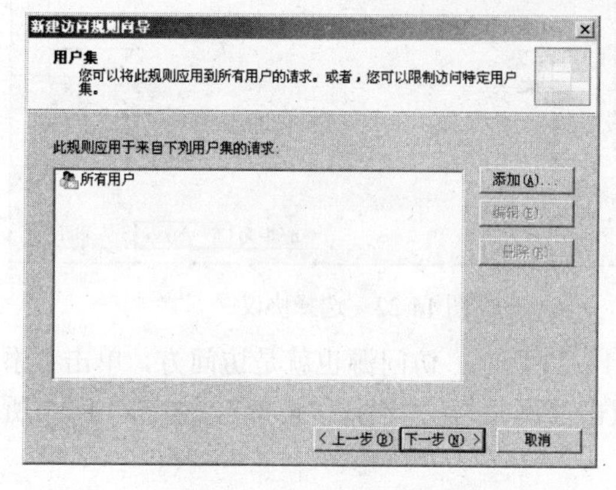

图 14-27　选择用户集

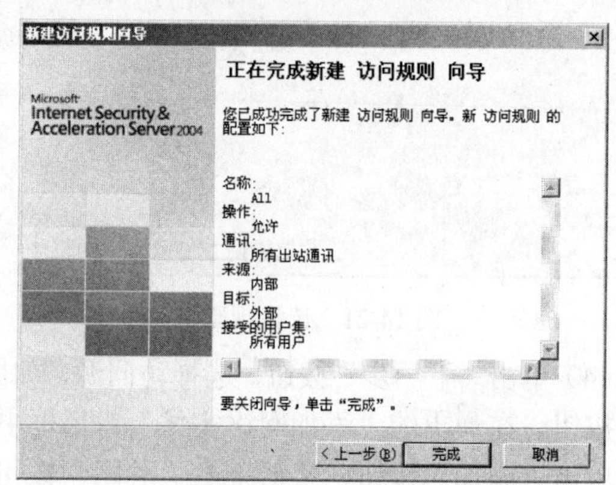

图 14-28　确认设置

策略创建完成后，要单击 ISA 服务器管理控制台中的“应用”按钮，才能将该条策略加入到实际应用中。

4. 监控和报告

打开 ISA 服务器管理控制台，单击左侧的“监视”，如图 14-29 所示，在这里可以对网络和系统进行监控，并创建网络使用报告。

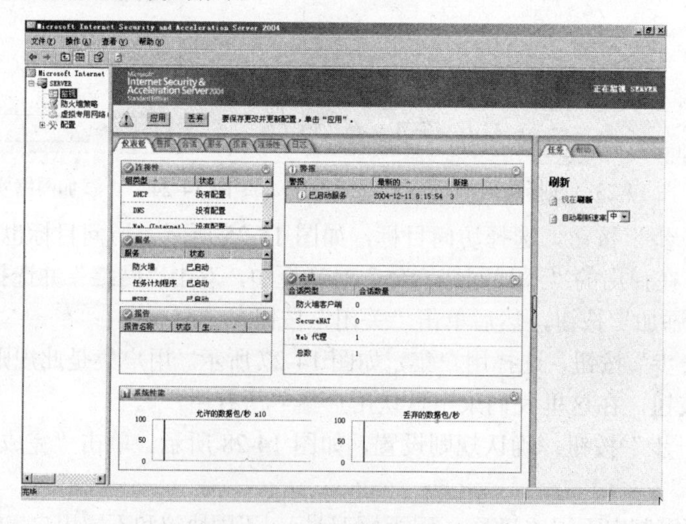

图 14-29　系统和网络监控

在“仪表板”选项卡上，可以一目了然地看到当前的系统和网络运行状况，不过这只是一个提供信息的窗口，对于所有的信息都只能查看，而无法更改。分别单击“警报”、“会话”和“服务”选项卡，可以查看其对应的详细内容。

选择“报告”选项卡可以创建网络使用报告，如图 14-30 所示。

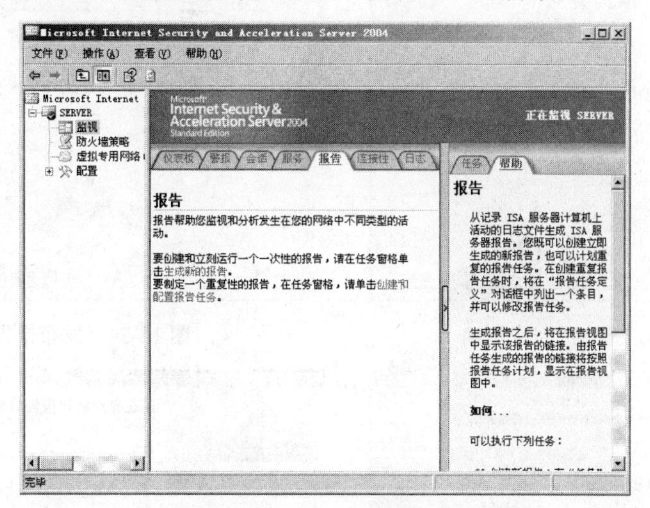

图 14-30　创建网络报告

如果要手动生成一个网络报告，可以单击“生成新的报告”，打开“新建报告向导”对话框，如图 14-31 所示。

在“报告名称”编辑框中输入要生成报告的名称，单击“下一步”按钮，选择报告要包含的内容，如图 14-32 所示。一共有 5 个选项，默认情况下它们都会在报告中被显示。

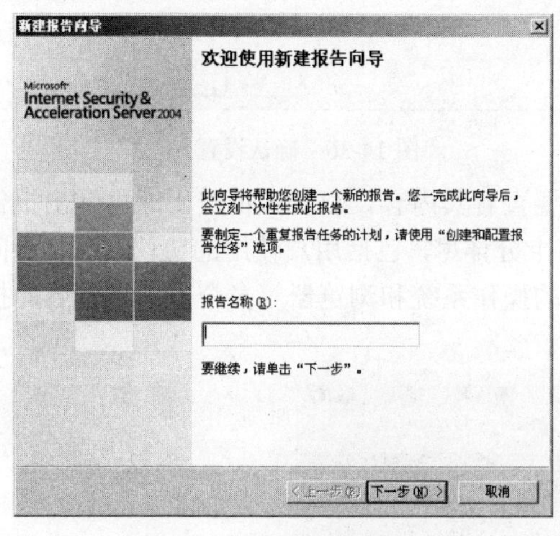

图 14-31　手动生成新报告

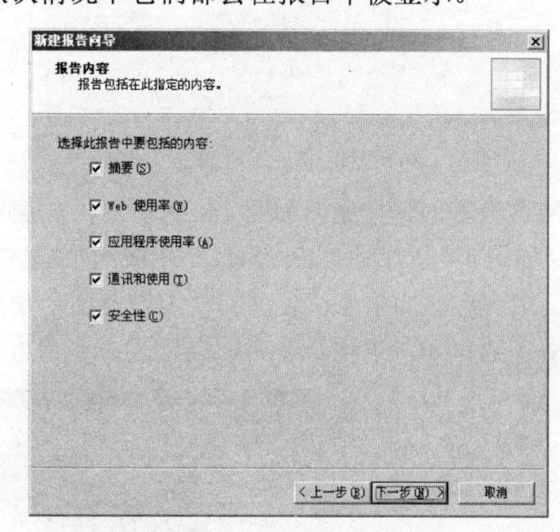

图 14-32　选择报告内容

单击“下一步”按钮，选择报告的起止日期，如图 14-33 所示。

单击“下一步”按钮，指定报告的发布目录，如图 14-34 所示。如果需要向用户展示此次网络报告，可以将其发布在一个共享目录里，同时可以指定发布报告的账户，前提是该账户必须拥有向该共享目录中写入数据的权限。

单击“下一步”按钮，可以用电子邮件发送一个生成报告的通知，如图 14-35 所示。

单击“下一步”按钮，确认刚才所做的设置，如图 14-36 所示。单击“完成”按钮，完成网络报告的创建。

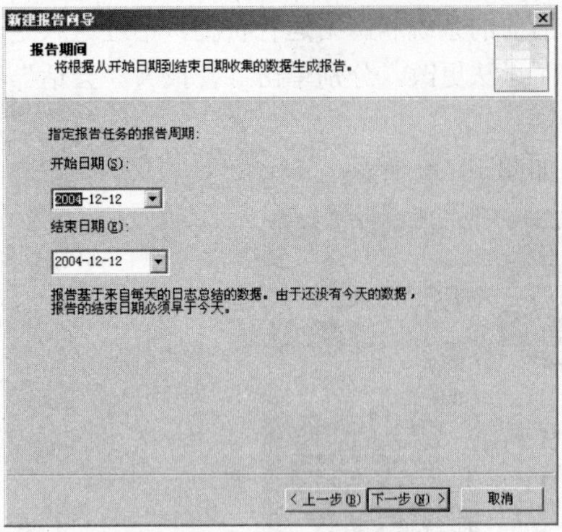

图 14-33　指定报告的起止日期 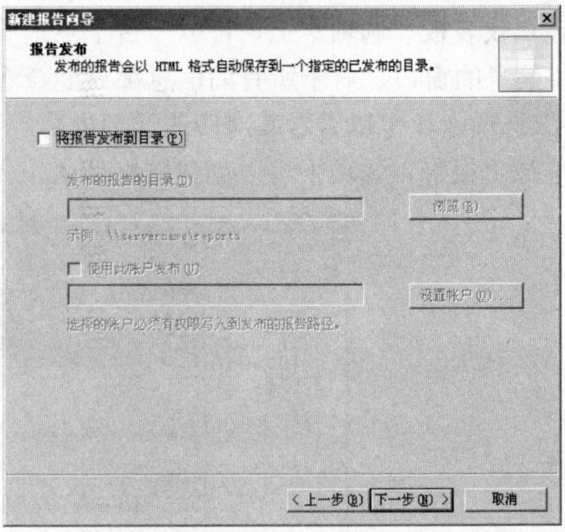　　　　图 14-34　发布报告

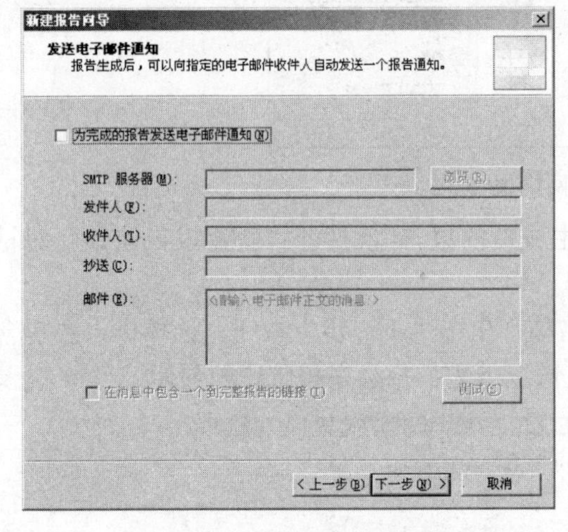

图 14-35　发送电子邮件通知 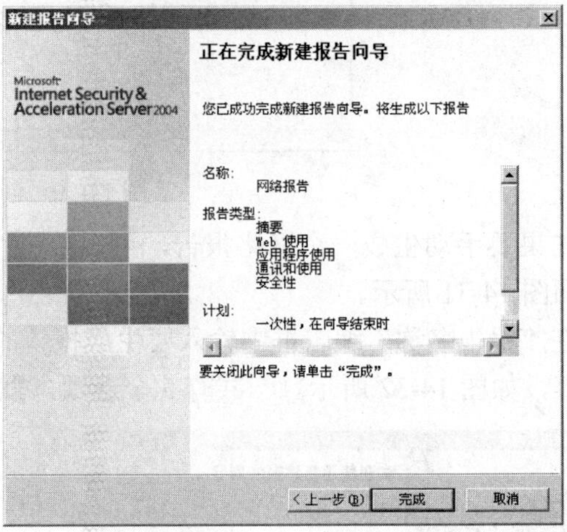　　　　图 14-36　确认设置

网络报告创建完成后如图 14-37 所示，如果需要查看其内容，双击该报告，即可弹出报告窗口，如图 14-38 所示。ISA Server 生成的报告内容十分详尽，包括用户使用的协议、用户访问流量、用户访问的站点、缓存的使用以及用户使用的操作系统和浏览器等多个方面，并且此报告的格式是 html，也就是普通网页格式，非常方便。

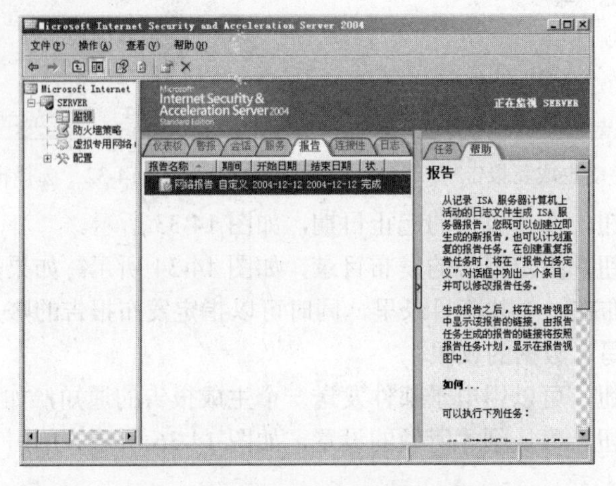

图 14-37　生成一个新的网络报告

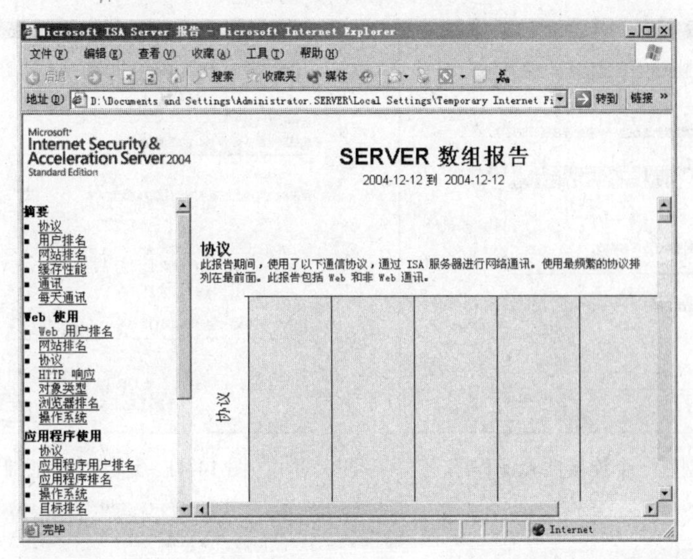

图 14-38　查看报告内容

除了可以手动创建网络报告之外，也可以使用系统的定时自动创建报告功能，方法是单击“创建和配置报告任务”，然后按照提示进行操作，方法与手动创建网络报告大同小异，只是会有一个选择创建频率的对话框。

选择“连接性”选项卡，可以监视本机与其他服务器之间的网络连接性，如图 14-39 所示。

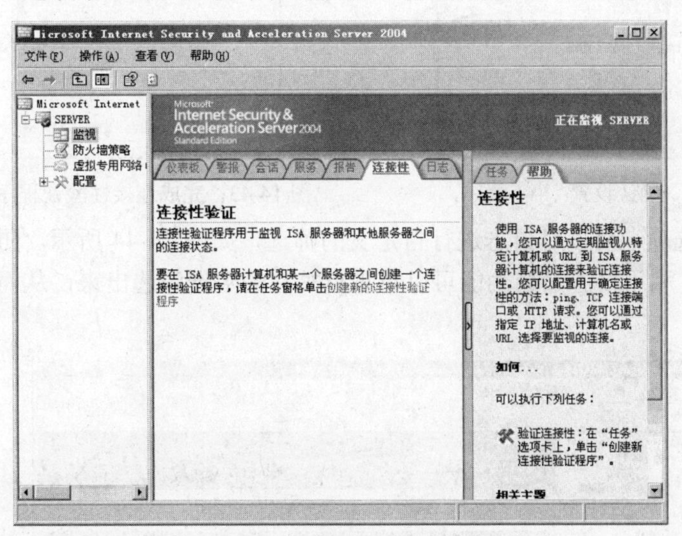

图 14-39　创建连接性验证程序

要创建一个新的连接性验证程序很简单，单击“创建新的连接性验证程序”，弹出“新建连接性验证程序向导”对话框，如图 14-40 所示。

在“连接性验证程序名称”编辑框中输入名称，单击“下一步”按钮，指定要监视的计算机、所属的连接组以及要采取的验证方法，如图 14-41 所示。在“监视到此服务器或 URL 的连接”编辑框中输入要监视的计算机的名称或网络路径，也可以单击“浏览”按钮进行查找；然后选择此程序的组类型和验证方法。

单击“下一步”按钮，确定前面所作的设置，如图 14-42 所示，然后单击“完成”按钮，完成程序的创建。

连接性验证程序创建完成后如图 14-43 所示，双击该程序可以查看及更改其设置。

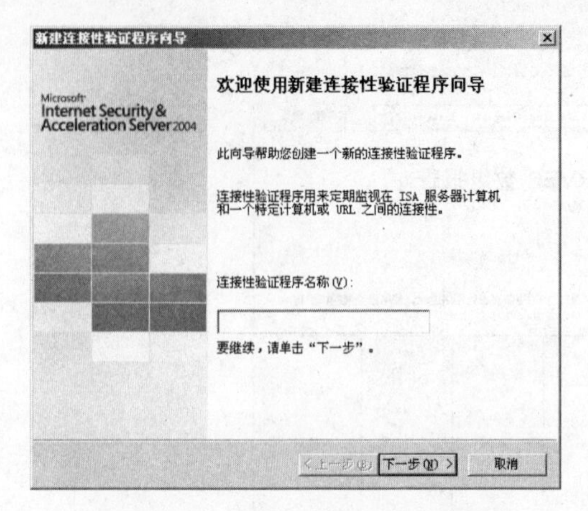

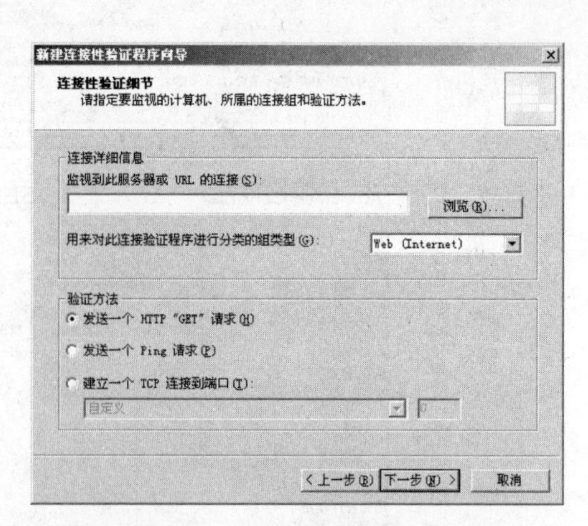

图 14-40　创建一个连接性验证程序　　　　图 14-41　连接性验证细节设置

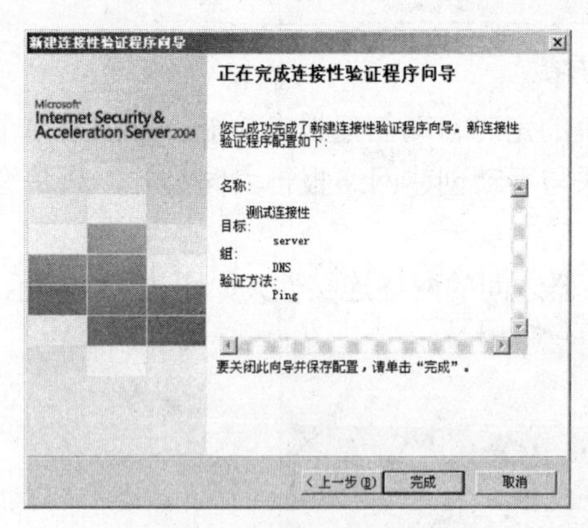

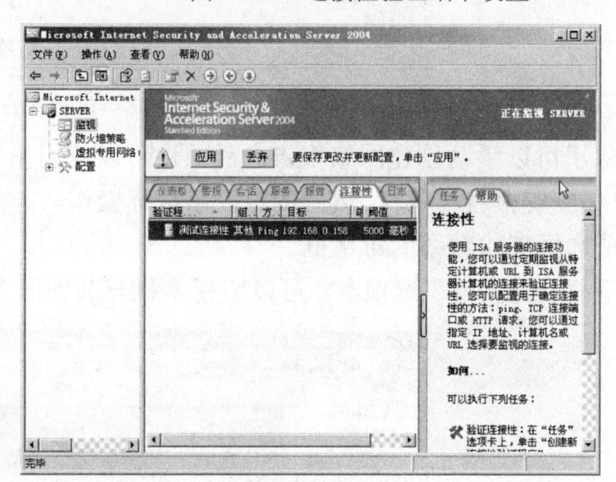

图 14-42　确认设置　　　　图 14-43　完成连接性验证程序的创建

选择“日志”选项卡可以对日志进行自定义的筛选，如图 14-44 所示。防火墙每天生成的日志数量十分庞大，利用日志筛选功能可以将重点关注的数据筛选出来，从而有效地减轻管理员的负担。

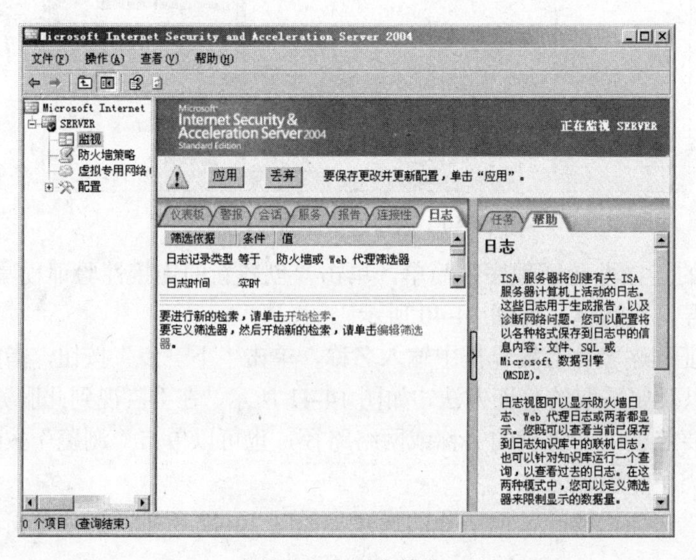

图 14-44　日志筛选

单击“编辑筛选器”，在弹出的“编辑筛选器”对话框中可以自定义日志筛选设置，如图 14-45 所示。依次在“筛选依据”、“条件”和“值”下拉列表中输入合适的条件，单击“添加到列表”按钮，即可将定义的条件添加到筛选数据的列表框中，然后单击“启动查询”按钮，即可按照已定义的条件进行日志查询。

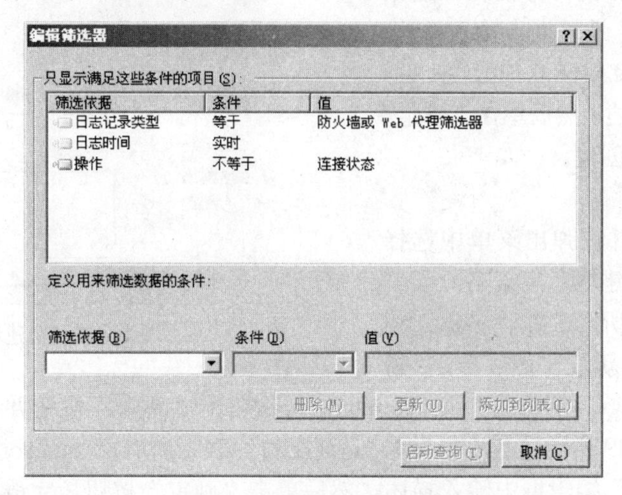

图 14-45　自定义筛选条件

5. 控制访问网站

如果管理员不希望网络用户访问一些不良网站，比如色情网站、反动网站等，可以利用 ISA Server 的防火墙策略功能来限制特定用户群对特定网站的访问。要实现这个目标大致可以分三步：首先要创建希望限制的地址范围，然后创建希望限制的域名集合，最后创建防火墙策略来限制该地址范围中的用户对该域名集合的访问。

下面我们就以禁止 IP 地址范围为 192.168.0.100~192.168.0.120 的用户访问新浪网站为例，来介绍一下 ISA Server 的这项功能。

（1）创建地址范围

打开 ISA 服务器管理控制台，单击左侧的“防火墙策略”，然后在右侧的“工具箱”选项卡中选择网络对象，如图 14-46 所示。

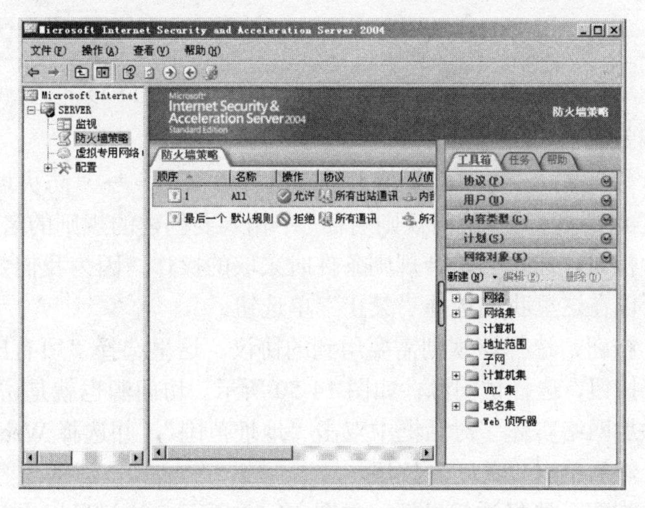

图 14-46　查看网络对象

单击右下方的“新建”，并在弹出菜单中单击“地址范围”，弹出“新建地址范围规则元素”对话框，如图 14-47 所示。

在“名称”编辑框中输入名称，如 Web，然后指定地址范围，分别在“起始地址”和“结束地址”地址框中输入 IP 地址 192.168.0.100 和 192.168.0.120，在“描述”编辑框中输入描述，然后单击“确定”按钮，完成用户群的创建。

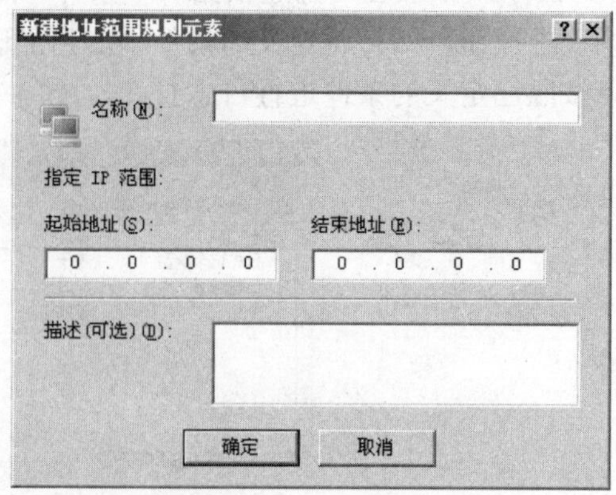

图 14-47　新建地址范围

（2）创建域名集

单击“新建”，并在弹出菜单中选择“域名集”，打开“新建域名集策略元素”对话框，如图 14-48 所示。在“名称”编辑框中输入名称，如“新浪”，然后单击“新建”按钮并设置“新域”名称为*.sina.com.cn，再次单击“新建”按钮并设置“新域”名称为*.sina.com，如图 14-49 所示。其中，符号*是通配符，表示所有以 sina.com.cn 和 sina.com 为后缀的网站。在“描述”编辑框中输入描述，然后单击“确定”按钮，完成域名集的创建。

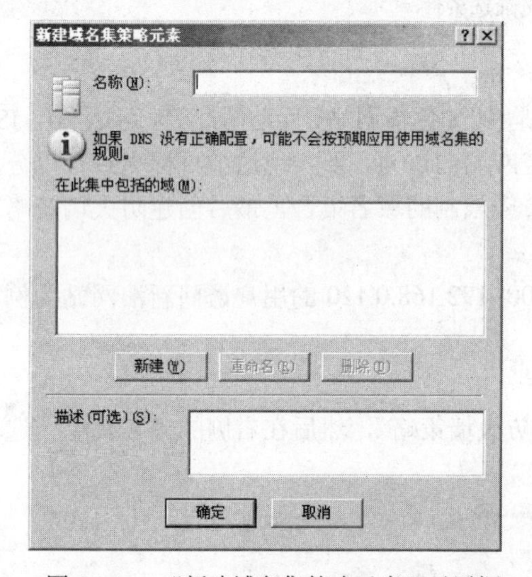

图 14-48　“新建域名集策略元素”对话框

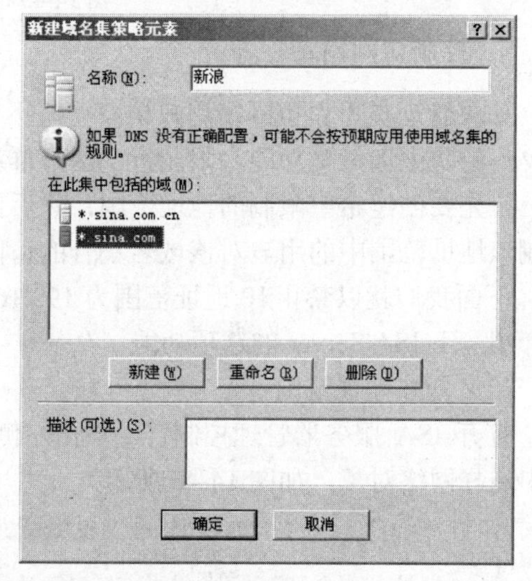

图 14-49　新建域名集

（3）创建防火墙策略

右键单击“防火墙策略”，在弹出菜单上依次选择“新建”→“防火墙规则”命令，打开“新建访问规则向导”对话框。在“访问规则名称”中输入要创建的规则的名称，如“封禁新浪”。

单击“下一步”按钮，选择当符合规则条件时采取的操作。因为我们要创建的是禁止部分用户访问新浪网，所以在这里我们选择“禁止”单选钮。

单击“下一步”按钮，选择该规则需要用到的协议。这里选择“所有出站通讯”。

单击“下一步”按钮，选择访问源，如图 14-50 所示。访问源也就是访问方，单击“添加”按钮，在弹出的“添加网络实体”对话框中双击“地址范围”，并选择 Web，如图 14-51 所示，单击“添加”按钮，然后单击“关闭”按钮。

单击“下一步”按钮，选择访问目标，如图 14-52 所示。访问目标也就是被访问方，单击“添加”按钮，在弹出的“添加网络实体”对话框中双击“域名集”并选择“新浪”，如图 14-53

所示，单击“添加”按钮，然后单击“关闭”按钮。

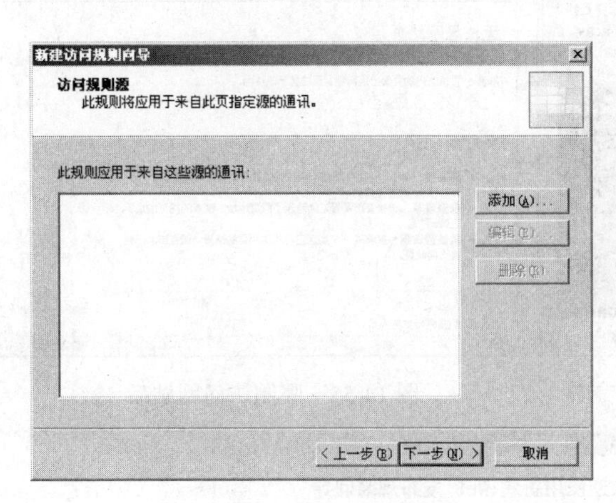

图 14-50　选择地址范围

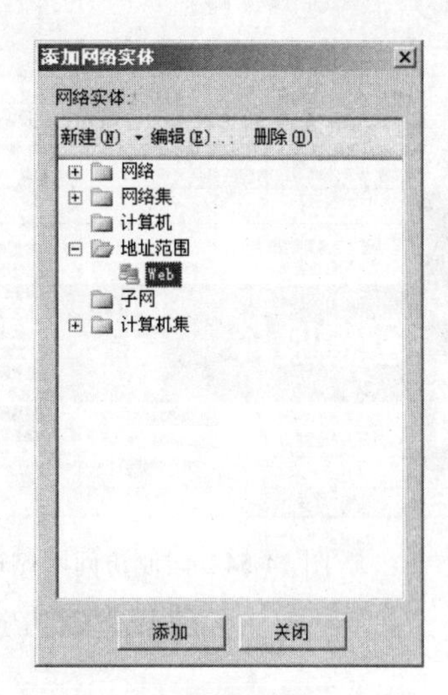

图 14-51　“添加网络实体”对话框

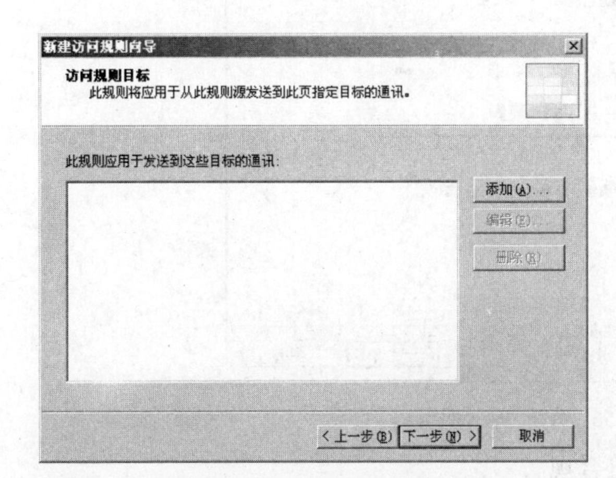

图 14-52　选择访问目标

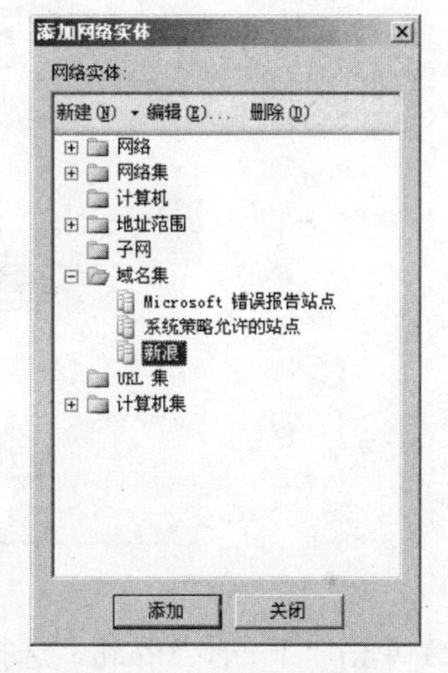

图 14-53　选择“新浪”

单击“下一步”按钮，选择用户集。用户集是此规则适用的用户群，可以单击“添加”按钮，在这里我们采用默认用户集“所有用户”。

单击“下一步”按钮，确认规则设置。单击“完成”按钮，完成访问规则的创建。

策略创建完成后，单击 ISA 服务器管理控制台中的“应用”按钮，将该条策略加入到实际应用中。然后，在已被限制的客户端上分别访问搜狐和新浪网站，得到的结果如图 14-54 及图 14-55 所示。

6.　发布服务器

ISA Server 中集成了服务器的发布功能，我们可以通过 ISA Server 来安全地发布内部网络的各种服务器，如 Web 服务器、Ftp 服务器和邮件服务器等，下面我们就以发布 Web 服务器为例，来介绍一下 ISA Server 这项十分强大而实用的功能。

（1）首先打开 ISA 服务器管理控制台，右键单击“防火墙策略”，在弹出菜单上依次选择“新建”→“Web 服务器发布规则”命令，打开“新建 Web 发布规则向导”对话框，如图 14-56 所示。在“Web 发布规则名称”编辑框中输入名称，如“Web 服务器”。

图 14-54　限制访问网站前

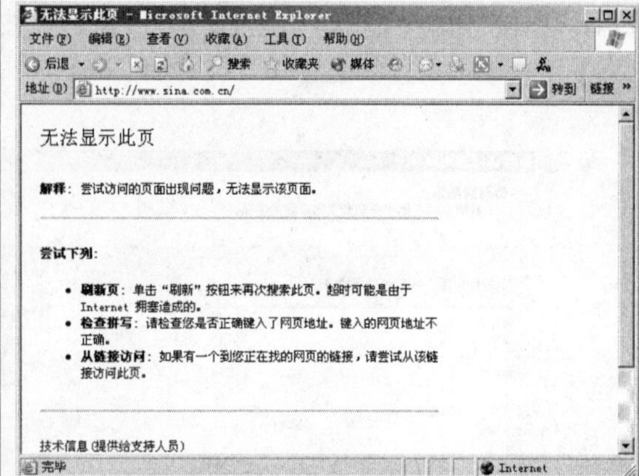

图 14-55　限制访问网站后

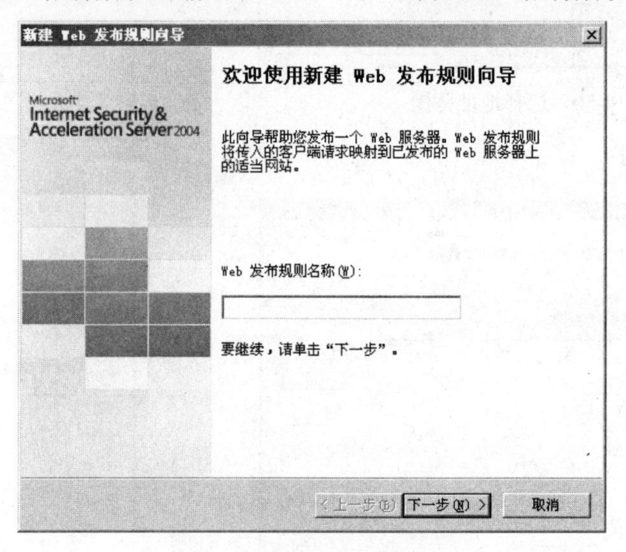

图 14-56　发布 Web 服务器

（2）单击“下一步”按钮，选择当符合规则条件时采取的操作，如图 14-57 所示。因为我们是要将 Web 服务器发布到 Internet 上，所以在这里我们选择“允许”单选钮。

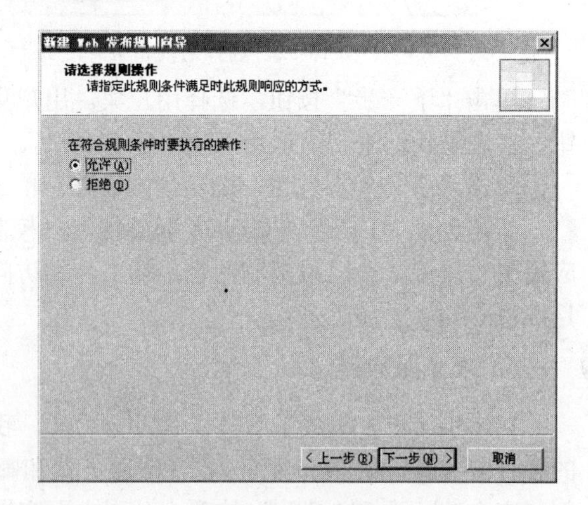

图 14-57　选择操作

（3）单击“下一步”按钮，定义要发布的网站。在“计算机名或 IP 地址”编辑框中输入 Web 服务器的名称或 IP 地址，如 192.168.0.188，在“路径”编辑框中输入主页所在的网络路径，如“Web/*”，其中，符号*代表该文件夹中的所有内容，此时，“站点”编辑框中已经出现了站点的位置，如图 14-58 所示。

（4）单击“下一步”按钮，设置该 Web 服务器向外发布的公共域名或公网 IP 地址，如图 14-59 所示，如果在“接受请求”下拉菜单中选择“任何域名”，则表示会将所有访问 Web 服务的请求全部转发到刚才设置好的站点，如果选择“此域名（在以下输入）”并在“公共名称”

编辑框中输入公共域名或公网 IP 地址，则表示会将访问该域名或地址的请求转发到刚才设置好的站点。在这里，因为我们只有一个 Web 服务器，所以选择“任何域名”。

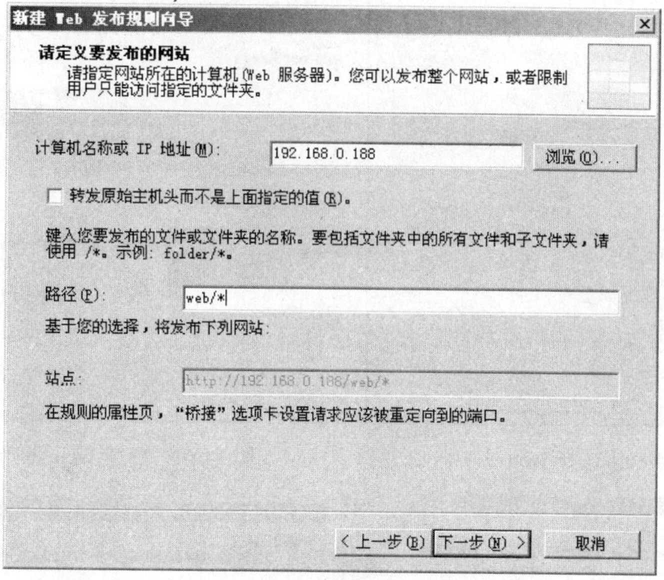

图 14-58　设置公共名称

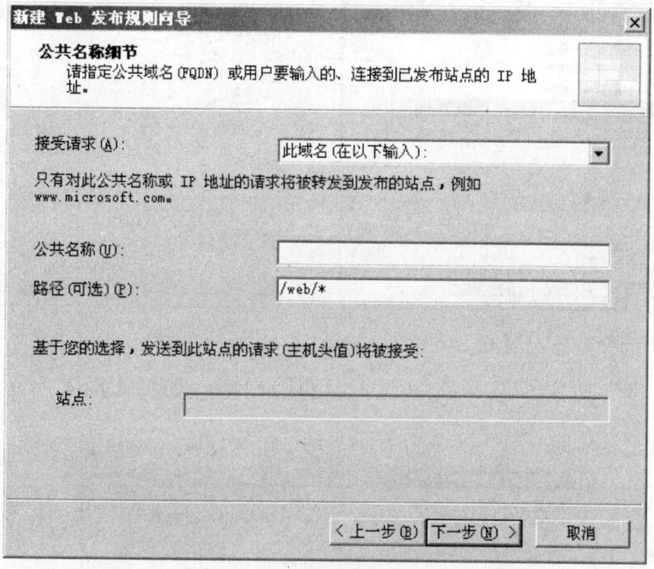

图 14-59　设置公共名称

（5）单击“下一步”按钮，选择 Web 侦听器，如图 14-60 所示。第一次发布服务器需要创建一个新的侦听器，单击“新建”按钮，打开“新建 Web 侦听器定义向导”对话框，如图 14-61 所示。在“Web 侦听器名称”编辑框中输入侦听器的名称，如“Web 侦听器”。

单击“下一步”按钮，选择要侦听的 IP 地址，如图 14-62 所示。在这里我们选择“所有网络（和本地主机）”复选框。

单击“下一步”按钮，选择要侦听的端口，如图 14-63 所示。可以根据需要选择要侦听的端口，在这里我们采用默认的设置，侦听 80 端口。

单击“下一步”按钮，确认配置，然后单击“完成”按钮，完成侦听器的创建。

回到选择 Web 侦听器对话框，选择刚刚创建好的侦听器。

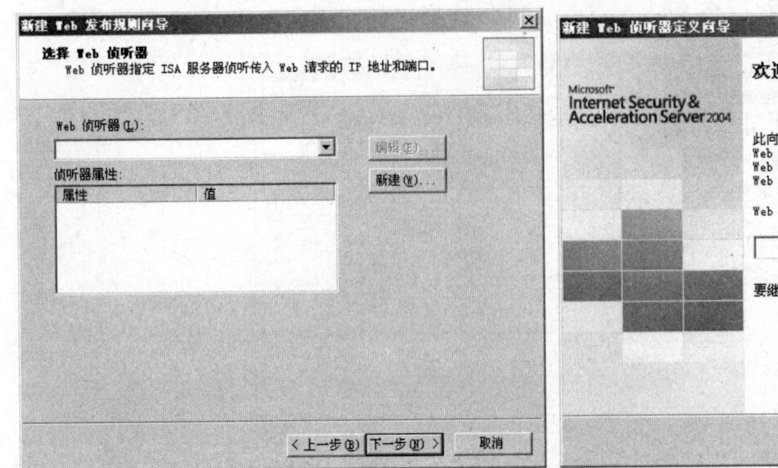

图 14-60　选择 Web 侦听器　　　　图 14-61　新建 Web 侦听器

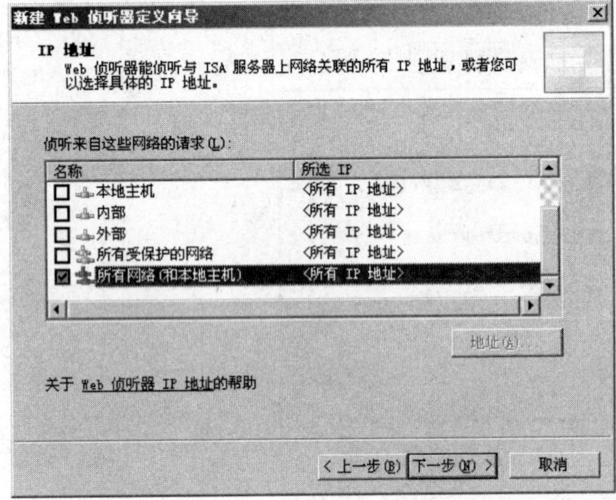

图 14-62　选择要侦听的 IP 地址　　　　图 14-63　选择要侦听的端口

（6）单击“下一步”按钮，选择该规则适用的用户集，如图 14-64 所示。这里选择默认的“所有用户”。

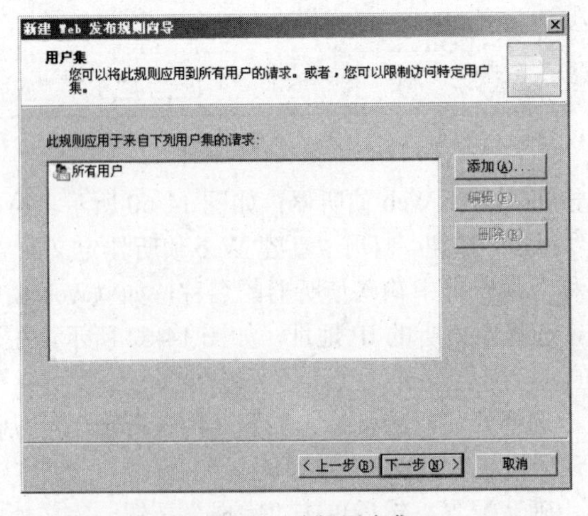

图 14-64　选择用户集

（7）单击“下一步”按钮，确认设置，如图 14-65 所示。单击“完成”按钮，完成 Web 服务器的发布。

（8）单击 ISA Server 中的“应用”，使策略生效。Web 服务器发布后如图 14-66 所示。

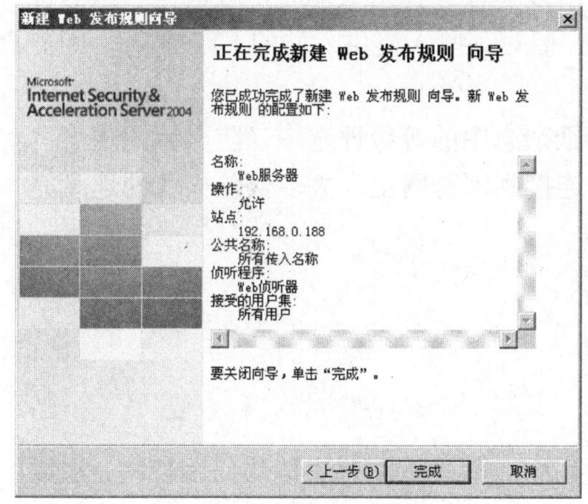

图 14-65　确认设置

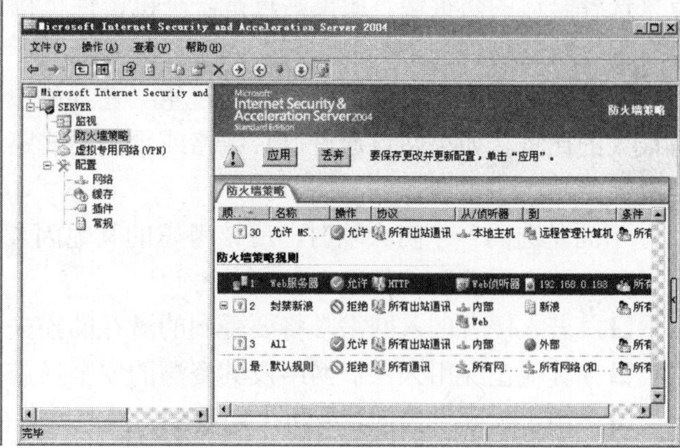

图 14-66　完成 Web 服务器的发布

14.2.4　硬件防火墙的选购

当决定了用防火墙来实施组织的安全策略后，下一步要做的就是选择一个安全、实惠、合适的防火墙。选择防火墙时，要考虑以下几方面的问题。

1. 选择防火墙的要求

支持“除非明确允许，否则就禁止”的设计策略，即使这种策略不是最初使用的策略；本身支持安全策略，而不是添加上去的；如果组织机构的安全策略发生改变，可以加入新的服务；有先进的认证手段或有挂钩程序，可以安装先进的认证方法；如果需要，可以运用过滤技术允许或禁止服务；可以使用 FTP 和 Telnet 等服务代理，以使先进的认证手段可以被安装和运行在防火墙上；拥有界面友好、易于编程的 IP 过滤语言，并可以根据数据包的性质进行包过滤，数据包的性质有目标和源 IP 地址、协议类型、源和目的 TCP/UDP 端口、TCP 包的 ACK 位、出站和入站网络接口等。

如果用户需要 NNTP（网络消息传输协议），X Window，HTTP 和 Gopher 等服务，防火墙应该包含相应的代理服务程序。防火墙也应具有集中邮件的功能，以减少 SMTP 服务器和外界服务器的直接连接，并可以集中处理整个站点的电子邮件。防火墙应允许公众对站点的访问。防火墙应把信息服务器和其他内部服务器分开。

防火墙应该能够集中和过滤拨入访问，并可以记录网络流量和可疑的活动。此外，为了使日志具有可读性，防火墙应具有精简日志的能力。如果防火墙使用 UNIX 操作系统，则应提供一个完全的 UNIX 操作系统和其他一些保证数据完整的工具，应该安装所有的操作系统的补丁程序。虽然没有必要让防火墙的操作系统和公司内部使用的操作系统一样，但在防火墙上运行一个管理员熟悉的操作系统会使管理变得简单。

防火墙的强度和正确性应该可被验证。防火墙的设计应该简单，以便管理员理解和维护。防火墙和相应的操作系统应该用补丁程序进行升级且升级必须定期进行。

正像前面提到的那样，因特网每时每刻都在发生着变化，新的易攻击点随时可能会产生。当新的危险出现时，新的服务和升级工作可能会对防火墙的安装产生潜在的阻力，因此防火墙的适应性是很重要的。

2. 需要注意的方面

没有一个防火墙的设计能够适用于所有的环境，所以建议选择防火墙时，应根据站点的特点来选择合适的防火墙。如果站点是一个机密性机构，但对某些人提供入站的FTP服务，则需要有强大认证功能的防火墙。

另外，不要把防火墙的等级看得过重。在各种报纸杂志中的等级评选中，防火墙的速度占有很大的比重。如果站点通过 T1 线路或更慢的线路连接到因特网上，大多数防火墙的速度完全能满足站点的需要。

下面是选购一个防火墙时，应该考虑的其他因素：

- 网络受威胁的程度。
- 若入侵者闯入网络，将要受到的潜在的损失。
- 其他已经用来保护网络及其资源的安全措施。
- 由于软硬件失效，或防火墙遭到“拒绝服务侵袭”，而导致用户不能访问因特网，造成的整个机构的损失。
- 机构所希望提供给因特网的服务，以及希望能从因特网得到的服务。
- 可以同时通过防火墙的用户数目。
- 站点是否有经验丰富的管理员。
- 今后可能的要求，如要求增加通过防火墙的网络活动或要求新的因特网服务。

3. 认清防火墙的局限性

我们在利用防火墙的各种益处的同时，也应该意识到防火墙的局限，有时防火墙会给人一种虚假的安全感，导致用户在防火墙内部放松警惕。而许多攻击正是内部犯罪，这是任何基于隔离的防范措施都无能为力的。同样，防火墙也不能解决进入防火墙的数据带来的所有安全问题。如果用户抓来一个程序在本地运行，那个程序很可能就包含一段恶意代码，或泄露敏感信息，或对用户的系统进行破坏。随着 Java、JavaScript 和 ActiveX 控件及其相应浏览器的推广，这一问题变得更加突出和尖锐。防火墙的另一个缺点是易用性不够，大多数产品还需要网络管理员手工建立。当然，这一问题马上会得到改观。

防火墙在当今 Internet 上的存在是有生命力的，但它不能替代墙内的安全措施，因此，它不是解决所有网络安全问题的万能药方，只是网络安全政策和策略中的一个组成部分。

14.3 信息加密技术

随着计算机网络技术的飞速发展，大大改变了人们的生活面貌，促进了社会的发展。互联网是一个面向大众的开放系统，它对于信息的保密和系统的安全性考虑得并不完备，由此引起的网络安全问题日益严重。如何保护计算机信息的内容，也即信息内容的保密问题就显得越来越重要。

14.3.1 数据加密技术

数据加密技术主要分为数据传输加密和数据存储加密。数据传输加密技术主要是对传输中的数据流进行加密，常用的有链路加密、节点加密和端到端加密 3 种方式。

链路加密是传输数据仅在物理层前的数据链路层进行加密，不考虑信源和信宿，它用于保护通信节点间的数据，接收方是传送路径上的各台节点机，信息在每台节点机内都要被解密和再加密，依次进行，直至到达目的地。

与链路加密类似的节点加密方法，是在节点处采用一个与节点机相连的密码装置，密文在该装置中被解密并被重新加密，明文不通过节点机，避免了链路加密节点处易受攻击的缺点。

端到端加密是为数据从一端到另一端提供的加密方式。数据在发送端被加密，在接收端解密，中间节点处不以明文的形式出现。端到端加密是在应用层完成的。在端到端加密中，除报头外的报文均以密文的形式贯穿于全部传输过程中，只是在发送端和接收端才有加、解密设备，而在中间任何节点报文均不解密，因此，不需要有密码设备，同链路加密相比，可减少密码设备的数量。另一方面，信息是由报头和报文组成的，报文为要传送的信息，报头为路由选择信息，由于网络传输中要涉及到路由选择，在链路加密时，报文和报头两者均须加密。而在端到端加密时，由于通道上的每一个中间节点虽不对报文解密，但为将报文传送到目的地，必须检查路由选择信息，因此，只能加密报文，而不能对报头加密。这样就容易被某些通信分析发觉，而从中获取某些敏感信息。

链路加密对用户来说比较容易，使用的密钥较少，而端到端加密比较灵活，对用户可见。在对链路加密中，各节点安全状况不放心的情况下也可使用端到端加密方式。

14.3.2 数据加密算法

数据加密算法有很多种，密码算法标准化是信息化社会发展的必然趋势，是世界各国保密通信领域的一个重要课题。按照发展进程来分，经历了古典密码、对称密钥密码和公开密钥密码阶段，古典密码算法有替代加密、置换加密；对称加密算法包括 DES 和 AES；非对称加密算法包括 RSA、背包密码、McEliece 密码、Rabin、椭圆曲线、EIGamal D_H 等。目前，在数据通信中使用最普遍的算法有 DES 算法、RSA 算法和 PGP 算法等。

（1）DES 加密算法（数据加密标准）

DES 是一种对二元数据进行加密的算法，数据分组长度为 64 位，密文分组长度也是 64 位，使用的密钥为 64 位，有效密钥长度为 56 位，有 8 位用于奇偶校验，解密时的过程和加密时相似，但密钥的顺序正好相反。

DES 算法的弱点是不能提供足够的安全性，因为其密钥容量只有 56 位。由于这个原因，后来又提出了三重 DES 或 3DES 系统，使用 3 个不同的密钥对数据块进行（两次或）三次加密，该方法比进行普通加密的三次快。其强度大约和 112 比特的密钥强度相当。

（2）RSA 算法

RSA 算法既能用于数据加密，也能用于数字签名，RSA 的理论依据为：寻找两个大素数比较简单，而将它们的乘积分解开则异常困难。在 RSA 算法中，包含两个密钥，加密密钥 PK 和解密密钥 SK，加密密钥是公开的。

RSA 算法的优点是密钥空间大，缺点是加密速度慢，如果 RSA 和 DES 结合使用，则正好弥补了 RSA 的缺点。即 DES 用于明文加密，RSA 用于 DES 密钥的加密。由于 DES 加密速度快，适合加密较长的报文；而 RSA 可解决 DES 密钥分配的问题。

14.3.3 数字签名

上面所介绍的这些数据加密技术大多数是用来预防的，一旦加密技术被破解，我们便很难保证信息的完整性。为此，一种新兴的用来保证信息完整性的安全技术——数字签名技术成为人们非常关心的话题。那么，什么是数字签名技术呢？

在数字签名技术出现之前，曾经出现过一种“数字化签名”技术，简单地说，就是在手写板上签名，然后将图像传输到电子文档中，这种“数字化签名”可以被剪切，然后粘贴到任意文档上，这样一来，非法复制变得非常容易，所以这种签名的方式是不安全的。数字签名技术与数字化签名技术是两种截然不同的安全技术，数字签名与用户的姓名和手写签名形式毫无关系，它实际使用了信息发送者的私有密钥变换所需传输的信息。对于不同的文档信息，发送者的数字签名并不相同。没有私有密钥，任何人都无法完成非法复制。从这个意义上来说，“数字签名”是通过一个单向函数对要传送的报文进行处理得到的、用以认证报文来源并核实报文是否发生变化的一个字母数字串。

数字签名可以解决否认、伪造、篡改及冒充等问题。具体要求：发送者事后不能否认发送的报文签名、接收者能够核实发送者发送的报文签名、接收者不能伪造发送者的报文签名、接收者不能对发送者的报文进行部分篡改、网络中的某一用户不能冒充另一用户作为发送者或接收者。数字签名的应用范围十分广泛，在保障电子数据交换（EDI）的安全性上是一个突破性的进展，凡是需要对用户的身份进行判断的情况都可以使用数字签名，比如加密信件、商务信函、定货购买系统、远程金融交易和自动模式处理等。

1. 数字签名技术原理

数字签名技术在具体工作时，首先由发送方对信息施以数学变换，所得的信息与原信息唯一对应；在接收方进行逆变换，得到原始信息。只要数学变换方法优良，变换后的信息在传输中就具有很强的安全性，很难被破译、篡改。这个过程称为加密，对应的反变换过程称为解密。

现在有两类不同的加密技术，一类是对称加密，双方具有共享的密钥，只有在双方都知道密钥的情况下才能使用，通常应用于孤立的环境之中。比如，在使用自动取款机（ATM）时，用户需要输入用户识别号码（PIN），银行确认这个号码后，双方在获得密码的基础上进行交易，如果用户数目过多，超过了可以管理的范围时，这种机制并不可靠。

另一类是非对称加密，也称为公开密钥加密，密钥是由公开密钥和私有密钥组成的密钥对，用私有密钥进行加密，利用公开密钥可以进行解密，但是由于公开密钥无法推算出私有密钥，所以公开的密钥并不会损害私有密钥的安全，公开密钥无须保密，可以公开传播，而私有密钥必须保密，丢失时需要报告鉴定中心及数据库。

2. 数字签名算法

数字签名的算法很多，应用最为广泛的三种是 Hash 签名、DSS 签名和 RSA 签名。

- Hash 签名：Hash 签名不属于强计算密集型算法，应用较广泛。它可以降低服务器资源的消耗，减轻中央服务器的负荷。Hash 的主要局限是接收方必须持有用户密钥的副本以检验签名，因为双方都知道生成签名的密钥，较容易攻破，存在伪造签名的可能。
- DSS 和 RSA 签名：DSS 和 RSA 采用了公钥算法，不存在 Hash 算法的局限性。RSA 是最流行的一种加密标准，许多产品的内核中都有 RSA 的软件和类库。早在 Web 飞速发展之前，RSA 数据安全公司就负责数字签名软件与 Macintosh 操作系统的集成，在 Apple 的协作软件 PowerTalk 上还增加了签名拖放功能，用户只要把需要加密的数据拖到相应的图标上，就完成了电子形式的数字签名。与 DSS 不同，RSA 既可以用于加密数据，也可以用于身份认证。和 Hash 签名相比，在公钥系统中，由于生成签名的密钥只存储于用户的计算机中，安全系数大一些。

3. **数字签名的不足**

在数字签名的引入过程中，不可避免地会带来一些新问题，需要进一步加以解决，数字签名需要相关的法律条文的支持。

- 需要立法机构对数字签名技术有足够的重视，并且在立法上加快脚步，迅速制定有关法律，以充分实现数字签名具有的特殊鉴别作用，有力地推动电子商务以及其他网上事务的发展。
- 如果发送方的信息已经进行了数字签名，那么接收方就一定要有数字签名软件，这就要求软件具有很高的普及性。
- 假设某人发送信息后脱离了某个组织，被取消了原有数字签名的权限，以往发送的数字签名在鉴定时只能在取消确认列表中找到原有确认信息，这样就需要鉴定中心结合时间信息进行鉴定。
- 基础设施（鉴定中心、在线存取数据库等）的费用，是采用公共资金还是在使用期内向用户收费？如果在使用期内收费，会不会影响到这项技术的全面推广？

本章小结

本章是本书的重点内容之一，主要介绍了网络安全方面的相关知识。目前，网络安全已经成为网络世界中最突出的问题，在众多的网络安全防护解决方案中，防火墙技术和信息加密技术是两大热门。

通过本章的学习，读者应该能够对网络安全方面的现状和常见问题有所了解，应该能够借助于 ISA Server 独立实现局域网与 Internet 网络之间的安全通讯。

思考与练习

1．为了防止计算机中毒，我们应该注意哪些方面？

2．什么是防火墙？防火墙的工作原理是什么？

3．在服务器上安装了 ISA Server 2004 之后，我们发觉无法浏览网页了，为什么？应如何解决？

4．如何利用 ISA Server 来限制用户使用 QQ 聊天（QQ 服务的服务器 IP 地址和端口可以在网上查到）。

5．有了防火墙，为何还要对数据进行加密？

6．什么是数字签名？

第15章 数据维护

内容提要

- UPS电源技术
- RAID卡的使用
- 软RAID的实现
- 磁带机技术
- 数据的备份和还原

本章和上一章的目的是相同的，都是要保证数据不丢失、不被破坏。上一章主要介绍了如何防御，本章将介绍一些其他方面的数据维护措施，以及如果防御失败了应该如何做。

15.1 电源系统

对于网络而言，突然停电宕机造成的数据损坏等损失完全可以用灾难来形容。为了能够使电源问题不会影响网络长时间的稳定运行，人们想出了种种办法。其中应用最普遍的就是冗余电源技术和UPS技术。前者可以使服务器在电源发生损坏的情况下继续正常工作，后者则可以使整个网络在停电之后的一定时间内仍然保持运行。

15.1.1 服务器电源

服务器电源按照标准可以分为ATX电源和SSI电源两种。ATX标准使用较为普遍，主要用于台式机、工作站和低端服务器；而SSI标准是随着服务器技术的发展而产生的，适用于各种档次的服务器。

- ATX标准：ATX标准是Intel在1997年推出的一个规范，输出功率一般在125～350W。ATX电源通常采用20Pin（20针）的双排长方形插座给主板供电。随着Intel推出的Pentium 4处理器，电源规范也由ATX修改为ATX12V，和ATX电源相比，ATX12V电源主要增加了一个4Pin的12V电源输出端，以便更好地满足Pentium4的供电要求（2GHz主频的P4功耗达到52.4W）。
- SSI标准：SSI（Server System Infrastructure）规范是Intel联合一些主要的IA架构服务器生产商推出的新型服务器电源规范，SSI规范的推出是为了规范服务器电源技术，降低开发成本，延长服务器的使用寿命而制定的，主要包括服务器电源规格、背板系统规格、服务器机箱系统规格和散热系统规格。

根据使用的环境和规模的不同，SSI规范又可以分为TPS、EPS、MPS、DPS 4种子规范。

- EPS规范（Entry Power Supply Specification）：主要为单电源供电的中低端服务器设计，设计中秉承了ATX电源的基本规格，但在电性能指标上存在一些差异。它适用于额定功率在300～400W的电源，独立使用，不用于冗余方式。后来，该规范发展到EPS12V（Version 2.0），适用的额定功率达到450～650W，它和ATX12V电源最直观的区别在于提供了 24Pin 的主板电源接口和 8Pin 的 CPU 电源接口。

- TPS 规范（Thin Power Supply Specification）：适用于 180～275W 的系统，具有 PFC（功率因数校正）、自动负载电流分配功能。电源系统最多可以实现 4 组电源并联冗余工作，由系统提供风扇散热。TPS 电源对热插拔和电流均衡分配要求较高，它可用于 N+1 冗余工作，有冗余保护功能。
- MPS 规范（Midrange Power Supply Specification）：这种电源被定义为针对 4 路以上 CPU 的高端服务器系统。MPS 电源适用于额定功率在 375～450W 的电源，可单独使用，也可冗余使用。它具有 PFC、自动负载电流分配等功能。采用这种电源元件电压、电流规格设计和半导体、电容、电感等器件工作温度的设计裕量超过 15%。在环境温度 25℃以上、最大负载、冗余工作方式下，MTBF 可到 15 万小时。
- DPS 规范（Distributed Power Supply Specification）：电源是单 48V 直流电压输出的供电系统，提供的最小功率为 800W，输出为+48V 和+12VSB。DPS 电源采用二次供电方式，输入的交流电经过 AC-DC 转换电路后输出 48V 直流电，48VDC 再经过 DC-DC 转换电路输出负载需要的+5V、+12V 和+3.3V 直流电。制定这一规范主要是为了简化电信用户的供电方式，便于机房供电，使 IA 服务器电源与电信所采用的电源系统接轨。

虽然，目前服务器电源存在 ATX 和 SSI 两种标准，但是随着 SSI 标准的更加规范化，SSI 规范更能适合服务器的发展，以后的服务器电源也必将采用 SSI 规范。SSI 规范有利于推动 IA 服务器的发展，可支持的 CPU 主频会越来越高，功耗将越来越大，硬盘容量和转速等也越来越大，可外挂的高速设备越来越多。为了减少发热和节能，未来 SSI 服务器电源将朝着低压化、大功率化、高密度、高效率、分布式化等方向发展。服务器采用的配件相当多，支持的 CPU 可以达到 4 路甚至更多，挂载的硬盘能够达到 4～10 块不等，内存容量也可以扩展到 10GB 之多，这些配件都是消耗能量的大户，比如，中高端工业标准服务器采用的是 Xeon（至强）处理器，其功耗已经达到 80W，而每块 SCSI 硬盘消耗的功率也在 10W 以上，所以服务器系统所需要的功率远远高于 PC，一般 PC 只要 200W 的电源就足够了，而服务器则需要 300W 以上，甚至上千瓦的大功率电源。在实际选择中，不同的应用对服务器电源的要求不同，像电信、证券和金融这样的行业，强调数据的安全性和系统的稳定性，因而服务器电源要具有很高的可靠性。目前，高端服务器多采用冗余电源技术，它具有均流、故障切换等功能，可以有效避免电源故障对系统的影响，实现 24×7 的不停顿运行。冗余电源较为常见的是 N+1 冗余，可以保证一个电源发生故障的情况下系统不会瘫痪（同时出现两个以上电源故障的概率非常小）。冗余电源通常和热插拔技术配合，即热插拔冗余电源，它可以在系统运行时拔下出现故障的电源，并换上一个完好的电源，从而大大提高了服务器系统的稳定性和可靠性。

> 冗余电源技术是服务器冗余技术的一种，即使用多于标准数目的电源为系统供电，这样当其中某一电源损坏时，系统仍能够正常运行。而两个电源同时损坏的概率很小，因此采用这种方法能够在很大程度上提高系统的安全性和稳定性。

15.1.2 UPS

UPS（Uninterruptible Power System，不间断电源系统）电源是近年发展起来的一种不间断电源技术，目前在市场上可以购买到种类繁多的 UPS 电源设备，其输出功率从 500VA～3000KVA 不等。UPS 电源按其工作方式可分为后备式 UPS 和在线式 UPS 两大类，而按其输出波形又可分为方波输出 UPS 和正弦波输出 UPS 两种。

后备式 UPS 电源在市电正常供电时，市电通过交流旁路通道再经转换开关直接向负载提供电源，机内的逆变器处于停止工作状态。它除了对市电电压的波动幅度有所改善外，对市电电压的频率不稳、波形畸变以及从电网串入的干扰等不良影响基本上没有任何改善。只有当市电供电中断或低于 170V 时，蓄电池才对 UPS 的逆变器供电，并向负载提供稳压、稳频的交流电源。后备式 UPS 电源的优点是：运行效率高、噪音低、价格相对便宜，主要适用于市电波动不大，对供电质量要求不高的场合。

在线式 UPS 电源在市电正常供电时，它首先将市电的交流电源变成直流电源，然后进行脉宽调制、滤波，再将直流电源重新变成交流电源，即它平时是由交流电→整流→逆变器方式向负载提供交流电源，一旦市电中断，立即改由蓄电池→逆变器方式对负载提供交流电源。因此，对在线式 UPS 电源而言，在正常情况下，无论有无市电，它总是由 UPS 电源的逆变器对负载供电，这样就避免了所有由市电电网电压波动及干扰而带来的影响。显而易见，同后备式 UPS 电源相比，在线式 UPS 电源的供电质量明显优于后备式 UPS 电源，因为它可以实现对负载的稳频、稳压供电，且在由市电供电转换到蓄电池供电时，其转换时间为零。

方波输出的 UPS 电源带负载能力差（负载量仅为额定负载的 40%～60%），不能带电感性负载。如所带的负载过大，方波输出电压中包含的三次谐波成分将使流入负载中的容性电流增大，严重时会损坏负载的电源滤波电容。正弦波输出的 UPS 电源的输出电压波形畸变度与负载量之间的关系没有方波输出 UPS 电源那么明显，带负载能力相对较强，并能带微电感性负载。不管哪种类型的 UPS 电源，当它们处于逆变器供电状态时，除非迫不得已，一般不要满载或超载运行，否则会使 UPS 电源的故障率明显增多。

1. UPS 的发展

最早的 UPS 现在看起来是个非常古怪的东西：采用了非常原始的机械储能方式，是带有一个大飞轮的电动机——发电机组，在发电机上带有一个数吨重的飞轮，市电停电后，该发电机可以维持正常供电数秒钟。现代的逆变式 UPS 问世后，在近十几年得到了迅速发展。就其技术性能来说，它走过了从方波到正弦波、从离线式到在线式、从小功率到大功率、从常规延时（分钟级）到长延时（小时级）、从简单不停电供电到智能化操作和处理功能的发展历程。随着蓄电池和半导体技术的发展，其控制电路也发展很快，由开始的立分元件的简单控制发展到今天的微处理机控制，由硬件控制又发展成软件控制，如软件滤波器，甚至光纤通讯也被引入了 UPS，而且，微处理机也已被广泛应用于小容量的 UPS 中，甚至还专门为蓄电池的监控设立了微处理机，以保持电池的最佳状态。

随着计算机网络结构的扩展，现在在网络中应用的 UPS 不再是单纯的电源设备，而逐步成为整个网络电源的管理中心，UPS 由最初单纯的不间断供电已发展到今天的智能化、多功能。新型的 UPS 本身融合了多种新技术，UPS 不仅是提供不间断电源的工具，而且当作为负载的设备无人值守时，当市电故障后，UPS 可以按照事先的约定顺序关机，甚至还可以自动发传呼或 E-mail 给管理者。现代的 UPS 与服务器上的软件协同工作，还能实现事件记录、故障报警、UPS 参数自动测试分析、调节等多项功能，提供了完全的电源管理解决方案。有些 UPS 甚至可以对环境温度、湿度和烟雾等进行监视。

UPS 的智能化还表现在 UPS 的节能功能上，即所谓的“绿色 UPS”。“绿色 UPS”可以减少 PC 系统使用的电能量，既降低了费用又保护了环境。比如，“绿色 UPS”在检测到打印机长时间空闲后，就会把打印机的电源关闭。当出现打印排队请求时，UPS 可以马上给打印机恢复供电，随着“绿色 UPS”的出现，为节约能源又提供了一种理想的解决方案。

2. UPS 的前景

随着信息技术、电子技术、控制技术的发展，各种先进技术已广泛应用于 UPS 的设计开发和生产过程中。以德国的 AEG SVS Protect 系列 UPS 为例，UPS 的技术发展趋势可体现在以下几个方面。

- 智能化：一个智能化 UPS 的硬件部分，基本上是由普通的 UPS 加上一台微机系统所组成。微机系统通过对各类信息的分析综合，除完成 UPS 相应部分正常运行的控制功能外，还应完成以下功能，对运行中的 UPS 进行实时监测，对电路中的重要数据信息进行分析处理，从中得出各部分电路工作是否正常的分析结果；在 UPS 发生故障时，能根据检测结果，及时进行分析，诊断出故障部位，并给出处理方法；完成部分控制工作，在 UPS 发生故障时，根据现场需要，及时采取必要的自身应急保护控制动作，以防止故障影响面的扩大；完成必要的自身维护；能根据不同电池的不同要求，对电池进行不同的充电，并自动完成电池状态的测试与维护；自动显示所监测的数据信息，在设备运行异常或发生故障时，能够实时自动记录有关信息，并形成档案，供工程技术人员查阅；能够用程序控制 UPS 的启动或停止，实现无人值守的自动操作；具有交换信息功能，可以随时向计算机输入或从联网机获取信息。
- 数字化：AEG SVS Protect 系列 UPS 采用最新的数字信号控制器（DSP），实现了 UPS 系统的 100%数字化运行。在此系列的 UPS 中，AEG SVS 公司还采用了三重微处理器冗余系统，用三个有独立供应电源的微处理器来控制整流器、逆变器和内部静态旁路，因而提高了系统的数字化程度和可靠性。
- 12 脉冲整流技术：AEG SVS Protect 系列机型均采用 12 脉冲整流器。采用 12 脉冲整流器的明显好处是：将 UPS 的输入功率因数 PF 提高到 0.95 以上，使 UPS 的总输入谐波电流分量下降到 8%以下，因而也降低了输入电压谐波失真度；12 脉冲整流器，再加上内置输入隔离变压器，大大提高了 UPS 对外界瞬态尖峰干扰的抑制能力。给蓄电池的充电交流纹波分量少，有利于延长电池的寿命。
- 高频化：第一代 UPS 的功率开关为可控硅，第二代为功率晶体管，第三代为场控型器件（MOSFET 或 IGBT）。功率晶体管开关的速度比可控硅要高一个数量级，场效应晶体管 MOSFET 比功率晶体管要高一个数量级，而 IGBT 功率器件的电流容量比 MOSFET 大得多，且导通电阻小，工作频率比 MOSFET 低，但也可使功率变换电路的工作频率高达 50KHz。变换电路频率的提高，使得用于滤波的电感、电容以及噪音、体积等大为减少，使 UPS 的效率、动态响应特性和控制精度等大为提高。
- 冗余并机技术：德国 AEG SVS 公司开发的新应用技术，通过几个 UPS 冗余并机运行，可以进一步提高系统的供电可靠性。冗余运行意味着在负载基本需求之外至少再安装一台 UPS。通过 CAN 总线技术组成多台 UPS 系统。AEG UPS 并机运行模式不需另外加设中央控制部件，负载均分。如果某一台 UPS 单机发生故障，则被立刻关闭，其他的 UPS 系统会自动承担起全部负载，对负载不会产生任何影响。AEG 通过灵活的多主机技术（FMMT）来保证系统的安全运行。AEG 的 CAN 总线的高速、有效的通讯实现了 FMMT 技术。如果两个主机中的任意一个出现了故障，另一台 UPS 将会即刻自动接管主控功能。
- 绿色化：各种用电设备及电源装置产生的谐波电流严重污染电网，随着各种政策法规的出台，对无污染的绿色电源装置的呼声越来越高。UPS除加装了高效输入滤波器外，还在电网输入端采用了功率因数校正技术，这样既可消除本身由于整流滤波电路产生的谐波电流，又可补偿输入功率因数。

3. **UPS的购买**

伴随着网络时代的到来，信息系统的合理应用成为任何企业生存发展、获取竞争优势的根本，为创造更多的商业价值，保障信息在系统中的应用，可靠、不间断的电力系统成为企业运转的有力保证。那么，如何从众多品牌、众多型号的UPS产品中选出适合自身应用需求的电源产品呢？

UPS的发展和整个信息化的发展过程是息息相关的。从第一台UPS的诞生发展到现在，UPS也经历了几个阶段，如从最初单纯的“后备电源”发展到网络环境下的“不间断安全供电平台”，因为用户的核心设备已经从单个的PC机过渡到网络（局域网、广域网等），也就是说，从PC时代过渡到了网络时代；应用范围也从先前的金融、电信等领域扩展到了各个行业。一般来讲，UPS应用领域可大致划分为商用桌面、网络电源、数据中心和整体机房4个部分。

- 商用桌面：对于商用桌面的保护，从功能方面考虑，用户主要考虑的几个方面可概括如下，考虑断电保护的性能以及电池的后备时间，这是UPS的根本。是否能够对网络使用和对外设进行保护，因为外设越来越齐全（如打印机、扫描仪），这部分设备也同样需要保护。是否具备电缆线保护和数据线保护功能。在无人值守时是否能够进行自动的系统关机。另外，因为用户商用桌面的UPS多放在自己的身边，所以在产品的设计风格、制造工艺方面也是需要考虑的。
- 网络电源：一个网络包括服务器、交换机、路由器等多种关键设备，UPS作为机房设备的一部分，自然要求具有高可靠性、智能化、体积小等特性。另外，由于要适应不同的网络连接方式，所选UPS的兼容性要好，可适用于多种通信系统与操作系统，具有能够实现服务器和网络设备安全关机等功能的智能化也是必不可少的。另外，由于局域网的节点数量多，而且各节点可能分散在不同的地点，这样，就会有位于不同地点的多台电源需要维护。实践证明，利用网络对UPS进行集中监控是局域网电源维护的最佳手段。用户可以在一个地方及时、准确、全面地了解各网点电源的运行状况，这样可显著减少维护费用。所以，UPS的远程管理能力也是非常重要的一个方面。
- 数据中心：目前，各行业对数据中心的需求越来越多，用户在为数据中心配备电力系统时，除在高可用性、可扩充性、易维修性和易管理性方面考虑外，必须要选择一个适合自己业务发展的解决方案，因此“业务边成长、网络边建设”的电源解决方案，可帮助用户在未来业务发展方向尚不明确的情况下分阶段地进行投资。采用标准化的预装配组件结构的系统，可以按照当前业务流程所需的规模来配置电力基础设施容量，当业务发展时，整个系统可以方便地进行扩充，规避投资风险。在供电方式上，可采用最新技术的分区供电方式，极大地节约空间，降低由单点故障引起的数据中心大面积断电风险。对UPS之外的电力基础设施也要考虑，比如配电、开关、电力和数据电缆布线等，它们的可靠性也会影响整个系统，如果能够选用把这些电力基础设施都包含进去的整体电力解决方案，将大大减少UPS和关键负载之间的故障点，提高可用性。
- 整体机房：用户在建设计算机系统时，都非常重视可靠性，例如采用群集技术、冗余备份、磁盘阵列等。实际上，除了计算机设备的安全可靠外，机房环境的高可用性同样重要。一个良好的机房环境不仅可为核心的网络和计算机设备提供高可靠的供配电系统，而且为设备的运行提供净化和恒温恒湿的空间环境，再加上能够随时了解供电和空调设备运行情况的集中监控系统，使得企业业务系统能够高可靠地运行。由于国内有些地区的电网质量不稳定，有时会出现电源故障，如过压、欠压、瞬间电流冲击和故障停电等；事实表明，在计算机故障中，几乎50%的原因是电源故障造成的。所以，一个高可用性的机房环境是计算机和网络系统可靠运行的基础。

事实上，就UPS中的每个元器件而言，在质量上都有非常大的差别，三无产品和名牌产品在性能上相差非常大，用过一段时间后就表现得非常明显了，自然价钱相差也非常大，所以，在选购UPS时，不要为过低的价格所迷惑，一定要抓住关键指标。此外，在选择UPS时，还要考察厂商的综合实力，尤其是产品质量和售后服务能力，以保证所购电源系统能够得到长期的完善服务。这样，用户不仅可以购买到适合自身业务特点的电力系统产品和方案，还可以在使用和售后中享受到个性化、专家级的全方位服务，以做到真正放心。

15.2 RAID技术

关于RAID技术的定义、功能及重要性，我们在本书前面的章节中已经做了详细介绍，本节我们来学习如何实现RAID。

15.2.1 RAID卡

RAID卡有自己的CPU和Cache Memory，通过集成或借用主板上的SCSI控制器来管理硬盘，因此它可以称之为一个智能化的设备。

RAID卡的分类一般根据集成的SCSI控制器来划分。如果没有集成SCSI控制器，而是借用主板上的SCSI控制器来管理硬盘，则为零通道RAID卡。根据RAID卡集成的SCSI控制器的通道数量，可以分为单通道、双通道和三通道RAID卡。还可以按照SCSI控制器的标准来划分RAID卡的种类，如Ultra Wide、Ultra2 Wide和Ultra160 Wide。

RAID处理器是一个PCI设备，接受并执行来自系统的命令，同时占用PCI中断，代表SCSI磁盘子系统向系统提出中断请求，请求占用PCI总线，返回对系统命令的响应，如输送SCSI硬盘上的数据。

使用RAID卡实现RAID功能需要在启动操作系统之前借助RAID适配器的BIOS来实现，就像我们设置计算机的BIOS一样。详细的设置方法可以查阅相应型号的RAID卡的使用说明书。

15.2.2 软RAID

硬件RAID解决方案速度快、稳定性好，可以有效地提供高水平的硬盘可用性和冗余度，但是成本太高。相比之下，一些对RAID功能要求不是非常高的企业，完全可以选择软RAID，以节省宝贵的资金。Windows Server 2003提供了软RAID功能，可以实现RAID 0、RAID 1、RAID 5。本节我们就来学习一下Windows Server 2003的这个十分实用的功能。

在安装Windows Server 2003时，硬盘将自动初始化为基本磁盘。我们不能在基本磁盘分区中创建新卷集、条带集或者RAID 5组，而只能在动态磁盘上创建类似的磁盘配置。也就是说，如果想创建RAID 0、RAID 1或RAID 5卷，就必须使用动态磁盘。在Windows Server 2003安装完成后，可使用升级向导将它们转换为动态磁盘。

在将一个磁盘从基本磁盘转换为动态磁盘后，磁盘上包含的将是卷，而不再是磁盘分区。其中的每个卷是硬盘驱动器上的一个逻辑部分，还可以为每个卷指定一个驱动器字母或者挂接点。但要注意的是，只能在动态磁盘上创建卷。动态磁盘有以下几个优于基本磁盘的特点：

- 卷可以扩展到包含非邻接的空间，这些空间可以在任何可用的磁盘上。
- 对每个磁盘上可以创建的卷的数目没有任何限制。

Windows Server 2003 将动态磁盘配置信息存储在磁盘上，而不是存储在注册表中或者其他位置。同时，这些信息不能被准确地更新。Windows Server 2003 将这些磁盘配置信息复制到所有其他动态磁盘中。因此，单个磁盘的损坏将不会影响到访问其他磁盘上的数据。

一个硬盘既可以是基本的磁盘，也可以是动态的磁盘，但不能二者兼是，因为在同一磁盘上不能组合多种存储类型。但是，如果计算机有多个硬盘，就可以将各个硬盘分别配置为基本的或动态的。

1. 卷的类型

Windows Server 2003 支持的卷的类型有简单卷、条带卷、跨越卷、镜像卷和 RAID 5 卷 5 种。

- 简单卷：简单卷由单个物理磁盘上的磁盘空间组成，它可以由磁盘上的单个区域或链接在一起的相同磁盘上的多个区域组成。可以在同一磁盘中扩展简单卷或把简单卷扩展到其他磁盘。如果跨多个磁盘扩展简单卷，则该卷就是跨区卷。只能在动态磁盘上创建简单卷。简单卷不能包含分区或逻辑驱动器，也不能由 MS DOS 或 Windows Server 2003 以外的其他 Windows 操作系统访问。如果网络中的计算机还在运行 Windows 98 或更早版本，那么应该创建分区而不是动态卷。如果想在创建简单卷后增加它的容量，可以通过磁盘上剩余的未分配空间来扩展这个卷。要扩展一个简单卷，则该卷必须使用 Windows Server 2003 中所用的 NTFS 版本格式化。同时不能扩展基本磁盘上作为以前分区的简单卷。也可将简单卷扩展到同一计算机的其他磁盘的区域中。当将简单卷扩展到一个或多个其他磁盘上时，它会变成为一个跨区卷。在扩展跨区卷之后，不删除整个跨区卷便不能将它的任何部分删除。要注意的是，跨区卷不能是镜像卷或者带区卷。
- 条带卷：利用条带卷，可以将两个或者更多磁盘（最多为 32 块硬盘）的空余空间组成为一个卷。在向条带卷中写入数据时，数据被分割为 64KB 的块，并均衡地分布在阵列中的所有磁盘上。一个阵列是两个或者多个磁盘的集合。条带卷可以有效地提高磁盘的读取性能，但是它并不提供容错功能，任何一块硬盘的损坏都会导致全部数据的丢失。条带卷类似于 RAID 0。
- 跨越卷：利用跨越卷，也可以将来自两个或者更多磁盘（最多为 32 块硬盘）的空余磁盘空间组成为一个卷。与条带卷不同的是，将数据写入跨越卷时，首先填满第一个磁盘上的空余部分，然后再将数据写入下一个磁盘，依此类推。跨越卷既不能提高对磁盘数据的读取性能，也不提供任何容错功能。当跨越卷中的某个磁盘出现故障时，存储在该磁盘上的所有数据将全部丢失。
- 镜像卷：利用镜像卷即 RAID 1 卷，可以将用户的相同数据同时复制到两个物理磁盘中。如果其中的一个物理磁盘出现故障，虽然该磁盘上的数据将无法使用，但系统能够继续使用尚未损坏而仍继续正常运转的磁盘进行数据的读写操作，从而通过另一磁盘上保留完全冗余的副本，保护磁盘上的数据免受介质故障的影响。由此可见，镜像卷的磁盘空间利用率只有 50%（即每组数据有两个成员），所以镜像卷的成本相对较高。要创建一个镜像卷，必须使用另一磁盘上的可用空间。动态磁盘中现有的任何卷（甚至是系统卷和引导卷），都可以使用相同的或不同的控制器镜像到其他磁盘上大小相同或更大的另一个卷。最好使用大小、型号和制造厂家都相同的磁盘作镜像卷，以避免可能产生的兼容性错误。镜像卷可以大大增强读性能，因为容错驱动程序从两个磁盘成员中同时读取数据，所以读取数据的速度会有所增加。当然，由于容错驱动程序必须同时向两个成员写数据，所以它的写性能会略有降低。镜像卷可包含任何分区（包括启动分区或系统分区），但是镜像卷中的两个硬盘都必须是 Windows Server 2003 动态磁盘。

- RAID 5 卷：在 RAID 5 卷中，Windows Server 2003 通过给该卷的每个硬盘分区中添加奇偶校验信息带区来实现容错。如果某个硬盘出现故障，Windows Server 2003 便可以用其余硬盘上的数据和奇偶校验信息重建发生故障的硬盘上的数据。由于要计算奇偶校验信息，所以 RAID 5 卷上的写操作要比镜像卷上的写操作慢一些。但是，RAID 5 卷比镜像卷提供了更好的读性能。原因很简单，Windows Server 2003 可以从多个磁盘上同时读取数据。与镜像卷相比 RAID 5 卷的性价比较高，而且 RAID 5 卷中的硬盘数量越多，冗余数据带区的成本越低。但是 RAID 5 卷也有一些限制，第一，RAID 5 卷至少需要 3 个硬盘才能实现，但最多也不能超过 32 个硬盘；第二，RAID 5 卷不能包含根分区或系统分区。

2. 创建动态磁盘

（1）右键单击“我的电脑”，在弹出菜单中选择“管理”命令，打开“计算机管理”控制台，如图 15-1 所示。

（2）单击左侧导航栏中的“磁盘管理”，以显示计算机中安装的所有磁盘。

（3）右键单击要设置为动态磁盘的硬盘，并在弹出快捷菜单中选择“升级到动态磁盘”命令，打开“升级到动态磁盘”对话框。

（4）选中要升级的磁盘，然后单击“确定”按钮，打开“要升级的磁盘”对话框，在这里要求用户对要升级为动态磁盘的硬盘进行确认。这样做的原因很简单，因为这一升级操作是不可逆的。也就是说，基本磁盘可以升级为动态磁盘，但动态磁盘却不能恢复为基本磁盘。

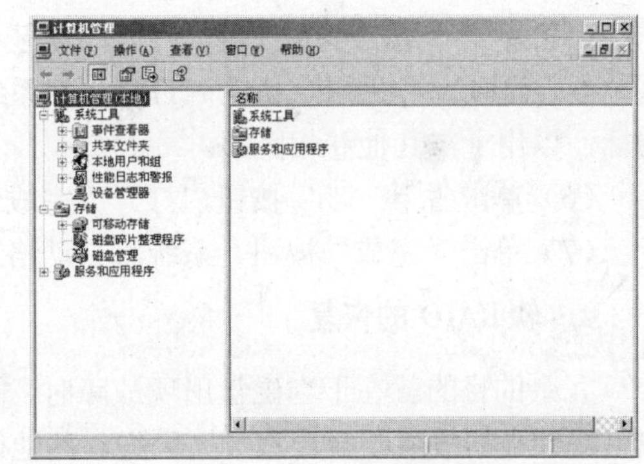

图 15-1　管理计算机

（5）单击“升级”按钮，打开“磁盘管理”提示框，系统再次要求用户对磁盘升级予以确认。当将该磁盘升级为动态磁盘后，Windows 98/Me 等操作系统将不能再从该磁盘引导启动。

（6）单击“是”按钮，打开“升级磁盘”警告框。在这里提示要升级磁盘上的文件系统将被强制卸下，并要求用户对该操作进一步予以确认。

（7）单击“是”按钮，系统将开始磁盘的升级过程。当升级完成后，将打开“确认”警告框，单击“确定”按钮将重新启动计算机，完成磁盘的升级过程。

在升级到动态磁盘时，应该注意以下几方面的问题：

- 必须以管理员或管理组成员的身份登录才能完成该过程。如果计算机与网络连接，则网络策略设置也可能阻止我们完成此步骤。
- 将基本磁盘升级到动态磁盘后，就再也不能将动态卷改回到基本分区了。这时唯一的方法就是删除磁盘上的所有动态卷，然后使用“还原为基本磁盘”命令进行恢复。
- 在升级磁盘之前，应该关闭在磁盘上运行的程序。
- 为保证升级成功，任何要升级的磁盘都必须至少包含 1MB 的未分配空间。在磁盘上创建分区或卷时，“磁盘管理”工具将自动保留这个空间，但是带有其他操作系统创建的分区或卷的磁盘上可能就没有这个空间。
- 扇区大小超过 512 字节的磁盘，不能从基本磁盘升级为动态磁盘。
- 一旦升级完成，动态磁盘就不能包含分区或逻辑驱动器，也不能被非 Windows 2003 的其他操作系统所访问。

3. 实现软 RAID

（1）在“磁盘管理”中，右键单击要设置软 RAID 的硬盘，并在弹出菜单中选择“创建卷”选项，打开“创建卷向导”对话框。

（2）单击“下一步”按钮，打开“选择卷类型”对话框，在这里选择要创建的卷类型。关于卷的类型，前面我们已经进行了详细介绍。在这里，我们选择 RAID 5。

（3）单击“下一步”按钮，打开“选择磁盘”对话框。在左侧的“所有可用的动态磁盘”列表框中选择要添加的磁盘，并单击“添加”按钮，即可将其添加至该 RAID 5 卷，并显示在“选定的动态磁盘”列表框中。

（4）动态磁盘添加完毕后，单击“下一步”按钮，打开“指派驱动器号和路径”对话框。在这里，我们选中“指派驱动器号”选项，并为该 RAID 5 卷指派驱动器号，以便于管理和访问。

（5）单击“下一步”按钮，打开“卷区格式化”对话框。选择“按下面提供的信息格式化这个卷”选项，并采用默认的 NTFS 文件系统和分配单位大小。可以为该 RAID 5 卷指定一个卷标，以用于与其他卷相区别。

（6）单击“下一步”按钮，打开“完成创建卷向导”对话框，此时卷的创建完成。

（7）单击“完成”按钮，系统将自动格式化新创建的卷。至此，RAID 5 卷已创建完成。

4. 软 RAID 的恢复

冗余的目的就在于当磁盘出现故障时，能够保证数据的完整性。虽然在 RAID 1 和 RAID 5 中单块硬盘的故障不会导致数据丢失，其他硬盘仍然可以继续运转，但是，如果失败将不能得到及时恢复，那么，卷将不再拥有冗余的特性。因此，必须及时恢复失败的 RAID。

在“磁盘管理”中，失败卷的状态显示为“失败的冗余”，磁盘之一将显示为“脱机”、“丢失”或“联机（错误）”。我们可以通过下述操作恢复镜像卷。

（1）确保该磁盘连接到了计算机，并且已经加电。

（2）在“磁盘管理”中，用鼠标右击标识为“脱机”、“丢失”或“联机（错误）”的磁盘，然后，在快捷菜单中单击“重新激活磁盘”菜单项。

该磁盘的状态应当回到“良好”，镜像卷应该自动重新生成。如果磁盘被严重破坏，或者不可能修复，在快捷菜单中将只能看到“删除”命令，此时，Windows Server 2003 将无法再修复该镜像卷。

另外，如果磁盘连续显示“联机（错误）”，可能表明该磁盘很快就要发生故障了，应当尽可能快地替换该磁盘。

如果经修复仍未能重新激活镜像磁盘，或者镜像卷的状态没有回到“良好”，就必须替换失败磁盘，并创建新的镜像卷。方法如下。

（1）在失败的卷上单击鼠标右键，从弹出的快捷菜单中选择“删除镜像”菜单项，打开“删除镜像”对话框。

（2）从磁盘列表中选择丢失的磁盘，然后，单击“删除镜像”按钮，弹出“磁盘管理”警告框，提示用户确认。

（3）单击“是”按钮，删除该镜像卷。然后，用鼠标右击该丢失的磁盘，并在快捷菜单中选择“删除磁盘”菜单项，将该磁盘删除。

（4）更换新的磁盘，并将磁盘设置为动态磁盘。

（5）创建新的镜像卷。新镜像卷的创建过程请参见前述的“添加镜像卷”。

替换磁盘和重新生成 RAID 5 卷。

（1）更换故障硬盘，并设置为动态磁盘。

（2）在“磁盘管理”中，用鼠标右击失败硬盘的 RAID 1 卷，在快捷菜单中选择“恢复卷”菜单项，打开“修复 RAID 1 卷”对话框。

（3）选择要在 RAID 5 卷中替换失败盘的盘符，单击“确定”按钮，RAID 5 卷开始自动修复。

（4）用鼠标右击失败盘，并在快捷菜单中选择“删除磁盘”菜单项，从系统中删除该磁盘。

15.3 数据备份与还原

Internet 是一个开放的网络，当我们将局域网接入 Internet 时，就不免接受来自各方的访问，而无论多么严密的防御，也很难说绝对不会为人所乘，因此在采用种种技术来抵御攻击的同时，将数据备份到安全的地方（比如不与任何网络连通的计算机或存储设备）是一种十分必要的手段。

Windows Server 2003 提供了便捷高效的数据备份和还原功能，能够帮助用户最大限度地确保数据的安全。

15.3.1 数据备份

数据备份就是将数据以某种方式加以保存，以便在原数据丢失或损坏的情况下能够得以恢复。数据备份的根本目的是重新利用，也就是说，备份的核心是恢复，能够安全高效地恢复数据，才是数据备份的意义所在。

在工作组模式中，默认情况下只有 Administrators 组和 Backup Operators 组的成员有权进行备份操作；而在域模式中，除了上述的两个组之外，Domain Admins 组的成员也有此权限。

1. 备份介质

目前，常用的备份介质有硬盘、移动硬盘和磁带机等，也有用光盘或其他存储设备作为备份介质的。在这些存储介质中，磁带机是最可靠的数据备份方法，虽然它的备份速度不及硬盘，但它有成本低、传输率高、易于存储和保管等优点，因此它是企业备份解决方案中应用范围最广的备份介质。

2. **备份类型**

数据备份按照备份的方法大致可以分为如下5类。

- 正常备份：正常备份就是将选定的文件全部复制到备份介质中，并对已备份的文件加以标记，表明该文件已备份。正常备份的优点是数据完全被备份，必要时只需将备份的数据恢复即可；缺点是成本比较高，速度比较慢，会有大量的重复数据。通常情况下，为了安全起见，管理员会在第一次进行数据备份时采用正常备份，将所有的数据都保存起来，以防不测。
- 副本备份：副本备份也是将选定的文件全部复制到备份介质中，但它不会标记已备份的文件。因为有些备份操作是只备份未曾备份的文件，因此副本备份的优点是不会影响到其他备份操作，缺点与正常备份相同。
- 差异备份：差异备份只备份被选定文件中未做标记的文件，也就是说，如果此前已做过正常备份，那么当执行差异备份时，只备份那些被更改的文件。差异备份完成后，不会对已备份的文件加以标记。也就是说，如果连续多次进行差异备份，后来进行的差异备份不会知道此前已进行过差异备份，它们还是会按照最开始的正常备份时留下的标记进行备份。
- 增量备份：增量备份只备份被选定文件中未做标记的文件，增量备份完成后，会对已备份的文件加以标记。也就是说，如果连续多次进行增量备份，后来进行的增量备份会知道此前已进行过增量备份，它们会按照上次增量备份后的标记进行备份。
- 每日备份：每日备份只备份执行操作的当天被更改的文件，每日备份完成后，不会标记已备份的文件。

五种备份类型各有优缺点，因此通常我们会采用它们中的两种或多种类型组合起来进行数据备份，比如正常备份+差异备份，这种组合的优点是恢复数据时只需要最新的差异备份文件和最初的正常备份文件即可，方便快捷，缺点是随着时间的推移，被更改的文件越来越多，执行差异备份操作的速度会越来越慢，需要的存储空间也越来越大。另外，就是正常备份+增量备份，这种组合的优点是备份时只备份最近的更改文件，因此备份速度最快、需要存储空间最少，缺点是当恢复数据时就不得不把所有的增量备份文件和最初的正常备份文件都拿出来，困难且耗时。

15.3.2 磁带机

无论是硬盘技术，还是光盘技术，都不适合用来进行数据存储备份，只有磁带机技术才真正适合数据存储备份领域。事实上，磁带机技术长期以来一直是首选的唯一的数据存储备份技术，因为磁带不仅能提供高容量、高可靠性以及可管理性，而且价格比光盘、磁盘等存储介质便宜很多。

作为一种备份设备，磁带机技术也在不断发展。当前市场上的磁带机，按其记录方式来分，可归纳为二大类：一类是数据流磁带机，另一类是螺旋扫描磁带机。

数据流技术起源于模拟音频记录技术，类似于录音机的磁带原理。它是通过单个或多个静态的磁头与高速运动的磁带接触来记录数据。这种技术的缺点在于对磁带的张力要求很高，耐用性较差。数据流磁带机按磁带的宽度分为QIC（Quarter Inch Cartridge，即1/4英寸）和1/2

英寸两种。1/2 英寸磁带机是多磁头读写，其数据传输率较高，容量较大，1/4 英寸磁带机是单磁头读写，每记录一轨后，都要通过跳轨来做反向记录，记录和检索速度都比较慢。

螺旋扫描技术起源于模拟视频记录技术，很类似于录像机磁带的原理。它和数据流技术正相反，磁带是绕在磁鼓上的，磁带非常缓慢地移动，而磁鼓则高速转动，在磁鼓两侧的磁头也高速扫描磁带进行记录。当它在一定时间内没有收到移动磁带的命令时，就会放松磁带并停止转动磁鼓，以防止不必要的介质磨损和避免介质长期处于张力状态，所以，该技术具有高可靠性、高速度、高容量的特点。

IDC 的调查报告表明，目前比较流行的磁带机技术有 QIC DC2000/TraVan 磁带机、QIC DC6000 磁带机、8mm 磁带机、DLT 磁带机、DAT 磁带机及 Mammoth 磁带机等。下面分别给予简单介绍。

- QIC 磁带：这是一种带宽为 1/4 英寸，配有带盒的盒式磁带，也叫 1/4 英寸磁带。它有两种规格，即 DC6000 和 DC2000/Travan。其中，DC6000 磁带的驱动器是 5.25 英寸的，它使用非常简单的驱动装置进行纵向记录，但是数据磁带结构却非常复杂，并且价格昂贵。在容量 1GB 以上的市场中，它无法与 4mm 与 8mm 磁带竞争。DC2000/Travan 磁带的驱动器只有 3.5 英寸，驱动器价格低，一般不具备硬件数据压缩功能与即写即读功能，而且使用的介质造价也较高。这种产品对性能要求不高的桌面计算机用户较合适，但用户不多。
- DLT 技术：DLT（Digital Linear Tape，数字线性磁带）技术源于 1/2 英寸磁带机。1/2 英寸磁带机技术出现很早，主要用于数据的实时采集，如程控交换机上话务信息的记录，地震设备的震动信号记录等。DLT 磁带由 DEC 和 Quantum 公司联合开发。由于磁带体积庞大，DCT 磁带机全部是 5.25 英寸全高格式。DLT 产品由于高容量，主要定位于中、高级的服务器市场与磁带库系统。DLT 磁带的每盒容量高达 35GB，单位容量成本较低。
- 4mm 技术：又称数字音频磁带技术（Digital Audio Tape，简称 DAT）。早期的 DAT 技术主要应用于声音的记录，后来随着这种技术的不断完善，又被应用在数据存储领域里。4mm 的 DAT 经历了 DDS1、DDS2 和 DDS3 三种技术阶段，容量跨度在 1~12GB。4mmDAT 由于小巧和适当的容量，在前几年发展很快，在小型网络中应用较多。惠普的采用 DDS4 标准、容量为 40GB 的磁带机采用了螺旋扫描技术，使得该磁带具有很高的存储容量。DAT 磁带系统一般都采用了即写即读和压缩技术，既提高了系统的可靠性和数据传输率，又提高了存储容量。DAT 磁带和驱动器的生产厂商较多，用户有较大的选择机会，是一种很有前途的数据存储备份产品。
- 8mm 技术：基于螺旋扫描记录技术的 8mm 产品由 Exabyte 公司开发。由于 8mm 技术本身适合于大容量存储，在计算机数据比较少的早期，其应用面不是很广，主要与大中小型计算机配套。随着计算机网络中的数据量呈几何级数的增长，8mm 技术越来越体现出其优势，这几年 8mm 产品出货量的快速增长也佐证了这一点。8mm 技术有着广阔的向上发展空间。并且，每一种新的、高端的 8mm 产品，都向下兼容低端产品，保护了用户原有的投资。

除了以上所列，还有一种 LTO（Linear Tape Open，线性磁带开放协议）技术，它是结合了线性多通道双向磁带格式的磁带存储新技术，其优点主要是将服务系统、硬件数据压缩、优化磁道面、高效纠错技术和提高磁带容量性能等结合于一体。由于 LTO 技术是一种“开放格式”技术，这就意味着用户将可拥有多项产品和多规格存储介质，尤其开放性可带来更多的发明创新，减少了新技术开发风险，从而达到使产品价格下降和用户受益的目的，另外还可提高产品的兼容性和延续性。LTO 第四代标准的容量为 800G，传输速度为 80～160Mbit/s，这是目前任何一种磁带机都无法比拟的。开发 LTO 的主要原因有以下几点：一是建立一个开放的磁带机产品标准；二是不断改进磁带机产品的可靠性；三是增强产品的可扩展性，适应数据量激增的现实需求；四是减少备份的时间，提高产品的性能。

目前，LTO 技术有两种存储格式，即高速开放磁带格式 Ultrium 和快速访问开放磁带格式 Accelis，它们可分别满足不同用户对 LTO 存储系统的要求。其中，Ultrium 磁带格式除了具有高可靠性的 LTO 技术外，还具有大容量的特点，既可单独操作，也可适应自动操作环境，非常适合备份、存储和归档应用；Accelis 磁带格式则侧重于快速数据存储，这种磁带格式能够很好地适用于自动操作环境，可处理广泛的在线数据和恢复应用。

15.3.3 数据备份

Windows Server 2003 提供了数据备份/还原的工具。

首先打开数据备份和还原工具，有两种打开方法。

- 单击“开始”按钮，在弹处菜单中依次选择“所有程序”→“附件”→“系统工具”→“备份”命令。
- 单击“开始”按钮，在弹出菜单中选择“运行”命令，打开“运行”对话框，在“打开”编辑框中输入“ntbackup”并单击“确定”按钮。

任选一种方法，打开“备份或还原向导”对话框，如图 15-2 所示。通常我们会单击“高级模式”，然后使用高级模式进行操作，如图 15-3 所示，当然直接在向导模式中按照提示一步步操作也是完全可以的。

图 15-2　备份或还原向导

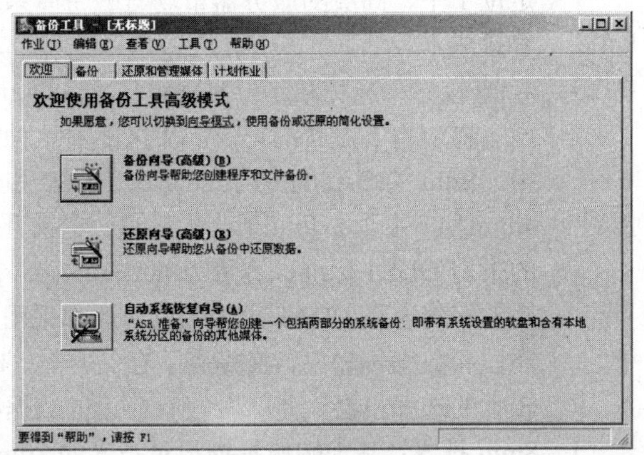

图 15-3　备份工具

> 只要没有取消“总是以向导模式启动”复选项，以后每次启动的时候都会进入向导模式。如果取消该复选框，则启动时会直接进入高级模式。
>
> 在“高级模式”对话框中，单击“工具”菜单，在弹出菜单中选择“切换到向导模式”，可以切换回向导模式。

下面我们就以将驱动器 E 中的数据备份到驱动器 F 中为例，介绍一下 Windows Server 2003 的数据备份功能。

（1）打开“备份工具”，单击“备份向导（高级）”按钮，打开“备份向导”对话框，如图

15-4 所示。

（2）单击“下一步”按钮，选择要备份的内容，如图 15-5 所示。有以下三个选项。

- ❑ 备份这台计算机的所有项目。
- ❑ 备份选定的文件、驱动器或网络数据。
- ❑ 只备份系统状态数据。

在这里我们选择“备份选定的文件、驱动器或网络数据”单选钮。

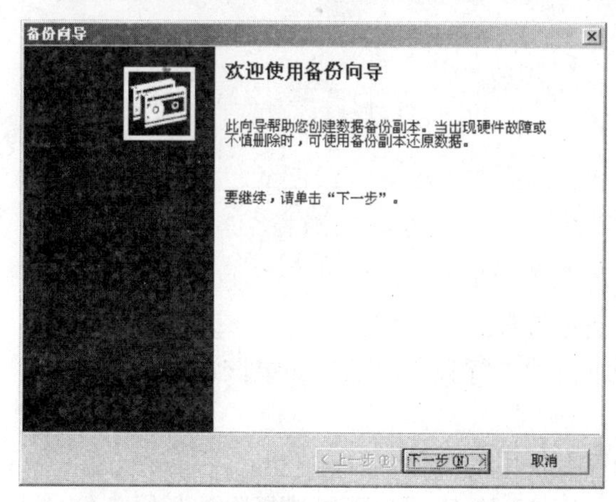

图 15-4　备份向导

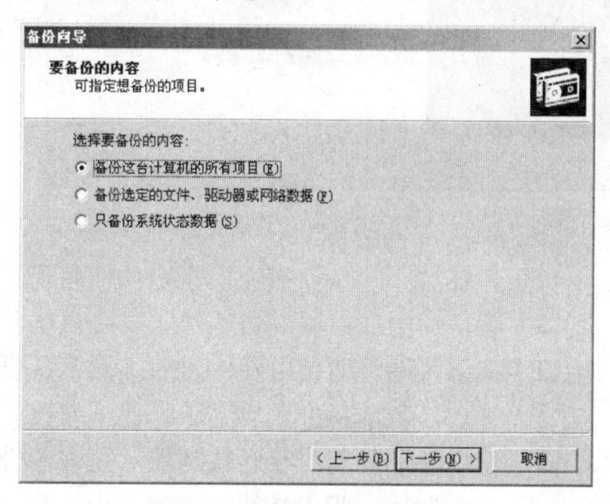

图 15-5　选择备份内容

（3）单击“下一步”按钮，选择要备份的项目，如图 15-6 所示。双击左边的一个项目，可以在右边查看其内容，如果要选定需要备份的项目，在该项目前的方框内单击，打上对号即可，在这里我们选择“我的电脑”中的驱动器 E。

（4）单击“下一步”按钮，选择备份文件的目的位置和名称，如图 15-7 所示。单击“浏览”按钮选定备份文件的位置，在“键入这个备份的名称”编辑框中输入文件名，在这里我们将位置选为驱动器 F，取名为“BackupE”。

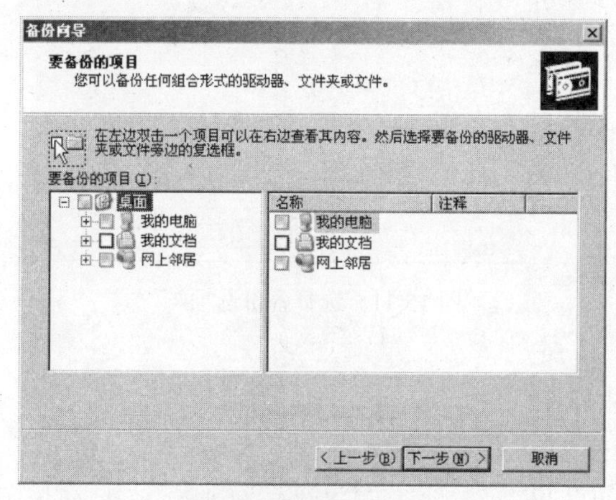

图 15-6　选择要备份的项目

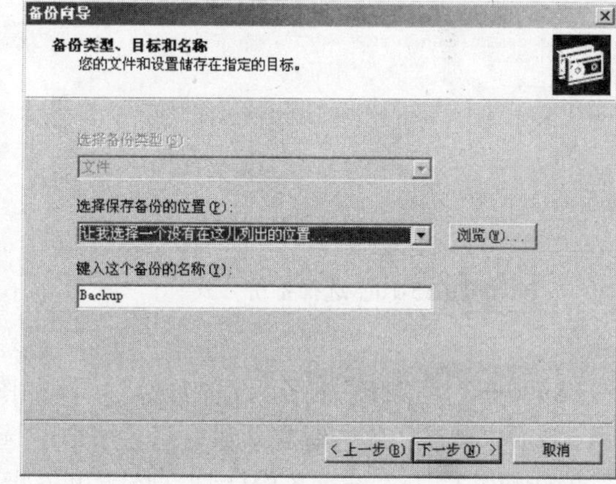

图 15-7　选择备份位置和名称

（5）单击“下一步”按钮，确认设置，如图 15-8 所示。单击“完成”按钮可以立即进行数据备份，也可以单击“高级”按钮进行高级设置。单击“高级”按钮，选择备份类型，如图 15-9 所示。因为我们是第一次备份数据，所以在“选择要备份的类型”下拉列表框中选择“正常”。

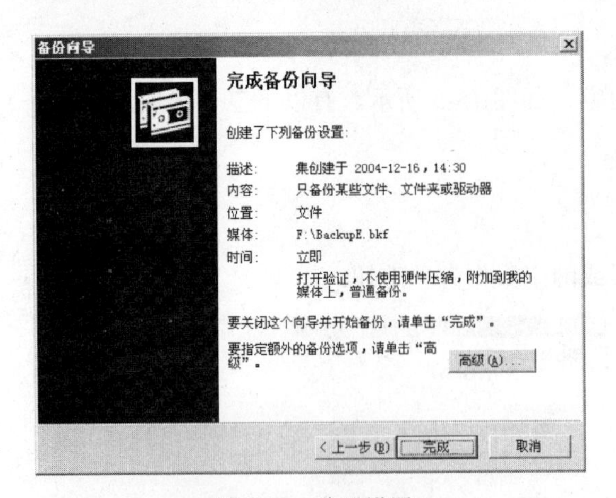

图 15-8　确认设置

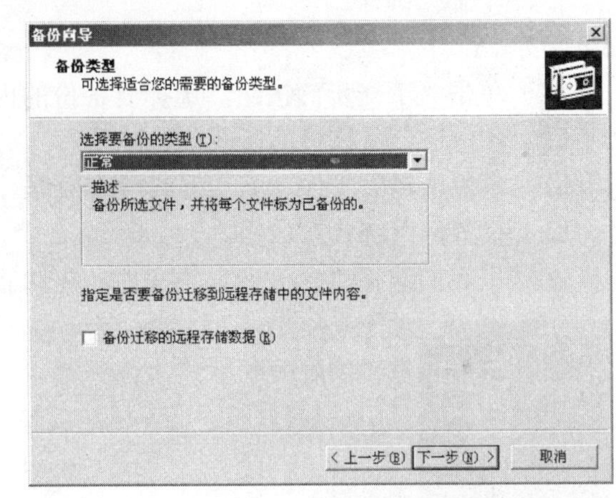

图 15-9　选择备份类型

（6）单击“下一步”按钮，指定如何备份，如图 15-10 所示，有以下选项。

- ❑ 备份后验证数据：当备份完成后自动验证备份数据的完整性。
- ❑ 如果可能，请使用硬件压缩：表示备份时自动进行数据压缩，如果该选项是灰色不可选的，表示备份介质无法处理压缩数据。
- ❑ 禁用卷影复制：卷影复制表示允许备份正在使用的文件。

（7）单击“下一步”按钮，设置备份选项，如图 15-11 所示。可以选择附加到原备份上或覆盖原备份，在这里我们选择“替换现有备份”，覆盖原备份，并选择“只允许所有者和管理员访问备份数据，以及附加到这个媒体上的备份”复选框，以确保备份数据的安全性。

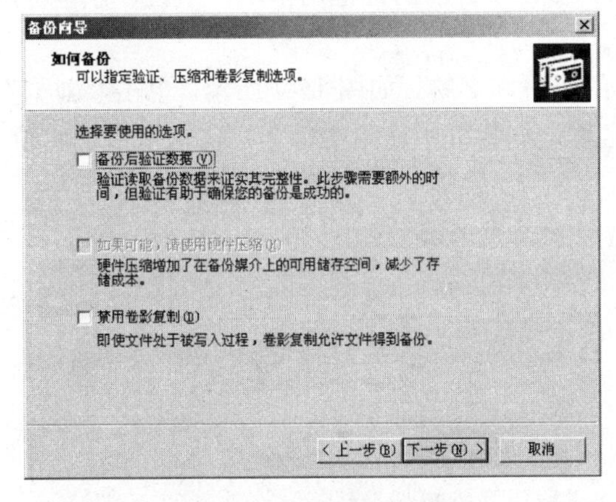

图 15-10　选择备份方式

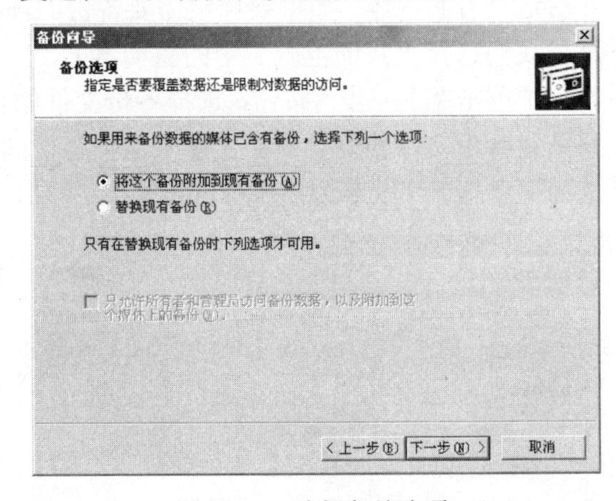

图 15-11　选择备份选项

（8）单击“下一步”按钮，设置备份时间，如图 15-12 所示。选择“现在”单选钮立即进行备份操作，选择“以后”单选钮并单击“设定备份计划”按钮可以指定在以后一次性或周期性地进行备份操作。我们选择“现在”单选钮。

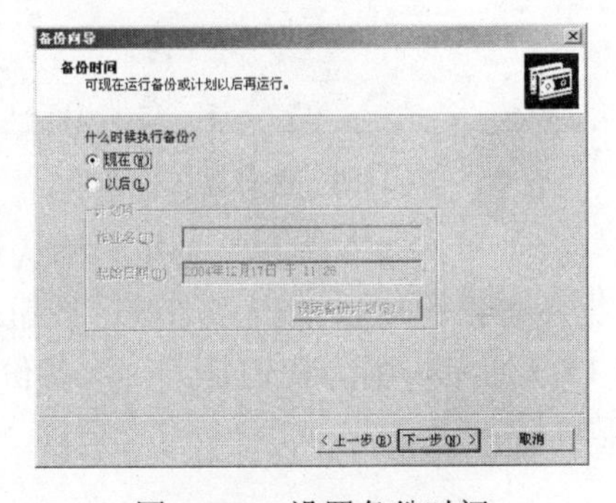

图 15-12　设置备份时间

（9）单击“下一步”按钮，确认备份高级设置，如图 15-13 所示。单击“完成”按钮，开始备份数据，如图 15-14 所示。等待一段时间，数据备份完成后，单击“关闭”按钮，关闭备份向导，结束备份操作。

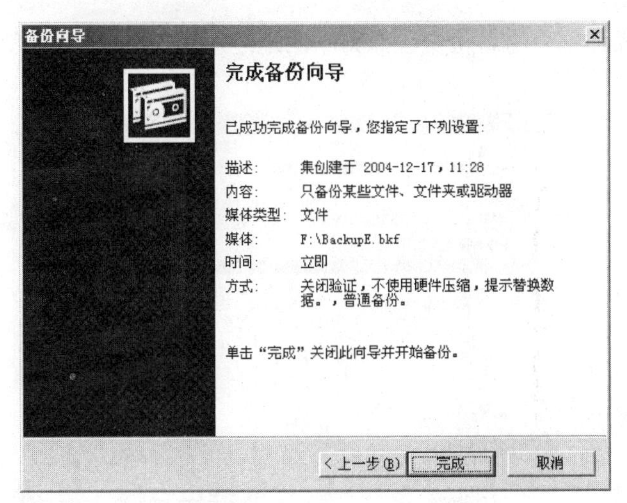

图 15-13　确认备份高级设置

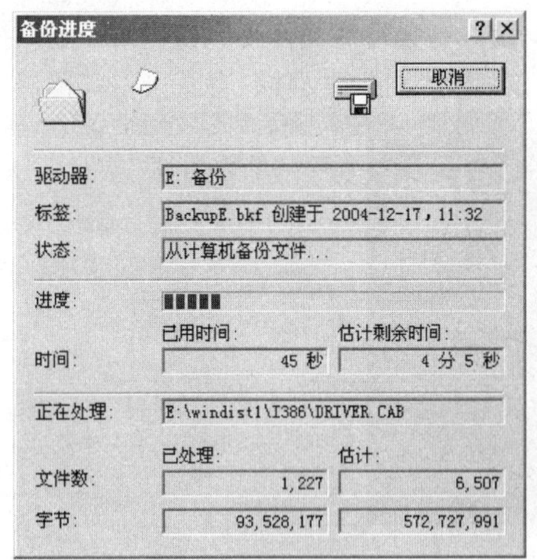

图 15-14　备份数据

15.3.4　数据还原

备份数据的目的是为了在需要的时候恢复数据，下面我们就以将刚备份的 BackupE.bkf 文件恢复为 E 盘数据为例，介绍如何恢复已备份好的数据。

（1）打开“备份工具”，如图 15-3 所示，单击“还原向导（高级）”按钮，打开“还原向导”对话框，如图 15-15 所示。

（2）单击“下一步”按钮，选择要还原的项目，如图 15-16 所示。由于我们只有一个备份文件，所以只能双击右侧备份识别标签中的“Backup.bkf”，然后在卷“E:”前打上对号，假如还有其他备份文件，根据需要选择合适的即可。

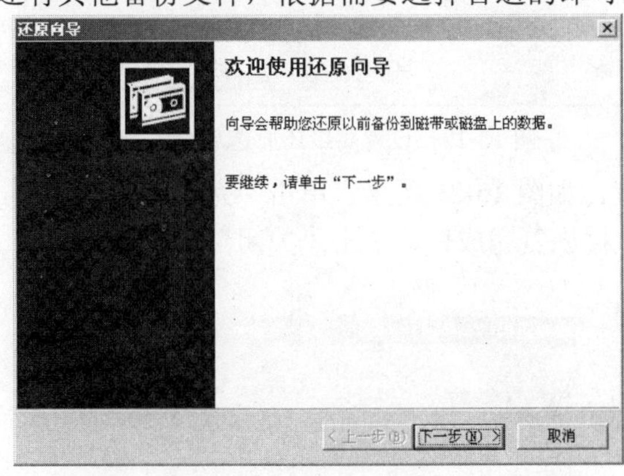

图 15-15　还原向导

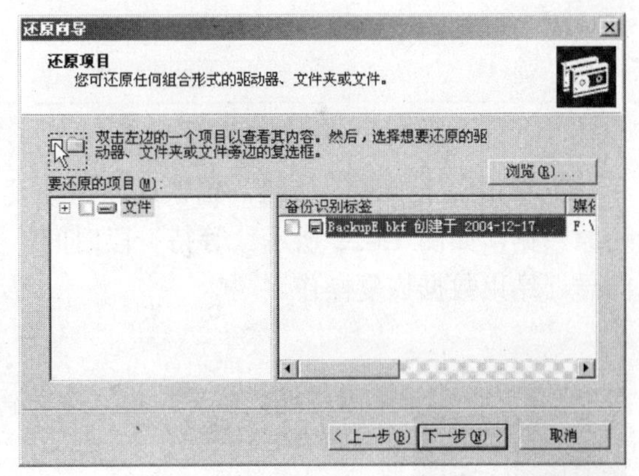

图 15-16　选择还原项目

（3）单击“下一步”按钮，确认设置，如图 15-17 所示。单击“完成”按钮可以立即进行数据恢复，也可以单击“高级”按钮进行高级设置。单击“高级”按钮，选择还原位置，如图 15-18 所示。在“将文件还原到”下拉列表中选择还原位置，我们选择“原位置”。

（4）单击“下一步”按钮，选择还原方式，如图 15-19 所示，有以下选项。

- 保留现有文件（推荐）：只要还原位置上存在与备份文件中名称相同的文件，则只保留原文件。
- 如果现有文件比备份文件旧，将其替换：如果还原位置上存在的同名文件比备份文件的修改时间早，则使用备份文件覆盖原文件。

- 替换现有文件：无论如何，还原操作都会将备份文件原封不动地还原，如果目标位置存在同名文件，会直接将其覆盖。

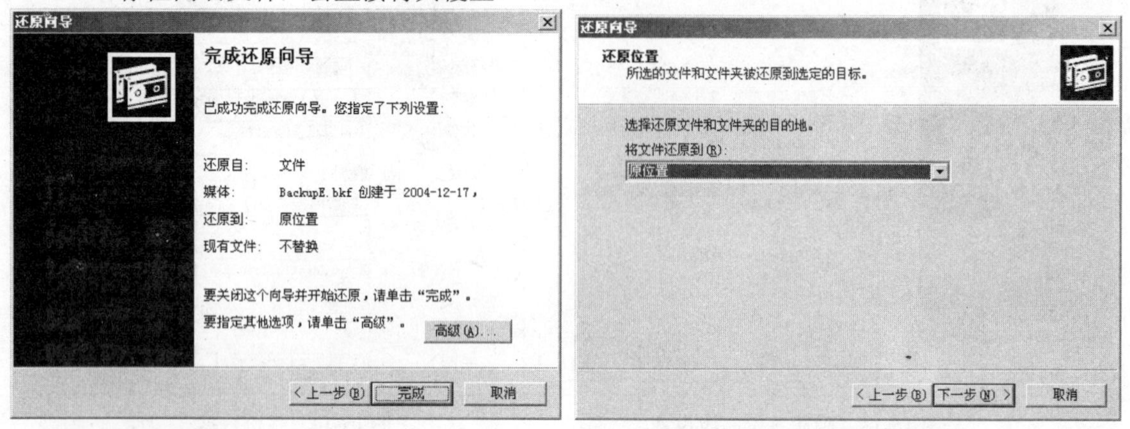

图 15-17　确认设置　　　　图 15-18　选择还原位置

（5）单击“下一步”按钮，设置高级还原选项，如图 15-20 所示。

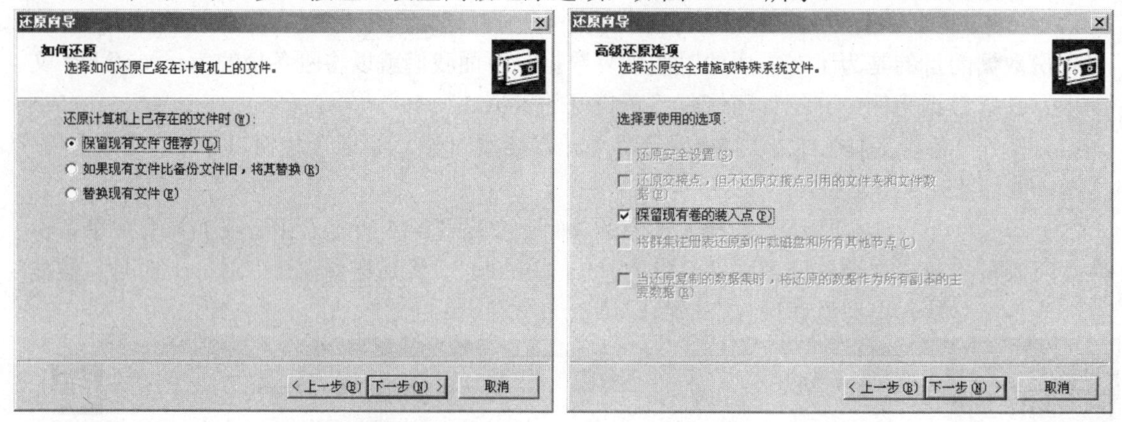

图 15-19　选择还原方式　　　　图 15-20　设置高级还原选项

（6）单击“下一步”按钮，确认还原高级设置，如图 15-21 所示。单击“完成”按钮，开始还原数据，如图 15-22 所示。等待一段时间，数据恢复完成后，单击“关闭”按钮，关闭还原向导，结束数据恢复操作。

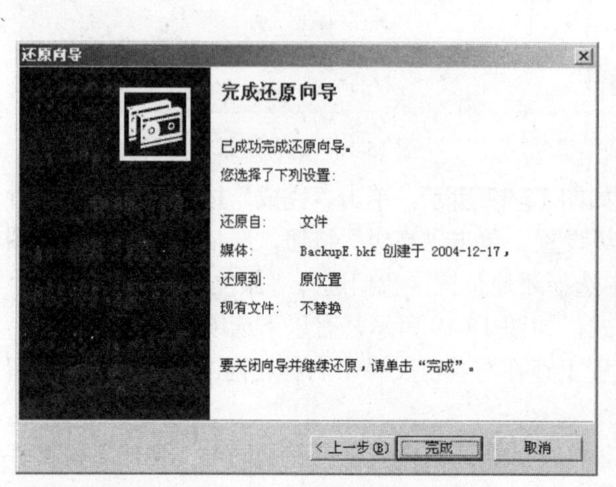

图 15-21　确认还原高级设置

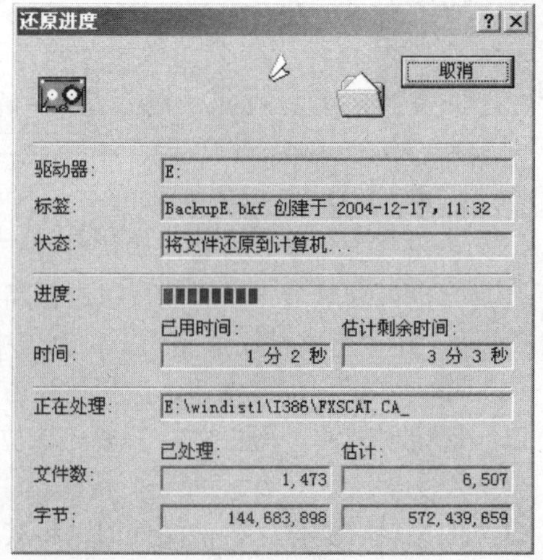

图 15-22　还原数据

本章小结

本章主要介绍了数据维护的相关知识。其中第一部分与电源系统相关，解决了因停电宕机而造成数据损失的问题；第二部分是磁盘冗余技术，解决了磁盘发生物理损坏造成数据丢失的问题；第三部分是数据的备份和还原，从根本上解决了数据丢失的问题。

通过本章的学习，读者应该能够通过各种方法来保障网络数据不会发生不可挽回的损失。

思考与练习

1．服务器电源和普通 PC 机的电源有何不同？
2．什么是 UPS？为何要采用 UPS 技术？
3．简单讲述 RAID 的工作原理。
4．磁带机用来备份数据有哪些优势？
5．通常我们会采用怎样的备份类型组合？为什么？

第 16 章　排除网络故障

内容提要

- 查看网络日志
- 常见网络故障的种类
- 网络故障的基本解决方法

网络规划得再好，也无法保证永远不会出现问题，作为一个网络管理员，保证网络长时间稳定高效地运行是不容推卸的责任。本章我们就来了解一下常见的网络故障应如何解决。

16.1　查看系统日志

Windows 日志文件记录着 Windows 系统运行的每一个细节，它对 Windows 的稳定运行起着至关重要的作用。通过查看服务器中的 Windows 日志，管理员可以及时找出服务器出现故障的原因。

16.1.1　系统审核机制

系统审核机制可以对系统中的各类事件进行跟踪记录并写入日志文件，以供管理员进行分析、查找系统和应用程序故障以及各类安全事件。

所有的操作系统、应用系统等都带有日志功能，因此可以根据需要实时地将发生在系统中的事件记录下来。同时还可以通过查看与安全相关的日志文件的内容，来发现黑客的入侵和入侵后的行为。当然，如果要达到这个目的，就必须具备一些相关的知识。首先必须要学会如何配置系统，以启用相应的审核机制，并同时使之能够记录各种安全事件。

对 Windows Server 2003 的服务器和工作站系统来说，为了不影响系统性能，默认的安全策略并不对安全事件进行审核。从“安全配置和分析”工具用 SecEdit 安全模板进行的分析结果可知，这些有红色标记的审核策略应该已经启用，这可用来发现来自外部和内部的黑客的入侵行为。对于关键的应用服务器和文件服务器来说，应同时启用剩下的安全策略。

如果已经启用了“审核对象访问”策略，那么就要求必须使用 NTFS 文件系统。NTFS 文件系统不仅提供对用户的访问控制，而且还可以对用户的访问操作进行审核。但这种审核功能需要针对具体的对象来进行相应的配置。

首先在被审核对象“安全”属性的“高级”属性中添加要审核的用户和组。在该对话框中选择好要审核的用户后，就可以设置对其进行审核的事件和结果。在所有的审核策略生效后，就可以通过检查系统的日志来维护网络的安全。

16.1.2　查看日志

在系统中启用安全审核策略后，管理员应经常查看安全日志的记录，否则就失去了及时补救和防御的时机。除了安全日志外，管理员还要注意检查各种服务或应用的日志文件。在 IIS 6.0 中，其日志功能默认已经启动，并且日志文件存放的路径默认在系统分区中的 Windows/System32/LogFiles 目录下，打开 IIS 日志文件，可以看到对 Web 服务器的 HTTP 请求，IIS 6.0 系统自带的日志功能从某种程度上可以成为入侵检测的得力帮手。

16.2 排障思路

在开始动手排除故障之前，最好先准备一支笔和一个记事本，然后，将故障现象认真仔细地记录下来。在观察和记录时一定要注意细节，排除大型网络故障如此，排除十几台计算机的小型网络故障也如此，因为有时正是一些最小的细节使整个问题变得复杂化。

16.2.1 了解故障现象

作为管理员，在排除故障之前，必须确切地知道网络上到底出了什么毛病，是不能共享资源，还是找不到另一台计算机等。知道出了什么问题并能够及时识别，是成功排除故障最重要的步骤。为了与故障现象进行对比，作为管理员，必须知道系统在正常情况下是怎样工作的，否则，将很难对问题和故障进行定位。

识别故障现象时，应该向操作者询问以下几个问题：

- 当被记录的故障现象发生时，正在运行什么程序（即操作者正在对计算机进行什么操作）？
- 这个程序以前运行过吗？
- 以前这个程序的运行是否成功？
- 这个程序最后一次成功运行是什么时候？
- 从那时起，都发生了哪些（包括硬件和软件）改变？

带着这些疑问来了解问题，才能对症下药排除故障。

在处理由操作员报告的问题时，对故障现象的详细描述显得尤为重要。如果仅凭他们的一面之词，有时还很难下结论，这时就需要管理员亲自操作一下刚才出错的程序，并注意出错信息。例如，在使用 Web 浏览器进行浏览时，无论键入哪个网站都返回“该页无法显示”之类的信息，使用 ping 命令时，无论 ping 哪个 IP 地址都显示超时连接信息等，诸如此类的出错消息能够为缩小问题范围提供许多有价值的信息。因此，在排除故障前，可以按以下步骤执行。

- 收集有关故障现象的信息。
- 对问题和故障现象进行详细描述。
- 注意细节。
- 把所有的问题都记下来。
- 不要匆忙下结论。

16.2.2 列举可能的原因

作为网络管理员，应当考虑导致网络故障的原因可能有哪些，如网卡硬件故障、网络连接故障、网络设备（如集线器、交换机）故障、TCP/IP 协议设置不当等。

注意：不要着急下结论，可以根据出错的可能性把这些原因按优先级别进行排序，一个个先后排除。

16.2.3 确认故障

对所有列出的可能导致错误的原因逐一进行测试，而且不要根据一次测试，就断定某一区域的网络是运行正常或是不正常。另外，也不要在自己认为已经确定了的第一个错误上停下来，应直到测试完为止。

除了测试之外，千万不要忘记去看一看网卡、HUB、Modem、路由器面板上的 LED 指示灯。通常情况下，绿灯表示连接正常（Modem 需要几个绿灯和红灯都亮），红灯表示连接故障，不亮表示无连接或线路不通。根据数据流量的大小，指示灯会时快时慢地闪烁。同时，不要忘记记录所有观察及测试的手段和结果。

16.2.4 排除故障

经过仔细的检查分析后，这时我们已经基本上知道了故障的部位，对于计算机的错误，我们可以检查该计算机网卡是否安装好、TCP/IP 协议是否安装并设置正确、Web 浏览器的连接设置是否得当等一切与已知故障现象有关的内容。然后剩下的事情就是排除故障了。

注意：在开机箱时，不要忘记静电对计算机的危害，要正确拆卸计算机部件。

16.2.5 分析总结

处理完问题后，作为网络管理员，必须搞清楚故障是如何发生的，是什么原因导致了故障的发生，以后如何避免类似故障的发生，拟定相应的对策，采取必要的措施，制定严格的规章制度。

16.3 常见故障种类

虽然故障原因多种多样，但总的来讲不外乎硬件问题和软件问题，说得再确切一些，这些问题就是网络连通性问题、配置文件选项问题及网络协议问题。

16.3.1 连通性故障

网络连通性是故障发生后首先应当考虑的原因。连通性的问题通常涉及到网卡、网线、HUB、Modem 等设备和通信介质。其中，任何一个设备的损坏，都会导致网络连接的中断。连通性通常可采用软件和硬件工具进行测试验证。例如，当某一台计算机不能浏览 Web 时，在网络管理员的脑子里产生的第一个想法就是网络连通性的问题。到底是不是呢？可以通过测试进行验证。看得到网上邻居吗？可以收发电子邮件吗？ping 得到网络内的其他计算机吗？只要其中一项回答为“是”，那就可以断定本机到 HUB 的连通性没有问题。当然，即使都回答“否”，也不表明连通性肯定有问题，而是可能会有问题，因为如果计算机的网络协议的配置出现了问题也会导致上述现象的发生。另外，看一看网卡和 HUB 接口上的指示灯是否闪烁，及闪烁是否正常也是个不坏的主意。

排除了由于计算机网络协议配置不当而导致故障的可能后，就应该查看网卡和 HUB 的指示灯是否正常，测量网线是否畅通。

1. 故障表现

连通性故障通常表现为以下几种情况：

- ❑ 计算机无法登录到服务器。
- ❑ 计算机无法通过局域网接入 Internet。
- ❑ 计算机在“网上邻居”中只能看到自己，而看不到其他计算机，从而无法使用其他计算机上的共享资源和共享打印机。
- ❑ 计算机无法在网络内访问其他计算机上的资源。
- ❑ 网络中的部分计算机运行速度异常的缓慢。

2. 故障原因

以下原因可能导致连通性故障：

- ❑ 网卡未安装，或未正确安装，或与其他设备有冲突。
- ❑ 网卡硬件故障。
- ❑ 网络协议未安装，或设置不正确。
- ❑ 网线、跳线或信息插座故障。
- ❑ HUB 电源未打开，HUB 硬件故障，或 HUB 端口硬件故障。
- ❑ UPS 电源故障。

3. 排除方法

（1）确认连通性故障：当出现一种网络应用故障时，如无法接入 Internet，首先尝试使用其他网络应用，如查找网络中的其他计算机，或使用局域网中的 Web 浏览等。如果其他网络应用可正常使用，虽然无法接入 Internet，却能够在“网上邻居”中找到其他计算机，或可 ping 到其他计算机，即可排除连通性故障原因。如果其他网络应用均无法实现，继续下面的操作。

（2）看 LED 灯，判断网卡的故障：首先查看网卡的指示灯是否正常。正常情况下，在不传送数据时，网卡的指示灯闪烁较慢，传送数据时，闪烁较快。无论是不亮，还是长亮不灭，都表明有故障存在。如果网卡的指示灯不正常，需关掉计算机更换网卡。对于 HUB 的指示灯，凡是插有网线的端口，指示灯都亮。由于是 HUB，所以，指示灯的作用只能指示该端口是否连接有终端设备，不能显示通信状态。

（3）用 ping 命令排除网卡故障：使用 ping 命令，ping 本地的 IP 地址或计算机名，检查网卡和 IP 网络协议是否安装完好。如果能 ping 通，说明该计算机的网卡和网络协议设置都没有问题。问题出在计算机的网络连接上。因此，应当检查网线和 HUB 及 HUB 的接口状态，如果无法 ping 通，只能说明 TCP/IP 协议有问题。这时可以在“控制面板”的“系统”中查看网卡是否已经安装或是否出错。如果在系统中的硬件列表中没有发现网络适配器，或网络适配器前方有一个黄色的“!”，说明网卡未安装正确。需将未知设备或带有黄色“!”的网络适配器删除，刷新后，重新安装网卡。并为该网卡正确安装和配置网络协议，然后进行应用测试。如果网卡无法正确安装，说明网卡可能已损坏，必须换一块网卡重试。如果网卡安装正确则原因是协议未安装。

（4）如果确定网卡和协议都正确的情况下，还是网络不通，可初步断定是 HUB 和双绞线的问题。为了进一步进行确认，可再换一台计算机用同样的方法进行判断。如果其他计算机与本机连接正常，则故障一定是先前的那台计算机和 HUB 的接口上。

（5）如果确定 HUB 有故障，应首先检查 HUB 的指示灯是否正常，如果先前那台计算机与 HUB 连接的接口灯不亮，说明该 HUB 的接口有故障。

（6）如果 HUB 没有问题，则检查计算机到 HUB 的那一段双绞线和所安装的网卡是否有故障。判断双绞线是否有问题可以通过“双绞线测试仪”或用两块三用表分别由两个人在双绞线的两端测试。主要测试双绞线的 1、2 和 3、6 四条线（其中 1、2 线用于发送，3、6 线用于接收）。如果发现有一根不通就要重新制作。

通过上面的故障压缩，我们就可以判断故障是否出在网卡、双绞线或 HUB 上。

16.3.2 协议故障

1. 协议故障的表现

协议故障通常表现为以下几种情况：

- ❑ 计算机无法登录到服务器。
- ❑ 计算机在“网上邻居”中既看不到自己，也无法在网络中访问其他计算机。
- ❑ 计算机在“网上邻居”中能看到自己和其他成员，但无法访问其他计算机。
- ❑ 计算机无法通过局域网接入 Internet。

2. 故障原因分析

- ❑ 协议未安装：实现局域网通信，需安装 NetBEUI 协议。
- ❑ 协议配置不正确：TCP/IP 协议涉及到的基本参数有 4 个，包括 IP 地址、子网掩码、DNS 和网关，任何一个设置错误，都会导致故障发生。

3. 排除步骤

当计算机出现以上协议故障现象时，应当按照以下步骤进行故障的定位。

（1）检查计算机是否安装了 TCP/IP 和 NetBEUI 协议，如果没有，建议安装这两个协议，并把 TCP/IP 参数配置好，然后重新启动计算机。

（2）使用 ping 命令，测试与其他计算机的连接情况。

（3）在“控制面板”的“网络”属性中，单击“文件及打印共享”按钮，在弹出的“文件及打印共享”对话框中检查一下，看看是否选中了“允许其他用户访问我的文件”和“允许其他计算机使用我的打印机”复选框，或者其中的一个。如果没有，全部选中或选中一个。否则将无法使用共享文件夹。

（4）系统重新启动后，双击“网上邻居”，将显示网络中的其他计算机和共享资源。如果仍看不到其他计算机，可以使用“查找”命令。

（5）在“网络”属性的“标识”中重新为该计算机命名，使其在网络中具有唯一性。

16.3.3 配置故障

配置错误也是导致故障发生的重要原因之一。网络管理员对服务器、路由器等的不当设置自然会导致网络故障，计算机的使用者（特别是初学者）对计算机设置的修改，也往往会产生一些令人意想不到的访问错误。

1. **故障表现及分析**

配置故障更多的表现在不能实现网络所提供的各种服务上，如不能访问某一台计算机等。因此，在修改配置前，必须做好原有配置的记录，并最好进行备份。

配置故障通常表现为以下几种：

- 计算机只能与某些计算机而不是全部计算机进行通信。
- 计算机无法访问任何其他设备。

2. **排除步骤**

（1）首先检查发生故障计算机的相关配置。如果发现错误，修改后，再测试相应的网络服务能否实现。如果没有发现错误，或相应的网络服务不能实现，执行下述步骤。

（2）测试系统内的其他计算机是否有类似的故障，如果有同样的故障，说明问题出在网络设备上，如 HUB。反之，认真检查被访问计算机对该访问计算机所提供的服务。

计算机的故障虽然多种多样，但并非无规律可循。随着理论知识和经验技术的积累，故障排除将变得越来越快、越来越简单。严格的网络管理，是减少网络故障的重要手段；完善的技术档案，是排除故障的重要参考；有效的测试和监视工具则是预防、排除故障的有力助手。

16.4 故障实例

下面介绍几个排除网络故障的例子，学习一下当我们遇到故障时应该如何做，思考方向是什么。

16.4.1 实例 1

某政府机关用户，一部分用户抱怨网络的速度很慢，而其他的用户没有这样的问题。

他们的网络情况是，初始网络使用的是国外品牌的交换机，随着网络的扩大，增添了部分国产品牌的交换机连接至不同的用户。由于网络没有很好的拓扑图，所以不知道这些用户在物理上是如何连接的。

故障的查找非常艰难，始终难以确定方向。工程师到了现场后，首先对抱怨速度慢的用户测试了一下他们和网络核心交换机或服务器之间的最大带宽，发现，这些抱怨速度慢的用户节点和核心交换机或服务器之间的最大带宽都小于 10Mbit/s，而他们使用的都是 100Mbit/s 的网络设备。这说明在用户和交换机或服务器之间一定存在着瓶颈。

由于该故障并不是单一的用户，而是部分用户，所以没有必要测试某个具体的站点的连接速度，而应该是测试设备之间是否存在问题。经过测试发现，国产交换机和国外品牌交换机之间的连接速度是 10Mbit/s，而不是 100Mbit/s。问题的原因找到了，解决的方法是将两个交换机都设置为 100Mbit/s。

结论：目前几乎所有的网络设备在出厂时的网络端口缺省设置都是 10/100 Mbit/s 自适应。网络设备之间是按照协议进行自适应，这里涉及到硬件的设计。从理论上讲，如果大家都是严格按照协议设计和制造产品，各种设备都应该可以相互自适应。但是问题也就发生在这里，国外品牌的交换机和国产品牌的交换机在连接后不能够相互自适应（硬件设计和制造的细微差别都可能导致这种差别）。所以最终的结果是两个交换机之间的连接速度是 10Mbit/s 半双工。很多实际的经验证明，各个品牌的网络设备之间的连接都可能出现这样的问题。

网络的基本情况，包括网络的拓扑图、设备的连接、设置等是非常重要的。在进行网络故障诊断时，这些文档备案可以加快故障诊断的速度。该网络没有网络的拓扑图，所以在定位故障诊断的方向上造成了很大的麻烦。如果有良好的网络拓扑图，从抱怨有问题的用户以及其他们在网络上连接的位置就可以做出基本的判断，从而确定故障的方向。而不必使用网络一点通进行网络吞吐量的测试。

在没有用测试设备或其他手段进行检测时，不能假设某种规定一定是网络的实际情况。例如，网络设备之间按照规定应该是可以自适应的，但是这和实际情况是不相符的，实际情况是不同厂商的网络设备不一定能够按照自适应规定自适应。

16.4.2 实例 2

故障现象：一家医药超市里组建了小型局域网，一台普通主机作为代理服务器，其他五台计算机通过它共享上网。使用中发现，有一台客户机无法上网。

分析与解决：首先进入网上邻居，发现无法查看其他主机，所以判断为网卡故障或网卡参数设置故障。然后，本着先软后硬的原则，检查了设备管理器中的网卡属性，发现网卡与声卡设备使用了同一个中断（IRQ），所以造成了冲突。清楚了故障原因，打开机箱，将网卡换了插槽，重新启动计算机后，故障排除。

经验总结：IRQ 冲突往往会造成设备性能瘫痪，但排查和解决起来也很简单，比如板卡换槽，由于换槽后的硬件设备会被系统重新分配 IRQ，所以通过此法可以解决硬件间的 IRQ 冲突问题。当然，我们也可以通过在 Windows 里重新分配 IRQ 来解决类似问题。

16.4.3 实例 3

办公室里只有五六台计算机，由于机器很少，也不需要特殊的权限控制，所以就用一台配置稍好的计算机兼做代理服务器。代理服务器软件选用的是小巧实用的 SyGate。SyGate 是网关型代理软件，设置简单，功能也很强大。尤其是客户端，几乎不需要任何设置就能正常使用。

一切都很顺利，直到有一天，一位同事拿来一台笔记本电脑下载资料。经过一番设置后，插上网线，在 IE 中输入网址，等了半天竟然无法连接。

首先检查网络连接：通过笔记本电脑能 Ping 通代理服务器的 IP，也能正常使用连接在代理服务器上的网络打印机，这样可以排除网线和网络设备的问题。因为其他机器可以正常上网，剩下的就是笔记本电脑的问题了。

排除病毒因素，系统的启动选项中也没有可疑的程序。仔细检查笔记本电脑的网络设置：IP 地址设置正确，默认网关是代理服务器内部网卡的 IP、DNS 设置正确。检查 IE 的属性设置：安全级别是默认值，连接选项中的“局域网（LAN）属性”全部清空，只勾选“自动检测设置”项，检查后，仍然无法确认故障原因。打开“控制面板”，发现里面有一个 WSP CLIENT 项目，原来，该笔记本电脑安装了 Microsoft Proxy 2 客户端软件，在“添加/删除程序”中卸载 Microsoft Proxy Client 后，重新启动电脑，故障排除。

故障分析：很多代理服务器软件，如 Microsoft Proxy 2、ISA Server 和 WinGate 等，为了实现其强大的控制功能，往往需要在客户机上安装客户端程序。本例中的笔记本电脑上安装的 Microsoft Proxy Client 就是为了激活系统的 WinSock 功能，它只是一次性地更改一些网络设置和网络文件，并不需要每次都加载到系统中。由于不同的代理服务器软件对网络设置的要求不同，而其他代理服务器软件的客户端程序对网络系统的修改很可能会影响当前代理服务器软件的正常工作，导致无法正常上网的现象。

本章小结

本章主要介绍了关于网络故障排除的知识，通过本章的学习，读者应该掌握解决网络故障的一般思路，以及一些常见网络故障的排除方法。

思考与练习

1．排除网络故障的基本思路是什么？
2．网络发生故障时应如何判断故障类型？
3．在实例 2 中，可能产生这种故障现象的原因还有哪些？